“十三五”国家重点出版物出版规划项目

偏振成像探测技术学术丛书

透明界面光电偏振成像与检测

金伟其　王　霞　著

科学出版社

北　京

内 容 简 介

本书从透明界面光电偏振成像理论与技术研究背景出发，全面论述透明界面辐射偏振特性和成像理论、系统构成和校正方法及典型应用。具体内容包括：光的偏振性及偏振信息的描述、透明界面的辐射偏振特性、偏振成像理论、偏振成像系统的响应非线性校正与仪器矩阵标定、透明界面的光电偏振成像检测方法、透明界面光电偏振成像技术的应用等。本书紧跟该领域的国内外发展现状和最新成果，是作者近年来在这一领域的主要研究成果的梳理和总结。

本书可供从事电子技术、光学工程、光电信息科学与工程、测控技术与仪器、光学检测工作的科研人员和工程技术人员阅读，也可供相关专业的研究生和本科生参考。

图书在版编目（CIP）数据

透明界面光电偏振成像与检测 / 金伟其，王霞著. —北京：科学出版社，2024.1

（偏振成像探测技术学术丛书）

“十三五”国家重点出版物出版规划项目

ISBN 978-7-03-077459-0

Ⅰ. ①透…　Ⅱ. ①金…　②王…　Ⅲ. ①偏振光—成像处理
Ⅳ. ①TN911.73

中国国家版本馆 CIP 数据核字（2023）第 253164 号

责任编辑：张艳芬 / 责任校对：崔向琳
责任印制：师艳茹 / 封面设计：无极书装

科学出版社 出版
北京东黄城根北街 16 号
邮政编码：100717
http://www.sciencep.com
北京建宏印刷有限公司印刷
科学出版社发行　各地新华书店经销

*

2024 年 1 月第　一　版　开本：720 × 1000　1/16
2024 年 8 月第二次印刷　印张：16 1/2
字数：331 000

定价：140.00 元

（如有印装质量问题，我社负责调换）

“偏振成像探测技术学术丛书”序

信息化时代大部分的信息来自图像，而目前的图像信息大都基于强度图像，不可避免地存在因观测对象与背景强度对比度低而“认不清”，受大气衰减、散射等影响而“看不远”，因人为或自然进化引起两个物体相似度高而“辨不出”等难题。挖掘新的信息维度，提高光学图像信噪比，成为探测技术的一项迫切任务，偏振成像技术就此诞生。

我们知道，电磁波是横波，电磁场是矢量场。人们通过相机来探测光波电场的强度，实现影像成像；通过光谱仪来探测光波电场的波长（频率），开展物体材质分析；通过多普勒测速仪来探测光的相位，进行速度探测；通过偏振来表征光波电场振动方向的物理量，许多人造目标与背景的反射、散射、辐射光场具有与背景不同的偏振特性，如果能够捕捉到图像的偏振信息，则有助于提高目标的识别能力。偏振成像就是获取目标二维空间光强分布及偏振特性分布的新型光电成像技术。

偏振是独立于强度的又一维度的光学信息。这意味着偏振成像在传统强度成像基础上增加了偏振信息维度，信息维度的增加使其具有传统强度成像无法比拟的独特优势。

（1）鉴于人造目标与自然背景偏振特性的差异明显，偏振成像具有从复杂背景中凸显目标的优势。

（2）鉴于偏振信息具有在散射介质中特性保持能力比强度散射更强的特点，偏振成像具有在恶劣环境中穿透烟雾、增加作用距离的优势。

（3）鉴于偏振是独立于强度和光谱的光学信息维度的特性，偏振成像具有在隐藏、伪装、隐身中辨别真伪的优势。

因此，偏振成像探测作为一项新兴的前沿技术，有望破解特定情况下光学成像“认不清”“看不远”“辨不出”的难题，提高对目标的探测识别能力，让人们更好地认识世界。

世界主要国家都高度重视偏振成像技术的发展，纷纷把其作为探测技术的重要发展方向。

近年来，国家 973 计划、863 计划、国家自然科学基金重大项目等，对我国偏振成像研究与应用给予了强有力的支持。我国相关领域取得了长足的进步，涌现出一批具有世界水平的理论研究成果，突破了一系列关键技术，培育了大批富有创新意识和创新能力的人才，开展了越来越多的应用探索。

“偏振成像探测技术学术丛书”是科学出版社在长期跟踪我国科技发展前沿，广泛征求专家意见的基础上，经过长期考察、反复论证后组织出版的。一方面，丛书汇集了本学科研究人员关于偏振特性产生、传输、获取、处理、解译、应用方面的系列研究成果，是众多学科交叉互促的结晶；另一方面，丛书还是一个开放的出版平台，将为我国偏振成像探测的发展提供交流的平台和出版服务。

我相信这套丛书的出版，必将为推动我国偏振成像研究的深入开展起到引领性、示范性的作用，在人才培养、关键技术突破、应用示范等方面发挥显著的推进作用。

王家骐

二〇一九年十一月廿八日

前　言

偏振作为光的一种基本属性，由光波及与其相互作用物质的理化特征、粗糙度、含水量等共同决定。偏振探测将目标三维（光强、光谱、空间）信息扩展到多维，能够有效表征不同材料或相同材料的不同状态的空间结构信息，具有传统光电探测技术无法替代的优势，是弥补光强探测缺陷的一种有效的信息补充手段。近年来，随着光电成像技术的发展，光电偏振成像的应用日益拓展，也带来了光电偏振成像理论与方法的迅速发展。

透明介质及其跨界面目标的光电成像探测具有广泛的应用。例如，雾霾天或水下等强散射介质下的目标成像、太阳或天空强反射下的水面目标成像、玻璃曲面成像测量、机载或星载遥感平台的水下目标探测、水面波纹对水下目标成像的扭曲失真等，其不仅存在较强的吸收和散射效应，对成像质量造成严重影响，而且在变折射率界面所产生的折射和反射也改变光束方向，造成目标变形与模糊，实现在此类场景下高性能的成像与检测是现实的迫切需求。

偏振成像技术不仅可获得目标光学辐射的强度信息，而且可获得偏振度、偏振角等参数信息，在透明介质及其跨界面（三维）成像测量、低信杂比场景的弱小隐身目标探测等方面展现出广泛的发展前景，但真正有效实现目标场景强度和偏振信息的成像检测仍有许多科学问题和关键技术问题需要解决，涉及目标场景偏振特性、偏振辐射传输及成像辐射定标、偏振成像模式与新方法、偏振成像系统性能测试评价等问题。

本研究团队多年来一直关注偏振成像理论、偏振成像探测技术及其应用的研究动向，在国家自然科学基金面上项目（61575023，62171024）及多个相关的预研基金和项目的支持下，全方位地开展了可见光与红外偏振成像理论和方法的研究，特别是有关透明界面的光电偏振成像检测理论及方法取得重要的研究进展，本书就是对其中部分研究成果的总结和提炼。

本书第 1～3 章主要由王霞撰写，第 4～6 章主要由金伟其撰写，第 7 章由王霞和金伟其共同撰写，王霞负责全书的统稿，金伟其负责全书的审核。

感谢李力、裘溯、徐超等老师多年来在偏振成像方面所做的工作，感谢团队在偏振成像研究方向的博士、硕士研究生所做的科研工作，本书中的主要内容包含了他们的研究成果。博士研究生主要有：陈伟力、夏润秋、陈振跃、刘敬、梁建安、鲁啸天、贺思、杨洁、薛富泽等；硕士研究生有：王雅慧、张春涛、吴恒泽、李丹梦、徐曼、孙遵义、王美淑等。感谢杨洁、薛富泽、王美淑等在本书的编辑、制图和排版等方面所做的辅助工作。

限于作者水平，书中难免存在不妥之处，欢迎读者批评指正。

作　者

2023 年 1 月于北京

目　录

第1章 绪　　论

1.1 透明界面光电偏振成像理论与技术研究的意义

地球约 70.8% 的表面积为海洋，海洋中蕴藏着丰富的动植物和矿产资源，而且海洋是世界各国货物和能源运输的主要通道，特别是不少国家之间往往存在海域的归属争议，加剧了对海域及其资源争夺的可能性。因此，水下目标探测技术也可用于海洋资源探测、水下通信光纤维护、输油管道维护、水下救援等民用领域，潜艇探测和水雷探测等军用领域都需要重点发展水下目标探测与成像技术，使之成为沿海国家重点发展的关键前沿技术。

水下目标成像探测主要有星载、机载、水面和水下等工作平台，发展了声波成像、光电成像和雷达成像等多种探测技术。其中，机载水下目标光电成像探测技术由于具有搜索速度快、搜索效率高、成像直观、分辨率高、易于目标探测和识别等特点，成为国内外重点发展的一项技术，发展出多种不同工作原理的成像探测模式。利用水体在 532nm 波段的传输窗口，采用 532nm 蓝绿激光的单点扫描成像、脉冲线激光同步扫描成像和凝视激光距离选通成像等模式（图 1.1.1），滤除水面反射和水体后向散射的影响，可实现水下目标的成像探测，国际上已实现装备应用。在实际机载水下目标探测时，由于水面波纹对水下目标的成像有明显的扭曲（图 1.1.2），所以会直接影响水下目标的搜索、定位和识别。因此，在提高水下目标探测距离的同时，必须突破水面波纹的校正技术，即水面波纹校正的关键之一是采用水面波纹形状的实时成像探测方法。

(a) 脉冲线激光同步扫描成像搜索

(b) 激视激光距离选通成像定位

(c) 超空泡弹药灭雷

图 1.1.1　美国“魔灯”机载水下目标激光成像系统的工作步骤

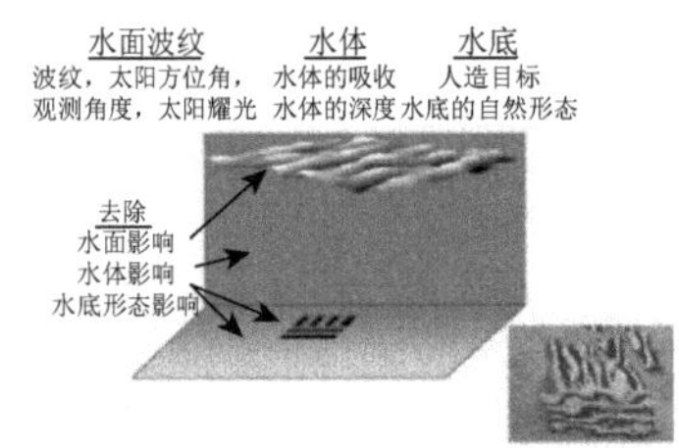

(a) 水面波纹对图像扭曲效应

(b) 未扭曲水下目标图像

(c) 扭曲水下目标图像

图 1.1.2　机载水下目标探测模式，水面波纹对水下目标图像的扭曲效应

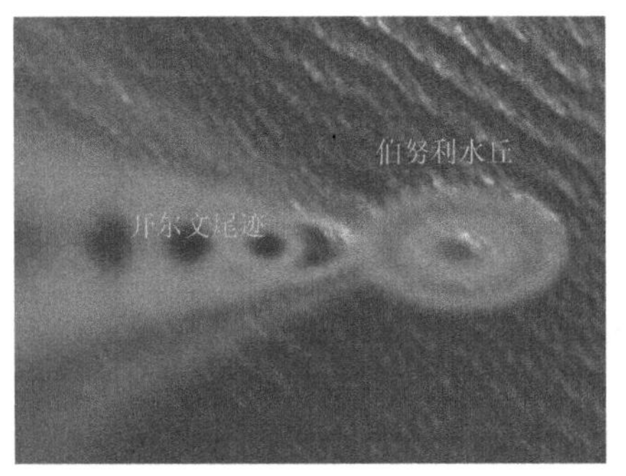

图 1.1.3　水下运动目标引起的水面波纹

另外，由于水下运动目标与水体的相互作用，水面会形成特定形状的波纹（图 1.1.3），其中水下运动目标所在位置形成的水面凸起称为“伯努利水丘”，而目标后面所形成的尾迹称为“开尔文尾迹”。“伯努利水丘”和“开尔文尾迹”成为水下运动目标探测的特征信息源。据报道，即便潜艇在水下 1000 英尺（约 304.8m）的深度航行，在海面依然可探测到“伯努利水丘”和“开尔文尾迹”。美国海军 2009 年开始研究全新的液体隐身衣，通过超材料改变潜艇的表面特性和水流分布，减小水下潜艇运行中的水面波纹。已开展的减小潜艇水面波纹研究表明：利用“伯努利水丘”探测水下运动潜艇是一种有效的技术途径。当然，实际应用中海面风生重力波也是水下目标特征水面波纹的主要干扰载波，实现水下运动目标成像探测的关键是有效的水面波纹成像探测技术及载波滤除方法。

虽然以上两种应用模式对水下目标探测分别属于直接成像和非直接成像探测，但都涉及水面波纹的成像检测问题。由于水面本身属于透明介质，采用常规的强度成像模式难以有效获取水面波纹的形状（激光扫描难以有效保证回波信号，双目立体视觉难以在海面有效搜寻视觉匹配点）。类似的问题也包括透明玻璃的面形成像测量、玻璃板划痕检测等对新型成像检测技术提出了新的要求。近年来，光电偏振成像技术迅速发展，其表现出有别于传统强度成像的特性，对透明介质面形的测量展现出技术可行性和有效性，有望用于透明介质（如玻璃、水面波纹）面形的偏振成像测量。因此，有关透明界面光电偏振成像理论与技术研究具有重要的理论和现实意义。

水下目标探测技术是当前国内外重点研究的方向，由于水下运动目标会在水面形成特征波纹，据此可获得目标的信息，因此，水面波纹的成像检测是实现水下目标有效成像探测、识别和定位的关键技术之一。然而，对于诸如基于脉冲激光距离选通的水下目标直接成像应用，水面波纹对水下目标形状与纹理的成像影响非常明显，必须给予实时校正。虽然利用水面波纹的特点进行图像复原处理是一种有效的方法，但处理的复杂性使得其尚难以适应实际应用要求。随着近年来光电偏振成像技术的发展，光学零件、水面等透明曲面的成像检测成为可能，其分辨率高、图像直观，目前的偏振成像面形检测算法适用的成像视场较小，尚难适应具有较大的成像视场要求的机载水面波纹成像检测，并且从偏振图像中解算透明介质表面坡度的算法尚不成熟，算法精度有待提高。综上所述，研究透明介质曲面坡度的求解方法，突破相关的科学问题和关键技术，对于探索新型水下目标成像探测方法具有重要的理论意义和实用价值。

1.2 光电偏振成像技术的发展

1.2.1 偏振成像系统的技术发展

偏振成像系统是测量与分析目标场景偏振特性的主要工具。自 1808 年 Malus 发现反射光偏振现象以来，各式各样的偏振测量与观察设备陆续出现。早期的偏振测量设备并不能成像，其结构相对简单，关键的起偏器与检偏器部件一般通过黑色玻璃反射或者玻片堆实现[1]。图 1.2.1（a）为 Biot 在 1850 年设计的一种偏振测量设备，该设备的右侧为单片玻璃反射式的起偏器，左侧为玻片堆实现的检偏器；图 1.2.1（b）为 Pickering 设计的一种偏振测量设备，该设备同样利用反射方法产生偏振光，检偏器则是通过尼科耳（Nicol）棱镜实现的。

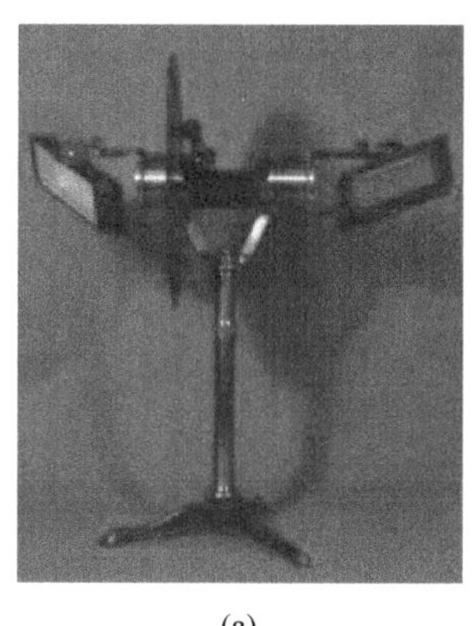
(a)

(b)

图 1.2.1 偏振测量装置

随着光电技术的进步，固体成像器件得到了广泛的应用。摄像管、焦平面阵列等也同样在偏振成像系统得到应用。天文及遥感观测是偏振成像的早期应用之一。1973 年，发射用于木星和外太阳系探测的先驱者 11 号，其有效载荷包含了可见光偏振成像系统，可观测行星表面的偏振特征[2]。1980～1981 年，Baur 等设计了用于天文台观测的多光谱偏振太阳日冕仪，其偏振度分辨率可以达到 0.1%[3, 4]。

1982 年，Azzam 设计了一种振幅分割型（division-of-amplitude，DOA）偏振成像系统[5]。该系统利用半透半反镜分光后，再利用沃拉斯顿（Wollaston）棱镜进行偏振分光并分别成像，系统中没有任何机械运动部件，结构可靠，可以同时获得四个不同偏振角度的图像，系统的响应速度只受到探测器自身性能的限制。

1983 年，Prosch 设计了一种多光轴的偏振成像系统[6]，该系统由三套前置了不同检偏角度的检偏器且光轴相互平行的可见光相机构成，其光谱响应范围为 530～580nm，检偏器的检偏角度组合为 Pickering 模式（0°，60°，120°）。该系统可以对指定位置实时测试显示并记录，或者对场景进行一维或者二维扫描并通过磁盘实时记录数据。经过相关的校准之后，该系统的偏振度测量误差不超过 3%。由于当时技术水平的限制，该系统并不能够对大范围的场景进行实时数据处理，且当时的模拟信号转数字信号技术也进一步限制了系统的精度。

1994 年，Cronin 等基于便携式摄像机设计了一种偏振成像系统[7]，其成像探测器为 8bit 电荷耦合器件（charge coupled device，CCD）探测器，通过在光学系统中加入两个扭曲向列型液晶与一片检偏角固定的偏振片，实现偏振成像。其中液晶作为相位延迟器，对入射辐射的相位进行快速调制，并利用同步信号驱动相机同步工作。虽然当时该设计还比较原始，但是利用电控相位延迟器实现相对高速的调制在以后的研究中得到了广泛的应用。

同年，Chun 等提出了一种焦平面分割型（division of focal plane，DoFP）偏振成像探测器[8]。他们提出该设想的初衷是能够利用此种探测器准确地测量物体表面红外辐射的偏振度与偏振角（angle of polarization，AoP），以反演出物体的三维外形。他们通过建立数学模型，分析了该方法的可行性。尽管该设想当时还很超前，但随着微纳加工技术的迅速进步，仅在数年之后该设想就成为现实。

1999 年，Nordin 等成功制作了中波偏振红外焦平面探测器[9-11]。探测器波段为 3～5μm，像素分辨力为 256×256。每个偏振探测单元由 2×2 个像素构成，探测器像素间距为 38μm，通过干涉光刻工艺加工的钼金属线栅的大小为 16μm×16μm。线栅的填充率约为 25%，消光比约为 10dB。探测单元中的其中两个像素检测水平方向的辐射，一个像素检测竖直方向的辐射，剩余的一个像素检测与水平方向呈 45°的辐射。

1999 年，Howe 等设计了一种双色红外斯托克斯（Stokes）偏振成像仪[12]。该系统中场景辐射先通过一个反射式远焦镜，由一个平板分束器分为长波（8～

12μm）和中波（3～5μm）两部分，再分别在前置旋转波片的中波与长波红外偏振成像系统中成像。需要注意：由于探测器响应波段较宽，需要选择对入射波长相对不敏感的波片，以降低系统的测量误差。

2003 年，Oka 和 Kaneko 提出了一种基于双折射楔形棱镜的紧凑偏振成像系统[13]，如图 1.2.2 所示，利用两组由楔形棱镜组成的相位延迟器，使得入射光在成像时发生干涉，从而在水平与竖直方向产生不同的干涉条纹，最后利用这些干涉条纹反演场景辐射的偏振信息。

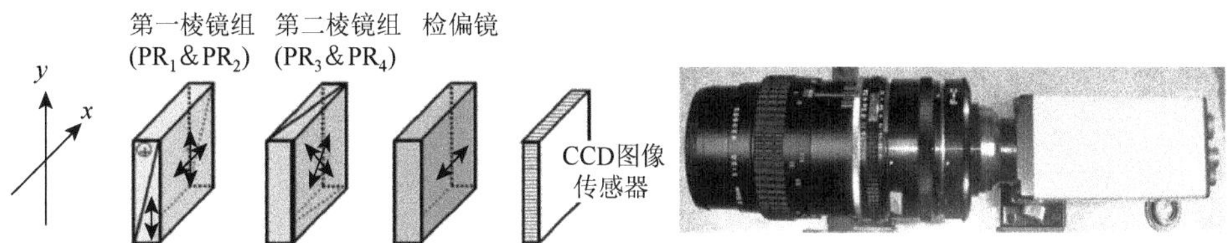

图 1.2.2 基于双折射楔形棱镜的紧凑偏振成像系统原理与实物

2005 年，Pezzaniti 等设计了一种分孔径分割型偏振成像系统[14]，如图 1.2.3 所示，其光学系统主要分成两部分，物镜部分焦距为 100mm，F 数为 2.3，后截距为 1in（1in = 2.54cm）；分孔径光学系统部分首先通过一个场景减小入射光线与光轴的夹角以降低后续设计的难度，通过孔径光阑的是一个小型平行光管，光管后端是一个 2×2 的线栅偏振片阵列，最后通过迷你透镜分别成像。该部分的视场为±3.2°，透过率为 81%，图像畸变不大于 0.3%。考虑到分孔径光学系统需要完整地置于杜瓦中，并且需要承受很大的温差，因此光学系统采用了与镜片材料热膨胀系数相近的硅铝合金作为镜片的支架与外包围。虽然该方法降低了探测器的空间分辨率，但是依然取得了较好的成像效果。

2008 年，Kudenov 等利用中波红外平板偏振分束器制作了双探测器的偏振成像系统[15]。在偏振分束器前端是一个后向工作距离调节镜，通过该调节镜之后，

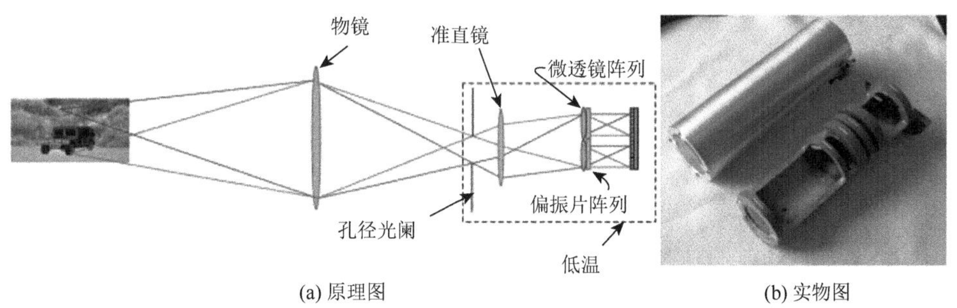

(a) 原理图 (b) 实物图

图 1.2.3 分孔径分割型偏振成像系统原理图与实物图

光线与光轴夹角变小，有利于降低由不同入射角通过偏振片造成的误差。显然，两通道并不能完成斯托克斯矢量的有效测量，因此该系统中的偏振辐射镜依然是可旋转部件。

同年，Winker 等设计并制作了一种基于液晶相位延迟器的偏振成像系统[16]，如图 1.2.4 所示，该系统通过两组液晶相位延迟器与一片偏振片的组合实现对不同偏振角的偏振光的检测。系统中的两组液晶相位延迟器在不加电状态时均等效为 1/2 波片，通过四种开关组合，实现对 0°、45°、90°和 135°角偏振光的检测。由于采用了切换频率可达毫秒级的双频液晶，系统成像帧频可达到 100 帧/s。

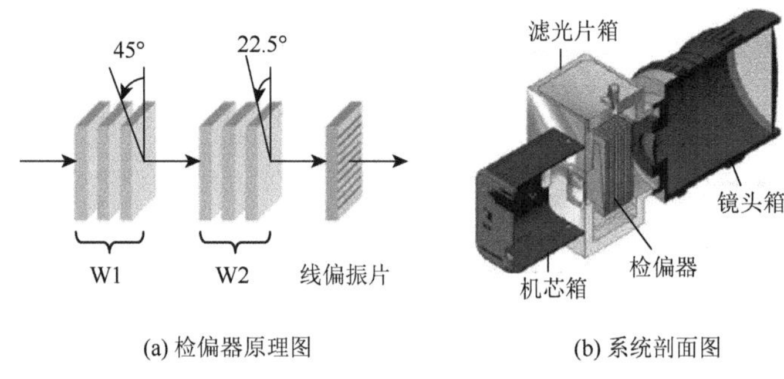

(a) 检偏器原理图　　(b) 系统剖面图

图 1.2.4　基于液晶相位延迟器的偏振成像系统

2011 年，Sarkar 等基于互补金属氧化物半导体（CMOS）工艺设计了可见光波段的偏振成像探测器[17]，如图 1.2.5 所示，该探测器原理与 Chun 等[8]所提出的方法基本相同，但由于制作该探测器的主要目的是测试工艺，探测器分为三个部分，第一部分只测试强度，第二部分只测试垂直于水平方向的偏振辐射，第三部分则测试三个不同角度的偏振辐射。该探测器的线栅填充率为 50%，消光比为 5～7dB。

2011 年，Bhandari 等设计了一种探测海洋下辐射偏振特性的多通道偏振成像系统[18]，如图 1.2.6 所示，该系统由四套光轴相互平行的成像探测器构成，且具有

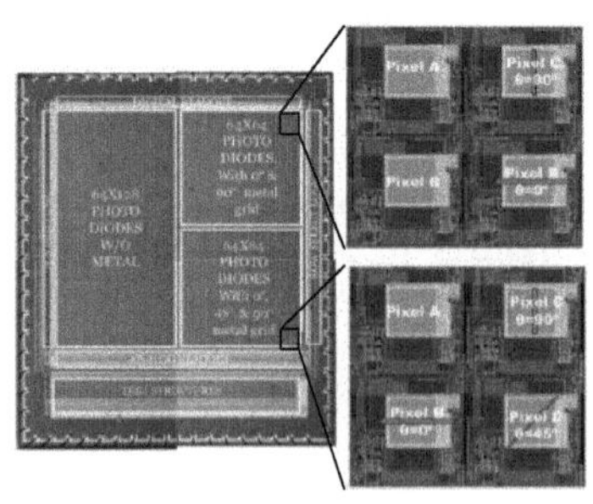

图 1.2.5　可见光波段的偏振成像探测器

图 1.2.6　多通道偏振成像系统

多光谱能力。该系统中包含了一套陀螺仪及压力传感器，以判断姿态与水深。每组成像探测器的光学系统均由试场 185°的鱼眼镜头和检偏器组成，图像分辨率为 1600×1200。经过校准后该系统对斯托克斯矢量的测量值不确定性小于 0.1%，偏振度测量值的标准差均值一般不超过 0.07。

2011 年，Li 等设计了一种可以用于 7～13μm 长波红外波段的偏振分束器（polarizing beam splitter，PBS）[19]。不同红外波段常用的线栅偏振片或者双折射方式分光，如图 1.2.7 所示，他们通过在 ZnSe 基底上镀上由 Ge 与萤石构成的膜层，实现反射与反射偏振分光。反射部分主要为 p 光，透射方向主要为 s 光，理论消光比不小于 20dB，实测结果在设计波段内基本大于 10dB。

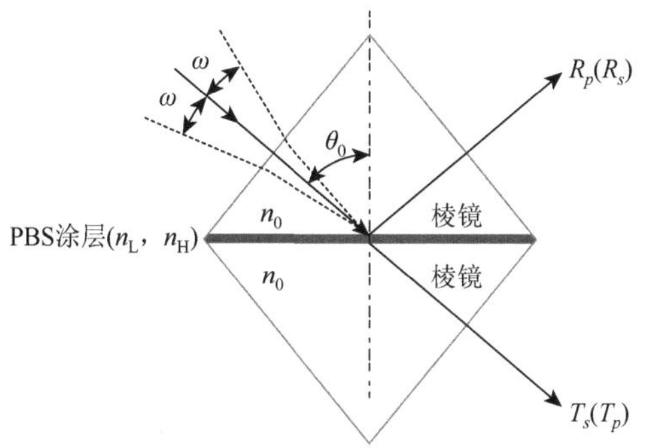

图 1.2.7　长波红外偏振分束器

2012 年，Kulkarni 等在彩色焦平面分割型偏振探测器设计上取得了新进展[20]，如图 1.2.8 所示。该探测器与前人不同之处在于：首先，该探测器的检偏角为 0°、45°、90°和 135°，能够更加快速地计算斯托克斯矢量值；其次，该探测器利用不同波长的光吸收深度不同实现了 RGB（red、green、blue）三原色探测，从而可以还原场景的光谱信息。由于探测器相邻像元间存在串扰，探测器的偏振消光比不

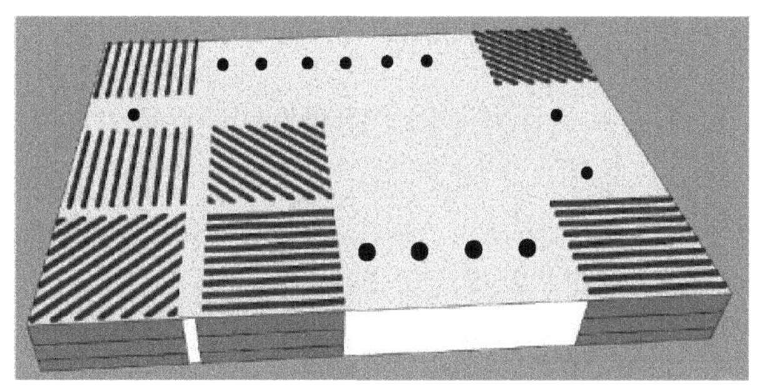

图 1.2.8　彩色焦平面分割型偏振探测器原理图

是很理想，表现最好的绿光在响应峰值处的消光比只有 7dB 左右，与直接使用偏振片作为检偏器的成像方法存在较大差距。该探测器分辨率为 168×256，帧速为 4 帧/s，动态范围为 58dB。

2012 年，Durán 等设计了一种单像元偏振成像系统[21]。需要说明的是该系统应属于主动激光照明偏振成像系统，但其对被动偏振成像的设计也有指导意义。如图 1.2.9 所示，该系统照明部分采用了偏振片（P_1、P_2）与液晶空间光调制器（liquid crystal spatial light modulator，LC-SLM）的组合，以生成包含可人工控制的调制照明，首先 P_2 出射的偏振光照射在样本物体 PO，然后通过反向扩束器（inverted beam expander，IBE），进入单元型偏振光探测器 SP（Stokes polarimeter），最后通过压缩采样算法复原出样本图形。该技术是将当前技术应用在偏振成像中的有益尝试。

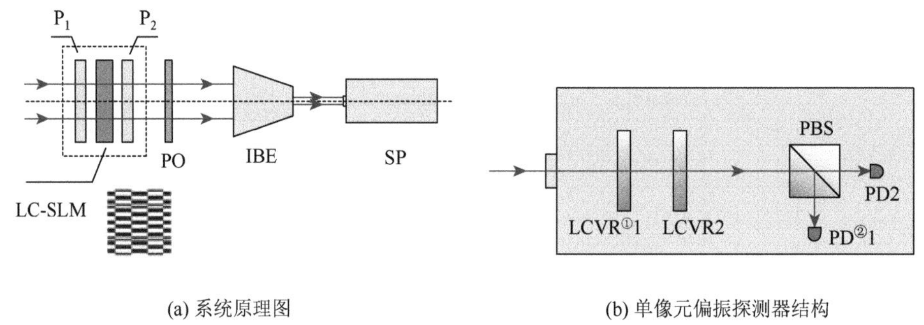

(a) 系统原理图　　(b) 单像元偏振探测器结构

图 1.2.9　单像元偏振成像系统

2013 年，George 等通过改进设计与工艺大大提高了线栅偏振片的消光比[22]。偏振片采用了铝金属线栅，线栅间距为 144nm，线栅宽度为 44nm，高度为 162nm。在中波波段（3～7μm）偏振透过率不小于 90%，平均值为 95%左右，长波波段（7～15μm）通过率不小于 70%，平均值为 75%左右，在整个波段的消光比高达 40dB，远高于现有线栅偏振片 20dB 的消光比，反射光的偏振消光比也能达到 6～8dB。

2014 年，Hsu 等首次设计并制作了能测量斯托克斯矢量所有分量的分焦平面偏振成像探测器[23]，如图 1.2.10 所示。该探测器的改进之处在于将每个偏振探测单元的检偏角度设置为 64.3°、64.3°、16.5°和 16.5°，检偏器上方又叠加了 132°相位延迟器（波片），四个波片的快轴方向与垂直方向的夹角为 15.1°、15.1°、

① LCVR：液晶可变相位延迟器（liquid-crystal variable retarder）。

② PD：光电二极管（photodiode）。

51.7°和 51.7°，从而可以得到一个包含四个未知数的四元一次方程，从而解算出目标场景的斯托克斯矢量。通常利用波长为 580nm 的线偏振光测试，该探测器对线偏振度（degree of linear polarization，DoLP）及椭圆偏振度的测量误差应该不大于 0.05。

为了应对诸如遥感、医疗诊断等不同场景，偏振测量被融合在光谱探测成像系统中。常用的技术包括通道分光偏振成像光谱仪（图 1.2.11）、傅里叶变换偏振成像光谱仪（图 1.2.12）、压缩采样偏振成像光谱仪（图 1.2.13）等[24-33]。多种探测手段相结合是成像探测技术的发展方向之一，以通道分光型偏振成像光谱仪为例，该类光谱仪没有任何移动部件，通过计算全息（computer generated hologram，CGH）光栅实现分光，尽管在一定程度上会影响系统的空间分辨率与光谱分辨率，但同时可实时获取目标场景的偏振与光谱信息。

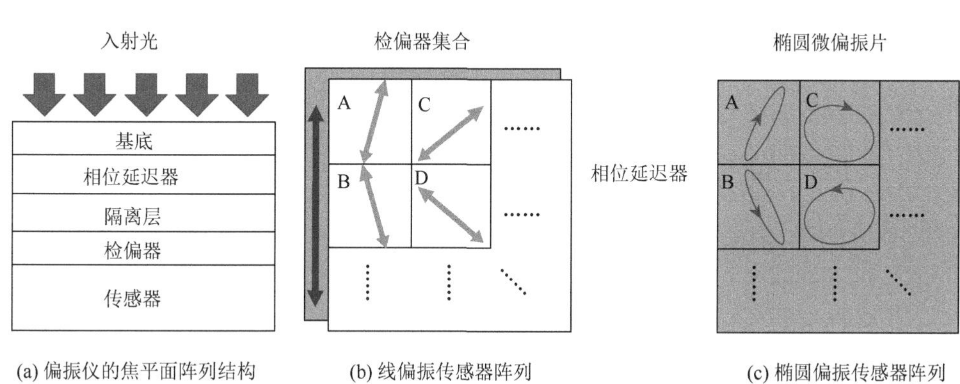

图 1.2.10　斯托克斯矢量偏振成像探测器

图 1.2.11　通道分光偏振成像光谱仪

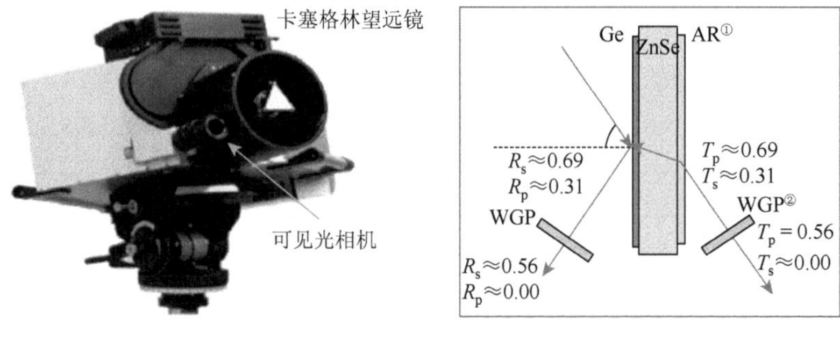

(a) 系统外观　　(b) 偏振分束镜原理

图 1.2.12　傅里叶变换偏振成像光谱仪

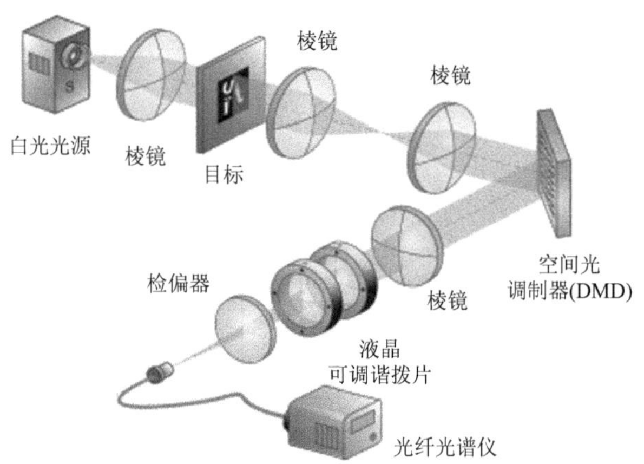

图 1.2.13　压缩采样偏振成像光谱仪

1.2.2　偏振成像系统优化的相关发展

为了更方便地计算斯托克斯矢量，偏振成像系统常用的检偏角组合主要有三种：三通道的 Pickering 方法（0°, 45°, 90°）与 Fessonkovs 方法（0°, 60°, 120°），四通道改进的 Pickering 方法（0°, 45°, 90°, 135°）。然而对于偏振测量而言，这三种组合是否是最佳方式是个值得研究的问题。

在可以查阅到的文献中，优化方法相关研究最早可以追溯到 20 世纪 90 年代。1995 年，Ambirajan 提出了一种基于行列式及其条件数的偏振测量检偏器角度优化方法[34, 35]。从理论上来讲，偏振量即斯托克斯矢量的解算其实正是一个求解四元一次方程组的过程，其方程组系数为一个 4×4 的行列式，而该行列式直接影响

① AR：抗反射涂层（anti-reflection coating）。

② WGP：线栅偏振片（wire grid polarizer）。

着测量值误差对计算结果误差的影响。行列式的条件数刚好能够表示方程对误差的放大率，根据条件数的大小可以直接判断系数行列式的病态程度，从而得到一个最佳组合。

2003 年，Sabatke 等提出可以用于分析基于旋转波片的偏振测量系统的噪声优化指标[33]，并认为相位延迟器的最佳相位差为 132°，约 3/4 波长，四通道中波片快轴角度分别设置为±51.7°与±15.1°。Hsu 等[23]所设计的斯托克斯偏振成像探测器使用的正是这种组合。

2002 年，Tyo 采用行列式条件数的方法分析最佳组合[36]。该方法与 Ambirajan 的不同之处在于，计算行列式的条件数使用的是 L2 范数，而非 Ambirajan 所使用的 L1 范数与 L∞范数。结果显示，相位延迟器作用为 0.3 波长时能够取得最佳效果，在没有特殊条件约束时，通道数越多，系统测得斯托克斯矢量值的误差越小。

2008 年，Ramos 和 Collados 基于协方差方法建立了偏振成像系统中斯托克斯矢量的噪声传递过程模型[37]。基于该模型，针对现有的四通道（解调矩阵为方阵）、八通道（解调矩阵非方阵）和理想四通道偏振成像系统，分析了解调矩阵及所得斯托克斯矢量的协方差矩阵特性。

2010 年，Goudail 和 Beniere 提出了基于标准误差传递方法的偏振度、偏振角测量误差模型[38]。其研究结果表明，若 N 通道或者 N 次测量的入射光通量总量不变且检偏角均匀分布，当 $N\geqslant 5$ 时，系统解调出的偏振度、偏振角噪声特性与场景辐射的偏振特性基本不相关；当探测器噪声为加性噪声时，解调所得偏振度、偏振角噪声会随 N 值的增大而增大；当探测器噪声为散粒噪声时，该噪声会随 N 值的增大而减小。

偏振成像系统的成像过程（包括获取斯托克斯矢量图像及偏振度、偏振角图像）本质上是解调计算的过程，根据系统对最终获取数据的要求不同，检偏角优化组合方法也不尽相同，其运用的数学方法包含了行列式条件数、协方差等。由于该研究较为理论化，相关研究还不是很丰富，还有进一步研究的潜力。

1.2.3　偏振成像应用相关研究进展

偏振图像可以显示出传统强度图像中所不能体现的一些场景辐射特性，被运用于机器视觉、遥感、生物医学成像及工业控制等方面。

红外偏振成像目标探测技术建立在对自然场景中各种背景及目标的红外辐射特性研究分析的基础上，并结合了图像处理等技术，进一步增加了目标的可探测性。

早在 1989 年 Due 就开始尝试利用偏振增强成像系统的目标探测能力[39]。他们在 CCD 成像器件及第三代微光夜视设备前端分别安装了可旋转的偏振片。偏振片的转速在 0.83～13.2cps①区间连续可调。但实验结果似乎并不理想，由于夜视成像设备的噪声限制，偏振成像并不能够有效地改善目标探测效果。

1990 年，Wolff 开展了利用偏振成像进行目标材质识别的研究[40]。当时偏振成像应用还处于探索阶段，因此理论并不复杂，针对的也是满足镜面反射的目标物体。实验证明，偏振成像能够有效地辨别金属材质与非金属材质的镜面反射表面。

1992 年，Cooper 等分析了红外偏振成像在存在耀光的海面环境中的目标探测能力[41]。当太阳天顶角为 65°时，海面耀光在中波红外波段的最大偏振度可以达到 35%，而长波红外波段偏振度相对较低。若目标的红外辐射是无偏的，则利用中波红外偏振成像可以在一定程度上提高海面的太阳耀光区域的目标与背景的对比度。他们将偏振对成像的改善程度定义为偏振改善因子 F，计算所得海面耀光偏振度及改善因子值。实验结果表明：在可见光和中波红外波段，偏振成像能够明显提高成像系统在耀光区域的成像效果，长波红外偏振成像的改善效果相对较小。

1996 年，Cooper 等改进了偏振成像评价方法，提出了对比度增强系数评价偏振成像对目标探测效果的改善程度[42]。实验发现，在海面环境中，舰船目标的偏振度一般不超过 5%；长波红外（8～12μm）偏振成像的对比度能提升 30%左右；受到太阳耀光等的影响，中波红外偏振成像提升效果略逊。

1995～1999 年，Nee 等分析利用圆偏振探测目标的可行性[43-45]。通过建立场景模型可以计算出：当所观测的区域海面存在太阳耀光时，海面上空的目标（如导弹等）表面涂层产生的反射辐射可能存在较为可观的圆偏振量。由于海面背景自生的圆偏振分量极弱，因此可以提高该环境下的目标探测能力。为了量化地分析海面环境中的目标探测能力，将红外探测器性能指标噪声等效温差与最小可探测温差转换为相应的噪声等效辐照度（noise equivalent irradiance，NEI）与最小可探测辐照度（minimum detectable irradiance，MDI）。仿真实验表明：耀光区域目标与背景的强度量 I 及圆偏振量 V 值均大于 MDI；在探测距离小于 15km 时，目标的圆偏振辐照度值总是大于 MDI，海面背景的圆偏振量则远小于成像系统的 MDI 与 NEI。

1999 年，Guimaraes 结合最小可分辨温差（minimum resolvable temperature difference，MRTD）与约翰逊准则建立了红外偏振成像技术的最大探测与识别距离模型[46]。计算结果表明：利用偏振技术的最大探测识别距离可以提高 20%左右。

2000 年，Yildirim 建立了基于目标-背景表观温差的红外偏振成像目标探测距离模型[47]。该模型不改变红外成像系统原有的探测能力评价指标 MRTD，而是将目标与背景因偏振度差异引起的检偏后辐亮度差异转换为相应的等效温差，并将该值与红外成像系统的 MRTD 值进行对比，从而得到检偏后的探测识别距离。计

① cps：转速周期每秒，1cps = 1Hz。

算结果表明：采用垂直方向偏振片滤波的第二代红外热成像探测系统，相对于强度成像系统的最大探测、识别及认清距离均有所提高。该模型并没有考虑偏振片通过率对探测距离的影响，且其温差计算没有与探测器参数相结合，导致该方法依然存在一些缺陷。

2006 年，Sadjadi 指出目标的偏振信息在观察者所使用的观测平台的观测姿态发生偏转时，斯托克斯矢量的 Q、U、V 分量会发生变化[48]。由于斯托克斯矢量在不同坐标系中的转换属于线性变换过程，基于不变量理论可以得到若干一阶与二阶不变量，从而使得利用斯托克斯矢量对目标进行识别与跟踪更具可行性。作者利用仿真图像验证后发现，给出的一阶与二阶不变量在空间坐标系转换的过程中始终保持较好的稳定性，具有应用价值。

除了可以用于海面环境中目标探测之外，偏振成像还可以用于伪装目标探测与识别、3D 成像、物体表面材质区分等。例如，Cremer 等曾将其用于浅埋地雷与地表地雷的探测，如图 1.2.14 所示，利用偏振成像可以相对容易地从杂乱的草地背景识别出疑似地雷的目标[49-51]。

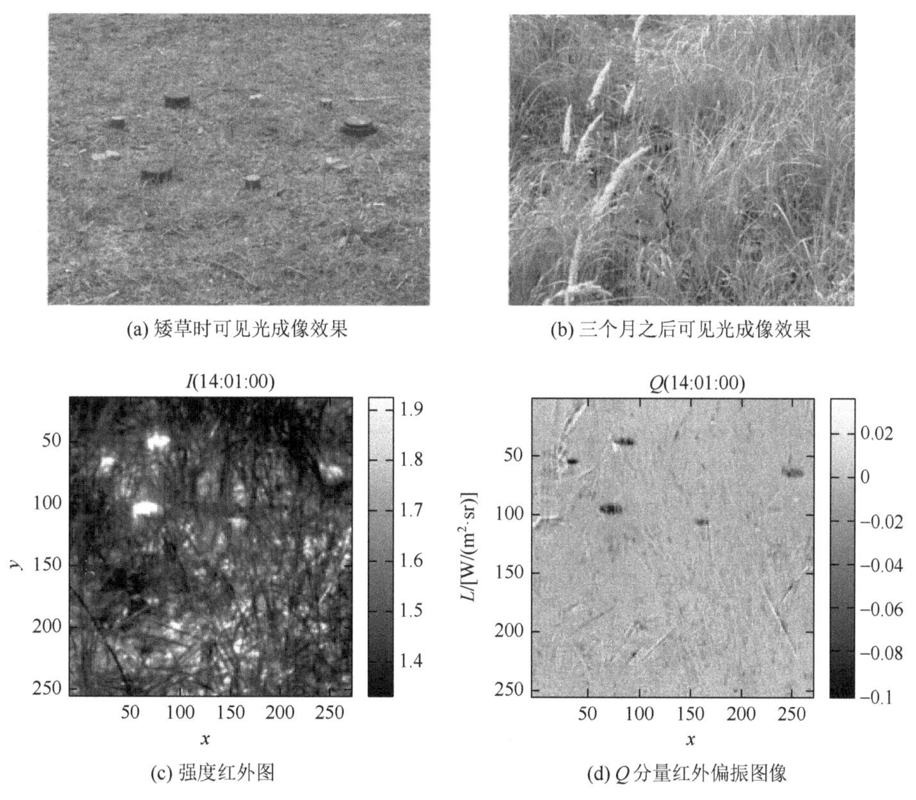

(a) 矮草时可见光成像效果 (b) 三个月之后可见光成像效果

(c) 强度红外图 (d) Q 分量红外偏振图像

图 1.2.14 室外浅埋地雷与地表地雷的探测实验

2008 年，Connor 等将原本常用于多光谱或高光谱成像目标探测的 RX 异常检测算法引入偏振成像的小目标或点目标探测[52]中，使用由强度图像、斯托克斯矢量图像、偏振度、偏振角图像组成的三维矩阵代替多光谱图像矩阵；同时指出偏振信息图像融合能够增强人眼的识别能力，可应用于目标自动识别等方面。

1.2.4 透明介质三维面形偏振成像测量技术及其研究现状

1979 年，Koshikawa 首次提出用偏振方法测量光滑表面的形状[53]。1987 年 Wolff 提出了利用镜面反射光的偏振特性测量光滑曲面面形[54-56]。1995 年，Partridge 提出基于红外辐射偏振特性的透明介质面形测量技术[57]，并开展了消除入射角歧义解的研究。

图 1.2.15 是透明介质三维面形偏振成像测量示意图，光源照射到被测目标上一点，镜面反射光线被偏振成像系统接收。定义入射光、反射光和曲面法向量所在平面为入射面。建立成像系统坐标系，假设反射光线平行于探测器光轴，曲面法向量可表示为入射角 θ_{i} 和入射面方位角 Φ 的函数[55, 56, 58-62]

$$\boldsymbol{n}_{\mathrm{w}}=\left[\sin\theta_{\mathrm{i}}\cos\Phi,\quad \sin\theta_{\mathrm{i}}\sin\Phi,\quad \cos\theta_{\mathrm{i}}\right] \tag{1.2.1}$$

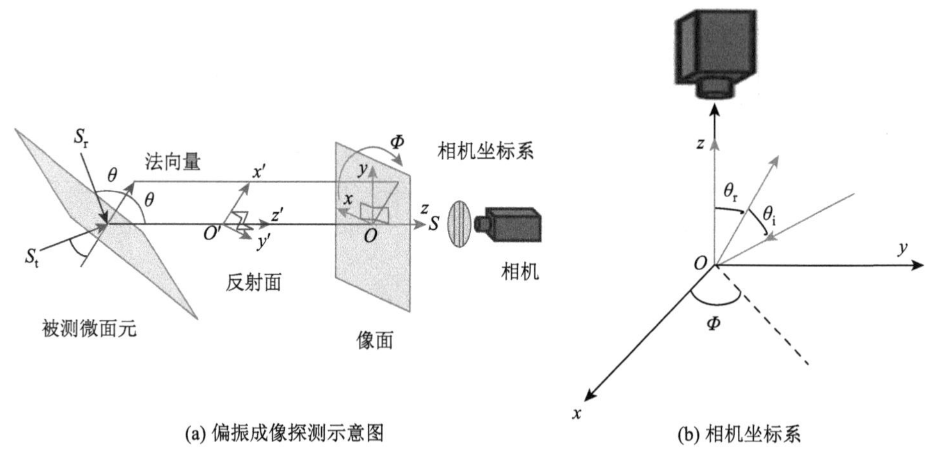

(a) 偏振成像探测示意图 (b) 相机坐标系

图 1.2.15 透明介质三维面形偏振成像测量示意图

自然光入射到光滑表面发生镜面反射，反射光为部分偏振光，$\boldsymbol{s}$ 分量占优，可以用 $\boldsymbol{s}$ 分量的振动方向近似表示反射光的振动方向[47]，即反射光的偏振角 φ 等于从偏振图像重构得到的反射光的偏振角 AoP_{XY}，记为 $\boldsymbol{s}$ 分量近似条件。因此，反射光的偏振角 φ 与入射面的方位角 Φ 存在 90°的夹角，即

$$\Phi=\varphi\pm 90°=\mathrm{AoP}_{XY}\pm 90° \tag{1.2.2}$$

入射面的方位角 Φ 存在两个可能的取值，即入射面的方位角存在不确定性。

根据菲涅耳定律，镜面反射光的线偏振度（DoLP）是入射角 θ_i 和介质折射率 n 的函数

$$\mathrm{DoLP}=\frac{I_{\max}-I_{\min}}{I_{\max}+I_{\min}}=\frac{2\sin^2\theta_i\sqrt{n^2-\sin^2\theta_i-n^2\sin^2\theta_i-\sin^4\theta_i}}{n^2-\sin^2\theta_i-n^2\sin^2\theta_i-2\sin^4\theta_i} \tag{1.2.3}$$

如图 1.2.16 所示，任何小于 1 的偏振度都对应两个可能的入射角 θ_{small} 和 θ_{large}，分别位于布儒斯特角 θ_B 的两侧，即入射角存在双值性。

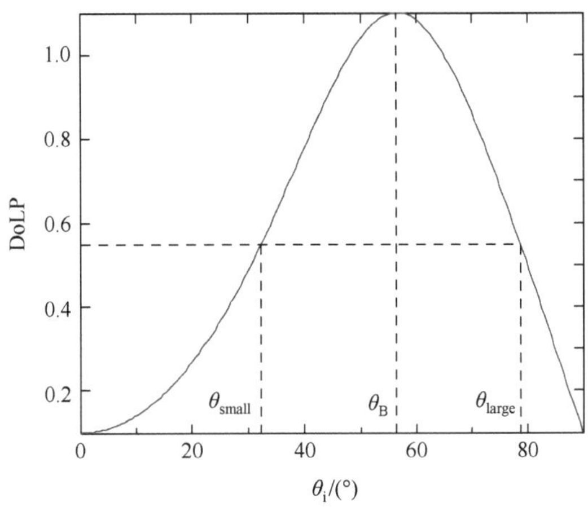

图 1.2.16　镜面反射光的线偏振度和入射角

1999 年，Saito 等提出通过测量被测曲面反射光的偏振特性实现对透明介质的面形测量[59]。实验装置如图 1.2.17（a）所示，3 盏灯相互呈 120°照射白色球形光扩散器，构成漫射无偏光源；直径为 6cm，折射率为 1.55 的塑料球作为被测物体，置于白色球形中心，在白色球形顶端开一个小孔用于放置偏振成像系统；通过旋转偏振片的分时偏振成像方式采集偏振图像。计算得到的被测曲面法向量图如图 1.2.17（b）所示，图中向量方向关于目标中心旋转对称，与被测目标的实际法向量一致。图 1.2.17（c）给出计算入射角和实际入射角的差值图像，入射角越小，测量误差越大。

2008 年，Zappa 与 Pezzaniti 联合提出了一种基于偏振成像技术测量水面短波纹二维倾角的方法，漫射无偏的天空光作为入射光，通过偏振成像系统获取入射光和反射光偏振特性的关联，从而推断出视场中图像的瞬时二维偏振度和偏振角。图 1.2.18 给出了实验中使用的全斯托克斯成像偏振计的分光设计，根据实验数据处理得到的水面波纹二维倾角分布如图 1.2.19 所示[63, 64]。

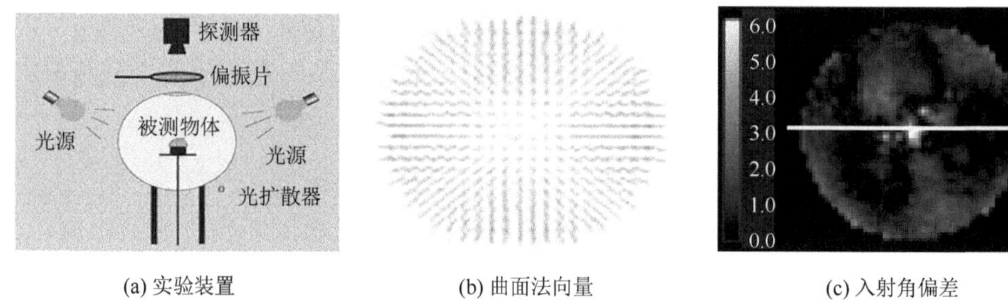

(a) 实验装置　　(b) 曲面法向量　　(c) 入射角偏差

图 1.2.17　1999 年日本东京大学透明介质面形偏振成像测量实验数据

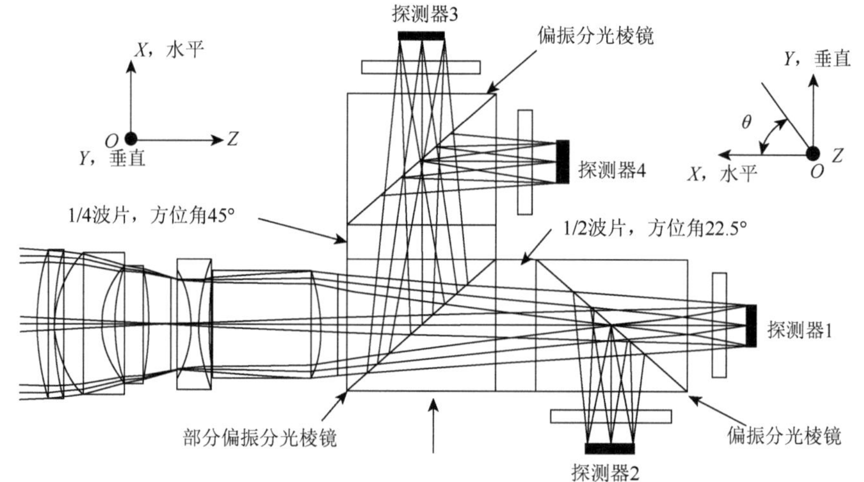

图 1.2.18　全斯托克斯成像偏振计分光设计

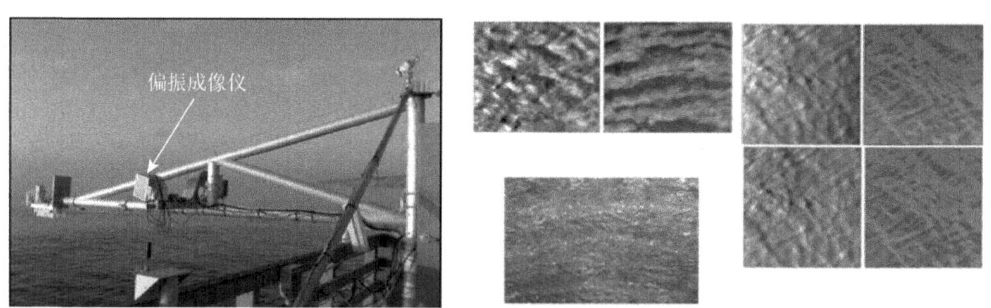

(a) 港口实验场景　　(b) 测量得到的水面波纹（左：实验室，右：港口）

图 1.2.19　实验室和港口水面波纹的二维倾角分布

2010 年，Vedel 提出折射率匹配的概念[65]用于透明介质面形偏振成像测量。如图 1.2.20 所示，被测物体内部和下表面的体反射引起测量误差，玻璃-光密介质

（载物台）的交界面会产生干扰反射光，干扰反射光从被测物体内部折射到被测曲面和空气的交界面，对测量造成干扰。在被测玻璃模板和光密介质之间涂抹折射率匹配液，能够有效减小玻璃-光密介质交际面产生的反射光，进而减小其对测量结果的干扰，如图 1.2.21 所示。实验装置如图 1.2.22 所示，采用积分球照明，将被测物体放在积分球球心，积分球上端开孔用于放置偏振成像仪器，偏振成像仪器采用某公司的线偏振相机。曲面测量结果如图 1.2.23 所示。

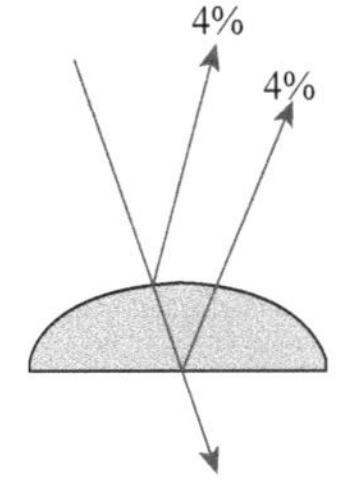

(a) 物体下表面引入误差

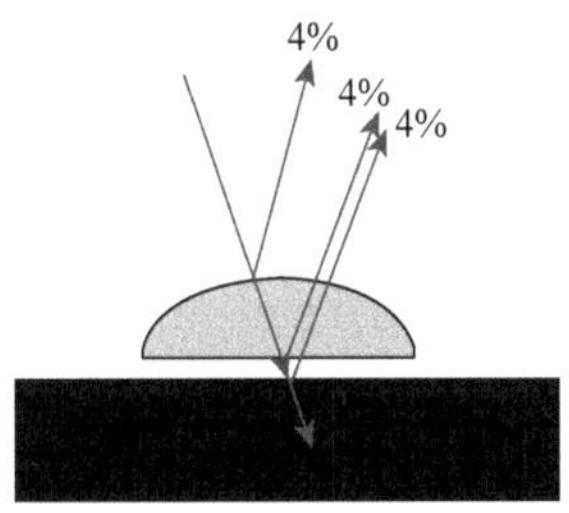

(b) 下表面及载物台引起的误差

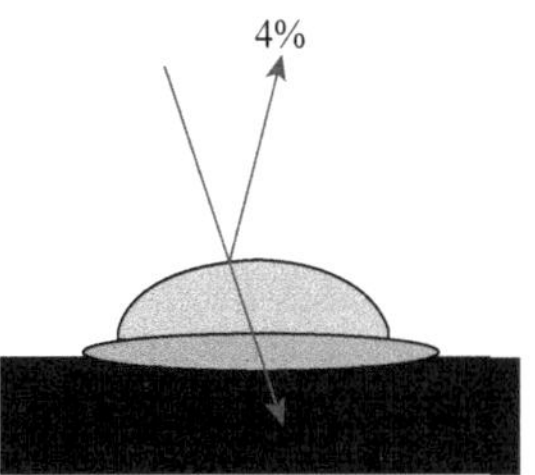

(c) 匹配液减小误差

图 1.2.20 折射率匹配示意图

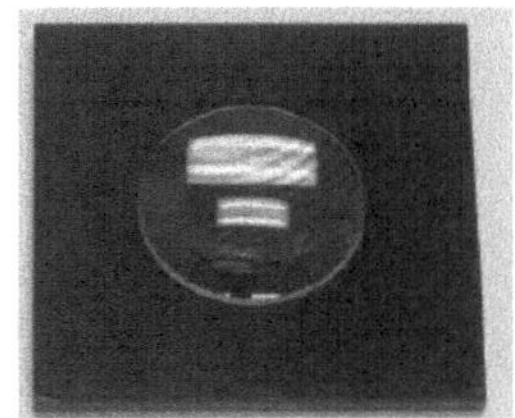

(a) 物体下表面引入误差

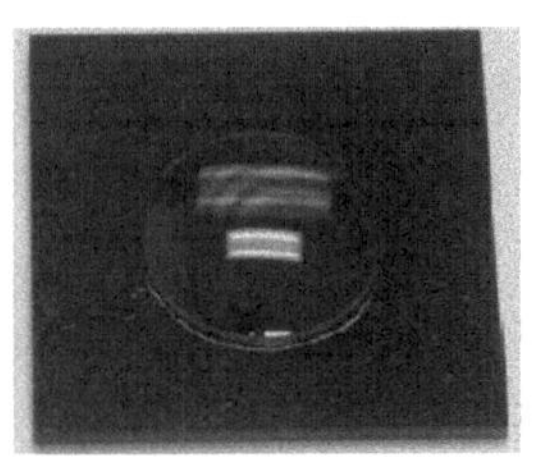

(b) 下表面及载物台引起的误差

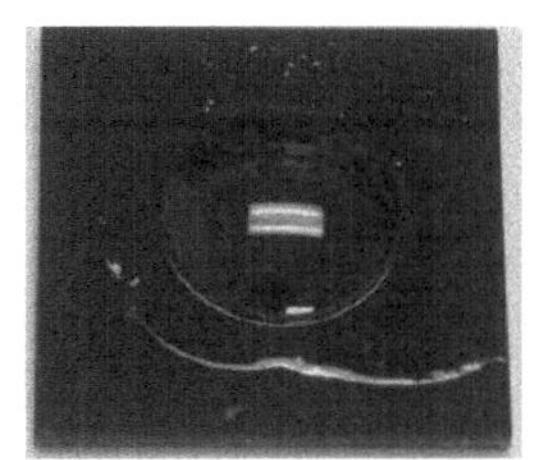

(c) 匹配液减小误差

图 1.2.21 折射率匹配实物图

(a) 积分球

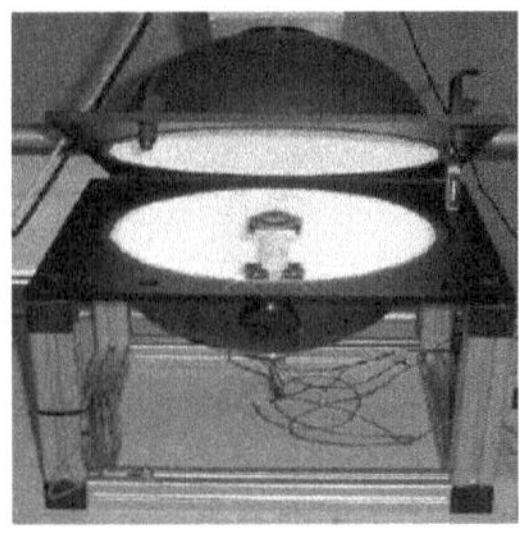

(b) 积分球内部

(c) 探测器实物

图 1.2.22 折射率匹配偏振成像测量透明介质面形实验装置

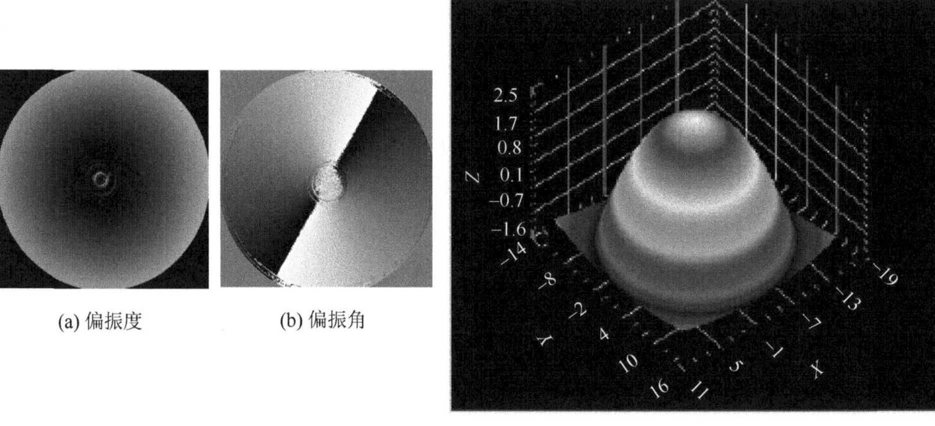

(a) 偏振度　(b) 偏振角　(c) 重建三维面形

图 1.2.23　折射率匹配曲面测量结果

从 2006 年开始，杨进华等对基于反射偏振分析的透明介质形状检测与三维重建进行了研究[66-75]。假设平面是一个笛卡儿曲面 $z=f(x,y)$，建立坐标系如图 1.2.24 所示，$\boldsymbol{n}$ 代表法向矢量，θ 是法线与 z 轴的夹角，φ 为法线与 x 轴的夹角。法向矢量 $\boldsymbol{n}$ 可以表示为

$$\boldsymbol{n}=\left(\tan\theta\cos\varphi,\ \tan\theta\sin\varphi,\ 1\right) \tag{1.2.4}$$

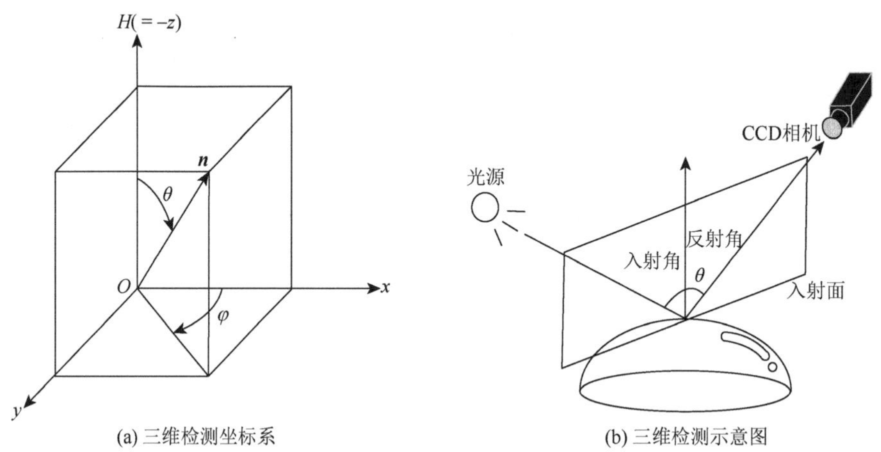

(a) 三维检测坐标系　(b) 三维检测示意图

图 1.2.24　确定物体表面法向量方法示意图

根据偏振图像求出角度 θ 和 φ，通过求积分确定表面 $z=f(x,y)$。

$$\rho=\frac{2\sin^2\theta\cos\theta\sqrt{n^2-\sin^2\theta}}{n^2-\sin^2\theta-n^2\sin^2\theta+\sin^4\theta} \tag{1.2.5}$$

根据反射光的偏振特性，平行于入射平面方向上存在光强的最小值，即通过测量光强最小时所对应的偏振片角度，就可以确定入射平面角 φ。根据偏振度和入射角 θ 的关系可确定入射角 θ。

为了得到面光源，采用光扩散体，实验装置如图 1.2.25（a）所示，利用 8 个 100W 的白炽灯泡作为点光源，以 45°间隔均匀分布。球形漫反射体是玻璃材料，直径为 35cm。被测物体放置在漫反射球中央，漫反射球作为非偏振球形光源照射该物体。黑白 CCD 相机通过漫反射球顶部的一个小孔观测物体，面形重建效果如图 1.2.25（b）和（c）所示。

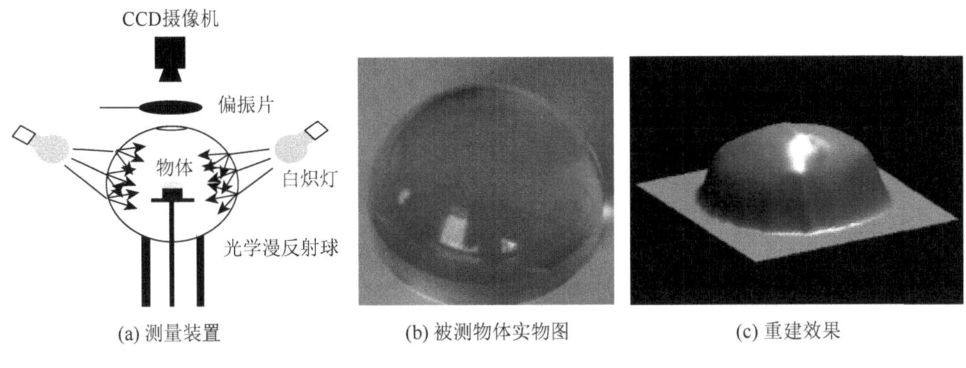

(a) 测量装置 (b) 被测物体实物图 (c) 重建效果

图 1.2.25 实验装置

2011 年，邓雪娇开展了透明介质三维面形偏振测量研究[76]。曲面法向量的测量原理与式（1.2.4）所示原理相同，采用 Zernike 多项式拟合曲面高度。对光学平晶垂直光路开展偏振测量实验，分别采集 0°、60°、120°三分偏振分量图像，如图 1.2.26 所示。偏振度图像、偏振角图像、Zernike 多项式曲面重建高度如图 1.2.27 所示。

(a) 0° (b) 60° (c) 120°

图 1.2.26 采集得到的 0°、60°、120°三分偏振分量图像

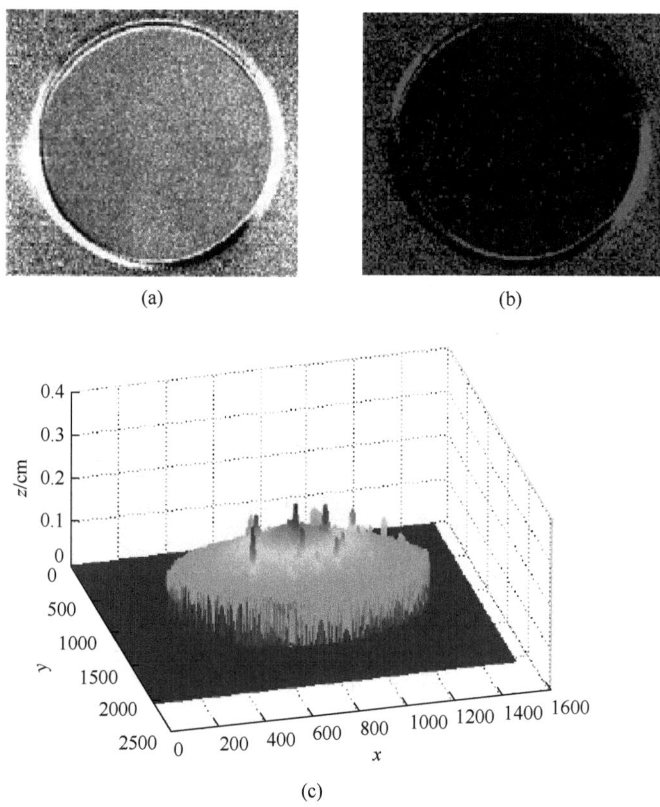

图 1.2.27　偏振度（a）、偏振角（b）和曲面重建高度（c）图像

1. 入射角的歧义解

图 1.2.17（c）所示入射角 θ_i 关于偏振度（DoLP）的歧义解，只要确定入射角 θ_i 相对于布儒斯特角 θ_B 大小，就可获得唯一确定的入射角 θ_i。入射角 θ_i 的歧义解会引起被测曲面法向量 n_w 的歧义解。为此，国内外已陆续提出了几种消除入射角不确定性的方法。

1）旋转测量法

Miyazaki 分析被测曲面反射光偏振度的一阶微分，确定入射角 θ_i 相对于布儒斯特角 θ_B 的大小[77-81]。如图 1.2.28（a）所示，旋转被测物体，分别采集旋转前后被测物体的两组偏振图像，计算这两组偏振度数据的差值。由图 1.2.28（b）所示的偏振度及其一阶微分特性可知，当入射角 θ_i 小于布儒斯特角 θ_B 时，偏振度的一阶微分大于 0，当入射角 θ_i 大于布儒斯特角 θ_B 时，偏振度的一阶微分小于 0。因此，可以根据旋转前后两组偏振度数据的差值确定入射角 θ_i 与布儒斯特角 θ_B 的相对大小，进而获得唯一确定的入射角 θ_i。

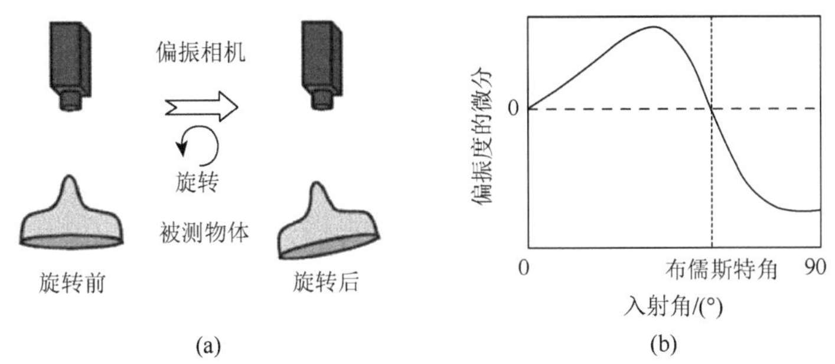

图 1.2.28　旋转测量法示意图（a）及偏振度的一阶微分特性示意图（b）（$n = 1.5$）

2）可见光、红外双波段测量方法

Partridge 和 Saull[57]及 Miyazaki 等[80]分别于 1995 年和 2002 年提出在可见光波段和红外波段分别采集被测物体的偏振图像，来获得唯一确定的入射角 θ_i。可见光波段偏振度和入射角 θ_i 的关系、红外波段（3～5μm）偏振度和入射角 θ_i 的关系如图 1.2.29 所示。在红外波段，偏振度是入射角 θ_i 的增函数，偏振度和入射角存在一一对应关系。因此，将可见光波段的偏振数据和红外波段的偏振数据结合，可以获得唯一确定的入射角 θ_i。

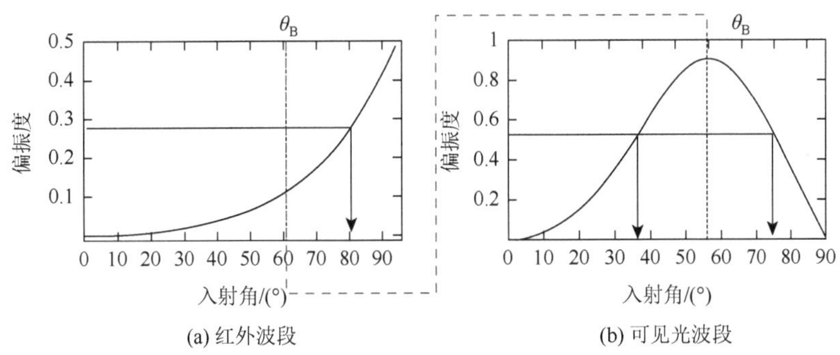

图 1.2.29　偏振度和入射角的关系图（$n = 1.5$）

3）漫反射入射角歧义消除方法

Atkinson 和 Hancock 于 2004～2006 年[82-84]、Mahmoud 等于 2012 年[85]分别提出利用漫反射光来消除入射角 θ_i 的歧义解。如图 1.2.30（a）所示，漫反射光的偏振度是入射角 θ_i 的增函数，存在一一对应的关系。首先，利用镜面反射的偏振数据获得两个可能的入射角 θ_{small} 和 θ_{large}；然后，利用漫反射光的偏振度剔除歧义解。此方法尚存在镜面反射和漫反射成分的分离问题及漫反射能量弱的问题。

4）可见光双波长方法

2012 年，Stolz 等提出可见光双波长入射角歧义解消除方法，通过分析偏振度关于波长的微分，消除入射角的歧义解[86]。如图 1.2.30（b）所示，测量两个波长

的偏振度 $\rho_{\lambda1}$ 和 $\rho_{\lambda2}$，其中 $\lambda_1 > \lambda_2$；计算偏振度关于波长的差分 $\Delta\rho = \rho_{\lambda1} - \rho_{\lambda2}$；如果 $\Delta\rho>0$，则取 $\theta_i = \theta_{small} < \theta_B$，否则取 $\theta_i = \theta_{large} > \theta_B$。

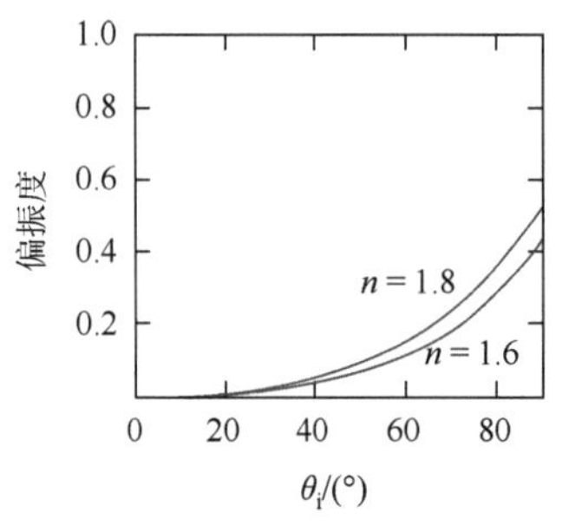

(a) 漫反射光的偏振度和入射角θ_i

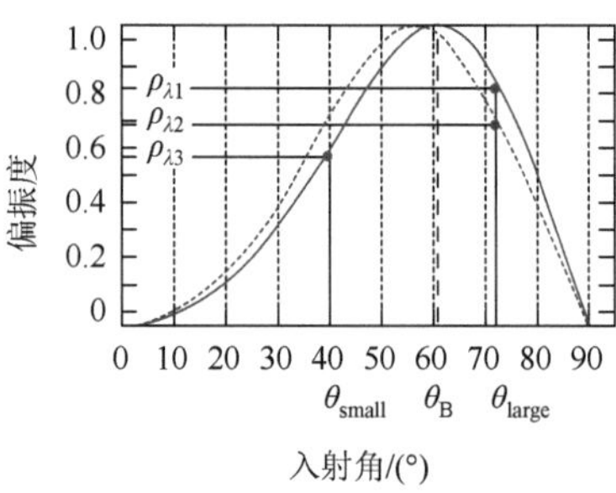

(b) 偏振度和入射角，λ_1=655nm，λ_2=472nm

图 1.2.30　消除入射角歧义解

2. 入射面方位角的歧义解

根据式（1.2.2），当镜面反射光的偏振角 φ 确定后，存在两个可能的入射面方位角，且这两个入射面方位角相差 180°。2005～2006 年，Morel 等提出采用主动照明的方法消除入射面方位角的歧义解[61, 87, 88]。主动照明光源由环形光源和漫射半球穹顶构成，环形光源由 LED 阵列构成，可分别控制四个象限的开关，照明光线四象限的分割和探测器坐标轴存在夹角 $\beta\in[0, \pi/2]$，如图 1.2.31 所示。偏振角 φ 和入射面方位角 Φ 的关系式（1.2.2）改进为

$$\Phi = \begin{cases} \varphi - \dfrac{\pi}{2} + 0 \\ \varphi - \dfrac{\pi}{2} + \pi \end{cases} \tag{1.2.6}$$

为了消除入射面方位角的歧义解，定义参量 I_{quad}，其计算方法如图 1.2.31 所示：二值图像 I_{bin1} 区分法向量的东、西指向，通过比较东侧光照明和西侧光照明获得的两组图像的差值得到；二值图像 I_{bin2} 区分法向量的南、北指向，通过比较南侧光照明和北侧光照明获得的两组图像的差值得到。I_{quad} 区分法向量在西北、东北、西南、东南四个方向的指向，其表达式为

$$I_{quad} = 2I_{bin1} + I_{bin2} \tag{1.2.7}$$

此时反射面方位角的取值为

$$\Phi = \begin{cases} \varphi - \pi/2, & \text{法向量指向南侧} \\ \varphi + \pi/2, & \text{法向量指向北侧} \end{cases} \tag{1.2.8}$$

利用式（1.2.8）消除入射面方位角取值的歧义解前后的入射面方位角图像如图 1.2.32 所示。

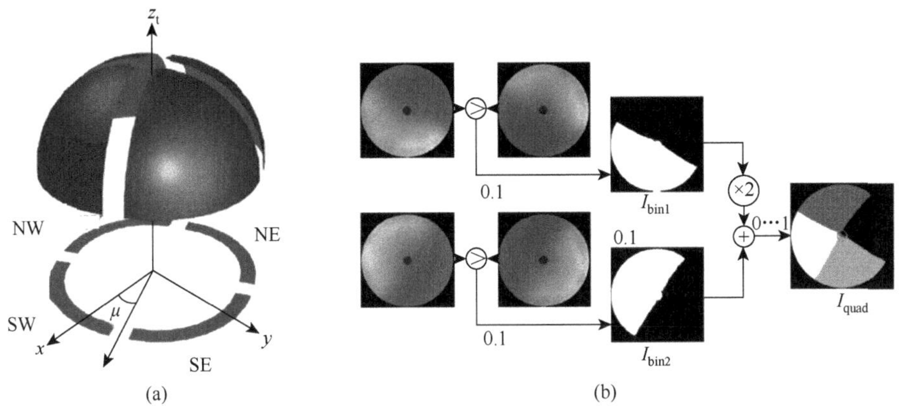

图 1.2.31 主动照明消除入射角歧义解的部件分解图（a）和 I_{quad} 的计算方法（b）

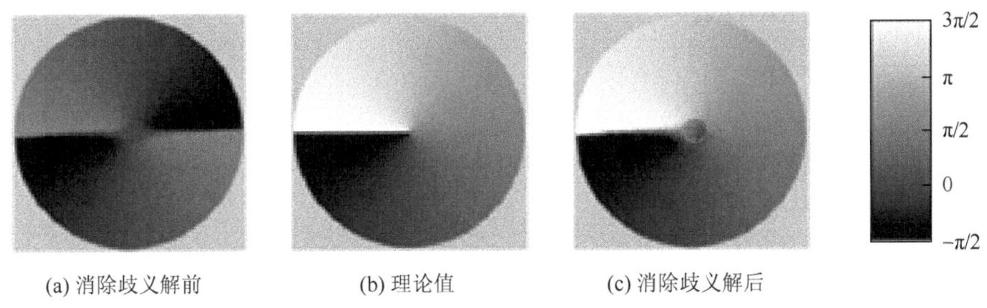

图 1.2.32 入射面方位角图像

3. 曲面高度重建算法研究现状

透明介质三维面形偏振测量方法给出待测曲面的坡度数据，进一步需要研究从法向量/坡度数据重建曲面高度的算法。假设被测曲面的高度函数为 $z(x, y)$，垂直投影到 x-y 图像平面上的 Ω 区域，则区域 Ω 上的任一离散点（x, y）的梯度值（p, q）表达式为[89, 90]

$$p(x,y)=\frac{\partial z(x,y)}{\partial x}, \qquad q(x,y)=\frac{\partial z(x,y)}{\partial y} \tag{1.2.9}$$

如果曲面 z 是连续的，那么它的二阶混合倒数为 0，即

$$p_y=q_x \iff \frac{\partial^2 z}{\partial x \partial y}=\frac{\partial^2 z}{\partial y \partial x} \tag{1.2.10}$$

然而，由于系统噪声等各种因素的影响，实际面形测量获得的法向量/坡度数据不满足式（1.2.10）所示的可积分约束条件。因此，如果采用“点法式曲面方程”局部积分重建曲面高度，则曲面高度重建结果与积分路径有关，而且由于积分过程中的累积效应，重建的曲面高度比曲面坡度数据中的噪声更加严重，具有

噪声积分效应[91]，因此“点法式曲面方程”局部积分重建曲面高度不可行，需要研究可行的曲面高度重建算法。

针对上述问题，国内外提出了多种重建曲面高度的算法[92-97]，典型算法包括泊松解法[98]、弗兰科特-切拉帕（Frankot - Chellappa）法[99]、*M*_估计（*M*_estimator）法[100]、抗差估计（Regularization）算法[100]和 Affine Transform[100]等，文献[100]对已有的算法进行了总结归纳，提出了一个通用算法模型。该模型涵盖了现有的多种曲面高度重建算法，最小化 n 阶目标函数 J 重建曲面高度。

$$J(z)=\iint E(z,p,q,z_{x^a y^b},p_{x^c y^d},q_{x^c y^d},\cdots)\mathrm{d}x\mathrm{d}y \tag{1.2.11}$$

$$z_{x^a y^b}=\frac{\partial^k z}{\partial x^a \partial y^b},\quad p_{x^c y^d}=\frac{\partial^{k-1} p}{\partial x^c \partial y^d},\quad q_{x^c y^d}=\frac{\partial^{k-1} q}{\partial x^c \partial y^d} \tag{1.2.12}$$

式中，E 是连续可微分函数；a、b、c 和 d 是非负整数，满足 $a+b=k$、$c+d=k-1$，对于 a、b、c、d 的任意组合成立。当取不同的权重系数时，各算法在通用算法模型中的位置如图 1.2.33 所示。

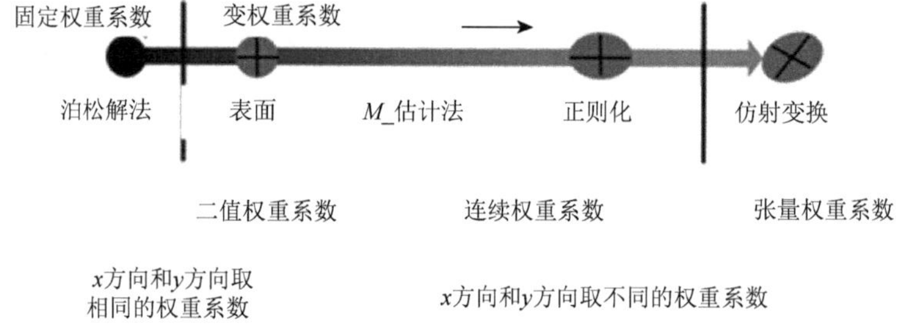

图 1.2.33　不同的曲面高度重建算法在通用算法模型中的位置

分别采用泊松解法、弗兰科特-切拉帕法、正则化算法、抗差估计算法（包括 *M*_估计，仿射变换）从有噪声的梯度重建曲面高度，图 1.2.34 为仿真数据重建效果，图 1.2.35 为实测数据重建效果，抗差估计的重建效果对噪声比其他算法（如泊松解法、弗兰科特-切拉帕法、正则化算法）敏感，且丢失了很多细节信息。抗差估计算法较完整地重建了曲面高度信息，细节重建效果良好，且对噪声具有抑制作用。

综上所述，透明介质三维面形偏振成像测量方法涉及偏振成像系统和透明介质三维面形偏振测量技术，目前相关的技术研究尚存在一些问题。

（1）目前的研究和应用大多针对偏振检测或者近轴成像范畴，随着偏振成像应用的发展，大视场轴外斜光束成像已普遍使用。与近轴光束不同，斜光束通过检偏器时光束方向与检偏器面不再接近垂直，使得斜光束通过检偏器的状态偏离近轴光束。然而，目前对于这种状态的研究很少。

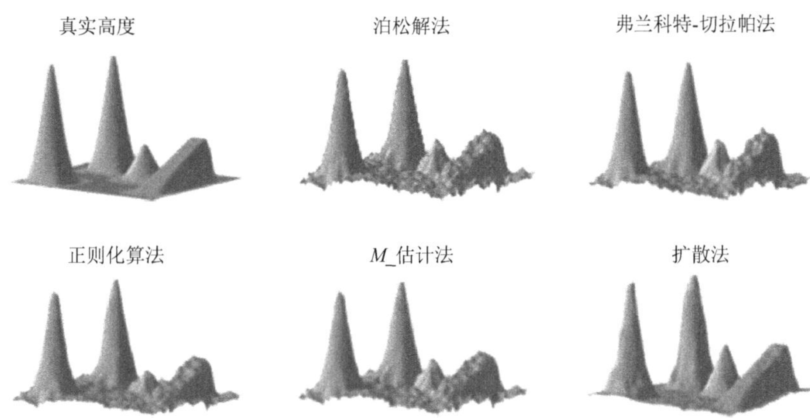

图 1.2.34 不同高度重建算法对仿真曲面的重建效果

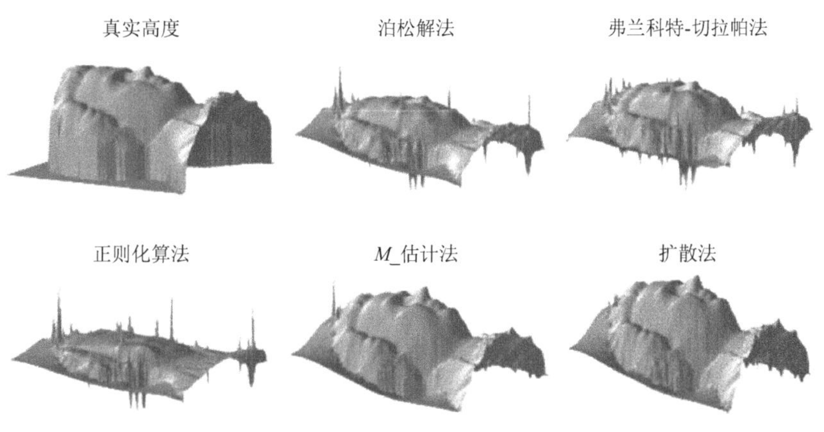

图 1.2.35 不同高度重建算法对 Mozart 头像的重建效果

（2）偏振成像系统往往较复杂，边缘视场可能存在渐晕效应，且系统内部光学表面会改变入射光的偏振态，这些都可能严重影响系统的探测精度。对偏振成像系统的标定是降低或消除这些因素影响的有效方法。然而，现有的平均或者局域平均仪器矩阵标定方法仍有较大的误差。

（3）自然光被介质面反射后变为部分偏振光，虽然菲涅耳公式给出了介质面反射光和透射光分量与入射光分量的关系，但是菲涅耳公式未直接分析自然光入射时反射光偏振角与入射角的物理关系。另外，由偏振度求解入射角时存在双值歧义解问题，难以唯一确定入射角。现有的消除歧义解方法及测量装置较复杂，对于基于海面波纹检测或水下目标探测等应用并不实用。

以上问题直接影响偏振成像检测的准确性，是水面波纹偏振成像检测必须研究解决的科学问题和关键技术。

1.3 光电偏振成像的实现模式

偏振成像技术[101-103]利用光电成像器件获取目标景物辐射的偏振态信息，不仅可获得目标光学辐射的光强度信息，而且可获得偏振度、偏振角、偏振椭率和辐射率等参数信息，增加被探测目标场景的信息量。因而，偏振成像技术在地质勘探[104, 105]、海洋开发[105]、海面目标探测和分类[106]、水面波纹测量[107, 108]、生物医学[109-111]和空间探测[112-116]等领域展现出广泛的应用前景。自偏振成像首次提出以来[117]，随着光电成像技术的发展及应用需求的不断提高，偏振成像技术得到迅速发展，各种偏振成像方法持续不断地发展。根据获取偏振态图像的方式，可以将偏振成像仪器大致分为分时和同时两种模式。其成像模式和特点对比如表 1.3.1 所示。

表 1.3.1 分时/同时偏振成像优缺点比较

偏振成像模式		偏振态	特点
分时偏振成像	偏振片起偏	线偏振	不适用于动态场景
同时偏振成像	分振幅	线偏振	适用于动态场景；能量利用率低
	分孔径	线偏振	适用于动态场景；损失分辨率
	微偏振片-焦平面阵列	线偏振	适用于动态场景；损失分辨率
	微波片-焦平面阵列	线偏振、圆偏振	

1.3.1 分时偏振成像

分时偏振成像在不同时刻获取同一景物不同偏振态的图像，主要分为三种实现方式。①旋转偏振片方式[118]：旋转偏振片到 0°、45°、90°、135°四个角度分别获取偏振态图像；②固定偏振片 + 旋转波片方式[110, 119]：通过旋转波片获取 0°、45°、90°、135°偏振态图像；③固定偏振片 + 固定可变延迟波片方式[120-122]：通常采用液晶空间光调制器作为可变延迟波片，在不同时刻对液晶空间光调制器施加不同的电压，采集不同的偏振态图像。图 1.3.1 是这三种分时偏振成像方式的原理图和实物图，前两种方法均存在旋转光学元件，如果旋转轴偏离系统的光轴，则会引入测量偏差。

分时偏振成像装置结构简单、成本低，不同偏振图像在不同时间获取。根据斯托克斯偏振成像理论，目标的 4 个斯托克斯参量测量必须在相同的成像条件和目标特性下获取，才能真实反映被测目标的偏振特性。分时偏振成像的正确性要求整个测量过程中目标和偏振成像系统都处于静止状态、成像条件不变、目标特性不变，因此，该方法多限于植被、矿物、建筑等静态地物的探测，很少有对于动态目标进行的探测。

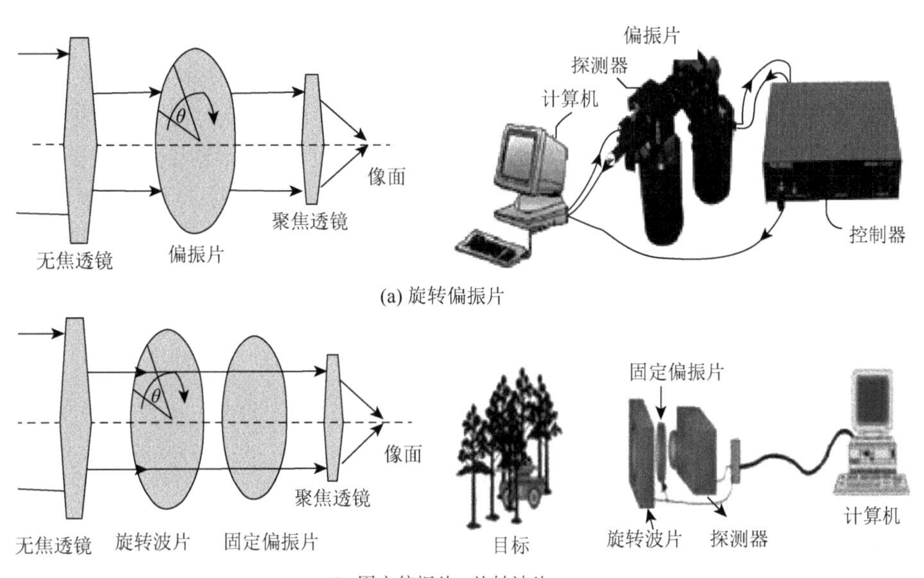

(a) 旋转偏振片

(b) 固定偏振片+旋转波片

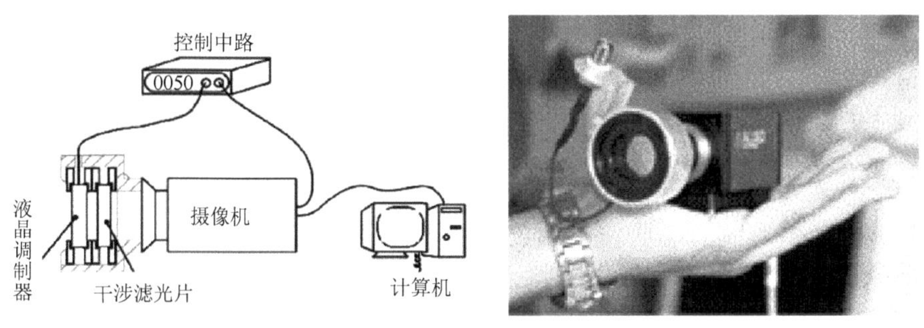

(c) 固定偏振片＋固定可变延迟波片

图 1.3.1　分时偏振成像的三种实现方式

1.3.2　同时偏振成像

同时偏振成像在同一时刻获得目标的 4 幅不同偏振态图像，探测速度快，可用于快速变化目标的偏振探测。另外，同时偏振成像系统无运动部件，提高了系统可靠性和稳定性。按照实现方式的不同分为：分振幅同时偏振成像、分孔径同时偏振成像、分焦平面同时偏振成像。

1. 分振幅同时偏振成像

景物辐射入射到物镜入瞳处，从物镜出射的光束经过一系列的偏振光分束器和延迟器，得到四路不同偏振光束，在四个独立的探测器成像，得到四幅不同偏振方向的偏振图像[119]。2001 年 Farlow 等[123]和 2009 年 Pezzaniti 等[108]分别设计了分振幅同时偏振成像仪器，图 1.3.2 分别为分振幅同时偏振成像的光路原理图和系统实物图。景物辐射通过物镜到达部分偏振分光棱镜，分成相互垂直的两路。一路经过方位角 22.5°的半波片调制，然后入射到偏振分光棱镜，分为相互垂直的两路，分别在探测器 1 和探测器 2 成像；另一路经过方位角 45°的 1/4 波片调制，然后入射到偏振分光棱镜，分为相互垂直的两路，分别在探测器 3 和探测器 4 成像。优点是分辨率高，缺点是能量利用率低，每个探测器接收的光能量大约只有入射光能量的 1/8，系统分光元件较多，体积/质量大。

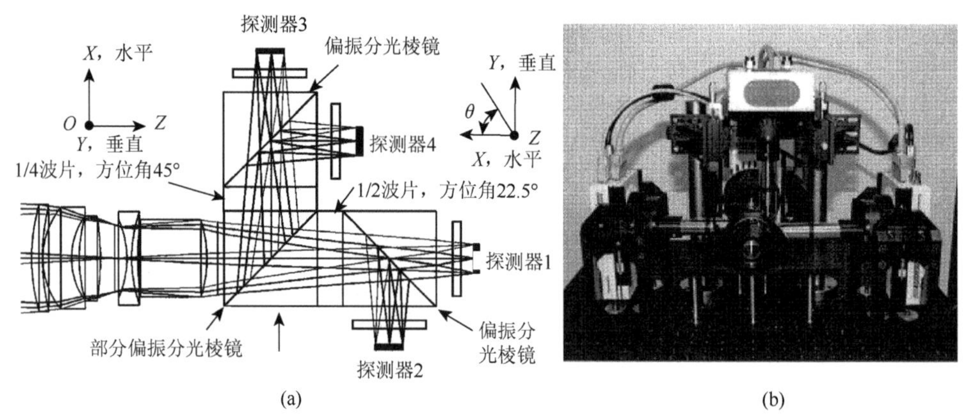

图 1.3.2　分振幅同时偏振成像光路原理图（a）和系统实物图（b）

2. 分孔径同时偏振成像

分孔径同时偏振成像使用一个物镜和一个光学成像系统，经过微透镜阵列和偏振片阵列，将景物辐射的不同偏振态在同一个探测器上成像。其优点是四个偏振通道的视场共轴，不存在过多的分光元件，光学系统稳定；缺点是需要大面阵的成像器件，否则成像空间分辨率损失偏大[119, 124]。图 1.3.3 是典型的分孔径同时偏振成像的示意图及其采集的偏振图像[124]。

2006 年 Fujita 等研究提出了一种分孔径同时偏振成像仪器的方案[125]（图 1.3.4），景物辐射通过望远镜进入平行光管 L1，F 是窄带滤光片。平行光管的出射光经过一个非偏振分光棱镜分为平行的两路，一路入射到沃拉斯顿棱镜上，另一路通

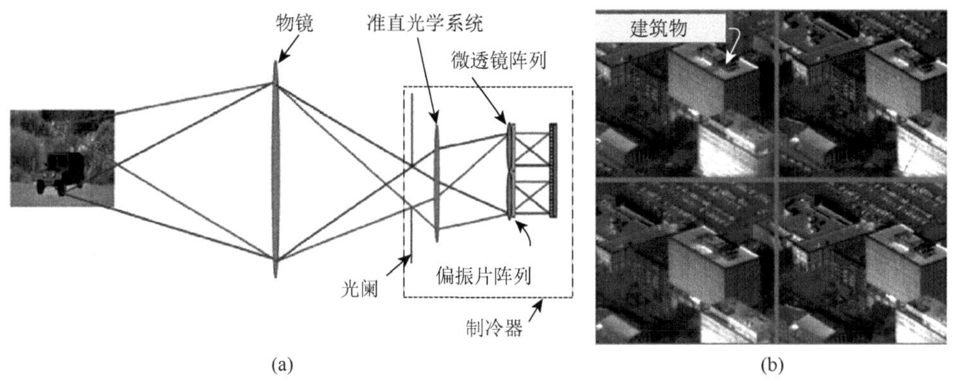

图 1.3.3 分孔径同时偏振成像示意图（a）及其采集的偏振图像（b）

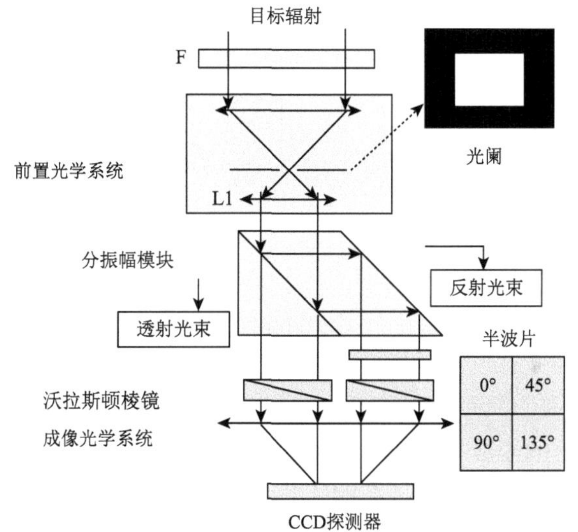

图 1.3.4 分孔径同时偏振成像光路示意图

过一个半波片（1/2 波片）后入射到另一个沃拉斯顿棱镜。在光电探测器上形成 2×2 分布的 4 幅线偏振态图像，分别为 0°、45°、90°、135°。该系统同样只用单个探测器分四个区域对不同偏振态成像，系统分辨力较低；同时只有一路沃拉斯顿棱镜前端有 1/2 波片，造成两路之间存在 1/2 波片引入的光程差，由于动态场景必须在同一时刻获取四个偏振态，因此这种光程差将可能显著影响同时偏振成像系统测量的有效性和可靠性。

3. 分焦平面同时偏振成像

随着焦平面阵列（focal plane array，FPA）技术的发展，将微小偏振光学元件集成到 FPA 上，构成分焦平面同时偏振成像探测器[107, 126-128]。2002 年 Harnett 和 Craighead 报道了微偏振片-焦平面阵列，在相邻的 4 个探测器单元上分别集成不同偏振方向的微偏振片，实现单次曝光 4 偏振态成像，系统结构紧凑[126]。图 1.3.5（a）是“微偏振片-焦平面阵列”分焦平面同时偏振成像信息提取示意图。

“微偏振片-焦平面阵列”偏振成像探测器结构紧凑、系统集成度高，由于线偏振片的缪勒矩阵的第 4 列为 0，因此该方案只能探测景物辐射的线性偏振分量。为了实现同时测量景物的线偏振分量和圆偏振分量，2002 年 Kituta 等报道了“微波片-焦平面阵列”集成方案[127]，图 1.3.5（b）是“微波片-焦平面阵列”分焦平面同时偏振成像示意图。

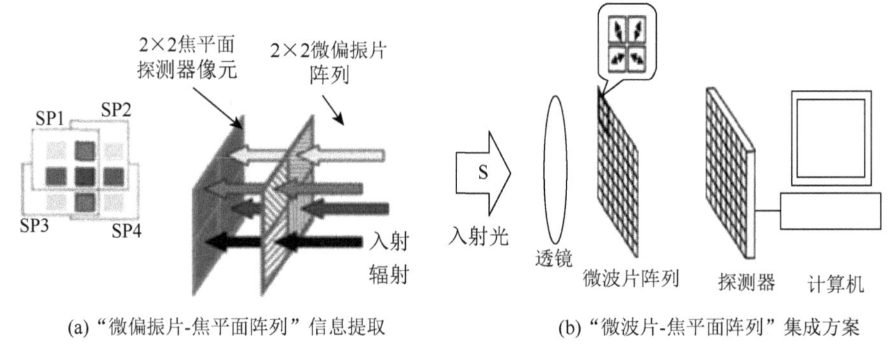

(a)“微偏振片-焦平面阵列”信息提取　　(b)“微波片-焦平面阵列”集成方案

图 1.3.5　分焦平面同时偏振成像

SP-超像素（super pixel）

分焦平面同时偏振成像不存在分光元件，结构紧凑，稳定性高，体积质量小；缺点是分辨率低，不同的偏振态在相邻的 4 个像元成像，各个像元之间至少存在一个像素的位置匹配误差。另外，微偏振元件和探测器像元的集成难度大。

1.3.3　基于偏振图像的目标场景偏振信息重构

通常在光电成像与显示的整个环节中，探测器接收的光辐射信号与输出的电信号之间、显示器的电信号与显示亮度之间存在非线性效应（一般可归纳为 γ 曲线，也称为 γ 特性）。虽然在最佳情况下，成像系统和显示系统可分别设计为 γ 变换和 $1/\gamma$ 变换，使得人眼最终接收的信号呈线性关系，但实际难以实现完全补偿，只是由于人眼视觉特性能够有效适应此种“失真”，未对常规的光电成像和显示产生明显的影响。然而，由于偏振成像的处理环节处于探测和显示的中间过程，其处理对象——数字图像灰度信号与入射光辐射存在非线性的 γ 变换关系，直接基于灰度图像的偏振信息重构将与实际偏振信息产生偏差。因此，偏振成像系统的辐射定标是正确解算偏振图像的关键环节，然而，目前的研究对此未给予足够的重视。

1999 年 Cairns 等[128]对某公司的扫描偏振仪定标及 2011 年和 2013 年 York 等对分焦平面偏振相机定标[129, 130]都只校正了探测器的增益和偏置系数。国内，2010 年以来中国科学院安徽光学精密机械研究所对可见光偏振成像系统的定标理论和方法进行了研究[131-133]，其模型考虑了光电探测器的响应增益和偏置/暗背景因素，但未考虑探测器响应的非线性[131, 132]或直接按线性响应处理；2011 年 Gao 等在可见光成像光谱仪的定标中，采用实测标定方法得到探测器在某一固定设置下数字图像灰度值与辐照度的关系[134]。此外，在红外偏振成像的偏振信息重构中也存在 γ 校正问题，2009～2012 年徐参军等[135, 136]对红外热偏振的研究中直接采用数字图像灰度重构偏振信息；2015 年夏润秋对热偏振成像系统的定标中采用实测标定方法得到数字图像灰度值与目标温度的关系[137]，由于黑体目标温度与辐射量遵从非线性的普朗克定律[138]，因此该定标方法需要非线性变换才能与红外辐射强度直接联系。

参考文献

[1] 赵顾颢，赵尚弘，幺周石，等. 偏振无关的旋光双反射结构的实验研究[J]. 物理学报，2013，62（13）：134201.

[2] Scott T J，Goldstein D L，Chenault D B，et al. Review of passive imaging polarimetry for remote sensing applications[J]. Applied Optics，2006，45（22）：5453.

[3] Baur T G，House L L，Hull H K. A spectrum scanning Stokes polarimeter[J]. Solar Physics，1980，65：111-147.

[4] Baur T G，House L L，Hull H K. A new polarimeter for solar observations[J]. Solar Physics，1981，65：395-410.

[5] Azzam R M A. Division-of-amplitude photopolarimeter（DoAP）for the simultaneous measurement of all four Stokes parameters of light[J]. Optica Acta：International Journal of Optics，1982，29（5）：685-689.

[6] Prosch T，Hennings D，Raschke E. Video polarimetry a new imaging technique in atmospheric science[J]. Applied Optics，1983，22（9）：1360-1364.

[7] Cronin T W，Shashar N，Wolff L. Portable imaging polarimeters[C]. International Conference on Pattern Recognition. IEEE Computer Society，Jerusalem，1994：607.

[8] Chun C S L，Fleming D L，Torok E J. Polarization-sensitive thermal imaging[C]. Spies International Symposium on Optical Engineering and Photonics in Aerospace Sensing. International Society for Optics and Photonics，Orlando，1994：175-186.

[9] Nordin G P，Meier J T，Deguzman P C，et al. Diffractive optical element for Stokes vector measurement with a focal plane array[C]. Proceedings of the 1999 Polarization：Measurement，Analysis，and Remote Sensing II，Denver，1999：169-177.

[10] Nordin G P，Meier J T，Deguzman P C，et al. Micropolarizer array for infrared imaging polarimetry[J]. Journal of the Optical Society of America A，1999，16（5）：1168-1174.

[11] Nordin G P，Meier J T，Deguzman P C，et al. Polarization sensitive diffractive optics for integration with infrared photodetector arrays[C]. Diffractive Optics and Micro-Optics，Québec City，2000：B1.

[12] Smith M H，Howe D J，Woodruff B J，et al. Multispectral infrared Stokes imaging polarimeter[C]. Proceedings of the 1999 Polarization：Measurement，Analysis，and Remote Sensing II，Denver，1999：1137-1999.

[13] Oka K，Kaneko T. Compact complete imaging polarimeter using birefringent wedge prisms[J]. Optics Express，2003，11（13）：1510-1519.

[14] Pezzaniti J L，Chenault D B. A division of aperture MWIR imaging polarimeter[C]. Polarization Science and Remote Sensing II，San Diego，2005：58880V.

[15] Kudenov M W，Dereniak E L，Pezzaniti L，et al. 2-Cam LWIR imaging Stokes polarimeter[C]. Polarization：Measurement，Analysis，and Remote Sensing VIII，Orlando，2008：69720K.

[16] Winker B，Gu D F，Wen B，et al. Liquid crystal tunable polarization filter for target detection applications[C]. Polarization：Measurement，Analysis，and Remote Sensing VIII，Orlando，2008：697209.

[17] Sarkar M，San S B D，Van H C，et al. Integrated polarization-analyzing CMOS image sensor for detecting the incoming light ray direction[J]. IEEE Transactions on Instrumentation and Measurement，2011，60（8）：2759-2767.

[18] Bhandari P，Voss K J，Logan L. An instrument to measure the downwelling polarized radiance distribution in the ocean[J]. Optics Express，2011，19（18）：17609-17620.

[19] Li L，Thériault J M，Guo Y. Infrared polarizing beam-splitters for the 7 to 13 μm spectral region[C]. Advances in Optical Thin Films IV，Marseille，2011：816811.

[20] Kulkarni M，Gruev V. A Division-of-Focal-Plane spectral-polarization imaging sensor[C]. Polarization：Measurement，Analysis，and Remote Sensing X，Baltimore，2012：83640K.

[21] Durán V，Clemente P，Fernández A M，et al. Single-pixel polarimetric imaging[J]. Optics Letters，2012，37（5）：824.

[22] George M C，Bergquist J，Wang B，et al. An improved wire grid polarizer for thermal infrared applications[C]. Advanced Fabrication Technologies for Micro/Nano Optics and Photonics VI，San Francisco，2013：86131I.

[23] Hsu W L，Myhre G，Balakrishnan K，et al. Full-Stokes imaging polarimeter using an array of elliptical polarizer[J]. Optics Express，2014，22（3）：3063.

[24] Tsai T H，Brady D J. Coded aperture snapshot spectral polarization imaging[J]. Applied Optics，2013，52（10）：2153-2161.

[25] Meng X，Li J，Liu D，et al. Fourier transform imaging spectropolarimeter using simultaneous polarization modulation[J]. Optics Letters，2013，38（5）：778-780.

[26] Soldevila F，Irles E，Durán V，et al. Single-pixel hyperspectral imaging polarimeter for full Stokes parameter measurement[C]. 2013 12th Workshop on Information Optics（WIO），Tenerife，2013：1-3.

[27] Soldevila F，Irles E，Durán V，et al. Single-pixel Spectropolarimetric Imaging by Compressive Sensing[M]. Arlington：Optical Publishing Group，2013.

[28] Thériault J M，Fortin G，Lavoie H. A new imaging FTS for LWIR polarization sensing：Principle and application[C]. Fourier Transform Spectroscopy 2011，Toronto，2011：D2.

[29] Craven J，Kudenov M W，Stapelbroek M G，et al. Infrared hyperspectral imaging polarimeter using birefringent prisms[J]. Applied Optics，2011，50（8）：1170-1185.

[30] Kudenov M W，Pezzaniti J L，Gerhart G R. Microbolometer-infrared imaging Stokes polarimeter[J]. Optical Engineering，2009，48（6）：063201.

[31] Tyo J S，Turner T S. Sensing polarization with variable coherence tomography[J]. Journal of the Optical Society of America A：Optics and Image Science，and Vision，2008，25（9）：2383-2389.

[32] Hagena N，Lockea A M，Sabatkeab D S，et al. Methods and applications of snapshot spectropolarimetry[C]. Polarization：Measurement，Analysis，and Remote Sensing VI，Orlando，2004：167- 174.

[33] Sabatke D，Locke A，Dereniak E，et al. Linear calibration and reconstruction techniques for channeled

spectropolarimetry[J]. Optics Express，2003，11（22）：2940-2952.

[34] Ambirajan A，Look J，Dwight C. Optimum angles for a polarimeter：Part I[J]. Optical Engineering，1995，34（6）：1651-1655.

[35] Ambirajan A，Look J，Dwight C. Optimum angles for a polarimeter：Part II[J]. Optical Engineering，1995，34（6）：1656-1658.

[36] Tyo J S. Design of optimal polarimeters：Maximization of signal-to-noise ratio and minimization of systematic error[J]. Applied Optics，2002，41（4）：619-630.

[37] Ramos A A，Collados M. Error propagation in polarimetric demodulation[J]. Applied Optics，2008，47（14）：2541-2550.

[38] Goudail F，Beniere A. Estimation precision of the degree of linear polarization and of the angle of polarization in the presence of different sources of noise[J]. Applied Optics，2010，49（4）：683-693.

[39] Due C T，Cesarotti W L. EO target enhancement demonstration[R]. Ann Arbor：Environmental Research Institute of Michigan，1989.

[40] Wolff L B. Polarization-based material classification from specular reflection[J]. IEEE Transactions on Pattern Analysis and Machine Intelligence，1990，12（11）：1059-1071.

[41] Cooper A W，Crittenden E C，Milne A，et al. Mid and far infrared measurements of sun glint from the sea surface[C]. Optics of the Air-Sea Interface：Theory and Measurement，San Diego，1992：176-185.

[42] Cooper A W，Lentz W J，Walker P L. Infrared polarization ship images and contrast in the MAPTIP experiment[C]. Image Propagation through the Atmosphere 1996，Denver，1996，2828：85-96.

[43] Nee T W，Nee S F. Infrared circular polarization sensor for sea-skimming missile detection[R]. California：Naval Air Warfare Center，1998.

[44] Nee T W，Nee S F. Shipboard infrared circular polarization sensor for sea-skimming missile detection[R]. California：Naval Air Warfare Center Weapons Div，1999.

[45] Nee T W，Nee S M F. Infrared polarization signatures for targets[C]. 1995 Symposium on OE/Aerospace Sensing and Dual Use Photonics，Orlando，1995：231-241.

[46] Guimaraes E F. Investigation of minimum resolvable temperature difference formulation for polarized thermal imaging range prediction [D]. Monterey：Naval Postgraduate School，1999.

[47] Yildirim M. Modeling second generation FLIR sensor detection recognition and identification range with polarization filtering[D]. Monterey：Naval Postgraduate School，2000.

[48] Sadjadi F A. Invariants of passive infrared polarization transformations[C]. 2006 Computer Vision and Pattern Recognition Workshop，New York，2006.

[49] Cremer F，den Breejen E，Schutte K. Sensor data fusion for anti-personnel land-mine detection[C]. Proceedings of EuroFusion98. International Conference on Data Fusion，Great Malvern，1998：55-60.

[50] Cremer F，Schutte K，Schavemaker J G M，et al. Comparison of decision-level sensor-fusion methods for anti-personnel landmine detection[J]. Information Fusion，2001，2（3）：187-208.

[51] Cremer F，Schutte K，Schavemaker J，et al. Toward an operational sensor-fusion system for antipersonnel land mine detection[C]. AeroSense 2000，Orlando，2000：792-803.

[52] Connor B，Carrie I，Craig R，et al. Discriminative imaging using a LWIR polarimeter[C]. Conference on Electro-optical and Infrared Systems：Technology and applications V，Cardiff，2008：138-148.

[53] Koshikawa K. A polarimetric approach to shape understanding of glossy objects[C]. Proceedings of International Joint Conference on Artificial Intelligence，Tokyo，1979：493-495.

[54] Wolff L B. Spectral and polarization stereo methods using a single light source[C]. International Conference on Computer Vision，London，1987：708-715.

[55] Wolff L B. Surface orientation from polarization images [C]. Proceedings of The International Society for Optical Engineering，Optics，Illumination and Image Sensing for Machine Vision II，Cambridge，1987：110-121.

[56] Wolff L B. Shape from polarization images[C]. Proceedings of the IEEE Computer Society Workshop on Computer Vision，Cambridge，1987：79-85.

[57] Partridge M，Saull R C. Three - dimensional surface reconstruction using emission polarization[C]. Satellite Remote Sensing II，Paris，1995：92-103.

[58] Wolff L B，Boult T E. Constraining object features using a polarization reflectance model[J]. IEEE Transactions on Pattern Analysis and Machine Intelligence，1991，13（7）：635-657.

[59] Saito M，Sato Y，Ikeuchi K，et al. Measurement of surface orientations of transparent objects by use of polarization in highlight[J]. Journal of the Optical Society of America A：Optics and Image Science，and Vision，1999，16（9）：2286-2293.

[60] Atkinson G A. Surface shape and reflectance analysis using polarisation[D]. Toronto：The University of York，2007.

[61] Morel O，Meriaudeau F，Stolz C，et al. Polarization imaging applied to 3D reconstruction of specular metallic surfaces[C]. Machine Vision Applications in Industrial Inspection XIII，San Jose，2005：178-186.

[62] Azzam R M A. Instrument matrix of the four-detector photopolarimeter：Physical meaning of its rows and columns and constraints on its elements[J]. Journal of The Optical Society of America A：Optics and Image Science，and Vision，1990，7（1）：87-91.

[63] Zappa C J，Banner M L，Schultz H，et al. Retrieval of short ocean wave slope using polarimetric imaging[J]. Measurement Science and Technology，2008，19（5）：055503.

[64] Pezzaniti L J，Chenault D，Roche M，et al. Wave slope measurement using imaging polarimetry[C]. Ocean Sensing and Monitoring，Orlando，2009：60-72.

[65] Vedel M，Lechocinski N，Breugnot S. 3D shape reconstruction of optical element using polarization[C]. Polarization：Measurement，Analysis，and Remote Sensing IX，Orlando，2010：21-33.

[66] 杨进华，邸旭，岳春敏，等. 反射光偏振特性分析与物体形状的测量[J]. 光学学报，2008，28（11）：2115-2119.

[67] 于昕平. 基于反射偏振的光滑物体形状检测[D]. 长春：长春理工大学，2010.

[68] 武因风. 基于反射偏振的透明物体形状检测技术研究[D]. 长春：长春理工大学，2010.

[69] 胥万幸. 基于反射偏振分析物体三维重建[D]. 长春：长春理工大学，2006.

[70] 岳春敏，韩福利，李志宏，等. 基于面反射偏振解析的物体表面形状测定[J]. 长春理工大学学报，2007，30（4）：27-30.

[71] 顾国璋. 基于偏振分析的透明物体的三维重建[D]. 长春：长春理工大学，2008.

[72] 岳春敏. 基于偏振分析的物体表面形状恢复方法研究[D]. 长春：长春理工大学，2007.

[73] 李群，李志宏，杨进华. 基于松弛迭代法实现物体三维结构的重建[J]. 长春理工大学学报，2008，31（2）：7-10.

[74] 岳春敏，杨进华，李志宏，等. 一种基于偏振解析的三维表面重建方法[J]. 应用光学，2008，29（6）：844-848.

[75] 顾国璋，岳春敏，李志宏，等. 透明物体三维重现技术研究[J]. 长春理工大学学报，2008，31（1）：39，40-42.

[76] 邓雪娇. 透明物体偏振成像测量系统与三维面型重建[D]. 武汉：华中科技大学，2011.

[77] Miyazaki D，Kagesawa M，Ikeuchi K. Transparent surface model from a pair of polarization images[J]. IEEE Transaction on Pattern Analysis and Machine Intelligence，2004，26（1）：73-82.

[78] Miyazaki D，Kagesawa M，Ikeuchi K. Polarization - based transparent surface modeling from two views[C]. Proceedings of the 9th IEEE International Conference on Computer Vision，Beijing，2003，2：1381-1386.

[79] Miyazaki D. Shape estimation of transparent objects by using polarization analysis[D]. Tokyo：The University of Tokyo，2004.

[80] Miyazaki D，Kagesawa M，Ikeuchi K. Determining shapes of transparent objects from two polarization images[C]. IAPR Workshop on Machine Vision Applications，2002：26-31.

[81] Miyazaki D. Calculation of surface orientations of transparent objects by little rotation using polarization [D]. Tokyo：The University of Tokyo，2000.

[82] Atkinson G A，Hancock E R. Shape from diffuse polarization[C]. Proceedings of British Machine Vision Conference，Kingston，2004：1-10.

[83] Atkinson G A，Hancock E R. Multi-view surface reconstruction using polarization[C]. Proceedings of the 10th IEEE International Conference on Computer Vision，Beijing，2005，1：309-316.

[84] Atkinson G A，Hancock E R. Recovery of surface orientation from diffuse polarization[J]. IEEE Transactions on Imaging Processing，2006，15（6）：1653-1664.

[85] Mahmoud A H，El-Melegy M T，Farag A A. Direct method for shape recovery from polarization and shading[C]. 2012 19th IEEE International Conference on Image Processing，Orlando，2012：1769-1772.

[86] Stolz C，Ferraton M，Meriaudeau F. Shape from polarization：A method for solving zenithal angle ambiguity[J]. Optics Letters，2012，37（20）：4218-4220.

[87] Morel O，Ferraton，Stolz C，et al. Active lighting applied to shape from polarization [C]. 2006 IEEE International Conference on Image Processing，Atlanta，2006：2181-2184.

[88] Morel O，Stolz C，Meriaudeau F，et al. Active lighting applied to three-dimensional reconstruction of specular metallic surfaces by polarization imaging[J]. Applied Optics，2006，45（17）：4062-4068.

[89] Horn B K P. Height and gradient from shading[J]. International Journal of Computer Vision，1990，5（1）：37-75.

[90] Zhang R，Tsai P S，Cryer J E，et al. Shape from shading：A survey[J]. IEEE Transaction on Pattern Analysis and Machine Intelligence，1999，21（8）：690-706.

[91] Kovesi P. Shapelets correlated with surface normals produce surfaces[C]. 10th IEEE International Conference on Computer Vision，Beijing，2005，2：994-1001.

[92] Horn B K P，Brooks M J. The variational approach to shape from shading[J]. Computer Vision，Graphics and Image Processing，1986，33：174-208.

[93] Petrovic N，Cohen I，Frey B J，et al. Enforcing integrability for surface reconstruction algorithms using belief propagation in graphical models[C]. 2001 IEEE Computer Society Conference on Computer Vision and Pattern Recognition，Kauai，2001，1：743-748.

[94] Karacali B，Snyder W E. Partial integrability in surface reconstruction from a given gradient field[C]. International Conference on Image Processing（ICIP'02），Rochester，2002，II：525-528.

[95] Karacali B，Snyder W. Noise reduction in surface reconstruction from a given gradient field[J]. International Journal of Computer Vision，2004，60（1）：25-44.

[96] Agrawal A，Chellappa R，Raskar R. An algebraic approach to surface reconstruction from gradient fields[C]. 10th IEEE International Conference on Computer Vision，Beijing，2005，1：174-181.

[97] Wu T P，Tang C K. Visible surface reconstruction from normals with discontinuity consideration[C]. 2006 IEEE Computer Society Conference on Computer Vision and Pattern Recognition，New York，2006，2：1793-1800.

[98] Simchony T，Chellappa R，Shao M. Direct analytical methods for solving Poisson equations in computer vision

problems[J]. IEEE Transaction on Pattern Analysis and Machine Intelligence，1990，12（5）：435-466.

[99] Frankot R T，Chellappa R. Method for enforcing integrability in shape from shading algorithms[J]. IEEE Transaction on Pattern Analysis and Machine Intelligence，1988，10（4）：439-451.

[100] Agrawal A，Raskar R，Chellappa R. What is the range of surface reconstructions from a gradient field? [C]. Computer Vision - ECCV 2006，9th European Conference on Computer Vision，Part I，Graz，2006：578-591.

[101] 徐参军，赵劲松，蔡毅，等. 红外偏振成像的几种技术方案[J]. 红外技术，2009，31（5）：262-266.

[102] 谢敬辉，赵达尊，阎吉祥. 物理光学教程[M]. 北京：北京理工大学出版社，2005.

[103] 廖延彪. 偏振光学[M]. 北京：科学出版社，2003.

[104] Tan S，Narayana R M. Design and performance of a multiwavelength airborne polarimetric lidar for vegetation remote sensing[J]. Applied Optics，2004，43（11）：2675-2677.

[105] 施志华. 成像偏振测量技术及其应用[J]. 红外，2002，23（4）：1-5.

[106] Harchanko J S，Chenault D B. Water-surface object detection and classification using imaging polarimetry[J]. Polarization Science and Remote Sensing II，San Diego，2005，5888：588815.

[107] Hamamoto T，Toyota H，Kikuta H. Micro-retarder array for imaging polarimetry in the visible wavelength region[C]. Conference on Lithographic and Micromachining Techniques for Optical Component Fabrication，San Diego，2001：293-300.

[108] Pezzaniti J L，Chenault D，Roche M，et al. Wave slope measurement using imaging polarimetry[C]. Proceedings of SPIE - The International Society for Optical Engineering，2009，Ocean Sensing and Monitoring，Orlando，2009，7317：60-72.

[109] 蒋啸宇，曾楠，何永红，等.基于旋转偏振角的线偏振扫描成像方法研究[J]. 生物化学与生物物理进展，2007，34（6）：659-663.

[110] Smith M H，Burke P，Lompado A，et al. Mueller matrix imaging polarimetry in dermatology[C]. Biomedical Diagnostic，Guidance，and Surgical-Assist Systems II，San Jose，2000，3911：210-216.

[111] Liu G L，Li Y F，Cameron B D. Polarization-based optical imaging and processing techniques with application to the cancer diagnostics[C]. International Symposium on Biomedical Optics，San Jose，2002，4617：208-220.

[112] Geyer E H，Jockers K，Kiselev N N，et al. A novel quadruple beam imaging polarimeter and its application to comet Tanaka-Machholz 1992 X[J]. Astrophysics and Space Science，1996，239（2）：259-274.

[113] Oliva E. Wedged double Wollaston，a device for single shot polarimetric measurements[J]. Astronomy & Astrophysics Supplement Series，1997，123（3）：589-592.

[114] Pernechele C，Giro E，Fantinel D，et al. Device for optical linear polarization measurement with a single exposurement[C]. Astronomical Telescopes and Instrumentation - Polarimetry in Astronomy，Waikoloa，2003，4843：156-163.

[115] Kawabata K S，Nagae O，Chiyonobu S，et al. Wide-field one-shot optical polarimeter：HOWPol[C]. Ground-based and Airborne Instrumentation for Astronomy II，Marseille，2008，7014：1585-1594.

[116] Kawabata K S，Uehara T，Yamanaka M，et al. Rapidly-responding optical polarimetry of GRB after glow with Hiroshima 1.5m telescope and one-shot wide-field polarimeter[C]. AIP Conference Proceedings，Deciphering the Ancient Universe with Gamma-ray Bursts，Terrsa，2010，1279：355-356.

[117] Jordan D L，Lewis G. Infrared polarization signatures[C]. Electromagnetic Wave Propagation Panel Symposium，Palma de Mallorca 1993，30：1-6.

[118] Matchko R M，Gerhart G R. High-speed imaging chopper polarimetry[J]. Optical Engineering，2008，47（1）：016001-016012.

[119] Tyo J S，Goldstein D L，Chenault D B，et al. Review of passive imaging polarimetry for remote sensing[J]. Applied Optics，2006，45（22）：5453-5469.

[120] Bigué L，Cheney N. High-speed portable polarimeter using a ferroelectric liquid crystal modulator[C]. Conference on Polarization Science and Remote Sensing III，San Diego，2007，6682：26-33.

[121] Gendre L，Foulonneau A，Bigue L. Imaging linear polarimetry using a single ferroelectric liquid crystal modulator[J]. Applied Optics，2010，49（25）：4687-4699.

[122] Gendre L，Foulonneau A，Bigue L. Stokes imaging polarimetry using a single ferroelectric liquid crystal modulator[C]. Conference on Polarization：Measurement，Analysis，and Remote Sensing IX，Orlando，2010，7672：76720B.

[123] Farlow C A，Chenault D B，Pezzaniti J L，et al. Imaging polarimeter development and application[C]. Conference on Polarization Analysis，Measurement and Remote Sensing Ⅳ，San Diego，2001，4819：118-125.

[124] Pezzaniti J L，Chenault D B. A division of aperture MWIR imaging polarimeter[C]. Conference on Polarization Science and Remote Sensing II，San Diego，2005，5888：58880V.

[125] Fujita K，Nishida M，Itoh Y，et al. Development of simultaneous imaging polarimeter[C]. Conference on Ground-based and Airborne Instrumentation for Astronomy，Orlando，2006，6269：1057-1064.

[126] Harnett C K，Craighead H G. Liquid-crystal micropolarizer array for polarization difference imaging[J]. Applied Optics，2002，41（7）：1291-1296.

[127] Kituta H，Numata K，Arimitsu，et al. Imaging polarimetry with a micro-retarder array[C]. Proceedings of the 41st SICE（the Society of Instrument and Control Engineers）Annual Conference，Sapporo，2002，4：2510-2511.

[128] Cairns B，Russell E E，Travis L D. Research scanning polarimeter：Calibration and ground-based measurements[C]. Proceedings of the 1999 Polarization：Measurement，Analysis，and Remote Sensing II，Denver，1999，3754：186-196.

[129] Powell S B，Gruev V. Calibration methods for division-of-focal-plane polarimeters[J]. Optics Express，2013，21（18）：21039-21055.

[130] York T，Gruev V. Calibration method for division of focal plane polarimeters in the optical and near infrared regime [C]. Defense，Security，and Sensing，Orlando，2011，8012：169-175.

[131] 宋茂新，孙斌，孙晓兵，等. 航空多角度偏振辐射计的偏振定标[J]. 光学精密工程，2012，20（6）：1153-1158.

[132] 陈立刚，孟凡刚，袁银麟，等. 偏振相机的光学定标方案研究[J]. 大气与环境光学学报，2010，5（3）：227-231.

[133] 康晴，袁银麟，李健军，等. 通道式偏振遥感器偏振定标方法研究[J]. 大气与环境光学学报，2015，10（4）：343-349.

[134] Gao H，Zhang C，Zhao B. A polarization interference imaging spectrometer and its calibration[J]. International Journal for Light and Electron Optics，2011，122（23）：2110-2113.

[135] 徐参军，赵劲松，潘顺臣，等. 长波红外偏振图像及其误偏振信息分析[J]. 红外技术，2012，34（2）：103-108.

[136] 徐参军，苏兰，杨根远，等. 中波红外偏振成像图像处理及评价[J]. 红外技术，2009，31（6）：362-366.

[137] 夏润秋. 海面环境中红外偏振热成像探测理论研究[D]. 北京：北京理工大学，2015.

[138] 金伟其，王霞，廖宁放，等. 辐射度、光度与色度及其测量[M]. 2 版. 北京：北京理工大学出版社，2016.

第 2 章　光的偏振性及偏振信息的描述

2.1　光波的偏振态

光波是一种电磁波，电场 $\boldsymbol{E}$ 和磁场 $\boldsymbol{B}$ 方向相互垂直，且均与传播方向垂直，如图 2.1.1（a）所示。1669 年巴塞林那斯发现双折射现象，证明光是横波。横波在确定的传播方向上有不同的振动方向，光波振动方向的偏向性，称为光的偏振特性。按照光的偏振状态，可以将光波分为完全偏振光、部分偏振光和自然光，图 2.1.1（b）所示为自然光和部分偏振光[1-4]。

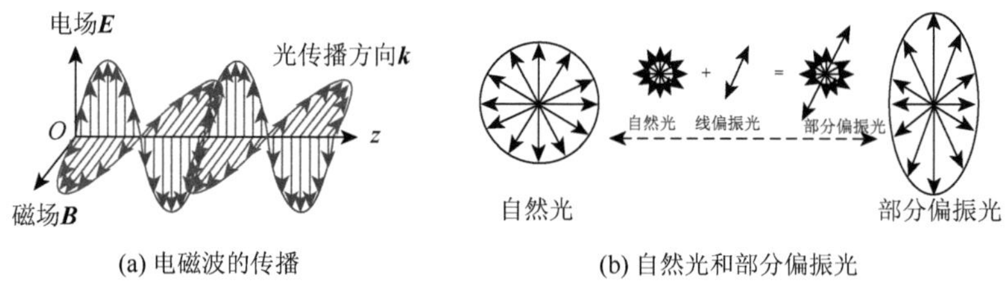

图 2.1.1　光的偏振特性

图 2.1.2 所示为完全偏振光，其可以进一步分为线偏振光、椭圆偏振光和圆偏振光三个偏振态。用光波的电位移矢量 $\boldsymbol{D}$ 表示光的偏振态，电位移矢量 $\boldsymbol{D}$ 和波矢 $\boldsymbol{k}$ 所确定的平面称为偏振面。

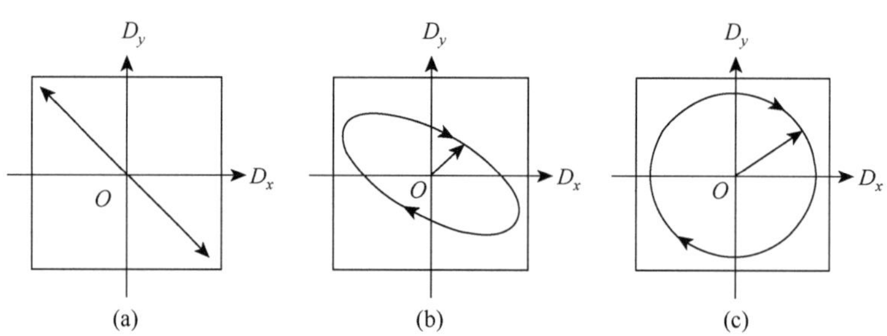

图 2.1.2　线偏振光（a）、椭圆偏振光（b）和圆偏振光（c）

在空间任意一点，线偏振光的磁场和电场始终沿着一条确定的不随时间变化的直线方向振动，线偏振光的偏振面不随时间变化。在空间任意一点，椭圆偏振光的电场或磁场矢量端点的运动轨迹在垂直光传播方向的平面内是一个椭圆，因此称为椭圆偏振光，当椭圆偏振光的长轴和短轴相等时，变为圆偏振光。

部分偏振光是同方向传播的自然光和完全偏振光相互叠加后生成的光，可用部分偏振光的线偏振度来描述这两个部分的比例关系，线偏振度定义为

$$\mathrm{DoLP} = \frac{I_\mathrm{P}}{I_\mathrm{P} + I_\mathrm{N}} \tag{2.1.1}$$

式中，I_P 代表完全偏振光成分的光强；I_N 代表自然光成分的光强。对于完全偏振光，有 DoLP = 1；对于自然光有 DoLP = 0；对于部分偏振光，则有 0 < DoLP < 1。

根据电磁波的矢量性质，不仅是完全偏振光，自然光和部分偏振光也都可以分解成两个方向相互正交的线偏振光，总光强等于两个分量光强之和。所不同的是，完全偏振光的两个正交分量之间有确定的相位差，而非完全偏振光的两个正交分量之间的相位差随机变化。记上述两个正交方向为 x 轴和 y 轴，两个分量的光强分别为 I_x 和 I_y，则总光强可以表示为

$$I = I_x + I_y \tag{2.1.2}$$

当部分偏振光中的完全偏振成分是线偏振光时，$I_\mathrm{P} = |I_x - I_y|$，$I_\mathrm{N} = I - I_\mathrm{P} = 2I_x$，则线偏振度为

$$\mathrm{DoLP}=\frac{|I_x - I_y|}{I_x + I_y} \tag{2.1.3}$$

对于完全偏振成分为线偏振光的部分偏振光，偏振角定义为线偏振分量的振动方向，取值范围为[0°, 180°]。

由光强、线偏振度、偏振角完全描述一个部分线偏振光的偏振态。常用琼斯矢量、庞加莱球和斯托克斯矢量等方法描述光的偏振态。斯托克斯于 1852 年[2]引入了一个 4×1 的矢量描述光的偏振态，不但可用来描述完全偏振光，而且可用来描述自然光和部分偏振光。斯托克斯矢量的四个分量是光强的函数，可通过光学测量来确定各分量的大小。任意一束光的斯托克斯矢量可表示为

$$\boldsymbol{S} = \begin{bmatrix} I \\ Q \\ U \\ V \end{bmatrix} = \begin{bmatrix} E_{0\mathrm{S}}^2 + E_{0\mathrm{P}}^2 \\ E_{0\mathrm{S}}^2 - E_{0\mathrm{P}}^2 \\ 2E_{0\mathrm{S}}E_{0\mathrm{P}}\cos\delta \\ 2E_{0\mathrm{S}}E_{0\mathrm{P}}\sin\delta \end{bmatrix} \tag{2.1.4}$$

式中，I 表示总光强；Q 和 U 表示线偏振分量；V 表示圆偏振分量。

从斯托克斯矢量可直接导出光的线偏振度和偏振角的表达式

$$\mathrm{DoLP}=\frac{\sqrt{Q^2+U^2}}{I},\quad \mathrm{AoP}=\frac{1}{2}\arctan\left(\frac{U}{Q}\right) \tag{2.1.5}$$

光学元件对光波偏振态的改变可用 4×4 的缪勒矩阵 $\boldsymbol{M}$ 描述：

$$\boldsymbol{S}_{\text{out}}=\begin{bmatrix} I_{\text{out}} \\ Q_{\text{out}} \\ U_{\text{out}} \\ V_{\text{out}} \end{bmatrix}=\boldsymbol{M}\cdot\boldsymbol{S}_{\text{in}}=\begin{bmatrix} M_{11} & M_{12} & M_{13} & M_{14} \\ M_{21} & M_{22} & M_{23} & M_{24} \\ M_{31} & M_{32} & M_{33} & M_{34} \\ M_{41} & M_{42} & M_{43} & M_{44} \end{bmatrix}\cdot\begin{bmatrix} I_{\text{in}} \\ Q_{\text{in}} \\ U_{\text{in}} \\ V_{\text{in}} \end{bmatrix} \tag{2.1.6}$$

式中，$\boldsymbol{S}_{\text{in}}$ 和 $\boldsymbol{S}_{\text{out}}$ 分别表示入射光和出射光的斯托克斯矢量；$\boldsymbol{M}$ 表示光学元件的缪勒矩阵。

对于四通道同时偏振成像系统，入射光的斯托克斯矢量 $\boldsymbol{S}_{\text{in}}$ 和经过偏振分光元件到达同时偏振成像系统四路探测器的光强 I_1、I_2、I_3、I_4 满足

$$\begin{bmatrix} I_1 & I_2 & I_3 & I_4 \end{bmatrix}^{\mathrm{T}}=\boldsymbol{M}_{\text{ins}}\cdot\boldsymbol{S}_{\text{in}}=M_{\text{ins}}\cdot\begin{bmatrix} I_{\text{in}} & Q_{\text{in}} & U_{\text{in}} & V_{\text{in}} \end{bmatrix}^{\mathrm{T}} \tag{2.1.7}$$

式中，$\boldsymbol{M}_{\text{ins}}$ 称为偏振成像系统的仪器矩阵，

$$\boldsymbol{M}_{\text{ins}}=\begin{bmatrix} \boldsymbol{M}_{11} & \boldsymbol{M}_{12} & \boldsymbol{M}_{13} & \boldsymbol{M}_{14} \end{bmatrix}=\begin{bmatrix} M_{11}^1 & M_{12}^1 & M_{13}^1 & M_{14}^1 \\ M_{11}^2 & M_{12}^2 & M_{13}^2 & M_{14}^2 \\ M_{11}^3 & M_{12}^3 & M_{13}^3 & M_{14}^3 \\ M_{11}^4 & M_{12}^4 & M_{13}^4 & M_{14}^4 \end{bmatrix} \tag{2.1.8}$$

若 $\boldsymbol{M}_{\text{ins}}$ 可逆，则由式（2.1.7）可得入射辐射的斯托克斯矢量 $\boldsymbol{S}_{\text{in}}$ 的表达式

$$\boldsymbol{S}_{\text{in}}=\begin{bmatrix} I_{\text{in}} & Q_{\text{in}} & U_{\text{in}} & V_{\text{in}} \end{bmatrix}^{\mathrm{T}}=\boldsymbol{M}_{\text{ins}}^{-1}\cdot\begin{bmatrix} I_1 & I_2 & I_3 & I_4 \end{bmatrix}^{\mathrm{T}} \tag{2.1.9}$$

若要 $\boldsymbol{M}_{\text{ins}}$ 满足可逆条件，需要分别测量不相关的多个偏振分量。为此，国内外学者对子通道偏振分量的选取方法进行了研究，0°、45°、90°和 135°的 4 个检偏方向及 0°、60°和 120°的 3 个检偏方向是常见的两种最佳方案。

2.2 光波在各向同质界面上的反射和折射偏振特性

光在两透明电介质分界面上的反射和折射，实际上是光波的电磁场与物质相互作用的问题，根据麦克斯韦方程组和电磁场的边界条件可以解决光波在两透明电介质分界面上的反射和折射问题[1-4]。

2.2.1 反射定律和折射定律

一束简谐平面波 $\boldsymbol{E}_{\mathrm{i}}$ 自介质 1 射向介质 1 和 2 的界面，入射波在界面上将分成一个反射波 $\boldsymbol{E}_{\mathrm{r}}$ 和一个折射波 $\boldsymbol{E}_{\mathrm{t}}$，如图 2.2.1 所示。

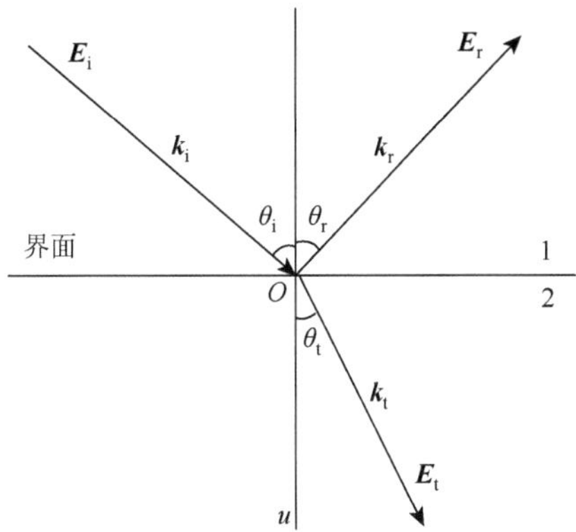

图 2.2.1　入射波、反射波和折射波的关系

假设界面为无限扩展的平面，则 $\boldsymbol{E}_r$ 和 $\boldsymbol{E}_t$ 均为简谐平面波，波函数分别表示为

$$\boldsymbol{E}_i = \boldsymbol{E}_{io}\exp\left[j(\boldsymbol{k}_i\cdot\boldsymbol{r}-\omega_i t)\right] \tag{2.2.1}$$

$$\boldsymbol{E}_r = \boldsymbol{E}_{ro}\exp\left[j(\boldsymbol{k}_r\cdot\boldsymbol{r}-\omega_r t)\right] \tag{2.2.2}$$

$$\boldsymbol{E}_t = \boldsymbol{E}_{to}\exp\left[j(\boldsymbol{k}_t\cdot\boldsymbol{r}-\omega_t t)\right] \tag{2.2.3}$$

式中，$\boldsymbol{E}_{io}$、$\boldsymbol{E}_{ro}$、$\boldsymbol{E}_{to}$ 为常矢量，其模表示波的振幅，其辐角表示三个经过界面时可能产生的相位变化。

为简单起见，可将位置矢量 $\boldsymbol{r}$ 选取在界面内，于是 $\boldsymbol{E}_{io}$、$\boldsymbol{E}_{ro}$、$\boldsymbol{E}_{to}$ 的辐角则表示三个波在 $\boldsymbol{r}=0$ 处的初相位。界面两侧的总电场为

$$\boldsymbol{E}_1 = \boldsymbol{E}_i + \boldsymbol{E}_r,\quad \boldsymbol{E}_2 = \boldsymbol{E}_t \tag{2.2.4}$$

应用电场的边界条件可得

$$\mu\times\boldsymbol{E}_{io}\exp\left[j(\boldsymbol{k}_i\cdot\boldsymbol{r}-\omega_i t)\right]+\mu\times\boldsymbol{E}_{ro}\exp\left[j(\boldsymbol{k}_r\cdot\boldsymbol{r}-\omega_r t)\right]=\mu\times\boldsymbol{E}_{to}\exp\left[j(\boldsymbol{k}_t\cdot\boldsymbol{r}-\omega_t t)\right] \tag{2.2.5}$$

欲使式（2.2.5）对任意时间 t 和界面上任意 $\boldsymbol{r}$ 均成立，需满足

$$\omega_i = \omega_r = \omega_t = \omega \tag{2.2.6}$$

$$\boldsymbol{k}_i\cdot\boldsymbol{r} = \boldsymbol{k}_r\cdot\boldsymbol{r} = \boldsymbol{k}_t\cdot\boldsymbol{r} \tag{2.2.7}$$

由此可导出以下结论。

（1）电磁波的时间频率 ω 是入射波的固有特性，不因介质而异，也不会因折射、反射而发生变化。

（2）由式（2.2.7）可得出

$$\begin{cases}(\boldsymbol{k}_r-\boldsymbol{k}_i)\cdot\boldsymbol{r}=0\\(\boldsymbol{k}_t-\boldsymbol{k}_i)\cdot\boldsymbol{r}=0\end{cases} \tag{2.2.8}$$

由于 $\boldsymbol{r}$ 可在界面内选取不同方向，该式实际意味着矢量（$\boldsymbol{k}_r-\boldsymbol{k}_i$）和（$\boldsymbol{k}_t-\boldsymbol{k}_i$）均与界面法线 $\boldsymbol{u}$ 平行。由此可推知，$\boldsymbol{k}_i$、$\boldsymbol{k}_r$、$\boldsymbol{k}_t$ 和 $\boldsymbol{u}$ 共面，该平面称为入射面。

（3）式（2.2.7）的标量形式为

$$k_i\cos\left(\frac{\pi}{2}-\theta_i\right)=k_r\cos\left(\frac{\pi}{2}-\theta_r\right)=k_t\cos\left(\frac{\pi}{2}-\theta_t\right) \tag{2.2.9}$$

由于 $k_i=n_1\omega/c$，$k_r=n_1\omega/c$，$k_t=n_2\omega/c$，于是可得出

$$\begin{cases}\theta_r=\theta_i\\ n_1\sin\theta_i=n_2\sin\theta_t\end{cases} \tag{2.2.10}$$

结论（2）和（3）结合构成折射和反射定律。

2.2.2 菲涅耳公式

折射和反射定律给出了反射波、折射波和入射波传播方向之间的关系。对于反射波、折射波和入射波在振幅和相位之间的定量关系，可用一组基于电磁场边界条件导出的波动光学基本公式——菲涅耳公式来描述。

电场 $\boldsymbol{E}$ 是矢量，按照矢量的处理方法，可将 $\boldsymbol{E}$ 分解为一对正交的电场分量，即一个振动方向垂直于入射面的 $\boldsymbol{s}$ 分量和一个振动方向平行于入射面的 $\boldsymbol{p}$ 分量。通过分别研究入射波 $\boldsymbol{E}_i$ 中的 $\boldsymbol{s}$ 分量和 $\boldsymbol{p}$ 分量在折射、反射时振幅和相位的变化规律，利用叠加原理可求出反射波 $\boldsymbol{E}_r$ 和折射波 $\boldsymbol{E}_t$。上述分解方法的依据是：在折射、反射系统中，光波、界面及界面两侧的介质均以入射面作为对称平面，垂直于入射面的振动（$\boldsymbol{s}$ 分量）和平行于入射面的振动（$\boldsymbol{p}$ 分量）是系统的本征振动，这两种本征振动经过系统时，其振动状态不变。即当入射波为 $\boldsymbol{s}$ 分量时，反射波和折射波也是 $\boldsymbol{s}$ 分量，不会出现 $\boldsymbol{p}$ 分量；当入射波为 $\boldsymbol{p}$ 分量时，反射波和折射波也是 $\boldsymbol{p}$ 分量，不会出现 $\boldsymbol{s}$ 分量。因此，当入射波既有 $\boldsymbol{s}$ 分量又有 $\boldsymbol{p}$ 分量的非本征振动时，最可行的方法是将其分解为一对正交的本征振动的叠加，这样得出的关于本征振动的公式，可用于处理任何复杂的非本征振动入射的情形。

1. s 分量的菲涅耳公式

首先，需要规定电场和磁场的方向。这里规定：电场和磁场 $\boldsymbol{s}$ 分量垂直于纸面，向外为正，向里为负；$\boldsymbol{p}$ 分量则按其在界面上的投影方向，向右为正，向左为负。当入射波电场只有 $\boldsymbol{s}$ 分量时，反射波和折射波也只有 $\boldsymbol{s}$ 分量，且方向均为正，如图 2.2.2（a）所示。然后，根据 $\boldsymbol{E}$、$\boldsymbol{H}$、$\boldsymbol{k}$ 组成右手坐标系原则，可确定三个波的磁场方向。将 $\boldsymbol{E}$ 和 $\boldsymbol{H}$ 的边界条件写成标量形式，有

$$E_{ios}+E_{ros}=E_{tos} \tag{2.2.11}$$

$$-H_{iop}\cos\theta_i+H_{rop}\cos\theta_r=-H_{top}\cos\theta_t \tag{2.2.12}$$

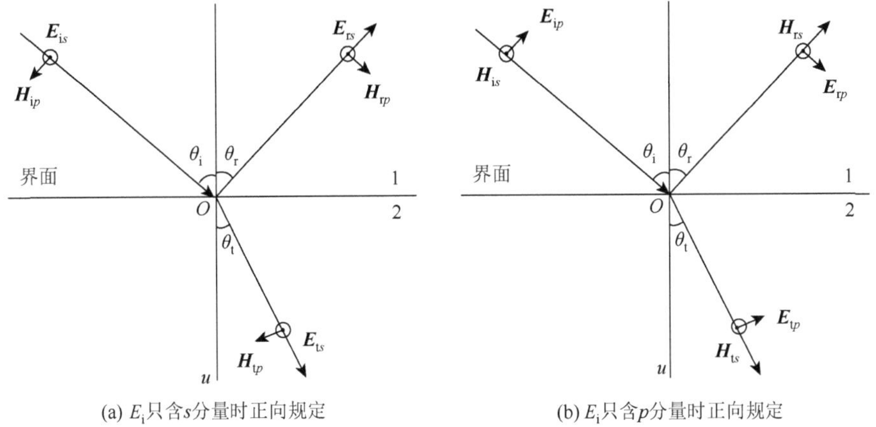

图 2.2.2　$\boldsymbol{E}_{\mathrm{i}}$ 只含 $\boldsymbol{s}$ 分量和只含 $\boldsymbol{p}$ 分量时的正向规定

利用非磁性各向同性介质中 $\boldsymbol{H}$ 和 $\boldsymbol{E}$ 的数值关系：

$$\boldsymbol{H}=\frac{1}{\mu_0}\boldsymbol{B}=\frac{n}{\mu_0 c}\boldsymbol{E} \tag{2.2.13}$$

考虑到 $\boldsymbol{E}$ 和 $\boldsymbol{H}$ 正交的关系，可由式（2.2.12）得出 $\boldsymbol{E}$ 场的另一个关系式：

$$-n_1\boldsymbol{E}_{\mathrm{ios}}\cos\theta_{\mathrm{i}}+n_1\boldsymbol{E}_{\mathrm{ros}}\cos\theta_{\mathrm{r}}=-n_2\boldsymbol{E}_{\mathrm{tos}}\cos\theta_{\mathrm{t}} \tag{2.2.14}$$

联立式（2.2.11）和式（2.2.14），可得出电场 $\boldsymbol{E}$ 的 $\boldsymbol{s}$ 分量的反射系数 r_s 和透射系数 t_s：

$$r_s=\frac{\boldsymbol{E}_{\mathrm{ros}}}{\boldsymbol{E}_{\mathrm{ios}}}=\frac{n_1\cos\theta_{\mathrm{i}}-n_2\cos\theta_{\mathrm{t}}}{n_1\cos\theta_{\mathrm{i}}+n_2\cos\theta_{\mathrm{t}}} \tag{2.2.15}$$

$$t_s=\frac{\boldsymbol{E}_{\mathrm{tos}}}{\boldsymbol{E}_{\mathrm{ios}}}=\frac{2n_1\cos\theta_{\mathrm{i}}}{n_1\cos\theta_{\mathrm{i}}+n_2\cos\theta_{\mathrm{t}}} \tag{2.2.16}$$

2. $\boldsymbol{p}$ 分量的菲涅耳公式

当入射波电场只有 $\boldsymbol{p}$ 分量时，反射波和折射波也只有 $\boldsymbol{p}$ 分量，如图 2.2.2（b）所示。首先，电场 $\boldsymbol{E}$ 的 $\boldsymbol{p}$ 分量的正方向规定为：当入射角 θ_{i} 趋于零时，$\boldsymbol{s}$ 分量和 $\boldsymbol{p}$ 分量的差别应该消失。由于图 2.2.2（a）中三个波的 $\boldsymbol{s}$ 分量的正方向始终一致，图 2.2.2（b）中三个波的 $\boldsymbol{p}$ 分量正方向也应一致，即 $\boldsymbol{p}$ 分量切向向量一致向右。然后，根据 $\boldsymbol{E}$、$\boldsymbol{H}$、$\boldsymbol{k}$ 组成右手螺旋定则来确定 $\boldsymbol{H}$ 的正方向。最后，利用 $\boldsymbol{E}$ 和 $\boldsymbol{H}$ 的边界条件，经过相同的推导，得到电场 $\boldsymbol{E}$ 的 $\boldsymbol{p}$ 分量的反射系数 r_p 和透射系数 t_p：

$$r_p=\frac{\boldsymbol{E}_{\mathrm{rop}}}{\boldsymbol{E}_{\mathrm{iop}}}=\frac{n_2\cos\theta_{\mathrm{i}}-n_1\cos\theta_{\mathrm{t}}}{n_1\cos\theta_{\mathrm{t}}+n_2\cos\theta_{\mathrm{i}}} \tag{2.2.17}$$

$$t_p = \frac{\boldsymbol{E}_{\mathrm{t}0p}}{\boldsymbol{E}_{\mathrm{i}0p}} = \frac{2n_1\cos\theta_{\mathrm{i}}}{n_1\cos\theta_{\mathrm{t}} + n_2\cos\theta_{\mathrm{i}}} \tag{2.2.18}$$

称为菲涅耳公式。利用折射定律，菲涅耳公式可改写为不显含折射率的形式：

$$r_s = -\frac{\sin(\theta_{\mathrm{i}} - \theta_{\mathrm{t}})}{\sin(\theta_{\mathrm{i}} + \theta_{\mathrm{t}})} \tag{2.2.19}$$

$$r_p = \frac{\tan(\theta_{\mathrm{i}} - \theta_{\mathrm{t}})}{\tan(\theta_{\mathrm{i}} + \theta_{\mathrm{t}})} \tag{2.2.20}$$

$$t_s = \frac{2\cos\theta_{\mathrm{i}}\sin\theta_{\mathrm{t}}}{\sin(\theta_{\mathrm{i}} + \theta_{\mathrm{t}})} \tag{2.2.21}$$

$$t_p = \frac{2\cos\theta_{\mathrm{i}}\sin\theta_{\mathrm{t}}}{\sin(\theta_{\mathrm{i}} + \theta_{\mathrm{t}})\cos(\theta_{\mathrm{i}} - \theta_{\mathrm{t}})} \tag{2.2.22}$$

若已知分界面两侧的折射率 n_1 和 n_2 及入射角 θ_{i}，就可由折射定律求出折射角 θ_{t}，进而由式（2.2.22）可求出振幅反射比和振幅透射比。图 2.2.3 是振幅比随入射角 θ_{i} 的变化曲线，其中（a）和（b）分别是 $n_1<n_2$ 和 $n_1>n_2$ 的情况。图中 θ_{B} 为布儒斯特角，当入射角 $\theta_{\mathrm{i}}=\theta_{\mathrm{B}}$ 时，$\boldsymbol{p}$ 分量反射系数 $r_p=0$，此时不论入射波电矢量 $\boldsymbol{E}_{\mathrm{i}}$ 的振动状态如何，反射波 $\boldsymbol{E}_{\mathrm{r}}$ 的 $\boldsymbol{p}$ 分量振幅始终为零，反射波成为只含有 $\boldsymbol{s}$ 分量的线偏振波，这一结论称为布儒斯特定律。

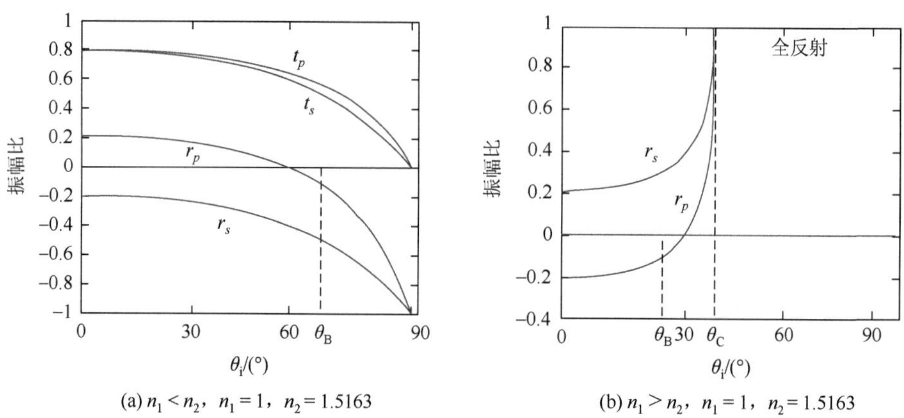

(a) $n_1<n_2$，$n_1=1$，$n_2=1.5163$　　(b) $n_1>n_2$，$n_1=1$，$n_2=1.5163$

图 2.2.3　振幅比随入射角的变化曲线

由式（2.2.20）可知，使 $r_p=0$ 的入射角满足 $\theta_{\mathrm{B}}+\theta_{\mathrm{t}}=90°$，再利用折射定律可得

$$\theta_{\mathrm{B}} = \arctan\left(\frac{n_2}{n_1}\right) \tag{2.2.23}$$

图 2.2.3（b）中，θ_{C} 为全反射临界角，即由光密介质入射到光疏介质时，$\theta_{\mathrm{i}}<\theta_{\mathrm{t}}$，

把 $\theta_t = 90°$时对应的入射角称为全反射临界角，有

$$\theta_C = \arcsin\left(\frac{n_2}{n_1}\right) \tag{2.2.24}$$

2.2.3　反射率和透射率

光波入射到两种介质的分界面上后，若不考虑吸收、散射等其他形式的能量损失，则入射光的能量只在反射光和折射光中重新分配，而总能量保持不变。利用菲涅耳公式可求出能量分配。设入射波单位时间投射到界面上的平均辐射能为 W_i，同一时间同一界面上反射波和折射波从入射波获得的平均辐射能分别为 W_r 和 W_t，则反射率 R 和透射率 T 的定义分别是

$$R = \frac{W_r}{W_i}, \qquad T = \frac{W_t}{W_i} \tag{2.2.25}$$

如图 2.2.4 所示，若入射波波前的截面积为 A_i，入射波的能流密度（每秒钟通过入射波波前单位面积的能量）为 s_i，则入射波的能流为

$$S = s_i A_i = s_i A_o \cos\theta_i \tag{2.2.26}$$

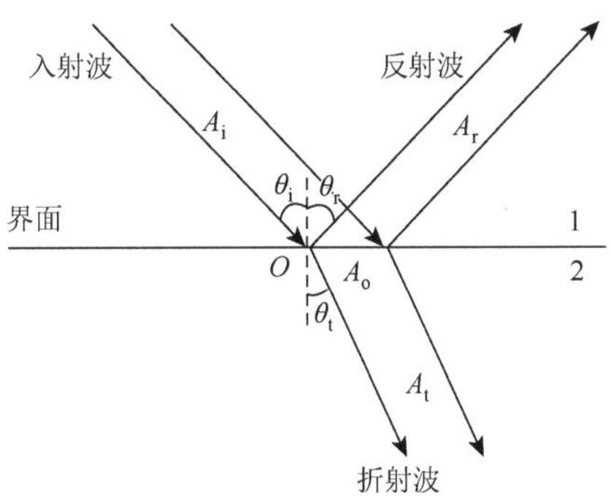

图 2.2.4　反射率和透射率公式的推导

于是，入射波单位时间投射到界面上的平均辐射能 W_i 为

$$W_i = \frac{S}{A_o} = s_i \cos\theta_i \tag{2.2.27}$$

入射波的平均能流密度为

$$s_i = \frac{1}{2}\sqrt{\frac{\varepsilon_0}{\mu_0}} n_1 |\boldsymbol{E}_{io}|^2 \tag{2.2.28}$$

式中，ε_0 为真空的介电常数；μ_0 为真空的磁导率。于是

$$W_i = \frac{1}{2}\sqrt{\frac{\varepsilon_0}{\mu_0}} n_1 \left|\boldsymbol{E}_{io}\right|^2 \cos\theta_i \tag{2.2.29}$$

与此类似，W_r 和 W_t 分别为

$$W_r = s_r \cos\theta_i' = \frac{1}{2}\sqrt{\frac{\varepsilon_0}{\mu_0}} n_1 \left|\boldsymbol{E}_{io}\right|^2 \cos\theta_i' \tag{2.2.30}$$

$$W_t = s_t \cos\theta_t = \frac{1}{2}\sqrt{\frac{\varepsilon_0}{\mu_0}} n_2 \left|\boldsymbol{E}_{to}\right|^2 \cos\theta_t \tag{2.2.31}$$

由此即可求出反射率 R 和透射率 T 分别为

$$R = \frac{\left|\boldsymbol{E}_{ro}\right|^2}{\left|\boldsymbol{E}_{io}\right|^2}, \qquad T = \frac{\left|\boldsymbol{E}_{to}\right|^2}{\left|\boldsymbol{E}_{io}\right|^2} \frac{n_2 \cos\theta_t}{n_1 \cos\theta_i} \tag{2.2.32}$$

且有关系式 $R + T = 1$，由于已假设介质无吸收损耗，所以式（2.2.32）是能量守恒的必然结果。

由菲涅耳公式可知，反射波与折射波的振幅和入射波的偏振态有关，故应对入射波的垂直和平行分量分别计算反射率和透射率。设入射波为线偏振光，电矢量 $\boldsymbol{E}_\mathbf{i}$ 的振动面与入射面成 α 角（也称为振动方位角）。这时，入射波 $\boldsymbol{E}_{io}$ 的垂直分量和平行分量分别为 $\boldsymbol{E}_{iop} = \boldsymbol{E}_{io}\cos\alpha$，$\boldsymbol{E}_{ios} = \boldsymbol{E}_{io}\sin\alpha$，所以

$$R = R_{||}\cos^2\alpha + R_{\perp}\sin^2\alpha \tag{2.2.33}$$

其中

$$\begin{cases} R_{||} = \dfrac{\left|\boldsymbol{E}_{rop}\right|^2}{\left|\boldsymbol{E}_{iop}\right|^2} = \dfrac{\tan^2(\theta_i - \theta_t)}{\tan^2(\theta_i + \theta_t)} \\ R_{\perp} = \dfrac{\left|\boldsymbol{E}_{ros}\right|^2}{\left|\boldsymbol{E}_{ios}\right|^2} = \dfrac{\sin^2(\theta_i - \theta_t)}{\sin^2(\theta_i + \theta_t)} \end{cases} \tag{2.2.34}$$

与此类似，有

$$T = T_{||}\cos^2\alpha + T_{\perp}\sin^2\alpha \tag{2.2.35}$$

其中

$$\begin{cases} T_{||} = \dfrac{n_2\cos\theta_t}{n_1\cos\theta_i} \dfrac{\left|\boldsymbol{E}_{top}\right|^2}{\left|\boldsymbol{E}_{iop}\right|^2} = \dfrac{\sin 2\theta_i \sin 2\theta_t}{\sin^2(\theta_i + \theta_t)\cos^2(\theta_i - \theta_t)} \\ T_{\perp} = \dfrac{n_2\cos\theta_t}{n_1\cos\theta_i} \dfrac{\left|\boldsymbol{E}_{tos}\right|^2}{\left|\boldsymbol{E}_{ios}\right|^2} = \dfrac{\sin 2\theta_i \sin 2\theta_t}{\sin^2(\theta_i + \theta_t)} \end{cases} \tag{2.2.36}$$

在垂直入射的情况下，则由菲涅耳公式可求出这时的反射率和透射率分别为

$$R_{\perp}=R_{||}=\left(\frac{n_2-n_1}{n_2+n_1}\right)^2, \qquad T_{\perp}=T_{||}=\frac{4n_1n_2}{(n_2+n_1)^2} \tag{2.2.37}$$

2.2.4 影响反射率的因素

在实际工作中反射率 R 的大小是经常要考虑的一个因素。有些情况下，要尽量减小反射损失；有时又要反射光强尽可能大。为此，我们对反射率 R 的计算结果及影响它的因素再作一些讨论。由于无吸收的透明介质有 $R+T=1$ 的关系，因此求出 R 也就知道 T 的大小。

由式（2.2.34）可知，反射率和三个因素有关：入射光的偏振态、入射角及介质的折射率。我们可分别计算垂直分量和水平分量在不同入射角 θ_i 下的反射率，并画出 R-θ_i 的关系曲线。图 2.2.5 是光束从介质 1（折射率 $n_1=1$）射入到介质 2（折射率 $n_2=1.5163$）表面。由此可以看出以下两个特点。

（1）$R_{\perp}\neq R_{||}$，即反射率与偏振态有关。在小角度和大角度入射时（$\theta_i\approx 0°$和 $\theta_i\approx 90°$），$R_{\perp}\approx R_{||}$，而在 $\theta_i=\theta_B$ 时，$R_{\perp}$和 $R_{||}$相差最大，此时 $R_{||}=0$。

（2）反射率 R 随入射角 θ_i 的变化趋势是：$\theta_i<\theta_B$ 时，R 数值小，变化较缓慢；$\theta_i>\theta_B$ 时，R 随 θ_i 的增大而急剧上升，直到掠入射时反射率 $R\to 1$，由图 2.2.5 所示曲线可见，$\theta_i<\theta_B$ 时，$R<8\%$（对于自然光，$R=(R_{\perp}+R_{||})/2$）；而在 $\theta_i=\theta_B$ 到 $\theta_i=90°$ 的范围内，R 从 8%急剧增大到 100%。

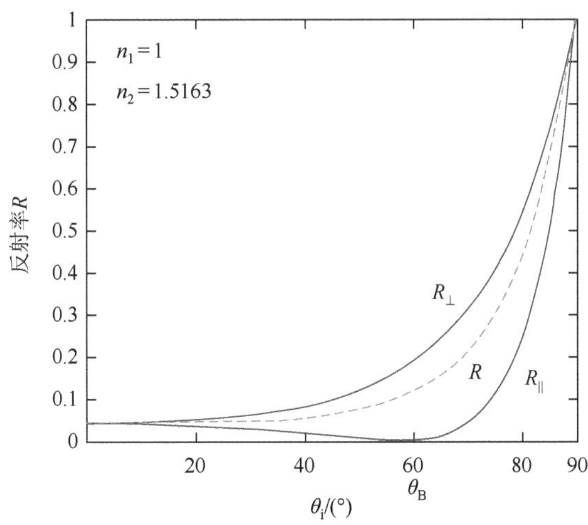

图 2.2.5　反射率随入射角的变化关系

2.3 基于缪勒矩阵的粗糙表面偏振特性表征

2.3.1 粗糙表面的反/散射偏振模型

1. 双向反射分布函数

双向反射分布函数（bidirectional reflectance distribution function，BRDF）是描述粗糙表面光散射特性的一种重要理论模型，它可以从强度和方向两个方面对光波在粗糙表面上的散射进行描述，其定义是 Nicodemus 在 1970 年提出的，经过近半个世纪的发展，双向反射分布函数结合电磁散射理论已经在激光、成像和识别领域有了广泛的应用[5]。双向反射分布函数的定义为目标表面 (θ_r,ϕ_r) 方向的出射辐亮度 $\mathrm{d}L_r(\theta_i,\theta_r,\Delta\phi)$ 与 (θ_i,ϕ_i) 方向的入射辐照度 $\mathrm{d}E_i(\theta_i,\phi_i)$ 之比：

$$\rho(\theta_i,\phi_i,\theta_r,\phi_r,\lambda)=\frac{\mathrm{d}L_r(\theta_i,\theta_r,\Delta\phi)}{\mathrm{d}E_i(\theta_i,\phi_i)} \tag{2.3.1}$$

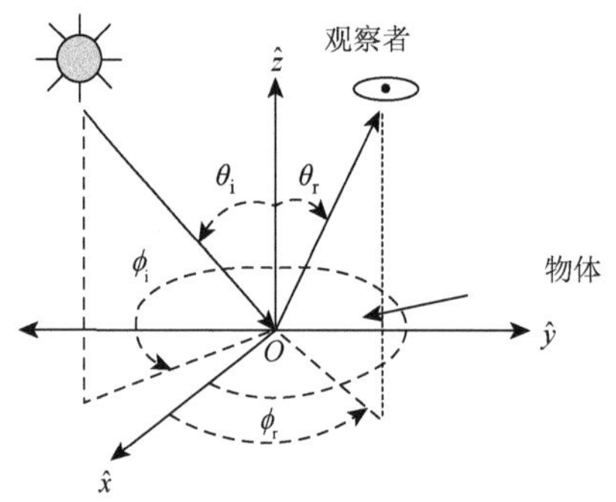

图 2.3.1 双向反射分布函数几何关系图

式中，θ_i 和 θ_r 分别表示入射光线和反射光线的天顶角；ϕ_i 和 ϕ_r 分别表示入射光线和反射光线的方位角；$\Delta\phi=\phi_r-\phi_i$ 为相对方位角，表示入射面与反射面之间的夹角；λ 为入射光的波长，各参数之间的位置关系如图 2.3.1 所示。

目标表面的双向反射分布函数对任意入射方向和反射方向的散射特性进行了量化，且基于物理层面的双向反射分布函数还有可逆性和能量守恒两大重要性质[6]。由光路的可逆性可知，当光线沿着反射光线的方向逆向入射到物体表面时，其反射光线的方向必然是原来的入射方向，将其运用到双向反射分布函数中，则交换光线的入射和反射方向，目标的双向反射分布函数数值不会产生变化；能量守恒是指在双向反射分布函数建模与计算的过程中，入射到物体表面的总能量与经过反射、吸收和透射后的总能量始终保持相等。综上，双向反射分布函数在半球空间内进行积分运算时其数值必然小于等于 1。

随着对双向反射分布函数研究的不断开展，各国研究人员对于粗糙表面反射特性的相关建模研究也取得了较大的进展。一般情况下双向反射分布函数模型可以分为经验（半经验）模型、物理模型和数据统计模型三大类，其中对物理模型的研究最为深入。

由于不同的理化特性（如复折射率、粗糙度等），物体表面对入射光波具有不同的吸收反射特性。对于不同粗糙度的目标表面，从理想粗糙表面的漫反射到理想光滑表面的镜面反射，均有相对应适用的反/散射函数可描述（表 2.3.1）。

表 2.3.1　不同表面适用的 BRDF 模型

光波偏振态	光滑	粗糙
镜面反射	镜面 BRDF 反射角固定且无散射，可通过二元狄拉克函数描述	Torrance-Sparrow 对反射的描述不局限于镜面反射角度
漫反射	朗伯 BRDF 各观测角度的反射均相同	Oren-Nayar 反射模型有观测角度依赖性

1）经验（半经验）模型

经验模型中比较具有代表性的有 Phong 模型和 Lambert 模型[7]，其特点是忽略了材料本身的特性，从而可以进行快速的计算。

Lambert 模型如图 2.3.2（a）所示，它模拟了理想漫反射的情况，光线在朗伯体表面各方向上均匀反射，并且表面散射特性与观测的几何位置无关，即各方向的 BRDF 相同且均为常数。Lambert 模型虽然描述的情况较为理想，但对于现实生活中大部分漫反射表面较为适用。Phong 模型如图 2.3.2（b）所示，其本质为基于物体表面反射特性的亮度模型，由于 Phong 模型具有计算高效的特点，在计算机图形学领域有广泛的应用，但是 Phong 模型本身并不遵循 BRDF 可逆性和能量守恒两大基本性质。

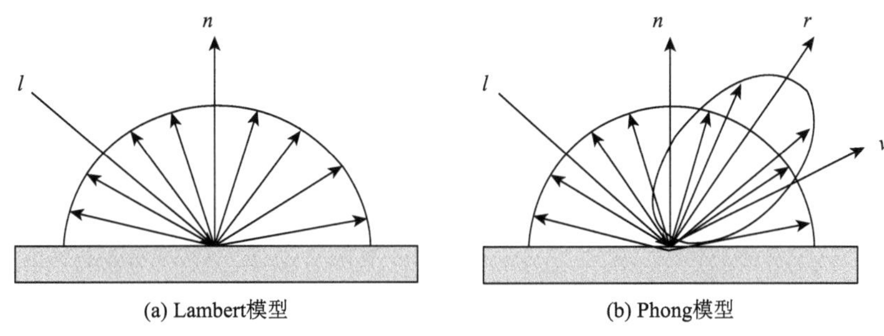

(a) Lambert模型　(b) Phong模型

图 2.3.2　BRDF 经验模型

2）数据统计模型

基于蒙特卡罗的 BRDF 模型通过数理统计和计算机模拟求解粗糙表面的光散射过程[8]。蒙特卡罗是数理统计中一种常用的随机模拟方法，随着计算机技术的发展，蒙特卡罗在数学计算、工程技术和理论分析等众多领域有着重要的应用。

基于蒙特卡罗的 BRDF 以辐射传输理论为基础，采用计算机模拟过程代替复杂的数学计算从而提高运算效率。在使用蒙特卡罗法模拟粗糙表面辐射传输时，必须已知粗糙表面的概率密度函数，将粗糙表面对光线的多次散射看作光波中光子与已知微面元碰撞的过程，利用光线追迹跟踪各散射方向的光子，从而得到光散射分布，进而计算粗糙表面的 BRDF。在计算过程中可以通过增加统计次数进一步提高预测精度，但由于计算机仿真模拟过程中涉及时间序列的反复生成，对计算机的内存和运算能力要求较高，且粗糙表面的概率密度函数往往为未知参量，因此基于蒙特卡罗的 BRDF 模型具有一定的局限性。

3）微面元模型

微面元模型是基于几何光学所建立的表面反射模型，将粗糙表面看成具有一定形貌分布的几何物体，通过几何光学原理分析粗糙表面几何轮廓对入射光线的遮挡、反射及散射结果的影响。在微面元模型中，将粗糙表面看成无数个微面元所组成的整体且用统计学的方法给出微面元的大致分布。需要注意的是，若粗糙表面微面元尺寸小于或等于入射光的波长，微面元模型则不再适用。

A. 理想镜面反射和朗伯反射体

对于理想的镜面反射表面，反射光反射方向固定且不存在散射现象（即 $\theta_i = \theta_r$ 且 $\phi_i = \phi_r + \pi$ ），因此可用二元狄拉克函数来表示理想镜面反射的 BRDF：

$$\mathrm{BRDF} = R_s \frac{\delta(\theta_r - \theta_i)\delta(\phi_i + \pi - \phi_r)}{\cos\theta_i \cos\theta_r} \tag{2.3.2}$$

式中，R_s 为镜面反射系数。

对于朗伯反射体（反射因子为 ρ ），在任何方向上散射辐射均有相同的辐亮度，故朗伯体的 BRDF 为定值，即

$$\mathrm{BRDF} = \frac{\rho}{\pi} \tag{2.3.3}$$

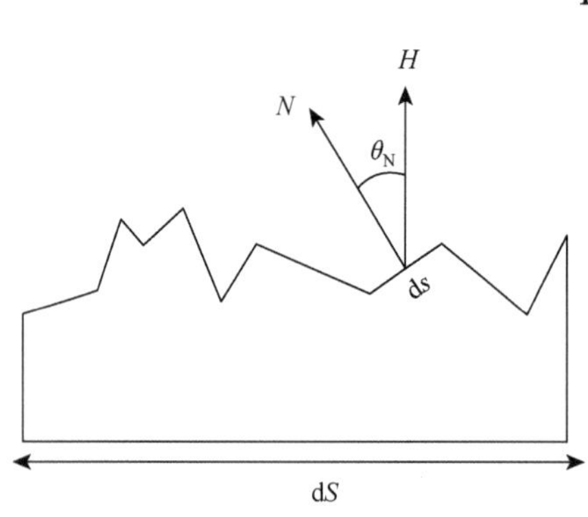

图 2.3.3　Oren-Nayar 模型结构图

N 代表微面元法线，d*s* 为微面元，d*S* 为粗糙表面，*H* 为粗糙表面法线方向，θ_N 为两个法线之间的夹角

B. Oren-Nayar 模型

在理想漫反射表面经验模型 Lambert 模型的基础上，经改进后衍生出了 Oren-Nayar 模型（图 2.3.3）。Oren-Nayar 模型将粗糙表面整体看成无数个对称 V 形槽的集合，并且认为每一个 V 形槽的微面满足理想的漫反射且服从高斯分布[9]。Oren-Nayar 模型中每一个微面元具有相同的 BRDF，且考虑了各微面元之间的遮蔽效应、能量吸收和多次反射等几何效应，但由于 Oren-Nayar 模型复杂，计算效率较低，因此很

难得到一个精确的解析值，但可用以下函数近似表示。

当微面元不受其他微面元遮蔽影响时，其表面辐照度为

$$E(N)=E_0\cos\alpha_{\mathrm{I}} \tag{2.3.4}$$

式中，E_0 为微面元被入射光垂直照射时的辐照度；α_{I} 为微面元法线与辐射方向之间的夹角。

当微面元受到遮挡时，且已知微面元的 BRDF，微面元的辐射通量为

$$\mathrm{d}^2\Phi(N)=\mathrm{BRDF}(\alpha_{\mathrm{I}},\alpha_{\mathrm{R}})E_0\cos\alpha_{\mathrm{I}}\cos\alpha_{\mathrm{R}}\,\mathrm{d}s\,\mathrm{d}\Omega_{\mathrm{r}} \tag{2.3.5}$$

式中，α_{R} 为反射光线与微面元法线之间的夹角；Ω_{r} 为微面元对观测点所张立体角。分别用 $H(N)$ 和 $P(N)$ 表示微面元之间的几何作用（遮挡、蒙蔽和多次反射等）和分布情况，在微面元角度和宏观目标角度之间建立关系后，目标表面的 Oren-Nayar 模型表示为

$$\mathrm{BRDF}(I,R)=\frac{1}{\cos\theta_{\mathrm{I}}}\int_{\theta_{\mathrm{N}}}^{\pi/2}\int_{\varphi_{\mathrm{N}}=0}^{2\pi}H(N)P(N)\times\mathrm{BRDF}(\alpha_{\mathrm{I}},\alpha_{\mathrm{R}})\frac{\cos\alpha_{\mathrm{I}}\cos\alpha_{\mathrm{R}}}{\cos\theta_{\mathrm{N}}\cos\theta_{\mathrm{R}}}\sin\theta_{\mathrm{N}}\,\mathrm{d}\theta_{\mathrm{N}}\,\mathrm{d}\varphi_{\mathrm{N}} \tag{2.3.6}$$

式中，θ_{N} 表示微面元法线和粗糙表面法线之间的夹角；θ_{R} 表示反射光线和粗糙表面法线的夹角；φ_{N} 表示微面元法线的方位角。

Oren-Nayar 模型是一种典型的几何光学模型，在考虑了微面元之间的阴影、遮挡、相互反射等效果的同时，简化了各微面元的 BRDF，计算过程较为复杂，适用于已知 BRDF 的具体粗糙表面光散射仿真模拟。

C. Torrance-Sparrow 模型

1967 年，Torrance 和 Sparrow 提出了光波在金属表面的反/散射的 Torrance-Sparrow 模型[10]，认为目标表面由无数个微小的、两边等长的 V 形凹陷构成，如图 2.3.4 所示。在任意 V 形表面光线的传输均满足菲涅耳反射定律并具有偏振特性，同时各微面元满足高斯分布。由于 Torrance-Sparrow 模型相邻微面元之间的 V 形结构，其中某一微面元会对相邻微面元上的光束有一定程度的遮挡，形成了 Torrance-Sparrow 模型中的遮蔽效应，可利用相应的粗糙表面参量进行数学建模。

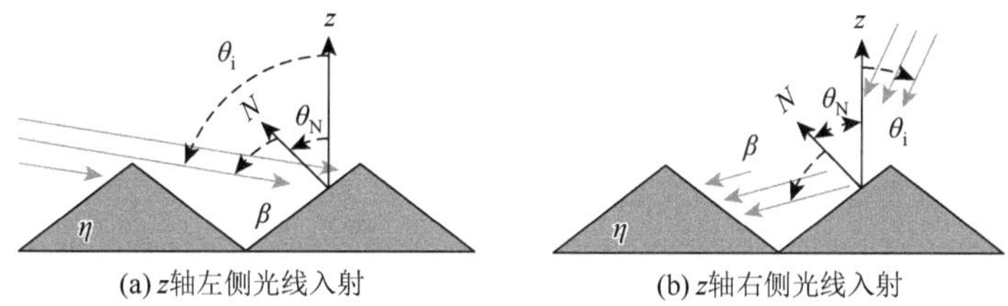

图 2.3.4　Torrance-Sparrow 模型相邻微面元结构图（β 为入射/出射光线与微面表面法线的夹角）

θ_{i} 为入射角，N 为微面元表面法线，θ_{N} 为 z 轴与微面表面法线的夹角

2. 偏振双向反射分布函数的优化与建模

偏振双向反射分布函数（polarized bidirectional reflectance distribution function，PBRDF）是在 BRDF 的基础上，通过缪勒矩阵将其推广到偏振情况下所得到的。BRDF 在计算中忽略了粗糙表面的空间散射分布。相比于 BRDF，PBRDF 不仅可以完整地描述粗糙表面的光散射分布，还可以表征目标的光散射偏振特性，是获取目标偏振探测信息的重要手段。PBRDF 的几何关系与 BRDF 类似，如图 2.3.1 所示，PBRDF 具体描述的是波长为 λ 的光波以天顶角 θ_{i} 、方位角 ϕ_{i} 方向入射后沿天顶角 θ_{r} 、方位角 ϕ_{r} 方向出射的物理过程。

描述 PBRDF 的辐射量与描述 BRDF 的辐射量定义一致，区别在于 PBRDF 描述的辐射参量是矢量，因此，在研究中通常利用斯托克斯矢量来描述粗糙表面入射光和散射光的偏振特性，这样 PBRDF 也表征为矩阵方程的形式。综上，当入射光和散/反射光用斯托克斯矢量进行描述时，PBRDF 实际成为表征粗糙表面偏振传输的缪勒矩阵。传统的 PBRDF 公式复杂，计算效率较低，因此在传统的 PBRDF 模型的基础上进行优化并提高其计算精度是一项重要的工作。

微面元模型认为 PBRDF 由具有偏振特性的镜面反射分量 f_{s} 和无偏振特性的漫反射分量 f_{d} 组成：

$$F_{\mathrm{PBRDF}} = f_{\mathrm{s}} + f_{\mathrm{d}} \tag{2.3.7}$$

式中，镜面反射分量 f_{s} 是微面元镜面反射的结果，具有偏振特性；漫反射分量 f_{d} 是微面元漫反射的集合，不具有偏振特性。

根据微面元理论，粗糙表面 PBRDF 镜面反射部分为

$$f_{\mathrm{s}} = f_{\mathrm{s},jk}(\theta_{\mathrm{i}},\theta_{\mathrm{r}},\sigma,\Delta\phi) = \frac{1}{\cos\theta_{\mathrm{N}}}\frac{P_{\mathrm{D}}(\sigma,\theta_{\mathrm{N}})}{\cos\theta_{\mathrm{i}}\cos\theta_{\mathrm{r}}}G(\theta_{\mathrm{i}},\theta_{\mathrm{r}},\Delta\phi)\boldsymbol{M}_{jk}(\theta_{\mathrm{i}},\theta_{\mathrm{r}},\Delta\phi) \tag{2.3.8}$$

式中，σ 为均方根高度，表征目标表面的粗糙度；$\boldsymbol{M}_{jk}$ 为 4×4 缪勒矩阵；θ_{N} 为粗糙表面法线和微面元法线的夹角；$f_{\mathrm{s},jk}$ 为 j 行 k 列的镜面反射分量。

$P_{\mathrm{D}}(\sigma,\theta_{\mathrm{N}})$ 表示微面元法向概率分布函数，所描述的是不同倾斜角度时不同粗糙表面微面元的分布概率，对于高斯随机生成的表面，微面元概率分布函数为

$$P_{\mathrm{D}}(\sigma,\theta_{\mathrm{N}}) = \frac{1}{4\pi\sigma^2\cos^3\theta_{\mathrm{N}}}\exp\left(\frac{-\tan^2\theta_{\mathrm{N}}}{2\sigma^2}\right) \tag{2.3.9}$$

遮蔽因子 $G(\theta_{\mathrm{i}},\theta_{\mathrm{r}},\Delta\phi)$ 表征的是微面元之间由于高低不同所引起的遮蔽效应，但是大部分遮蔽因子的数学模型形式复杂，计算难度大。为了得到遮蔽因子 $G(\theta_{\mathrm{i}},\theta_{\mathrm{r}},\Delta\phi)$ 的简单公式，通过取微观法线平面投影的方法引入如图 2.3.5 所示的平面微观几何模型[11]。图中，θ_p^{i} 、θ_p^{r} 和 γ_p 分别为 θ_p 、θ_p 和 γ 的球面投影，γ 为微面元法线和入射光线的夹角。

根据球面三角学公式可求得 θ_p^{i}、θ_p^{r} 和 γ_p 的三角函数公式：

$$\tan\theta_p^{\mathrm{i}} = \tan\theta_{\mathrm{i}} \frac{\sin\theta_{\mathrm{i}} + \sin\theta_{\mathrm{r}}\cos\phi_{\mathrm{r}}}{2\sin\theta_{\mathrm{N}}\cos\beta} \tag{2.3.10}$$

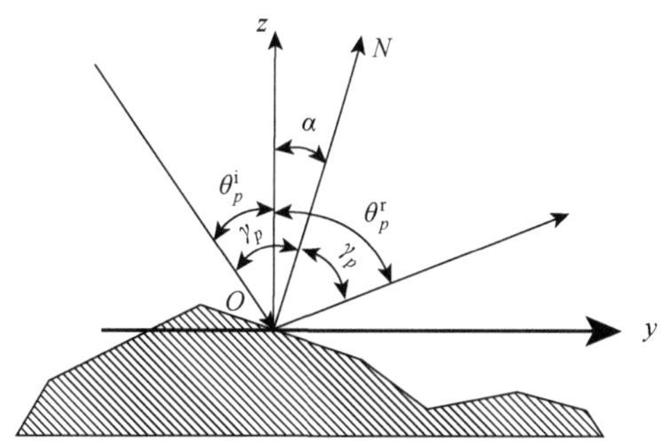

图 2.3.5　微观几何结构球面投影

$$\tan\theta_p^{\mathrm{r}} = \tan\theta_{\mathrm{r}} \frac{\sin\theta_{\mathrm{r}} + \sin\theta_{\mathrm{i}}\cos\phi_{\mathrm{r}}}{2\sin\theta_{\mathrm{N}}\cos\beta} \tag{2.3.11}$$

$$\tan\gamma_p = \frac{\left|\cos\theta_{\mathrm{i}} - \cos\beta\right|}{2\sin\theta_{\mathrm{N}}\cos\beta} \tag{2.3.12}$$

在此基础上，粗糙表面遮蔽因子的逼近公式为

$$G(\theta_{\mathrm{i}},\theta_{\mathrm{r}},\phi_{\mathrm{r}}) = \frac{1 + \dfrac{\omega_p\left|\tan\theta_p^{\mathrm{i}}\tan\theta_p^{\mathrm{r}}\right|}{1+\sigma_{\mathrm{r}}\tan\gamma_p}}{\left[\left(1+\omega_p\tan^2\theta_p^{\mathrm{i}}\right)\left(1+\omega_p\tan^2\theta_p^{\mathrm{r}}\right)\right]} \tag{2.3.13}$$

$$\omega_p = \sigma_p\left(1 + \frac{\mu_p\sin\theta_{\mathrm{N}}}{\sin\theta_{\mathrm{N}} + \nu_p\cos\theta_{\mathrm{N}}}\right) \tag{2.3.14}$$

式中，σ_{r}、σ_p、μ_p 和 ν_p 为经验参数，与粗糙表面均方根高度、相关长度有关，可以通过大量实验数据拟合求得。

由于 PBRDF 模型描述的几何关系是建立在宏观坐标系下，整体的粗糙表面并不满足菲涅耳反射公式，因此需要在宏观坐标系和微面元坐标系之间建立起联系。对于微面元模型，其各角度满足

$$\cos(2\beta) = \cos\theta_{\mathrm{i}}\cos\theta_{\mathrm{r}} + \sin\theta_{\mathrm{i}}\sin\theta_{\mathrm{r}}\cos(\phi_{\mathrm{r}} - \phi_{\mathrm{i}}) \tag{2.3.15}$$

式中，β 为入射光线在微面元上的入射角，而微面元法向与粗糙表面法向之间的夹角 θ_{N} 可由 β 求得

$$\cos\theta_{\mathrm{N}} = \frac{\cos\theta_{\mathrm{i}} + \cos\theta_{\mathrm{r}}}{2\cos\beta} \tag{2.3.16}$$

$\eta_{\rm i}$ 和 $\eta_{\rm r}$ 表示入射和散射方向分别与粗糙表面法向和微面元法向所组成平面间的夹角，其满足

$$\cos\eta_{\rm i}=\frac{\cos\theta_{\rm N}-\cos\theta_{\rm i}\cos\beta}{\sin\theta_{\rm i}\sin\beta} \tag{2.3.17}$$

$$\cos\eta_{\rm r}=\frac{\cos\theta_{\rm N}-\cos\theta_{\rm r}\cos\beta}{\sin\theta_{\rm r}\sin\beta} \tag{2.3.18}$$

求得 $\eta_{\rm i}$ 和 $\eta_{\rm r}$ 后，利用琼斯（Jones）矩阵表征入射光和散射光 $\boldsymbol{s}$、$\boldsymbol{p}$ 振动方向上的电场矢量传输关系为[12]

$$\begin{bmatrix}\boldsymbol{E}_{\rm r}^{s}\\ \boldsymbol{E}_{\rm r}^{p}\end{bmatrix}=\begin{bmatrix}T_{ss} & T_{ps}\\ T_{sp} & T_{pp}\end{bmatrix}\begin{bmatrix}\boldsymbol{E}_{\rm i}^{s}\\ \boldsymbol{E}_{\rm i}^{p}\end{bmatrix}=\begin{bmatrix}\cos\eta_{\rm r} & \sin\eta_{\rm r}\\ -\sin\eta_{\rm r} & \cos\eta_{\rm r}\end{bmatrix}\begin{bmatrix}r_s & 0\\ 0 & r_p\end{bmatrix}\begin{bmatrix}\cos\eta_{\rm i} & -\sin\eta_{\rm i}\\ \sin\eta_{\rm i} & \cos\eta_{\rm i}\end{bmatrix}\begin{bmatrix}\boldsymbol{E}_{\rm i}^{s}\\ \boldsymbol{E}_{\rm i}^{p}\end{bmatrix} \tag{2.3.19}$$

式中，T_{ss}、T_{ps}、T_{sp} 和 T_{pp} 为琼斯矩阵元，可由式（2.3.19）的逆运算得到

$$\begin{cases}T_{ss}=r_s\cos\eta_{\rm r}\cos\eta_{\rm i}+r_p\sin\eta_{\rm r}\sin\eta_{\rm i}\\ T_{ps}=-r_s\cos\eta_{\rm r}\sin\eta_{\rm i}+r_p\sin\eta_{\rm r}\cos\eta_{\rm i}\\ T_{sp}=-r_s\cos\eta_{\rm r}\cos\eta_{\rm i}+r_p\cos\eta_{\rm r}\sin\eta_{\rm i}\\ T_{pp}=r_s\sin\eta_{\rm r}\sin\eta_{\rm i}+r_p\cos\eta_{\rm r}\cos\eta_{\rm i}\end{cases} \tag{2.3.20}$$

r_s 和 r_p 分别表示光传输过程中 $\boldsymbol{s}$ 分量和 $\boldsymbol{p}$ 分量的菲涅耳反射系数。r_s 和 r_p 分别表示为

$$r_s=\frac{n_1\cos\theta_{\rm i}-n_2\cos\theta_{\rm t}}{n_1\cos\theta_{\rm i}+n_2\cos\theta_{\rm t}} \tag{2.3.21}$$

$$r_p=\frac{n_2\cos\theta_{\rm i}-n_1\cos\theta_{\rm t}}{n_2\cos\theta_{\rm i}+n_1\cos\theta_{\rm t}} \tag{2.3.22}$$

式中，$\theta_{\rm i}$ 为入射角；$\theta_{\rm t}$ 为折射角；n_1 为入射介质的折射率；n_2 为折射介质的折射率。

微面元同时满足折、反射定律：

$$n_{\rm i}\sin\theta_{\rm i}=n_{\rm t}\sin\theta_{\rm t} \tag{2.3.23}$$

粗糙表面的折射率不同于透射介质，经过推导，粗糙表面微面元的菲涅耳反射系数 r_s 和 r_p 可分别表示为

$$r_s=\frac{(\cos^2\theta_{\rm i}-N^2)-k'^2+2{\rm i}k'\cos\theta_{\rm i}}{(\cos\theta_{\rm i}+N)^2+k'^2} \tag{2.3.24}$$

$$r_p=\frac{(n^2+k^2)^2\cos^2\theta_{\rm i}-(N^2+k'^2)+2{\rm i}\cos\theta_{\rm i}\left[(n^2-k^2)k'-2Nnk\right]}{\left[(n^2-k^2)\cos\theta_{\rm i}+N\right]^2+(2nk\cos\theta_{\rm i}+k')^2} \tag{2.3.25}$$

式中，$\theta_{\rm i}$ 为入射光线在微面元上的入射角；n 表示折射率；k 表示消光系数；N 和 k' 可由式（2.3.26）和式（2.3.27）得到。

$$2N^2=n^2-k^2-\sin^2\theta_{\rm i}+\sqrt{(n^2-k^2-\sin^2\theta_{\rm i})^2+4n^2k^2} \tag{2.3.26}$$

$$2k'^2 = -(n^2 - k^2 - \sin^2\theta_i) + \sqrt{(n^2 - k^2 - \sin^2\theta_i)^2 + 4n^2k^2} \tag{2.3.27}$$

在求得菲涅耳反射系数 r_s 和 r_p 后，可以得到琼斯矩阵元 T_{ss}、T_{ps}、T_{sp} 和 T_{pp}。琼斯矩阵和缪勒矩阵之间存在着如下转换关系，通过琼斯矩阵元 T_{ss}、T_{ps}、T_{sp} 和 T_{pp} 可求得缪勒矩阵 $\boldsymbol{M}_{j,k}(\theta_i,\theta_r,\Delta\phi)$。

$$\begin{cases} M_{00} = \dfrac{1}{2}\left(\left|T_{ss}^2\right| + \left|T_{ps}^2\right| + \left|T_{pp}^2\right| + \left|T_{sp}^2\right|\right) \\ M_{01} = \dfrac{1}{2}\left(\left|T_{ss}^2\right| - \left|T_{ps}^2\right| - \left|T_{pp}^2\right| - \left|T_{sp}^2\right|\right) \\ M_{02} = \mathrm{Re}(T_{ss}T_{ps}^* + T_{sp}T_{pp}^*) \\ M_{03} = -\mathrm{Im}(T_{ss}T_{ps}^* + T_{sp}T_{pp}^*) \end{cases} \tag{2.3.28}$$

$$\begin{cases} M_{10} = \dfrac{1}{2}\left(\left|T_{ss}^2\right| + \left|T_{ps}^2\right| - \left|T_{pp}^2\right| - \left|T_{sp}^2\right|\right) \\ M_{11} = \dfrac{1}{2}\left(\left|T_{ss}^2\right| - \left|T_{ps}^2\right| + \left|T_{pp}^2\right| - \left|T_{sp}^2\right|\right) \\ M_{12} = \mathrm{Re}(T_{ss}T_{ps}^* - T_{sp}T_{pp}^*) \\ M_{13} = -\mathrm{Im}(T_{ss}T_{ps}^* - T_{sp}T_{pp}^*) \end{cases} \tag{2.3.29}$$

$$\begin{cases} M_{20} = \mathrm{Re}(T_{ss}T_{sp}^* + T_{ps}T_{pp}^*) \\ M_{21} = \mathrm{Re}(T_{ss}T_{sp}^* - T_{ps}T_{pp}^*) \\ M_{22} = \mathrm{Re}(T_{ss}T_{pp}^* + T_{ps}T_{sp}^*) \\ M_{23} = -\mathrm{Im}(T_{ss}T_{pp}^* - T_{ps}T_{sp}^*) \end{cases} \tag{2.3.30}$$

$$\begin{cases} M_{30} = \mathrm{Im}(T_{ss}T_{sp}^* + T_{ps}T_{pp}^*) \\ M_{31} = \mathrm{Im}(T_{ss}T_{sp}^* - T_{ps}T_{pp}^*) \\ M_{32} = \mathrm{Im}(T_{ss}T_{pp}^* + T_{ps}T_{sp}^*) \\ M_{33} = \mathrm{Re}(T_{ss}T_{pp}^* - T_{ps}T_{sp}^*) \end{cases} \tag{2.3.31}$$

求得遮蔽因子 $G(\theta_i,\theta_r,\Delta\phi)$、概率分布函数 $P_D(\sigma,\theta_N)$ 和微面元缪勒矩阵 $\boldsymbol{M}_{jk}(\theta_i,\theta_r,\Delta\phi)$ 后，可计算出粗糙表面 PBRDF 的镜面反射部分 f_s。

3. 偏振双向反射分布函数漫反射部分

对于传统的 PBRDF 模型，漫反射是不具有偏振特性的，然而漫反射是反射能量中不可忽略的一部分，因此不能单纯地只用镜面反射 f_s 来描述粗糙表面的反射/散射特性，需要在 PBRDF 模型中考虑漫反射部分 f_d。能量守恒是 BRDF 模型的重要性质之一，利用能量守恒和半球定向反射率（hemispherical directional reflectivity，HDR）可以计算得到 PBRDF 中的漫反射成分[12, 13]。

半球定向反射首先假定粗糙表面具有旋转对称性，其物理意义为双向反射分

布函数在粗糙表面整个上半球空间内积分的效果，其表达式为[14]

$$\rho_{\mathrm{HDR}}(\theta_{\mathrm{i}})=\int_0^{2\pi}\int_0^{\pi/2}\rho(\theta_{\mathrm{i}},\theta_{\mathrm{r}},\Delta\phi)\cos\theta_{\mathrm{r}}\sin\theta_{\mathrm{r}}\mathrm{d}\theta_{\mathrm{r}}\mathrm{d}\Delta\phi \tag{2.3.32}$$

假设反射面无能量吸收且表面光滑，则其镜面反射比为

$$\rho_{\mathrm{HDR}}^{\mathrm{s}}(\theta_{\mathrm{i}})=\int_0^{2\pi}\int_0^{\pi/2}f_{00}^{\mathrm{s}}(\theta_{\mathrm{i}},\theta_{\mathrm{r}},\Delta\phi)\cos\theta_{\mathrm{r}}\sin\theta_{\mathrm{r}}\mathrm{d}\theta_{\mathrm{r}}\mathrm{d}\Delta\phi=1 \tag{2.3.33}$$

由于粗糙表面 BRDF 的漫反射分量和镜面反射分量满足能量守恒定律，因此有

$$\int_0^{2\pi}\int_0^{\pi/2}f_{00}^{\mathrm{s}}\cos\theta_{\mathrm{r}}\sin\theta_{\mathrm{r}}\mathrm{d}\theta_{\mathrm{r}}\mathrm{d}\Delta\phi+\int_0^{2\pi}\int_0^{\pi/2}f_{00}^{\mathrm{d}}\cos\theta_{\mathrm{r}}\sin\theta_{\mathrm{r}}\mathrm{d}\theta_{\mathrm{r}}\mathrm{d}\Delta\phi=1 \tag{2.3.34}$$

式中，f_{00}^{d} 为漫反射分量，其物理意义为镜面反射能量的减少。

若认为漫反射满足朗伯定律，则漫反射分量 f_{00}^{d} 满足

$$f_{00}^{\mathrm{d}}(\theta_{\mathrm{i}},\sigma)=\frac{1}{\pi}\left(1-\int_0^{2\pi}\int_0^{\pi/2}f_{00}^{\mathrm{s}}\cos\theta_{\mathrm{r}}\sin\theta_{\mathrm{r}}\mathrm{d}\theta_{\mathrm{r}}\mathrm{d}\Delta\phi\right)=\frac{1}{\pi}\left[1-\rho_{\mathrm{HDR}}^{\mathrm{s}}(\theta_{\mathrm{i}},\sigma)\right] \tag{2.3.35}$$

对于非理想的粗糙表面，考虑表面的能量吸收后，漫反射部分可用 $f_{00}^{\mathrm{d}}(\theta_i,\sigma)M_{00}$ 表示[12, 15]。PBRDF 中漫反射分量不具有偏振特性，因此只对 PBRDF 中的 F_{00} 有影响。

在分别求得粗糙表面偏振双向反射分布函数的镜面反射分量和漫反射分量后，可以更准确地描述偏振光在粗糙表面上的反/散射情况。

4. 偏振双向反射分布函数模型验证

通过斯托克斯矢量描述入射光和反/散射光的偏振特性，PBRDF 可表示为 4×4 的矩阵形式

$$\mathrm{d}L^{\mathrm{r}}(\theta_{\mathrm{r}},\phi_{\mathrm{r}})=\begin{bmatrix}\boldsymbol{L}_0^{\mathrm{r}}\\\boldsymbol{L}_1^{\mathrm{r}}\\\boldsymbol{L}_2^{\mathrm{r}}\\\boldsymbol{L}_3^{\mathrm{r}}\end{bmatrix}=\begin{bmatrix}f_{00}^{\mathrm{s}}+f_{00}^{\mathrm{d}}M_{00} & f_{01}^{\mathrm{s}} & f_{02}^{\mathrm{s}} & f_{03}^{\mathrm{s}}\\ f_{10}^{\mathrm{s}} & f_{11}^{\mathrm{s}} & f_{12}^{\mathrm{s}} & f_{13}^{\mathrm{s}}\\ f_{20}^{\mathrm{s}} & f_{21}^{\mathrm{s}} & f_{22}^{\mathrm{s}} & f_{23}^{\mathrm{s}}\\ f_{30}^{\mathrm{s}} & f_{31}^{\mathrm{s}} & f_{32}^{\mathrm{s}} & f_{33}^{\mathrm{s}}\end{bmatrix}\begin{bmatrix}\boldsymbol{E}_0^{\mathrm{i}}\\\boldsymbol{E}_1^{\mathrm{i}}\\\boldsymbol{E}_2^{\mathrm{i}}\\\boldsymbol{E}_3^{\mathrm{i}}\end{bmatrix} \tag{2.3.36}$$

式中，$\boldsymbol{E}_k^{\mathrm{i}}(k=0,1,2,3)$ 为入射辐照度的斯托克斯矢量；$\boldsymbol{L}_k^{\mathrm{r}}(k=0,1,2,3)$ 为反射辐亮度的斯托克斯矢量。

当入射光为自然光时，入射斯托克斯矢量为 $\begin{bmatrix}1 & 0 & 0 & 0\end{bmatrix}^{\mathrm{T}}$，散射光的斯托克斯矢量可以表示为

$$\boldsymbol{E}_{\mathrm{r}}=\begin{bmatrix}f_{00}^{\mathrm{s}}+f_{00}^{\mathrm{d}}M_{00} & f_{01}^{\mathrm{s}} & f_{02}^{\mathrm{s}} & f_{03}^{\mathrm{s}}\\ f_{10}^{\mathrm{s}} & f_{11}^{\mathrm{s}} & f_{12}^{\mathrm{s}} & f_{13}^{\mathrm{s}}\\ f_{20}^{\mathrm{s}} & f_{21}^{\mathrm{s}} & f_{22}^{\mathrm{s}} & f_{23}^{\mathrm{s}}\\ f_{30}^{\mathrm{s}} & f_{31}^{\mathrm{s}} & f_{32}^{\mathrm{s}} & f_{33}^{\mathrm{s}}\end{bmatrix}\begin{bmatrix}1\\0\\0\\0\end{bmatrix}=\begin{bmatrix}f_{00}^{\mathrm{s}}+f_{00}^{\mathrm{d}}M_{00}\\ f_{10}^{\mathrm{s}}\\ f_{20}^{\mathrm{s}}\\ f_{30}^{\mathrm{s}}\end{bmatrix} \tag{2.3.37}$$

此时粗糙表面反/散射辐射的偏振度表达式为

$$R_{\mathrm{DOP}}=\frac{\left[(f_{10}^{\mathrm{s}})^2+(f_{20}^{\mathrm{s}})^2+(f_{30}^{\mathrm{s}})^2\right]^{1/2}}{f_{00}^{\mathrm{s}}+f_{00}^{\mathrm{d}}M_{00}} \tag{2.3.38}$$

为了验证 PBRDF 模型的准确性，利用计算机仿真的方法，将仿真数据[12]与实验测量的数据[16]进行了对比。图 2.3.6（a）是复折射率为 $\tilde{n}=1.39-0.34\mathrm{i}$ 的绿漆表面 DoLP 计算及实测数据曲线，绿漆表面粗糙度 σ 为 0.1，反射角 θ_r 为 $60°$，方位角差 $\Delta\phi$ 为 $180°$；图 2.3.6（b）是复折射率为 $\tilde{n}=1.46-1.28\mathrm{i}$ 的黑漆表面 DoLP 计算及实测数据曲线，黑漆表面粗糙度 σ 为 0.1，反射角 θ_r 为 $60°$，方位角差 $\Delta\phi$ 为 $180°$。图中，方块代表实验数据，三角代表只考虑镜面反射分量的仿真数据，圆圈为优化后的 PBRDF 仿真数据。可以看出，只考虑镜面反射所得到的仿真结果并不能很好地描述粗糙表面的反射偏振特性，在入射角度较小的情况下，PBRDF 的镜面反射分量与实际的测量值有较大差异；而综合考虑微面元的镜面反射和漫反射，并优化了 PBRDF 模型后，粗糙表面反射辐射的偏振度有所降低，计算得到的反射偏振度与实验数据吻合得较好，存在的小部分误差是由目标表面涂层并非理想的高斯分布所造成的。

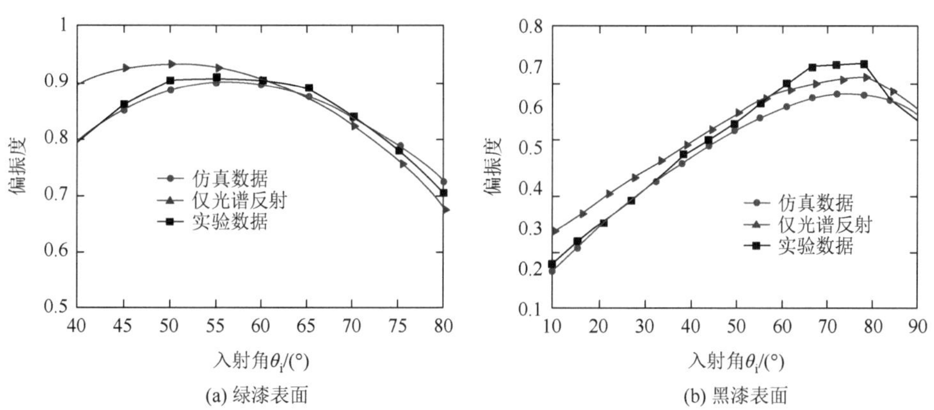

图 2.3.6　绿漆和黑漆表面散射光偏振度实验仿真数据对比

2.3.2　粗糙表面偏振信息的提取

1. 缪勒矩阵的偏振特性描述

缪勒矩阵是一个四行四列的实数矩阵，通过斯托克斯参量和缪勒矩阵的相互作用，可以描述光传输过程中偏振特性的变化。如果对缪勒矩阵进行进一步的数学运算分析，就可以更好地表征缪勒矩阵中包含的偏振信息。如图 2.3.7

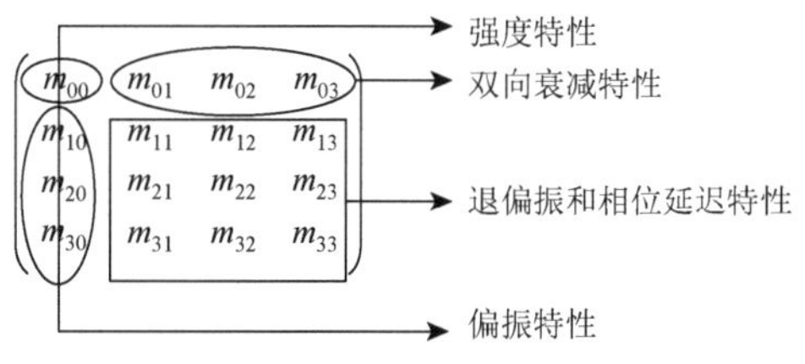

图 2.3.7　缪勒矩阵元素分类

所示，缪勒矩阵的 16 个元素中，m_{00} 体现出目标对入射光线传输、散射和反射的能力；m_{01}、m_{02} 和 m_{03} 则分别体现出目标对入射光线水平、垂直和圆形双向衰减的能力；m_{10}、m_{20} 和 m_{30} 反映的是目标对于入射非偏振光的偏振能力；其余的 9 个元素则体现出目标对于入射光退偏振和相位延迟的能力[17]。

标准归一化缪勒矩阵是将缪勒矩阵的 16 个元素均除以 m_{00} 获得的，从而去除强度因素对缪勒矩阵的影响，归一化缪勒矩阵元素 m_{00} 恒为 1，其他元素取值为−1～1。

$$\hat{M}=\begin{bmatrix} 1 & m_{01}/m_{00} & m_{02}/m_{00} & m_{03}/m_{00} \\ m_{10}/m_{00} & m_{11}/m_{00} & m_{12}/m_{00} & m_{13}/m_{00} \\ m_{20}/m_{00} & m_{21}/m_{00} & m_{22}/m_{00} & m_{23}/m_{00} \\ m_{30}/m_{00} & m_{31}/m_{00} & m_{32}/m_{00} & m_{33}/m_{00} \end{bmatrix} \tag{2.3.39}$$

随着研究的不断开展，缪勒矩阵用于分析目标的偏振特性应用越来越广泛，目标的缪勒矩阵可以通过主动偏振成像系统测得，但是对测得的缪勒矩阵进行目标材质偏振特性的分析还是一个需要深度研究的问题。

2. *缪勒矩阵的极化分解*

目前最常用的缪勒矩阵分解方法为 Chipman 和 Lu 提出的极化分解方法[18]，将缪勒矩阵分解为表征目标二向色性、相位延迟和散射退偏三个子矩阵：

$$\boldsymbol{M}=\boldsymbol{M}_{\Delta}\boldsymbol{M}_{\mathrm{R}}\boldsymbol{M}_{\mathrm{D}} \tag{2.3.40}$$

式中，$\boldsymbol{M}_{\Delta}$ 为散射退偏矩阵，表征了目标将偏振光转化为非偏振光的能力：

$$\boldsymbol{M}_{\Delta}=\begin{bmatrix} 1 & 0^{\mathrm{T}} \\ P_{\Delta} & m_{\Delta} \end{bmatrix} \tag{2.3.41}$$

$\boldsymbol{M}_{\mathrm{R}}$ 为相位延迟矩阵，表征了目标与偏振有关的相位改变的性质：

$$\boldsymbol{M}_{\mathrm{R}}=\begin{bmatrix} 1 & 0^{\mathrm{T}} \\ 0 & m_{\mathrm{R}} \end{bmatrix} \tag{2.3.42}$$

$\boldsymbol{M}_{\mathrm{D}}$ 为振幅双向衰减矩阵，表征了目标与偏振相关的强度衰减特性：

$$\boldsymbol{M}_{\mathrm{D}}=\begin{bmatrix} 1 & D^{\mathrm{T}} \\ \boldsymbol{D} & m_{\mathrm{D}} \end{bmatrix} \tag{2.3.43}$$

式中，$\boldsymbol{D}$ 为双向衰减矢量，D 则为 $\boldsymbol{D}$ 的模，表达式为

$$\boldsymbol{D}=(m_{01},m_{02},m_{03})^{\mathrm{T}},\qquad D=|\boldsymbol{D}| \tag{2.3.44}$$

振幅双向衰减矩阵 $\boldsymbol{M}_{\mathrm{D}}$ 的子矩阵 m_{D} 为

$$\boldsymbol{m}_{\mathrm{D}}=\sqrt{1-D^2}\boldsymbol{I}+\frac{1-\sqrt{1-D^2}}{D^2}\boldsymbol{D}\boldsymbol{D}^{\mathrm{T}} \tag{2.3.45}$$

式中，$\boldsymbol{I}$ 为三阶单位矩阵。在求得双向衰减矩阵 $\boldsymbol{M}_{\mathrm{D}}$ 后，有

$$\boldsymbol{M}_{\Delta}\boldsymbol{M}_{\mathrm{R}} = \boldsymbol{M}\boldsymbol{M}_{\mathrm{D}}^{-1} = \begin{bmatrix} 1 & 0^{\mathrm{T}} \\ \boldsymbol{P}_{\Delta} & \boldsymbol{m}_{\Delta} \end{bmatrix} \begin{bmatrix} 1 & 0^{\mathrm{T}} \\ 0 & \boldsymbol{m}_{\mathrm{R}} \end{bmatrix} \begin{bmatrix} 1 & 0^{\mathrm{T}} \\ \boldsymbol{P}_{\Delta} & \boldsymbol{m}' \end{bmatrix} = \boldsymbol{M}' \tag{2.3.46}$$

矩阵 $\boldsymbol{M}'$ 包含了相位延迟矩阵 $\boldsymbol{M}_{\mathrm{R}}$ 和散射退偏矩阵 $\boldsymbol{M}_{\Delta}$，其中 $\boldsymbol{m}' = \boldsymbol{m}_{\Delta}\boldsymbol{m}_{\mathrm{R}}$；$\boldsymbol{P}_{\Delta}$ 由偏振矢量 $\boldsymbol{P}$ 求得

$$\boldsymbol{P}_{\Delta} = \frac{\boldsymbol{P} - \boldsymbol{m}\boldsymbol{D}}{1 - D^2} \tag{2.3.47}$$

式中，$\boldsymbol{m}$ 为各标准矩阵的 3×3 阶子矩阵；通过缪勒矩阵元素可求得偏振矢量 $\boldsymbol{P}$：

$$\boldsymbol{P} = \frac{1}{m_{00}}(m_{10}, m_{20}, m_{30})^{\mathrm{T}} \tag{2.3.48}$$

由式（2.3.46）得 $\boldsymbol{m}_{\Delta}^{\mathrm{T}} = \boldsymbol{m}_{\Delta}$，$\boldsymbol{m}_{\Delta}^2 = \boldsymbol{m}'(\boldsymbol{m}')^{\mathrm{T}}$，通过凯莱-哈密顿（Cayley-Hamilton）定理[19]可得

$$\begin{aligned} \boldsymbol{m}_{\Delta} = \pm & \left[\boldsymbol{m}'(\boldsymbol{m}')^{\mathrm{T}} + \left(\sqrt{\lambda_1\lambda_2} + \sqrt{\lambda_2\lambda_3} + \sqrt{\lambda_3\lambda_1}\right)\boldsymbol{I}\right]^{-1} \\ & \times\left[\left(\sqrt{\lambda_1} + \sqrt{\lambda_2} + \sqrt{\lambda_3}\right)\boldsymbol{m}'(\boldsymbol{m}')^{\mathrm{T}} + \sqrt{\lambda_1\lambda_2\lambda_3}\boldsymbol{I}\right] \end{aligned} \tag{2.3.49}$$

式中，λ_1、λ_2 和 λ_3 为 $\boldsymbol{m}'(\boldsymbol{m}')^{\mathrm{T}}$ 的特征值；若 $\boldsymbol{m}'$ 为正/负数，则上式加/减号成立。

通过矩阵的运算将归一化后的标准缪勒矩阵分解为三个子矩阵 $\boldsymbol{M}_{\Delta}$、$\boldsymbol{M}_{\mathrm{R}}$ 和 $\boldsymbol{M}_{\mathrm{D}}$ 的乘积。对于总的相位延迟 R（代表旋光和线性双折射的叠加[20]），可由分解所得的相位延迟子矩阵 $\boldsymbol{M}_{\mathrm{R}}$ 求出：

$$R = \arccos\left[\frac{\mathrm{tr}(\boldsymbol{M}_{\mathrm{R}})}{2} - 1\right] \tag{2.3.50}$$

总相位延迟 R、线性相位延迟 δ 和旋光 ω 之间的运算关系为

$$R = \arccos\left[2\cos^2\omega\cos^2\left(\frac{\delta}{2}\right) - 1\right] \tag{2.3.51}$$

线性相位延迟 δ 和旋光 ω 同样也可由相位延迟子矩阵 $\boldsymbol{M}_{\mathrm{R}}$ 求得

$$\omega = \arctan\left\{\left[\boldsymbol{M}_{\mathrm{R}}(3,2) - \boldsymbol{M}_{\mathrm{R}}(2,3)\right] / \left[\boldsymbol{M}_{\mathrm{R}}(2,2) - \boldsymbol{M}_{\mathrm{R}}(3,3)\right]\right\} \tag{2.3.52}$$

$$\delta = \arccos\left(\left\{\left[\boldsymbol{m}_{\mathrm{R}}(2,1) + \boldsymbol{m}_{\mathrm{R}}(1,2)\right]^2 + \left[\boldsymbol{m}_{\mathrm{R}}(1,1) - \boldsymbol{m}_{\mathrm{R}}(2,2)\right]^2\right\}^{1/2} - 1\right) \tag{2.3.53}$$

式中，$\boldsymbol{m}_{\mathrm{R}}(j,k)$ 表示相位延迟子矩阵 $\boldsymbol{m}_{\mathrm{R}}$ 的第 j 行、第 k 列。

根据计算得到的散射退偏矩阵 $\boldsymbol{M}_{\Delta}$ 可以得到表征目标散射退偏能力的参量 Δ：

$$\Delta = 1 - \frac{\left|\mathrm{tr}(\boldsymbol{M}_{\Delta}) - 1\right|}{3}, \qquad 0 \leqslant \Delta \leqslant 1 \tag{2.3.54}$$

由矩阵 $\boldsymbol{M}_{\mathrm{D}}$ 得目标的二向色性参量 D 表示为

$$D = \frac{1}{M_{00}}\sqrt{M_{01}^2 + M_{02}^2 + M_{03}^2} \tag{2.3.55}$$

参 考 文 献

[1] 谢敬辉，赵达尊，阎吉祥. 物理光学教程[M]. 北京：北京理工大学出版社，2005.

[2] 廖延彪. 偏振光学[M]. 北京：科学出版社，2003.

[3] Born M. Principle of Optics[M]. Pergamon：Oxford University Press，1959.

[4] Hou M H，Lin W M，Fan Z J. A research on improving the precision of rotating-wave-plate polarization measurement[J]. Applied Mechanics and Materials，2015，742：105-114.

[5] Leader J C. Analysis and prediction of laser scattering from rough-surface materials[J]. Journal of the Optical Society of America，1979，69（4）：610-628.

[6] Pharr M，Humphreys G. Physically Based Rendering：From Theory to Implementation[M]. San Francisco：Morgan Kaufmann，2004.

[7] 章延隽，王霞，贺思. 基于偏振双向反射分布函数的粗糙表面偏振特性研究[J]. 光学学报，2018，38（3）：0329002.

[8] Christophe A，Arnaud D，Roman H. Particle Markov chain Monte Carlo methods[J]. Journal of the Royal Statistical Society，2010，72（3）：269-342.

[9] Oren M，Nayar S K. Generalization of Lambert's reflectance model[C]. 21st Annual Conference on Computer Graphics and Interactive Techniques，Orlando，1994：239-246.

[10] Torrance K E，Sparrow E M. Theory for off-specular reflection from roughened surfaces[J]. Journal of the Optical Society of America，Washington D.C.，1967，65（9）：1105-1114.

[11] 韦统方. BRDF 优化统计建模及应用[D]. 西安：西安电子科技大学，2012.

[12] 章延隽. 基于穆勒矩阵的粗糙表面偏振特性表征研究[D]. 北京：北京理工大学，2017.

[13] Priest R G，Meier S R. Polarimetric microfacet scattering theory with applications to absorptive and reflective surfaces[J]. Optical Engineering，2002，41（5）：988-993.

[14] Gartley M G. Polarimetric modeling of remotely sensed scenes in the thermal infrared[D]. New York：Rochester Institute of Technology，2007.

[15] Wellems D，Ortega S，Bowers D，et al. Long wave infrared polarimetric model：Theory，measurements and parameters[J]. Journal of Optics A Pure & Applied Optics，2006，8（10）：914.

[16] Thilak V，Voelz D G，Creusere C D. Polarization-based index of refraction and reflection angle estimation for remote sensing applications[J]. Applied Optics，2007，46（30）：7527.

[17] 王燕涛. 用于激光偏振探测的穆勒矩阵研究[D]. 秦皇岛：燕山大学，2012.

[18] Chipman R A，Lu S Y. Interpretation of Mueller matrices based on polar decomposition[J]. Journal of the Optical Society of America A，1996，13（5）：1106-1113.

[19] Decell H P. An application of the Cayley-Hamilton theorem to generalized matrix inversion[J]. Siam Review，1965，7（4）：526-528.

[20] 郭亦鸿. 利用穆勒矩阵分解定量测量各向异性介质微观结构[D]. 北京：清华大学，2014.

第 3 章　透明界面的辐射偏振特性

3.1　透明界面的可见光反射偏振特性

1979 年，Koshikawa 等首次提出用偏振方法测量光滑表面的形状[1]。1987 年，Wolff 提出利用镜面反射光的偏振特性测量光滑曲面面形[2-4]，并在 1991 年基于偏振成像的面形测量技术[5]，对物体表面的反射光进行分类。

依据 Wolff 提出的反射光分类标准[6]，各国陆续开展了透明介质面形偏振成像测量的研究[7, 8]。物体表面通常不是绝对光滑的，其反射光也不是单纯的镜面反射。Wolff 等指出从物体表面反射的光可归纳为 4 类（图 3.1.1）：

（1）被远大于入射光波长的微面元一次反射，即镜面反射光；

（2）被远大于入射光波长的多个微面元的多次反射（至少两次反射），即漫反射光；

（3）光进入物体内部，在物体内部颗粒间散射后，最终折射入空气，即体反射光；

（4）衍射光。

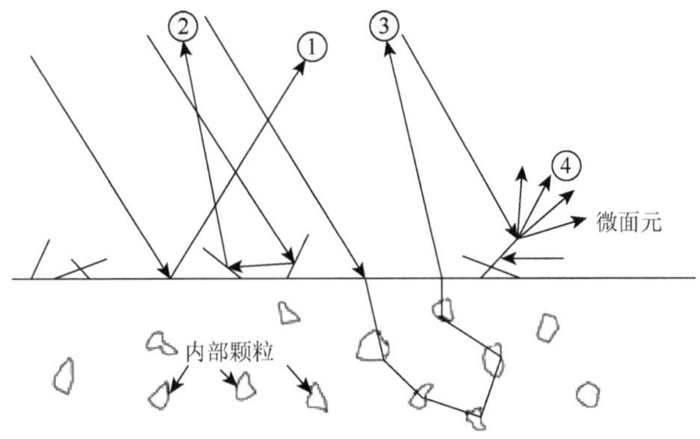

图 3.1.1　物体表面反射光分类

在这 4 类反射中，产生第 4 种衍射光的情况非常少，只在物体具有光波长尺寸的结构处才会发生，其余情况下可忽略第 4 种衍射光。在理想情况下，透明的被测物体可以认为被测曲面由无数光滑的微面元构成，物体表面的反射成分只存在镜面反射。

对于镜面反射光，偏振度（DoLP）是入射角 θ_i 的非单调函数，$DoLP_s$ 定义为

$$DoLP_s = \frac{2\sin^2\theta_i\sqrt{n^2-\sin^2\theta_i-n^2\sin^2\theta_i-\sin^4\theta_i}}{n^2-\sin^2\theta_i-n^2\sin^2\theta_i-2\sin^4\theta_i} \tag{3.1.1}$$

式中，n 为介质的折射率；θ_i 为入射角。

对于漫反射光，偏振度 $DoLP_d$ 是入射角 θ_i 的单调增函数

$$DoLP_d = \frac{(n-1/n)^2\sin^2\theta_i}{2-2n^2-(n+1/n)^2\sin^2\theta_i+4\cos\theta_i\sqrt{n^2-\sin^2\theta_i}} \tag{3.1.2}$$

对于镜面反射，任何小于 1 的偏振度都对应两个可能的入射角，这两个入射角分别位于布儒斯特角的两侧[9-12]，图 3.1.2（a）所示为折射率 $n=1.5163$ 时的偏振度关于入射角的曲线；对于漫反射，偏振度和入射角存在一一对应关系[13]，如图 3.1.2（b）所示。

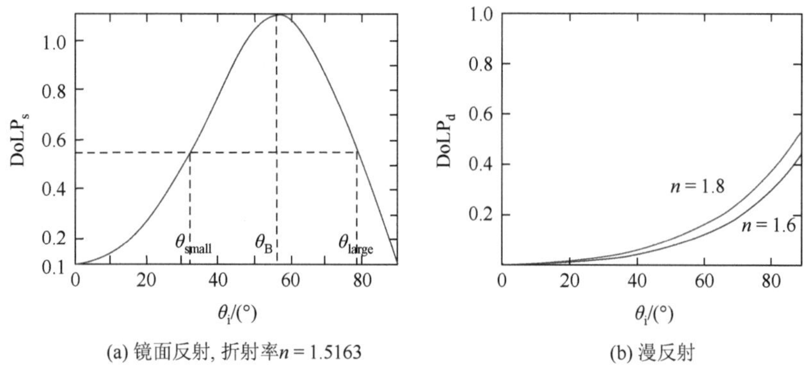

(a) 镜面反射, 折射率$n=1.5163$　　(b) 漫反射

图 3.1.2　偏振度关于入射角的曲线

3.2　透明界面的红外辐射与反射偏振特性

3.2.1　模型概述

根据电磁波理论，光波电矢量可分解为在入射面内的平行分量 $\boldsymbol{p}$ 和垂直于入射面的垂直分量 $\boldsymbol{s}$。根据菲涅耳公式和基尔霍夫定律可知，水面对 $\boldsymbol{s}$ 和 $\boldsymbol{p}$ 分量的反射率和发射率不同，这是无偏入射光经过水面反射后变为偏振光的基本原理。

图 3.2.1 为镜面水面光电偏振探测模型[14]，天空辐射 L_{atm} 入射水面（如无特别说明，这里入射辐射均为无偏辐射），入射能量分为：①被水面反射到达成像设备；②被水体吸收，根据能量守恒定律，水温恒定时，该能量又通过自发辐射形式释放出来；③穿过水面向下传播。成像设备接收的辐射包括水面的反射辐射 L_R 和自

发辐射 L_{sfc}，此外在水面和成像设备之间还有大气路径，会产生无偏的辐射 L_{Iatm}，并对通过其中的反射辐射和自发辐射产生衰减。将光波电矢量分解为互相垂直的两个分量：***s*** 和 ***p*** 分量，***s*** 分量垂直于反射面，***p*** 分量在反射面内，到达成像设备的 ***s*** 和 ***p*** 分量辐射能量为

$$L^{s,p}=\tau\left(L_{\mathrm{sfc}}^{s,p}+L_{\mathrm{R}}^{s,p}+L_{\mathrm{Iatm}}/2\right)=\tau\left(L_{\mathrm{sfc}}^{s,p}+R_{\mathrm{sfc}}^{s,p}\cdot L_{\mathrm{atm}}/2+L_{\mathrm{Iatm}}/2\right)\tag{3.2.1}$$

式中，$L^{s,p}$ 为成像设备接收的总辐射能量；L_{sfc} 为水面自发辐射能量，常温水体的自发辐射能量集中在红外中长波段；R_{sfc} 为水面的反射率；L_{atm} 为入射的无偏振天空辐射，所以入射到水面的 ***s*** 分量和 ***p*** 分量强度相等（$=L_{\mathrm{atm}}/2$）；τ 为水面和成像设备之间的大气透过率，上标表示 ***s*** 分量或者 ***p*** 分量。需要指出，本书在仿真计算过程中认为反射辐射和自发辐射是两个独立的辐射量，对其进行分开求解，在实际情况中难以将二者分离。

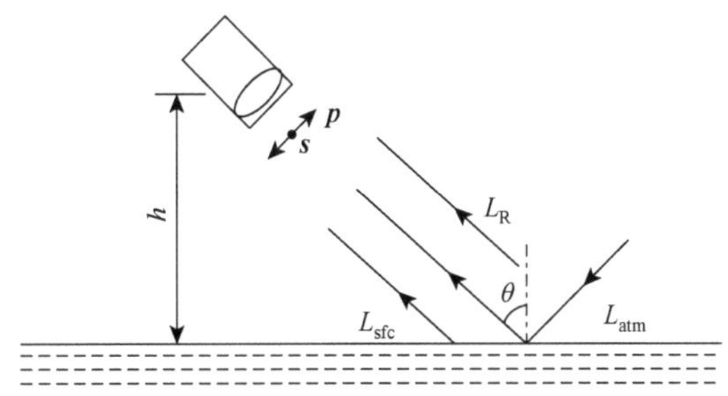

图 3.2.1　镜面水面光电偏振探测模型

偏振度为完全偏振辐射占总辐射的比例，水面的偏振度为

$$\mathrm{DoLP}=\frac{L^{s}-L^{p}}{L^{s}+L^{p}}\tag{3.2.2}$$

DoLP 的正负表示光辐射的偏振方向，偏振度大于 0 时是 ***s*** 偏振，小于 0 时是 ***p*** 偏振。下面分别对反射辐射偏振度和自发辐射偏振度进行讨论。

3.2.2　反射辐射偏振度

在理想情况下，可以将平静水面当作光滑的镜面处理，反射辐射等于反射率与入射辐射的乘积，***s*** 分量和 ***p*** 分量的光谱反射率可以用菲涅耳公式进行计算得

$$R^{s}(\lambda,\theta)=\left|\frac{\cos\theta-\tilde{n}(\lambda)\cos\theta_{\mathrm{r}}}{\cos\theta+\tilde{n}(\lambda)\cos\theta_{\mathrm{r}}}\right|^{2}\tag{3.2.3}$$

$$R^{p}(\lambda,\theta)=\left|\frac{\tilde{n}(\lambda)\cos\theta-\cos\theta_{\mathrm{r}}}{\tilde{n}(\lambda)\cos\theta+\cos\theta_{\mathrm{r}}}\right|^{2}\tag{3.2.4}$$

式中，$R^s(\lambda,\theta)$、$R^p(\lambda,\theta)$ 分别是水面反射辐射 **s** 光和 **p** 光的光谱反射率；$\tilde{n}(\lambda)$ 是水体的复折射率（水折射率数据来自 Hale 和 Querry[15]的计算数据）；θ 是入射角；θ_r 是折射角。Snell 定律给出了入射角和折射角之间的关系为

$$\theta_r(\lambda,\theta)=\arcsin\left[\sin\theta/\tilde{n}(\lambda)\right] \tag{3.2.5}$$

图 3.2.2 给出可见光波长 500nm 处水面的 **s** 光和 **p** 光反射率随入射角的变化曲线，**s** 光反射率始终大于 **p** 光反射率，表明水面反射辐射是 **s** 偏振的部分偏振光，在红外波段反射辐射偏振特性也与之相似。

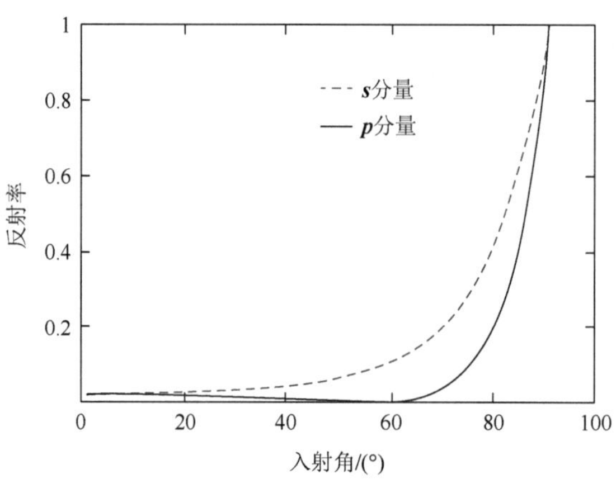

图 3.2.2　**s** 光和 **p** 光的反射率随入射角 θ 变化的曲线

s 光和 **p** 光在波段$[\lambda_1,\lambda_2]$的反射辐射为

$$L_R^{s,p}=\frac{1}{2}\int_{\lambda_1}^{\lambda_2}R^{s,p}(\lambda,\theta)L_{atm}(\lambda,\theta)\mathrm{d}\lambda \tag{3.2.6}$$

根据偏振度的定义式，反射辐射偏振度表达式为

$$\mathrm{DoLP_R}=(L_R^s-L_R^p)/(L_R^s+L_R^p)=\frac{\int_{\lambda_1}^{\lambda_2}\left[R^s(\lambda,\theta)-R^p(\lambda,\theta)\right]L_{atm}(\lambda,\theta)\mathrm{d}\lambda}{\int_{\lambda_1}^{\lambda_2}\left[R^s(\lambda,\theta)+R^p(\lambda,\theta)\right]L_{atm}(\lambda,\theta)\mathrm{d}\lambda} \tag{3.2.7}$$

可以看出，反射辐射偏振度与 $R^s(\lambda,\theta)$、$R^p(\lambda,\theta)$ 和 $L_{atm}(\lambda,\theta)$ 有关，但文献大多认为 $L_{atm}(\lambda,\theta)$ 在几个大气窗口内随波长的改变不明显[16, 17]。仿真发现 $L_{atm}(\lambda,\theta)$ 随 λ 变化较缓慢（相对于反射率），在无偏光入射水面时，$L_{atm}(\lambda,\theta)$ 可作为常数提到积分外并约去，反射辐射的偏振度为

$$\mathrm{DoLP_R}=\frac{\int_{\lambda_1}^{\lambda_2}\left[R^s(\lambda,\theta)-R^p(\lambda,\theta)\right]\mathrm{d}\lambda}{\int_{\lambda_1}^{\lambda_2}\left[R^s(\lambda,\theta)+R^p(\lambda,\theta)\right]\mathrm{d}\lambda} \tag{3.2.8}$$

即水面反射辐射偏振度与入射光无关，也就是与大气状况无关，只与折射率和入射角有关，水面反射光仿真偏振度曲线如图 3.2.3 所示。在可见光波段，由于自然条件下水体温度较低，自发辐射可以忽略，到达相机的辐射只需考虑反射部分 L_R。

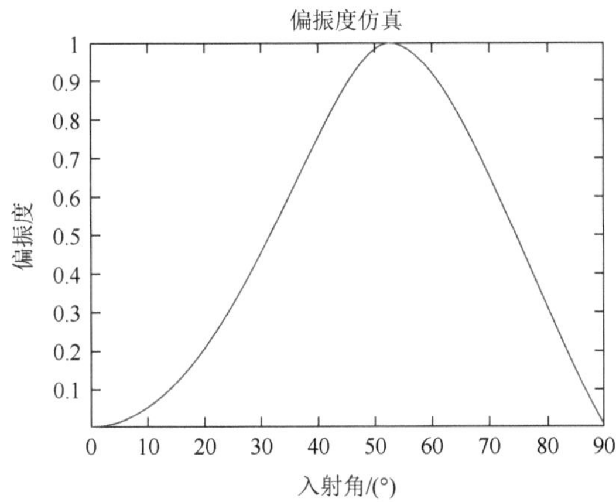

图 3.2.3　可见光波段（400～700nm）水面反射光仿真偏振度曲线

3.2.3　自发辐射偏振度

在中波/长波红外波段，水体有较强的自发辐射，可作为灰体处理。温度为 T 的水面自发偏振辐射亮度为水面发射率与同温度黑体辐射亮度乘积的一半，其表达式为

$$L_{\text{sfc}}^{s,p}(\lambda,\theta,T)=\varepsilon_{\text{sfc}}^{s,p}(\lambda,\theta)L_{\text{BB}}(\lambda,T)/2 \tag{3.2.9}$$

式中，$\varepsilon_{\text{sfc}}^{s,p}(\lambda,\theta)$ 为水面辐射发射率；上标表示 $\boldsymbol{s}$ 光和 $\boldsymbol{p}$ 光；$L_{\text{BB}}(\lambda,T)$ 为温度为 T 的黑体辐射亮度，由普朗克定律确定

$$L_{\text{BB}}(\lambda,T)=\frac{c_1}{\pi\lambda^5}\frac{1}{\exp(c_2/\lambda T)-1} \tag{3.2.10}$$

式中，c_1 和 c_2 分别为第一和第二辐射常数。

基尔霍夫定律表明：在给定温度下，任何材料的发射率都等于吸收率，吸收能力强的物体其发射能力也强。由于水体在红外波段不透明，入射到水面的红外辐射分为两部分，一部分被水体吸收，另一部分被水面反射。发射率 $\varepsilon_{\text{sfc}}^{s,p}(\lambda,\theta)$、吸收率 $\mu_{\text{sfc}}^{s,p}(\lambda,\theta)$、反射率 $R_{\text{sfc}}^{s,p}(\lambda,\theta)$ 三者关系可表示为

$$\varepsilon_{\text{sfc}}^{s,p}(\lambda,\theta)=\mu_{\text{sfc}}^{s,p}(\lambda,\theta)=1-R_{\text{sfc}}^{s,p}(\lambda,\theta) \tag{3.2.11}$$

水面的发射率与反射率情况正好相反，故水面自发辐射的 $\boldsymbol{p}$ 光分量多于 $\boldsymbol{s}$ 光分量，是 $\boldsymbol{p}$ 偏振的部分偏振光。

水面自发辐射在波段$[\lambda_1,\lambda_2]$的辐射为

$$L_{\text{sfc}}^{s,p}(\theta,T)=\frac{1}{2}\int_{\lambda_1}^{\lambda_2}(1-R^{s,p}(\lambda,\theta))L_{\text{BB}}(\lambda,T)\text{d}\lambda \tag{3.2.12}$$

自发辐射偏振度表达式为

$$\text{DoLP}_{\text{S}}=(L_{\text{sfc}}^{s}-L_{\text{sfc}}^{p})/(L_{\text{sfc}}^{s}+L_{\text{sfc}}^{p}) \tag{3.2.13}$$

中波红外波段（3～5.2μm）不同温度下的水面自发辐射仿真偏振度曲线如图3.2.4所示，图中分别绘制了10℃、30℃和50℃温度下水面的辐射偏振度随入射角变化的曲线，三条曲线几乎是重合的，因此与反射辐射的情况类似，水面自发辐射偏振度对温度变化不敏感，在一般情况下可以忽略温度对自发辐射偏振度的影响。

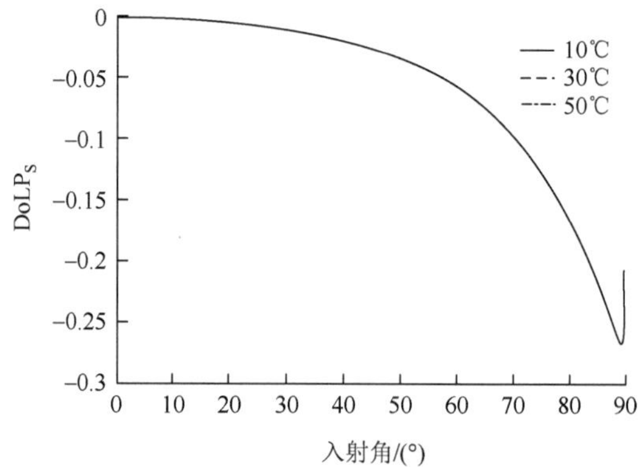

图3.2.4　中波红外波段（3～5.2μm）水面自发辐射仿真偏振度曲线

3.2.4　水面总辐射偏振度

若成像系统离水面的距离较近，成像系统和水面之间的大气影响可忽略不计，成像系统接收的辐射由水面的反射辐射和自发辐射组成。为了明确反射辐射和自发辐射对水面偏振特性的影响，可将式（3.2.2）改写为

$$\begin{cases}\text{DoLP}=\text{DoLP}_{\text{R}}\cdot P_{\text{R}}+\text{DoLP}_{\text{S}}\cdot P_{\text{S}}\\ P_{\text{R}}=\dfrac{L_{\text{R}}^{s}+L_{\text{R}}^{p}}{L^{s}+L^{p}},\quad P_{\text{S}}=\dfrac{L_{\text{sfc}}^{s}+L_{\text{sfc}}^{p}}{L^{s}+L^{p}}\end{cases} \tag{3.2.14}$$

式中，P_{R}和P_{S}分别为反射辐射和自发辐射在总辐射量中的比值，且$P_{\text{R}}+P_{\text{S}}=1$。

可以看出水面辐射的偏振度决定于反射辐射和自发辐射占总辐射的比例及其各自的偏振度。在可见光波段，反射辐射占比为1而自发辐射占比为0，水面辐射偏振度计算公式变为式（3.2.8），偏振度大小与入射光无关，也就是与大气状况无关，只与折射率和入射角有关。而在红外波段，虽然反射辐射与自发辐射各自

的偏振度情况与彼此无关，但是合成水面偏振度需要考虑两者的强度比例。也就是水面的偏振度与入射辐射、水面温度、水体的折射率、入射角有关，前两者决定反射辐射与自发辐射的强度，后两者决定水面的反射率。

3.2.5　天空辐射

天空辐射随天气状况而变化，天空云量、大气温度、水汽含量、太阳辐射、大气路径长度和斜率等都影响入射到水面的天空辐射强度，进而影响水面的偏振度。根据不同的天气状况，准确地计算天空辐射是计算自然光照射下水面偏振度的关键环节。天空辐射主要由大气自身辐射和对太阳光的散射辐射两大部分组成。在可见光和短波红外波段，天空辐射主要来自大气对太阳光的散射辐射（非直射条件，下同），云可以加大漫反射辐射强度，在多云天气条件下天空辐射的偏振度较低，而晴朗无云天气条件下天空辐射存在一定偏振度，越靠近太阳的方向，偏振度越强。在中/长波红外波段，天空辐射主要来自大气自身辐射强度，太阳散射辐射强度在大于 4μm 波段几乎可以忽略不计；水汽在红外波段有着较强的辐射，在潮湿的阴天，天空红外辐射较强，且是 ***p*** 偏振的。

图 3.2.5 给出 5μm 波长天空辐射随天顶角的变化曲线[18]，大气模型为中纬度冬/夏季，气溶胶模型为都市型，能见度为 5km，纬度为[39°, 116°]，太阳日为 45 天，格林尼治时间 7：00，路径方位角 90°（正东方）。从 0° 到 89° ，每隔 10° 天顶角计算一次天空辐射，再使用多项式对得到的点数据拟合得到如图 3.2.5 所示曲线，实线为中纬度夏季天空辐射曲线，虚线为中纬度冬季天空辐射曲线。可以看出：夏季的天空辐射强度远大于冬季，这是因为夏季的大气温度较高，且大气

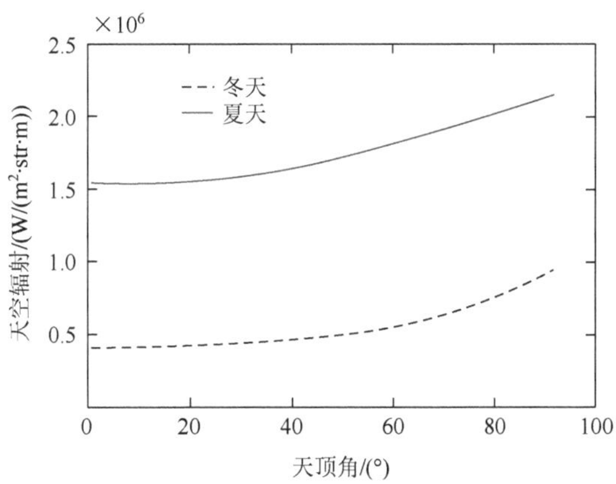

图 3.2.5　5μm 波长天空辐射随天顶角的变化曲线[18]

湿度和密度更大，大气红外辐射能量较强。天空辐照度值随着天顶角的增大而增大，因为倾斜路径的大气路程越长，含有的大气质量越大，辐射值就越大。因此，在计算天空辐射强度时必须考虑大气状况及大气路径的影响。

3.2.6 水面辐射

为了探究水面反射辐射、自发辐射在水面辐射中的作用，我们仿真计算了三者的偏振度曲线[18]。图 3.2.6 为中波红外波段（3～5.2μm）的反射辐射、自发辐射和总辐射偏振度随入射角变化的曲线，大气模型设置为中纬度冬季夜间，水面的温度为 5℃。可以看出，水面的反射辐射是 ***s*** 偏振的，随着入射角增大，偏振度先增大后减小，在布儒斯特角处达到 100%；自发辐射是 ***p*** 偏振的，偏振度绝对值随着入射角单调递增，最大偏振度是 26%；总辐射偏振度介于两者之间，因为水面自发辐射和反射辐射的偏振方向相互垂直，$\mathrm{DoLP_R}$ 和 $\mathrm{DoLP_S}$ 的符号相反，总辐射的偏振度降低。总体上反射辐射的偏振度要比自发辐射的偏振度高，但是自发辐射的强度更大，在总辐射中占主导，因此，中波红外波段总辐射是 ***p*** 偏振的部分偏振光，但是其偏振度较小。

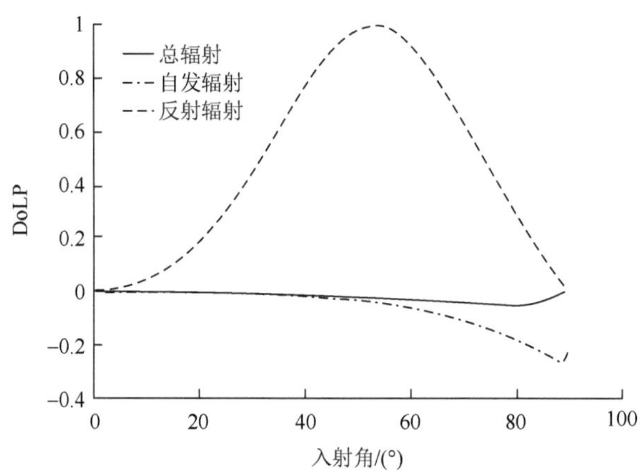

图 3.2.6　中波红外波段的反射辐射、自发辐射和总辐射偏振度随入射角变化曲线

3.3 海面红外偏振辐射模型

海面红外偏振辐射特性模型是分析海洋光学特性的重要工具，对海面目标探测及海洋环境监测等应用领域均具有重要意义。海面红外偏振辐射特性的研究有助于分析红外偏振成像系统在海面环境中的应用方式及适用条件。国内外相关报

道已经指出海面辐射中的偏振量变化范围很大[19]：在观测天底角较小时，海面辐射呈现极低的偏振度；在观测天底角较大时，海面的偏振度可能达到 10%左右；而当所观测区域存在太阳耀斑时，在特定观测角海面的最大平均偏振度甚至能够达到 90%。而由于海面的偏振特性与众多参数相关，对其辐射特性进行测量的有关实验较难开展，因此有必要建立相应的海面红外偏振辐射特性模型，从而能够通过计算仿真的方法相对准确地预估海面在不同环境参数与观测条件下的红外辐射偏振特性。

3.3.1　基于光线逆追迹的大尺度、高空间分辨率海面红外偏振辐射模型

基于光线逆追迹方法的大尺度、高空间分辨率海面红外偏振辐射模型一维原理图见图 3.3.1。该方法将海浪分割为大尺度、低空间分辨率与小尺度、高空间分辨率两部分，以提高计算效率，降低资源消耗。模型将视场中能够观测到的目标辐射细化为无数条表征辐亮度极窄的光线，并从中抽样进而给出辐亮度的统计结果；场景仿真时则是将单个像元视场中辐射细化并抽样。该方法需要解决的主要问题包括：海面高度场的生成方法、光线逆追迹计算方法、反射点位置的辐亮度计算方法等。

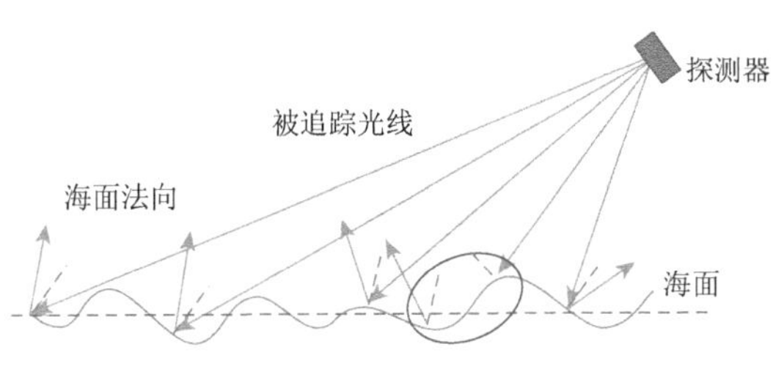

图 3.3.1　光线逆追踪原理

3.3.2　基于海浪特性统计模型的海面风浪波形重构方法

海洋学中通常用盖斯特纳波（Gerstner waves）等力学理论实现海面仿真，但这类波动理论的计算过程比较复杂，不利于提高运算速度。在实际应用时，如计算机图形学，更多采用的是基于统计特性的海浪模型，该模型中海浪被视为其所处位置 $\boldsymbol{x}$ 与时间 t 的函数 $H(\boldsymbol{x}, t)$。

海浪具有非常规律的统计特性，一般认为海浪高度场由若干频率振幅不同的正弦或余弦海浪分量叠加合成，从而使得海浪高度场的建模过程计算更为简单[20]。该理论的数学过程可表示为傅里叶逆变换（inverse Fourier transform，IFT），海浪高度场可以由不同复振幅且与时间相关的正弦函数构成：

$$H(\boldsymbol{x},t)=\sum_{k}\widetilde{H}(\boldsymbol{k},t)\exp(\mathrm{i}\boldsymbol{k}\cdot\boldsymbol{x}) \tag{3.3.1}$$

$$\boldsymbol{k}=(\boldsymbol{k}_x,\boldsymbol{k}_z),\quad \boldsymbol{k}_x=2\pi m/L_x,\quad \boldsymbol{k}_z=2\pi n/L_z \tag{3.3.2}$$

式中，$\boldsymbol{x}=(x,z)$ 为海面坐标位置；$\boldsymbol{k}$ 表示海浪波数的二维矢量；$H(\mathbf{x},t)$ 表示坐标（$mL_x/M, nL_z/N$）处、时间点为 t 时的海浪高度；L_x 与 L_z 分别表示仿真海浪区域在 x 轴方向与 z 轴方向的长度；m 与 n 取值范围为 $N/2\leqslant n<N$，$M/2\leqslant m<M$，M、N 分别为仿真海面区域在 x 轴方向与 z 轴方向的顶点数；$\widetilde{H}(\boldsymbol{k},t)$ 表示波数为 k、时间为 t 时傅里叶级数所对应的振幅，其值大小取决于不同风速下的海浪谱分布：

$$\widetilde{H}(\boldsymbol{k},t)=\widetilde{H}_0(\boldsymbol{k})\exp\left[\mathrm{i}\,\omega(k)t\right]+\widetilde{H}_0^*(-\boldsymbol{k})\exp\left[-\mathrm{i}\,\omega(k)t\right] \tag{3.3.3}$$

$$\widetilde{H}_0(\boldsymbol{k})=\frac{1}{\sqrt{2}}(\xi_r+\mathrm{i}\xi_i)\sqrt{\Psi_h(\boldsymbol{k})\Delta k_x\Delta k_z} \tag{3.3.4}$$

式中，$\omega(k)$为波数对应的角频率；$\widetilde{H}_0^*(-\boldsymbol{k})$ 为 $\widetilde{H}_0(\boldsymbol{k})$ 的共轭函数；ξ_i 与 ξ_r 均为均值为 0、标准差为 1 且相互独立的高斯分布随机数，也可采用其他随机方式（如对数正态随机数）；$\Psi_h(\boldsymbol{k})$ 为海面风浪方向谱；Δk_x、Δk_z 分别为 x 和 z 方向离散波数的单位间隔。若不考虑仿真动态海面，可将时间 t 项设置为 0。

3.3.3 Elfouhaily 海浪谱

海浪谱的选择直接影响重构海面风浪波形的准确性。常用的海浪谱模型包括 JONSWAP（joint north sea wave project）谱、Apel 谱及 Elfouhaily 谱等[21-23]。本书选用提出相对较晚且相对完善的 Elfouhaily 谱，该海浪谱结合了包括 JONSWAP 谱在内的多次实验结果，能够较为全面地反映海面在不同风速时全谱段范围内的波动特性。

Elfouhaily 谱 $S(k)$ 主要由长波（重力波）曲率波谱 B_l 和短波（张力波）曲率波谱 B_h 两部分组成。其中，重力波波谱基于 JONSWAP 经验公式[24]，短波波谱基于室内水池实验结果得出

$$\Psi(k,\varphi)=\frac{1}{2\pi}k^{-4}(B_\mathrm{l}+B_\mathrm{h})\left[1+\varDelta(k)\cos(2\varphi)\right] \tag{3.3.5}$$

式中，φ 为波数为 k 的海浪与海面上方风速的夹角。

为了验证 Elfouhaily 与 Cox-Munk 的海面斜率分布经验公式的有效性，需要通过海浪谱直接计算其所对应的海面斜率均方差（mean square slopes，MSS）值，其表达式为

$$\begin{aligned}\mathrm{MSS}=\mathrm{MSS}_x+\mathrm{MSS}_y&=\int_{-\infty}^{\infty}\int_{-\infty}^{\infty}\left(k_x^2+k_y^2\right)\Psi(k_x,k_y)\mathrm{d}k_x\mathrm{d}k_y\\&=\int_0^{\infty}\int_{-\pi}^{\pi}k^2\Psi(k,\varphi)k\,\mathrm{d}k\,\mathrm{d}\varphi=\int_0^{\infty}k^2S(k)\mathrm{d}k\end{aligned} \tag{3.3.6}$$

图 3.3.2（a）给出 Elfouhaily 谱和根据 Cox-Munk 经验公式计算的在不同风速下的斜率均方差分布，计算区间为 1～21m/s。Cox-Munk 的经验公式可表示为

$$\mathrm{MSS}=0.003+5.12\times10^{-3}U_{10}\pm0.004 \tag{3.3.7}$$

式中，U_{10} 为距海面垂直距离高度 10m 处风速。

可以看出：Elfouhaily 谱与 Cox-Munk 的经验公式所得斜率具有很好的一致性。

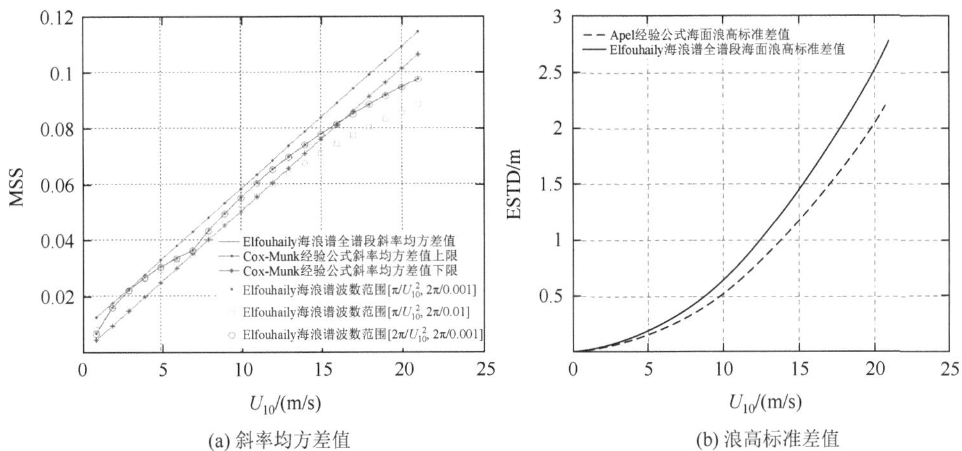

(a) 斜率均方差值　　(b) 浪高标准差值

图 3.3.2　不同风速下 Elfouhaily 谱

海面浪高标准差（elevation standard deviation，ESTD）的计算方法为

$$\mathrm{ESTD}=\sqrt{\int_{-\infty}^{\infty}\int_{-\infty}^{\infty}\Psi(k_x,k_y)\mathrm{d}k_x\mathrm{d}k_y}=\sqrt{\int_{0}^{\infty}S(k)\mathrm{d}k} \tag{3.3.8}$$

图 3.3.2（b）给出了 Elfouhaily 谱和根据 Apel 经验公式计算在不同海面风速条件下的 ESTD，Apel 经验公式可以表示为

$$\mathrm{ESTD}=0.005U_{10}^{2} \tag{3.3.9}$$

可以看出，尽管在风速较高时两者之间存在一定差异，但是两者的变化趋势基本一致。

3.3.4　基于双尺度的大尺度、高空间分辨率的海面合成方法

1. 频率区间选择

图 3.3.3（a）和（b）分别为计算不同积分区间的海面斜率和浪高的 Elfouhaily 风浪全向斜率谱曲线和全向谱曲线。为了减小运算量，海浪的频谱范围应在不影

响计算精度的基础上尽量减小频谱的积分范围。根据 $k_p = k_0 \Omega_c^2$，当 $\Omega_c = 0.84$ 时，$k_p = 0.7056 g / U_{10}^2$，峰值波长可以表示为

$$\lambda_p = 2\pi U_{10}^2 / (0.7056 g) \tag{3.3.10}$$

式中，g 为重力加速度；Ω_c 值与海浪的发育程度相关，处于刚开始发育状态的海浪 $\Omega_c > 2$，较成熟时 $\Omega_c \approx 1$，高度发育时 $\Omega_c \approx 0.84$；峰值波长略小于 U_{10}^2。为保证海面反演精度，反演海面的大小应大于峰值波长，为方便计算，本书模型的海浪区域均不小于 $2U_{10}^2$。

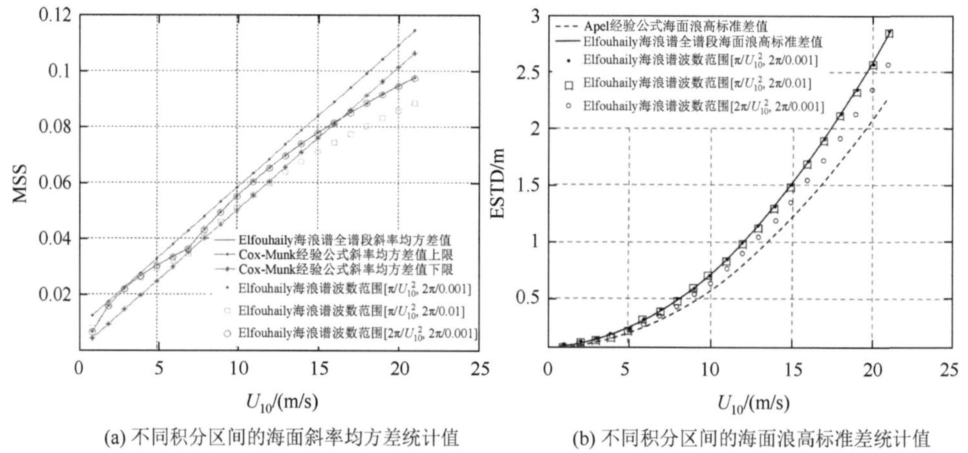

(a) 不同积分区间的海面斜率均方差统计值　　(b) 不同积分区间的海面浪高标准差统计值

图 3.3.3　不同积分区间的海面斜率和浪高的 Elfouhaily 风浪全向斜率谱曲线和全向谱曲线

可以看出，浪高的统计值大小主要受到波数较小的长波区域影响，而斜率统计值则主要受到波数较大的短波区域影响。当积分上限波数为 2π/0.01 时（即最大空间分辨率为 10mm），斜率统计计算结果在风速大于 10m/s 时与全谱段计算结果出现明显差异，但若将积分上限波数设为 2π/0.001，结果则与全谱段基本相同。因此，在计算过程中，当风速较大时积分区间的波数上限不应小于 2π/0.01，即最小空间分辨率不应大于 10mm，且应尽量接近 1mm；而当波数积分区间下限为 π / U_{10}^2 时（即仿真海面的空间最大尺度为 $2U_{10}^2$），海面浪高统计值与全谱段积分计算结果基本相同，若取为 $2\pi / U_{10}^2$，计算结果与全谱段积分值将出现很大差异，因此积分下限应尽量保证不小于 π / U_{10}^2，即海面的覆盖区域的尺度要大于 $2U_{10}^2$。为了使所仿真海浪的相关参数与频谱特性基本一致，其积分范围上下限与风速相关，不同风速条件下的 Elfouhaily 海浪全向谱与全向斜率谱如图 3.3.4 所示。

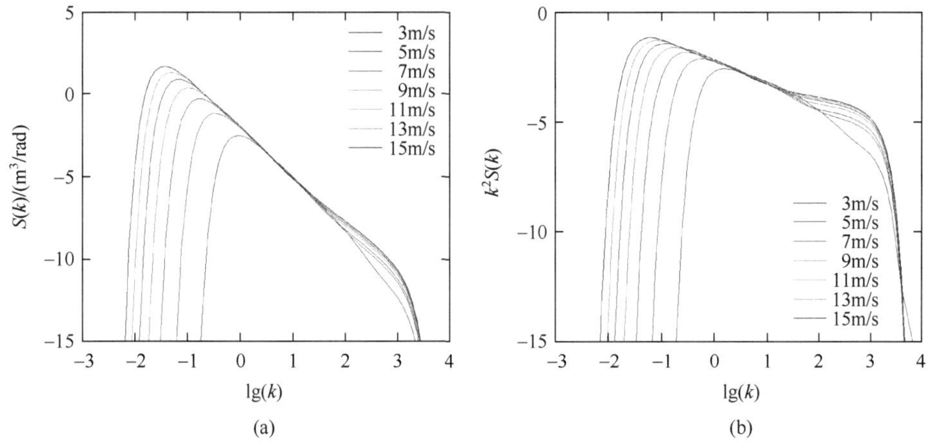

图 3.3.4　Elfouhaily 海浪全向谱（a）与全向斜率谱（b）

2. 双尺度分割

若取最大空间分辨率为 5mm，当风速达到 5m/s 时，波数积分区间上下限有 10^4 量级的差异，当风速达到 15m/s 时则达到接近 10^5 数量级的差异。对于常用的桌面计算机，即使利用快速傅里叶变换方法重构 $10^5\times10^5$ 规模的矩阵也需要数小时才能完成，且同时需要巨大的计算内存与存储空间。光线追迹算法也需要消耗大量时间，直接进行海浪波形重构将使得总消耗时间过于冗长[25]。

为了提升海浪波形重构速度，可以采用一种基于双尺度的海面波形合成方法[26]，即将式（3.3.1）分为小波数海浪 H_l（尺度 1）与大波数海浪 H_h（尺度 2）两部分，分别表示为

$$H_\text{l}(\boldsymbol{x})=\sum_{k_1}^{k_2}\widetilde{H}(\boldsymbol{k})\exp(\text{i}\boldsymbol{k}\cdot\boldsymbol{x}) \tag{3.3.11}$$

$$H_\text{h}(\boldsymbol{x})=\sum_{k_2}^{k_3}\widetilde{H}(\boldsymbol{k})\exp(\text{i}\boldsymbol{k}\cdot\boldsymbol{x}) \tag{3.3.12}$$

对于海面高度谱积分区间的选择方法，我们将积分波数区间上下限表示为 $[k_1, k_3]$，其中 k_1 能够代表重构海面的大小，k_3 能够反映重构海面波形顶点矩阵的空间分辨率。为了加快运算速度，该方法将海面简化为由一种空间分辨率较低的大尺度海浪与若干个特性相同但空间分辨率较大的小尺度海浪合成，其中小尺度海浪的大小及大尺度海浪的空间分辨率由波数 k_2 决定。

图 3.3.5 为一个由 49（7×7）个 64×64 高空间分辨率海浪高度矩阵与一个 8×8 的低空间分辨率海面合成的 512×512 海浪高度矩阵。其具体过程为：首先，求出低空间分辨率与高空间分辨率海浪高度矩阵，即图中的尺度 1 与尺度 2 矩阵；然后，根据尺度 1 海浪与尺度 2 海浪在水平面的投影面积比例（该图中尺度 1 所

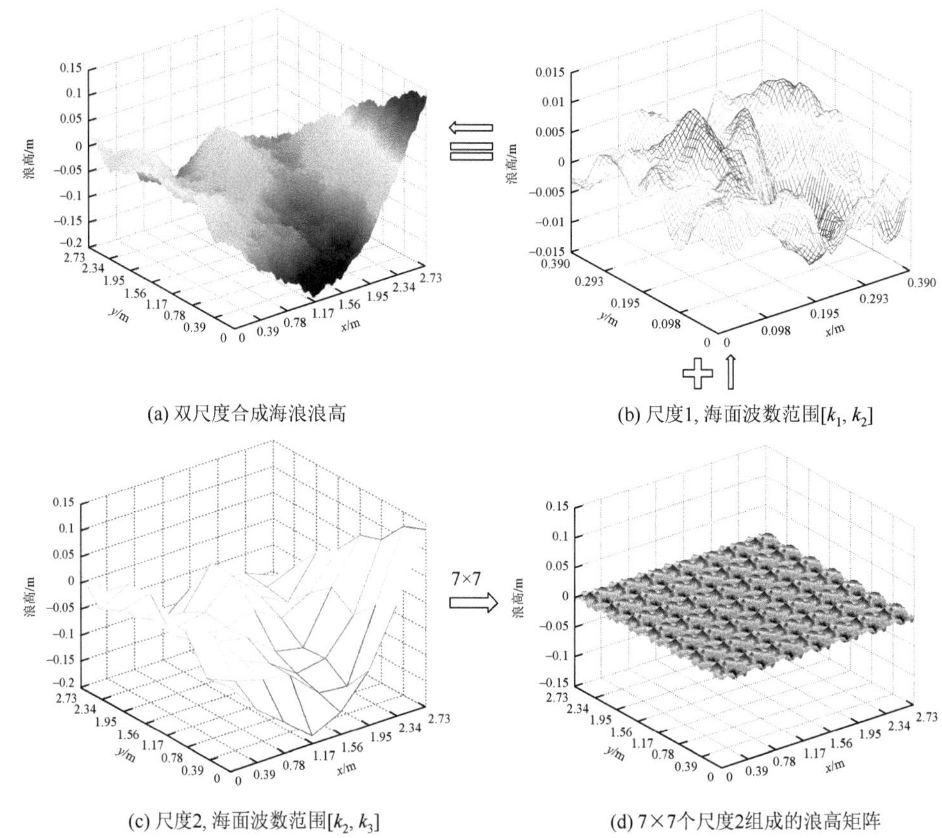

(a) 双尺度合成海浪浪高

(b) 尺度1, 海面波数范围$[k_1, k_2]$

(c) 尺度2, 海面波数范围$[k_2, k_3]$

(d) 7×7个尺度2组成的浪高矩阵

图 3.3.5　基于双尺度的海浪合成方法

表示范围为尺度 2 的 7×7 倍），将尺度 2 海浪作为矩阵单元重新生成一个大小与尺度 1 相同的高波数区间的海浪浪高矩阵；最后，将该矩阵与尺度 1 生成的海浪相叠加，即得到了合成的 512×512 高精度的海面浪高分布矩阵。浪高叠加的过程原理如图 3.3.6 所示，将尺度 1 海浪的单元格按照尺度 2 海浪的分辨率重新划分为 $M\times N$ 个坐标点。由于单元格的四个顶点并不在同一平面中，因此在划分坐标点时，将其分为两个三角平面，平面上任一点的坐标 $H_1(m, n)$应表示为

$$H_1(m,n)=\begin{cases}\dfrac{n-1}{N-1}\left[H_1(1,N)-H_1(1,1)\right]\\+\dfrac{m-1}{M-1}\left[H_1(M,1)-H_1(1,1)\right]+H_1(1,1), \quad m+n\leqslant M+1\\\dfrac{N-n}{N-1}\left[H_1(1,N)-H_1(M,N)\right]\\+\dfrac{M-m}{M-1}\left[H_1(M,1)-H_1(M,N)\right]+H_1(M,N), \quad m+n>M+1\end{cases} \tag{3.3.13}$$

两种尺度的海浪叠加后点（m, n）的位置坐标为

$$H(m,n) = H_{\mathrm{l}}(m,n) + H_{\mathrm{h}}(m,n) \tag{3.3.14}$$

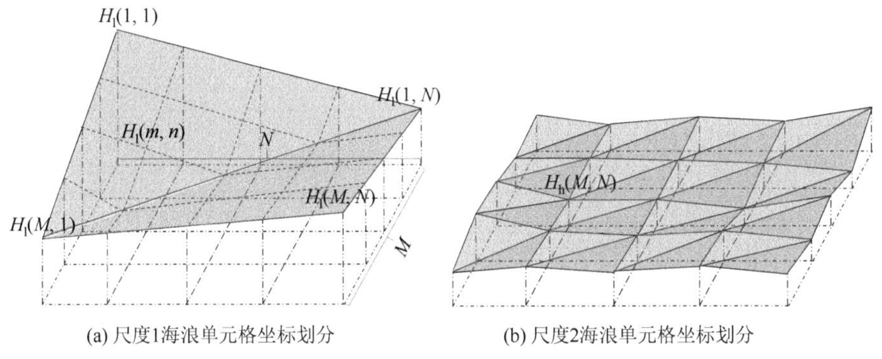

(a) 尺度1海浪单元格坐标划分　(b) 尺度2海浪单元格坐标划分

图 3.3.6　浪高叠加的过程原理

事实上，为了提高计算速度、降低计算机内存消耗，实际计算过程中并不同时计算所有区域的合成浪高，因为这样做会消耗很大内存。因此，实际计算过程中，只有在执行光线追迹中认为尺度 1 海浪中某个小面区域存在与光线相交的可能时，才去计算该小面区域的合成浪高。

同时，为了进一步提高运算速度，特别是在仿真海面的顶点阵列较大时，有必要利用蝶形运算进行加速。由于采用基-2 快速傅里叶变换，因此，本书此后所有计算过程中沿坐标轴方向采用的海浪的顶点数均为 2 的整数次幂。

为了验证基于双尺度合成海浪方法的正确性，需要将合成海浪的斜率均方值和浪高标准差值与 Cox-Munk 海浪斜率均方差经验公式和 Apel 的海浪浪高标准差经验公式进行对比。

图 3.3.7 所示为双尺度合成海面的海浪斜率与浪高计算方法原理，其中，ha 表示尺度 1 浪高，hb 表示尺度 2 浪高，Δx 为合成浪高矩阵顶点的间距。从而 n 点处合成的浪高 h_n 与斜率 slope_n 可以分别表示为

$$h_n = ha_n + hb_n \tag{3.3.15}$$

$$\begin{aligned}\mathrm{slope}_n &= \frac{(ha_{n+1} + hb_{n+1}) - (ha_n + hb_n)}{\Delta x} \\ &= \mathrm{slope\_}a_n + \mathrm{slope\_}b_n\end{aligned} \tag{3.3.16}$$

显然，尺度 1 与尺度 2 的海浪高度分布可视为两组互不相关的变量，根据统计学原理，合成海浪的高度标准差与斜率均方差可分别表示为[27, 28]

$$\mathrm{ESTD} = \sqrt{\left(\frac{\partial h}{\partial ha}\right)^2 \mathrm{var}(ha) + \left(\frac{\partial h}{\partial hb}\right)^2 \mathrm{var}(hb)} \tag{3.3.17}$$

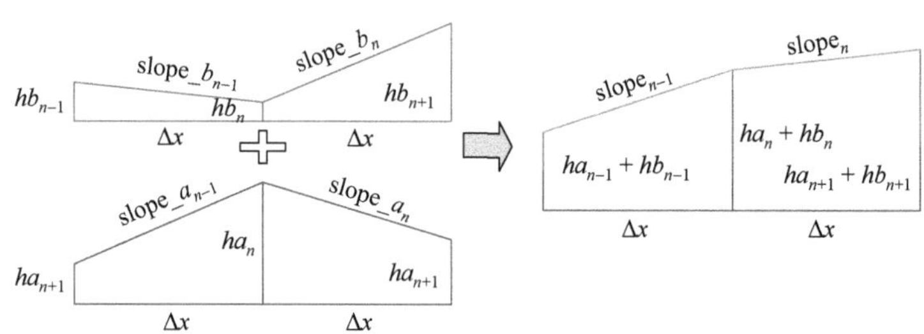

图 3.3.7　双尺度合成海面的海浪斜率与浪高计算方法原理

$$\mathrm{MSS} = \left(\frac{\partial \mathrm{slope}}{\partial \mathrm{slope}\_a}\right)^2 \mathrm{var}(\mathrm{slope}\_a) + \left(\frac{\partial \mathrm{slope}}{\partial \mathrm{slope}\_b}\right)^2 \mathrm{var}(\mathrm{slope}\_b) \quad (3.3.18)$$

式中，var( )函数表示变量的方差。

仿真实验中，在风速 3～19m/s 区间范围内，利用双尺度方法合成了 135 组风浪高度顶点矩阵，其中尺度 1 与尺度 2 海浪均为 512×512 顶点矩阵。图 3.3.8 为合成海浪的 MSS 值与 ESTD 值，可以看出在该区间范围内，合成海浪斜率和浪高统计特性与已有经验公式具有较好的一致性。同时，利用基-2 快速傅里叶变换，生成双尺度海面只需要数秒，相对于全谱段整体快速傅里叶变换重构动辄需要数小时，其计算量几乎可以忽略不计。

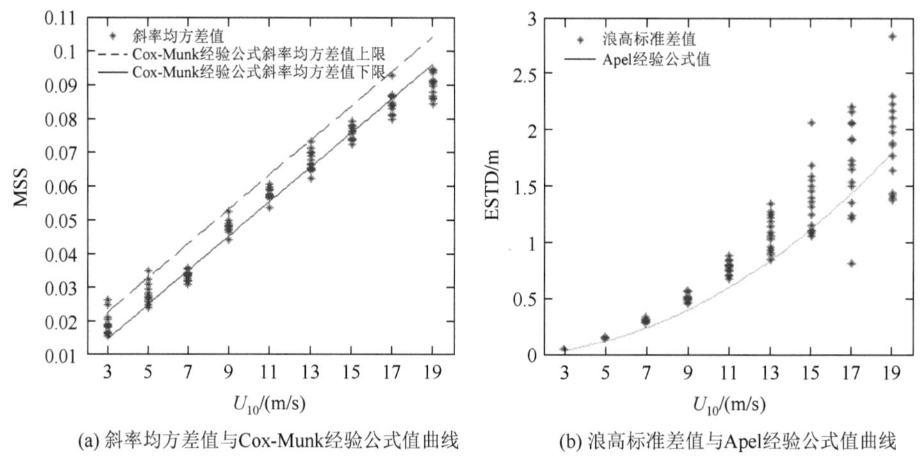

(a) 斜率均方差值与Cox-Munk经验公式值曲线　(b) 浪高标准差值与Apel经验公式值曲线

图 3.3.8　基于双尺度方法的合成海浪 MSS 值与 ESTD 值

3.3.5　偏振光线逆追迹及其加速运算方法

以双尺度海面波形合成方法生成的海浪作为目标，采用逆向光线追迹方法，构建海面红外偏振辐射模型，其一维原理如图 3.3.1 所示。被追迹光线由探测器出发，指向在设定视场内的随机方向生成的仿真海面。首先，若光线被判定与海面相交，计算出其反射方向并继续跟踪，不相交则舍弃该光线；其次，判断其是否与水面相交，若不相交则认为其进入大气中，若相交（如圈中所示光线）则按与上述相同的步骤循环计算直至光线进入大气；最后，保存光线追迹所求得路径，保存内容包括反射点位置与光线方向矢量。根据所得路径，即可重新按光线传播正方向，逐个反射点计算反射及海面的自发矢量辐射。

1. 光线与海面的相交检测

本模型中采用了包围球方法用于判断光线是否与海面相交，包围球的中心与半径计算方法如图 3.3.9 所示。

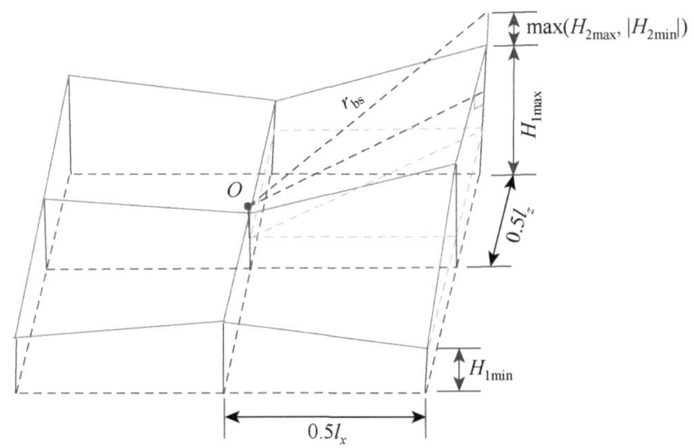

图 3.3.9　包围球中心与半径计算方法

包围球的中心 O 的坐标为（x_o, y_o, z_o），其中 x_o 与 y_o 的坐标为所选尺度 1 海面局部区域的中心；z_o 的坐标为该区域最大与最小浪高的中间值，即 $z_o = (H_{1\max} + H_{1\min})/2$。包围球的半径需要考虑尺度 2 的海浪大小，以保证生成的包围球能够将该区域的海浪完全包围在内部。若假设该区域的面积为 $l_x \times l_z$，尺度 2 的最小浪高与最大浪高分别为 $l_{2\min}$ 与 $l_{2\max}$，则包围球半径 r_{bs} 的计算式为

$$r_{bs} = \sqrt{(0.5l_z)^2 + (0.5l_x)^2 + \left[\frac{1}{2}(H_{1\max} - H_{1\min}) + \max\left(H_{2\max}, \left|H_{2\min}\right|\right)\right]^2} \tag{3.3.19}$$

得到包围球后，需要判断被追迹的光线是否与包围球相交。具体方法如图 3.3.10 所示，光线的起始点 $\boldsymbol{p}_s$ 坐标为（x_{ps}, y_{ps}, z_{ps}），光线传输方向的单位矢量为 $\boldsymbol{r}_v$，包围球的球心 O 坐标为（x_o, y_o, z_o）；圆心 O 与光线的最短距离为 OD，则使相交的判断条件可以表示为 $OD^2 < r_{bs}^2$。

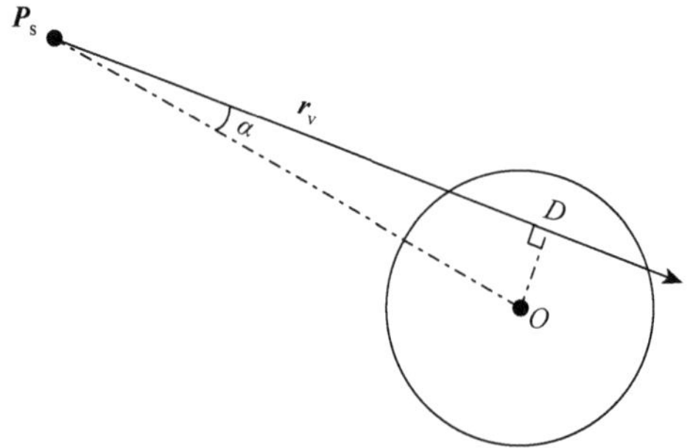

图 3.3.10　光线与包围球相交判断

若 $\boldsymbol{p}_s$ 至 O 的矢量表示为 $\boldsymbol{p_sO}$，p_s 至 D 的矢量表示为 $\boldsymbol{p_sD}$，显然

$$\boldsymbol{p_sO}\cdot\boldsymbol{r}_v=|\boldsymbol{p_sO}|\cos\alpha \tag{3.3.20}$$

于是，可得

$$OD^2=|\boldsymbol{p_sO}|^2-(\boldsymbol{p_sO}\cdot\boldsymbol{r}_v)^2 \tag{3.3.21}$$

2. 光线与（三角形）微面的相交

若判断出某条光线与海面中的某一个微面的包围球相交，则需要求光线与被包围三角形微面所在平面的交点，并根据交点位置判断光线是否从三角形内部穿过，若判断为从内部穿过则保存相交点位置，并计算其反射方向。具体计算过程以图 3.3.11 中入射光线 $\boldsymbol{r}_{vi}$ 为例。

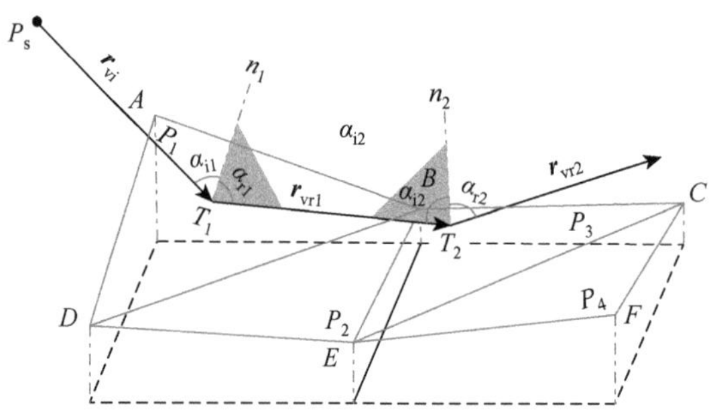

图 3.3.11　光线在水面的反射过程

（1）计算三角形的正面单位法向量。本模型中海面只有朝向大气的一面是有效反射面，因此需要确定其正面法向量方向，以图中微面 P_1 为例，其正面单位法向量为

$$\boldsymbol{n}_1=\frac{\boldsymbol{BA}\times\boldsymbol{AD}}{|\boldsymbol{BA}\times\boldsymbol{AD}|} \tag{3.3.22}$$

（2）计算光线 $\boldsymbol{r}_{\rm vi}$ 与平面 P_1 的交点。已知光线的起始点为 $p_{\rm s}$，则光线上的任一点 $\boldsymbol{T}_1$ 的坐标可以表示为 $p_{\rm s}+t\boldsymbol{r}_{\rm vi}$，$t$ 为任意不小于 0 的常数，若 $\boldsymbol{T}_1$ 与 P_1 相交，则其应满足

$$\boldsymbol{T}_1\boldsymbol{A}\cdot\boldsymbol{n}_1=0 \tag{3.3.23}$$

若解小于等于 0，则视为光线与海面的交点在光线起点的反方向，此种情况应舍弃该光线；若解大于 0，则保存交点 T_1 的坐标。

判断光线是否在三角形内部，模型中直接采用了 Matlab 的 inpolygon 函数。若返回值为 1，则认为该交点有效执行下一步；若返回值为 0，则光线与该面无交点。

（3）计算反射光线的单位向量。反射光线的计算方法为

$$\boldsymbol{r}_{\rm vr1}=\boldsymbol{r}_{\rm vi1}-2(\boldsymbol{r}_{\rm vi1}\cdot\boldsymbol{n}_1)\boldsymbol{n}_1 \tag{3.3.24}$$

3. 基于二叉树的光线追迹加速方法

该方法首先估算出光线可能与海面相交的范围。计算方法如图 3.3.12 所示，光线上任一点可以表示为 $p_{\rm s}+t\boldsymbol{r}_{\rm vi}$，分别计算光线与包围海面的一个长方体六个面的交点，记与 x 轴正交的前后端面的交点处 t 值分别为 $t_{x\max}$、$t_{x\min}$；与 y 轴正交的上下端面的交点处的 t 值分别为 $t_{y\max}$、$t_{y\min}$；与 z 轴正交的前后端面的交点处的 t 值分别为 $t_{z\max}$、$t_{z\min}$。需要注意的是，包围在 x 轴与 z 轴方向的最大值和最小值均由尺度 1 的海浪决定，y 轴方向的最大值和最小值则分别为尺度 1 与尺度 2 海浪的最大值之和与最小值之和。由于本书中采用的海浪始终在沿 x 轴方向移动，其观测点始终在 y 轴正方向，为了验证光线与包围盒的交点是否有效，需要作以下判断：

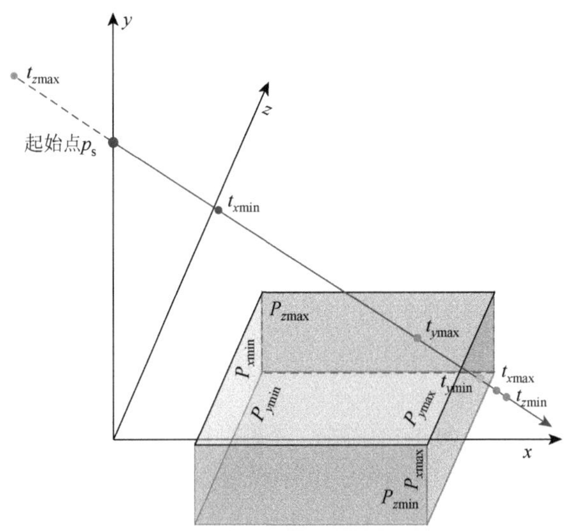

图 3.3.12　光线与海面包围盒交点估算

（1）若 $\max(t_{x\max}, t_{x\min}) < \min(t_{z\max}, t_{z\min})$，光线与包围盒不相交。

（2）若 $\min(t_{x\max}, t_{x\min}) > \max(t_{z\max}, t_{z\min})$，光线与包围盒不相交。

（3）若与 x 轴正交的前后端面的交点的 x 轴坐标分量的最大值小于 $x_{\min}$（与 x 轴正交的后端面 x 坐标），或最小值大于 $x_{\max}$（与 x 轴正交的前端面 x 坐标），光线与包围盒不相交。

（4）若与 x 轴正交的前后端面的交点的 y 轴坐标分量的最大值小于 $y_{\min}$，或最小值大于 $y_{\max}$，光线与包围盒不相交。

完成上述判断后，将 6 个不同 t 值进行由小至大的排序，令排序后数组为 $\boldsymbol{t}$，执行以下步骤：

（1）若 $\boldsymbol{t}[4]<0$，则认为包围盒位于光线起点反方向，光线与包围盒无交点。

（2）若 $\boldsymbol{t}[3]<0$ 且 $\boldsymbol{t}[4]>0$，则认为可能相交的 t 值范围为 $(0, \boldsymbol{t}[4]]$。

（3）若 $\boldsymbol{t}[3]>0$ 且 $\boldsymbol{t}[4]>0$，则认为可能相交的 t 值范围为 $[\boldsymbol{t}[3], \boldsymbol{t}[4]]$。

获得了光线可能与平面相交的区间后，采用二叉空间分割树的方法将其进行分割，每层级的分割节点保留两个参数：参数 1 表示此节点是否存在交点（是为 1，否为 0），参数 2 为当前节点下层节点计算方向（1 为正向节点，0 为负向节点）。二叉空间分割树方法原理如图 3.3.13 所示，图中网格为海面浪高顶点在水平面的投影，p_{t3} 与 p_{t4} 分别为光线与海面包围盒的交点在水平面 xOz 上的投影，该投影线段在 x 轴方向长度为 Δx，在 y 轴方向长度为 Δy，海面顶点在 x 轴方向间距为 d_x，在 z 轴方向间距为 d_z，则存在正整数 n_{div}，使得 $2^{n_{\text{div}}} \geqslant \max(\Delta x/d_x, \Delta y/d_y)$，$2^{n_{\text{div}}-1} < \max(\Delta x/d_x, \Delta y/d_y)$，$n_{\text{div}}$ 即为二叉树的分割层次数。基于该层次数将线段 $p_{t3}p_{t4}$ 逐层次分割，其中沿光线传播的方向为正向，另一侧为负向。

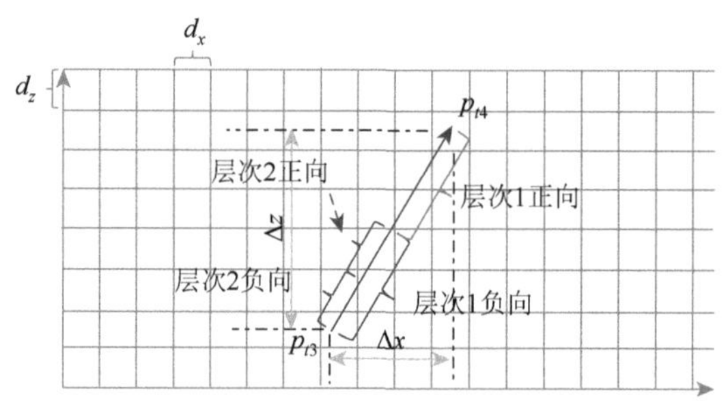

图 3.3.13　二叉空间分割树方法原理

由于模型中的海面分为两个尺度，因此执行二叉树分割光线追迹的过程将分为两个部分，如流程图 3.3.14 所示，其细节流程如下所述。

1）尺度 1 海面

首先，设定在尺度 1 海浪中的节点层次数 $n_1 = 1$，计算方向 $d(n_1) = 0$，交点存

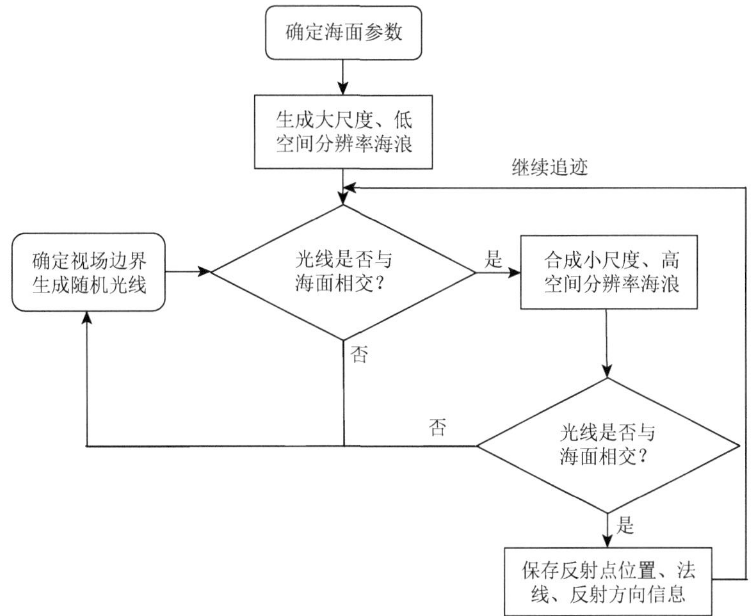

图 3.3.14　双尺度海面的光线追迹过程

在标志 $f(n_1)=1$；然后，执行以下过程：

（1）根据当前层次负方向节点所代表线段的 x 轴与 z 轴方向的坐标，确定所在海面的浪高最大值与最小值，生成包围球，判断包围球与光线是否相交。若相交执行步骤（2），否则执行步骤（3）。

（2）判断 $n_1<n_{\mathrm{div}}$ 是否成立。若成立，$n_1=n_1+1$，执行步骤（1）；若不成立，执行尺度 2 海面中的光线追迹。

（3）令计算方向标志 $d(n_1)=1$，生成正向节点所在位置包围球，判断光线是否与其相交，若相交执行步骤（4），否则令 $f(n_1)=0$，执行步骤（5）。

（4）判断 $n_1<n_{\mathrm{div}}$ 是否成立。若成立，令 $n_1=n_1+1$，执行步骤（1）；若不成立，执行尺度 2 海面中的光线追迹。

（5）判断 $n_1>1$ 是否成立。若成立，寻找离当前层级最近的高层级（n_1 越小层级越高）中满足 $d=0$ 且 $f=1$ 的层次数 n_r，令 $n_1=n_r$，执行步骤（3）；否则返回光线与该海面无交点。

2）尺度 2 海面

首先，采用与上文相同的方法估算出光线与局部区域海面包围盒的交点；然后，设定尺度 2 海浪中的节点层次数 $n_2=1$，计算方向 $d(n_2)=0$，交点存在标志 $f(n_2)=1$，并执行以下步骤：

（1）根据当前层次负方向节点所代表线段的 x 轴与 z 轴方向的坐标，确定所在海面的浪高最大值与最小值，生成包围球，判断包围球与光线是否相交。若相交执行步骤（2），否则执行步骤（3）。

（2）判断 $n_2 < n_{div}$ 是否成立。若成立，则 $n_2 = n_2 + 1$，执行步骤（1）；若不成立，则沿光线传播方向逐面元（小三角形）计算光线与三角形的交点，至找到有效反射点后返回；若无有效反射点，则返回尺度 1 中步骤（3）继续计算。

（3）令计算方向 $d(n_2) = 1$，生成正向节点所在位置包围球，判断光线是否与其相交，若相交执行步骤（4），否则令 $f(n_2) = 0$，执行步骤（5）。

（4）判断 $n_2 < n_{div}$ 是否成立。若成立，则令 $n_2 = n_2 + 1$，执行步骤（1）；若不成立，则沿光线传播方向逐面元（小三角形）计算光线与三角形的交点，至找到有效反射点后返回；若无有效反射点，则返回尺度 1 中步骤（5）继续计算。

（5）判断 $n_2 > 1$ 是否成立。若成立，则寻找离当前层级最近的高层级（n_2 越小，层级越高）中满足 $d = 0$ 且 $f = 1$ 的层次数 n_r，令 $n_2 = n_r$，执行步骤（3）；否则返回光线与该海面无交点。

3）海水镜面反射与发射特性

表 3.3.1 为 Friedman 在 1969 年测量的不同辐射波长 λ 海水折射率[29]。海水的反射率应满足菲涅耳公式，又因为其应属于损耗电介质折射率存在虚数部分，因此海水在平行于入射方向与垂直于入射方向振动的光辐射能量反射率分别表示为

$$R_p = \left(r_p \cdot r_p^*\right) = \frac{(n^2+\chi^2)^2\cos^2\theta_i + n_i^2(N^2+\chi'^2) - 2n_i\cos\theta_i\left[N(n^2-\chi^2)+2n\chi\chi'\right]}{(n^2+\chi^2)^2\cos^2\theta_i + n_i^2(N^2+\chi'^2) + 2n_i\cos\theta_i\left[N(n^2-\chi^2)+2n\chi\chi'\right]} \tag{3.3.25}$$

$$R_s = r_s \cdot r_s^* = \frac{(n_i\cos\theta_i - N)^2\chi'^2}{(n_i\cos\theta_i - N)^2\chi'^2} \tag{3.3.26}$$

其中

$$2N^2 = n^2 - \chi^2 - n_i^2\sin^2\theta_i + \sqrt{(n^2-\chi^2-n_i^2\sin^2\theta_i)^2 + 4n^2\chi^2} \tag{3.3.27}$$

$$2\chi'^2 = -(n^2 - \chi^2 - n_i^2\sin^2\theta_i) + \sqrt{(n^2-\chi^2-n_i^2\sin^2\theta_i)^2 + 4n^2\chi^2} \tag{3.3.28}$$

式中，r_p 与 r_s 分别为平行于入射面与垂直于振幅反射率；n_i 为入射光所在介质折射率（此处为空气）；n 和 χ 分别是海水折射率的实部和虚部，则 $n-i\chi$ 表示海水的折射率；θ_i 表示入射角。$\boldsymbol{p}$、$\boldsymbol{s}$ 光经过反射面后的相位角变化为

$$\tan\delta_p = \frac{2n_i\cos\theta_i\left[(n^2-\chi^2)\chi' - 2Nn\chi\right]}{(n^2-\chi^2)^2\cos^2\theta_i - n_i^2(N^2+\chi'^2)} \tag{3.3.29}$$

$$\tan\delta_s = \frac{2\chi' n_i\cos\theta_i}{n_i^2\cos^2\theta_i - N^2 - \chi'^2} \tag{3.3.30}$$

表 3.3.1　海水折射率

λ	n	χ	λ	n	χ	λ	n	χ
3.0	1.364	0.3060	8.6	1.268	0.0493	11.4	1.126	0.1416
3.2	1.478	0.0834	8.8	1.262	0.0500	11.6	1.120	0.1620
3.4	1.416	0.0250	9.0	1.255	0.0510	11.8	1.118	0.184
3.6	1.382	0.0088	9.2	1.247	0.0521	12.0	1.116	0.207
3.8	1.360	0.0054	9.4	1.239	0.0538	12.2	1.117	0.229
4.0	1.345	0.0065	9.6	1.229	0.0564	12.4	1.119	0.253
4.2	1.334	0.0100	9.8	1.218	0.0598	12.6	1.122	0.275
4.4	1.327	0.0144	10.0	1.207	0.0640	12.8	1.127	0.299
4.6	1.323	0.0196	10.2	1.194	0.0696	13.0	1.135	0.321
4.8	1.322	0.0212	10.4	1.180	0.0786	13.2	1.145	0.339
5.0	1.319	0.0174	10.6	1.166	0.0850	13.4	1.156	0.354
8.0	1.285	0.0477	10.8	1.153	0.0956	13.6	1.168	0.367
8.2	1.280	0.0484	11.0	1.142	0.1086	13.8	1.180	0.379
8.4	1.274	0.0488	11.2	1.133	0.1240	14.0	1.193	0.388

反射后，**p** 光与 **s** 光的相位差为

$$\varphi = \arctan\delta_s - \arctan\delta_p \tag{3.3.31}$$

从而海面的反射缪勒矩阵可以表示为

$$\boldsymbol{M}_{\mathrm{r}} = \frac{1}{2}\begin{bmatrix} R_s + R_p & R_s - R_p & 0 & 0 \\ R_s - R_p & R_s + R_p & 0 & 0 \\ 0 & 0 & -2\cos\varphi\sqrt{R_s R_p} & -2\sin\varphi\sqrt{R_s R_p} \\ 0 & 0 & \sin\varphi\sqrt{R_s R_p} & -2\cos\varphi\sqrt{R_s R_p} \end{bmatrix} \tag{3.3.32}$$

根据基尔霍夫（Kirchhoff）定律可知海面 **p** 光与 **s** 光的发射率为

$$\varepsilon_{p,s} = 1 - R_{p,s} \tag{3.3.33}$$

海面的偏振辐亮度可以表示为

$$\boldsymbol{L}_{\mathrm{w}} = L_0\begin{bmatrix} 1 - \dfrac{R_s + R_p}{2} & \dfrac{R_s - R_p}{2} & 0 & 0 \end{bmatrix}^{\mathrm{T}} \tag{3.3.34}$$

式中，L_0 为与海面同温度的黑体的辐亮度。

4. 斯托克斯矢量的空间变换

如图 3.3.11 所示，由于反射缪勒矩阵与发射辐射的斯托克斯矢量均是以当前入射面的法向方向为检偏角 0°，入射面内与入射光线垂直且与反射面法向量夹角为锐角的方向为检偏角 90°，因此当入射光通过 P_1 与 P_3 两个面反射时，若两平面相互不平行，则 T_1 处反射面（图中 n_1 平面）与 T_2 处入射面（图中 n_2 面）之间存

在一个夹角，若夹角值为 ξ，则旋转矩阵表示为

$$\boldsymbol{M}_{\text{Rot}}=\begin{bmatrix}1 & 0 & 0 & 0\\0 & \cos 2\xi & -\sin 2\xi & 0\\0 & \sin 2\xi & \cos 2\xi & 0\\0 & 0 & 0 & 1\end{bmatrix} \tag{3.3.35}$$

旋转角 ξ 的计算过程为：

（1）若当前反射点前无反射点，则旋转角为 0。

（2）若当前反射点前存在反射点，则应首先计算前一反射点的反射面的法向量

$$\boldsymbol{n}_{\text{r1}}=\boldsymbol{n}_1\times\boldsymbol{r}_{\text{vr1}} \tag{3.3.36}$$

（3）计算在当前反射点入射面的法向量

$$\boldsymbol{n}_{\text{i2}}=\boldsymbol{r}_{\text{vr1}}\times\boldsymbol{n}_2 \tag{3.3.37}$$

从而旋转角可以表示为

$$\xi=\arctan 2\left(\frac{\boldsymbol{n}_{\text{r1}}\times\boldsymbol{n}_{\text{i2}}}{|\boldsymbol{n}_{\text{r1}}||\boldsymbol{n}_{\text{r1}}|}\cdot\frac{\boldsymbol{r}_{\text{vr1}}}{|\boldsymbol{r}_{\text{vr1}}|},\frac{\boldsymbol{n}_{\text{r1}}\cdot\boldsymbol{n}_{\text{i2}}}{|\boldsymbol{n}_{\text{r1}}||\boldsymbol{n}_{\text{r1}}|}\right) \tag{3.3.38}$$

3.3.6 数值仿真与结果分析

1. 大气辐射模型与海水温度设定

采用 Modtran 软件分析了典型环境下的大气辐射特性。模型中将大气辐射近似为一个只与观测天顶角及探测波长相关的变量。基于该近似，计算典型天气条件下（海洋环境，可视距离为 23km，冬季中纬度地区）的大气穹顶的辐射亮度分布，如图 3.3.15 所示。

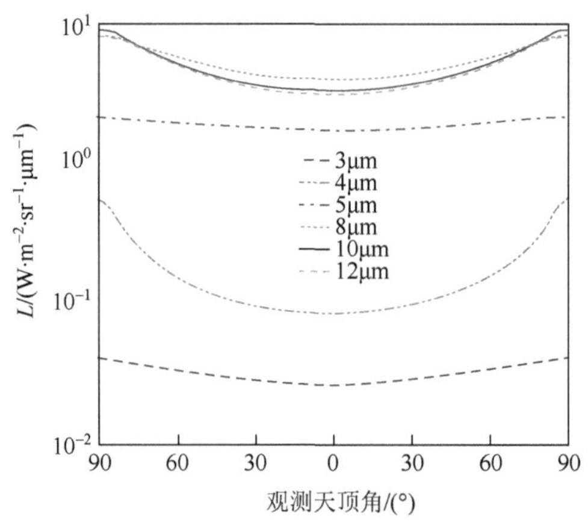

图 3.3.15 冬季大气辐射特性

视太阳为表面温度为 5900K 的黑体，阳光的辐亮度可表示为

$$L_{\text{sun}}(\theta_{\text{sun}})=\tau_{\text{a}}(\theta_{\text{sun}})L_{5900\text{K}} \tag{3.3.39}$$

式中，θ_{sun} 为太阳天顶角；τ_{a} 为大气通过率；$L_{5900\text{K}}$ 为 5900K 黑体的辐亮度。若不考虑反射路径中的大气辐射，大气穹顶的辐亮度为 L_{atm}；且已知参考坐标系中指向太阳的单位向量为 $\boldsymbol{r}_{\text{sun}}$，逆向光线离开海面的方向单位矢量为 $\boldsymbol{r}_{\text{end}}$，太阳视场张角为 ϕ_{sun}，则正向光线首次到达海面发射点 p_0 处观测到的辐亮度为

$$L_{\text{i0}}=\begin{cases}L_{\text{atm}}(\boldsymbol{r}_{\text{end}})+L_{\text{sun}}(\boldsymbol{r}_{\text{end}}), & \arccos(\boldsymbol{r}_{\text{end}}\cdot\boldsymbol{r}_{\text{sun}})\leqslant\dfrac{1}{2}\phi_{\text{sun}}\\ L_{\text{atm}}(\boldsymbol{r}_{\text{end}}), & \arccos(\boldsymbol{r}_{\text{end}}\cdot\boldsymbol{r}_{\text{sun}})>\dfrac{1}{2}\phi_{\text{sun}}\end{cases} \tag{3.3.40}$$

首次反射点反射方向观测到的辐射亮度为

$$\boldsymbol{L}_{\text{r}}(p_0)=\boldsymbol{M}_{\text{r}}(p_0)\left[L_{\text{i0}},0,0,0\right]^{\text{T}}+\boldsymbol{L}_{\text{w}}(p_0) \tag{3.3.41}$$

在非首次反射点 p_n 处观测到入射辐射亮度为

$$\boldsymbol{L}_{\text{i}}(p_n)=\boldsymbol{M}_{\text{rot}}(p_n)\boldsymbol{L}_{\text{r}}(p_{n-1}) \tag{3.3.42}$$

反射方向观测到的辐射亮度为

$$\boldsymbol{L}_{\text{r}}(p_n)=\boldsymbol{M}_{\text{r}}(p_n)\boldsymbol{L}_{\text{i}}(p_n)+\boldsymbol{L}_{\text{w}}(p_n) \tag{3.3.43}$$

海浪表面在夏季与冬季的温度设定参考了文献[30]中 1995 年海洋 1 月与 7 月的海面平均温度分布图（图 3.3.16 和图 3.3.17），图中北太平洋中部中纬度地区的平均温度为夏季 20℃，冬季 10℃左右。

2. 无阳光照射时海面的红外偏振辐射特性仿真

我们通过蒙特卡罗方法对海面在无阳光照射时的红外偏振辐射特性进行仿真，即通过对所设定视场内的光线进行大量随机抽样得出海面的统计辐射特性。

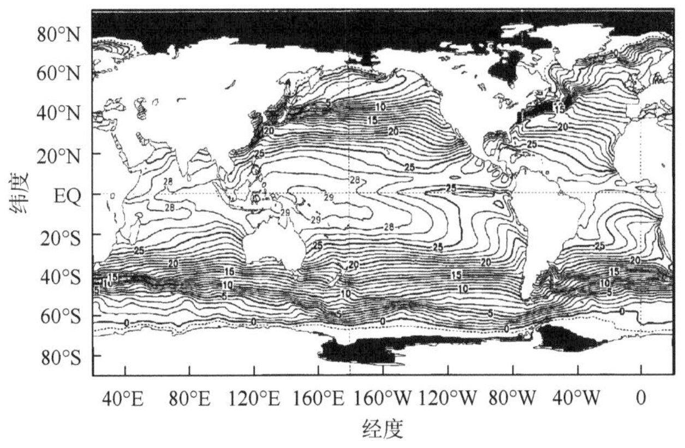

图 3.3.16 1 月海面各地平均温度

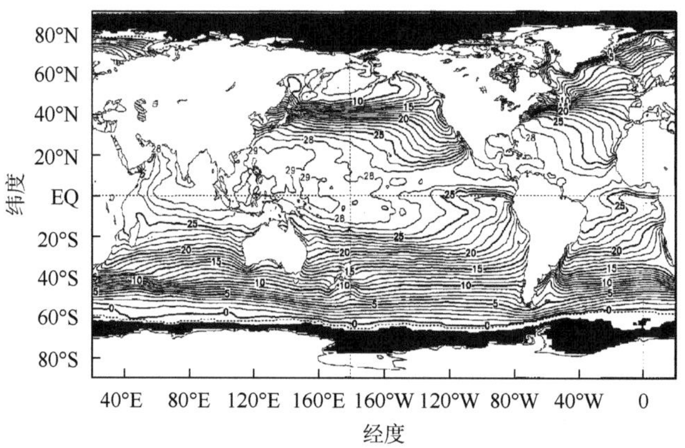

图 3.3.17　7 月海面各地平均温度

图 3.3.18 为仿真过程中几何参数设定原理图。计算中视点位置始终位于 xOy 平面内一个观测半径确定的半圆形位置上，太阳为无穷远的平行光光源。随机抽样逆向光线由视点出发追迹其路径至其返回大气停止。为提高运算速度，光线在海面的反射次数被限制，下述所有计算中最大反射次数均被设定为 5 次。

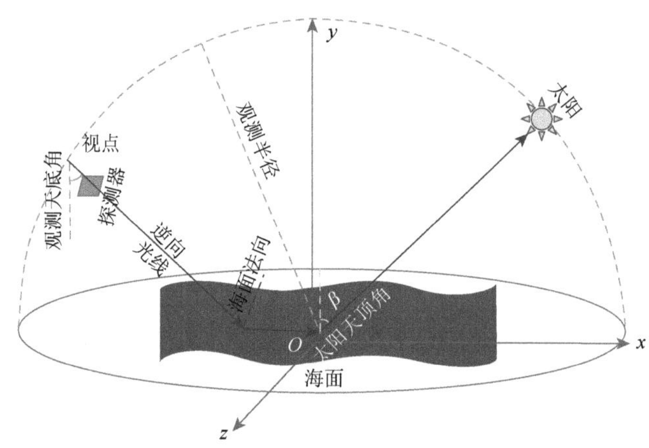

图 3.3.18　仿真过程中几何参数设定原理图

图 3.3.19 为冬季环境中（海水表面温度为 283K，Modtran 大气辐射\透射率模型中参数设定为中纬度冬季海洋环境，能见距离为 23km），不同风速下海面的中波与长波红外波段的偏振度特性。计算中设定视场为 1.5°×1.5°，视点所处半圆半径为 2000m，观测天底角分别设定为 30°、60°和 85°。仿真结果显示斯托克斯矢量的 S_2 分量均值基本为 0，说明水面偏振角总是为 0°或者 90°。因此，这里不再分析水面偏振角，取而代之使用正、负偏振度分别表示水面偏振角为 0°与 90°。

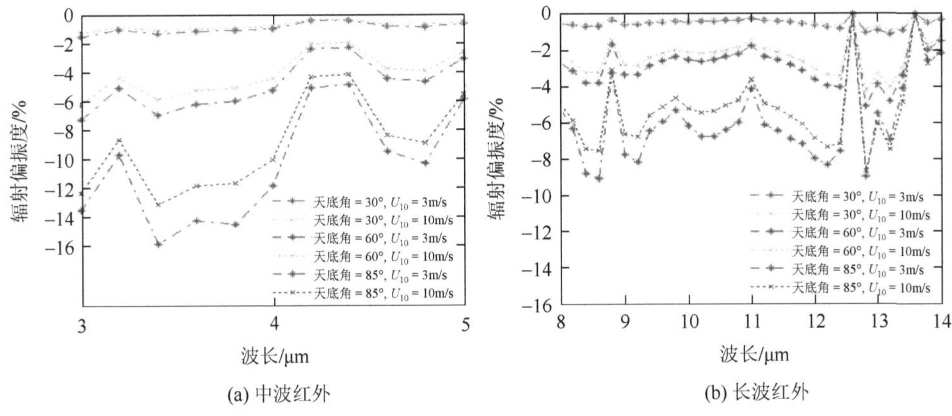

(a) 中波红外　　(b) 长波红外

图 3.3.19　在不同风速、观测天底角条件下海面辐射偏振度与波长的关系

图 3.3.20 为平静水面、风速 3m/s 及 10m/s 时，海面在不同观测天底角中波与长波红外的偏振度变化曲线。海面环境与观测设定参数与图 3.3.19 中相同。

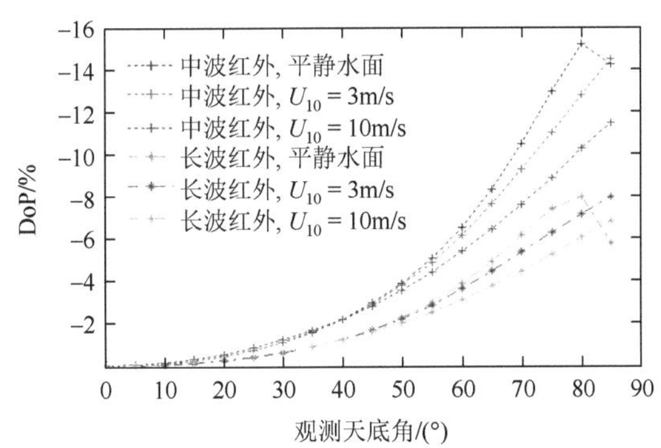

图 3.3.20　平静水面、风速 3m/s 与 10m/s 海面在不同观测天底角条件下偏振度特性

3. 有阳光辐射时海面的红外偏振辐射特性仿真

与无阳光照射时海面场景不同，当场景中存在阳光辐射时，反射海面场景的辐射及偏振特性将会受到海面中可能出现的太阳耀斑影响。太阳耀斑的方位、强度及偏振特性与太阳和探测器的相对位置密切相关，因此仿真中需要考虑太阳处于不同方位角与天顶角时海面的偏振辐射特性。

为了方便计算，此处仿真计算中太阳的位置被限定在 xOz 平面内，且只计算了太阳处于视点前方的情况。图 3.3.21 为海面风速 3m/s 时，太阳位于不同天顶角条件下，海面中波与长波红外平均偏振度与太阳天底角关系分布图，观测方位、水温及大气特性设定与图 3.3.20 中相同。

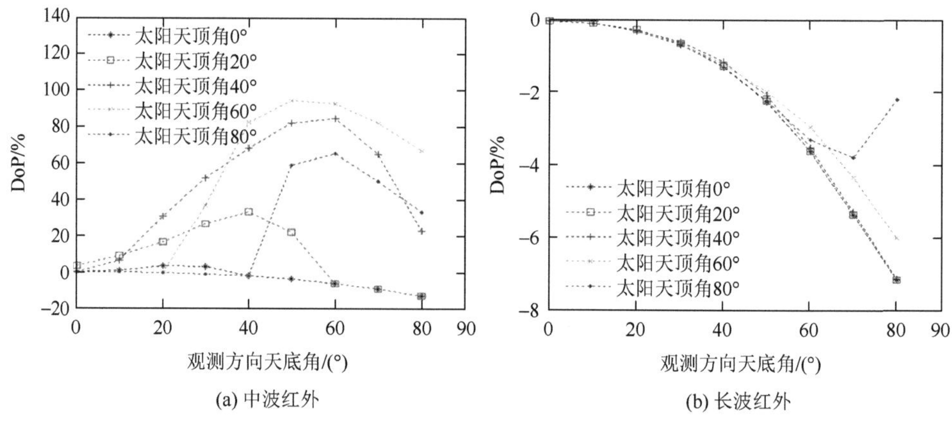

(a) 中波红外 (b) 长波红外

图 3.3.21 不同观测天顶角条件下，海面平均偏振度与太阳天底角关系

图 3.3.22 为图 3.3.21 对应的海面中波与长波红外辐亮度分布。由于太阳在中波红外波段的辐射较强，其产生的耀斑对海面的中波红外平均辐亮度产生了更大的影响。

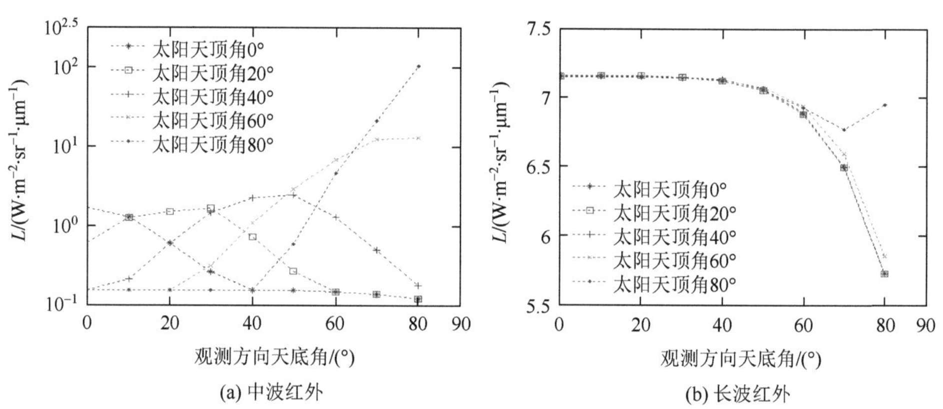

(a) 中波红外 (b) 长波红外

图 3.3.22 不同观测天顶角条件下，海面平均辐亮度与太阳天底角的关系

3.3.7 海面耀斑红外辐射偏振特性及其抑制方法

1. 海面耀斑的分布特性

当海面中存在耀斑时，海面平均偏振辐射特性与所选择的视场范围存在很大关系。因太阳张角很小，只有 0.53°左右，一般情况下耀斑只集中在海面中特定方向的部分区域。较大的视场能够在一定程度上降低由太阳对海面的平均辐亮度造

成的影响，但不能反映海面耀斑自身的辐亮度特性，因此仿真中采用较小的视场。图 3.3.23 与图 3.3.24 分别为耀斑海面在中波与长波红外波段的平均辐亮度与偏振度特性。图中，观测天底角设定为 70°，方位角为 0°，视场 1°×1°；海面风速与观察方向平行，风速大小为 3m/s；海面水温 283K；太阳俯仰角的变化范围为[0°, 80°]；方位角的变化范围为[0°, 180°]。可以看出，耀斑主要出现在太阳天顶角位于观测方向相对于水平面反射方向天顶角的±40°以内，且主要分布在观测方向方位角附近。为了进一步分析耀斑出现的范围，图 3.3.25 给出了观测天底角分别为 30°、70°与 80°时，耀斑海面的中波红外平均辐亮度。可以看出，随着观测天底角的增大，可能出现耀斑的太阳方位角范围逐渐变小。

2. 耀斑的红外辐射偏振特性分析

通过海面红外辐射模型可以得到海面的平均辐亮度及平均偏振度，并能够基

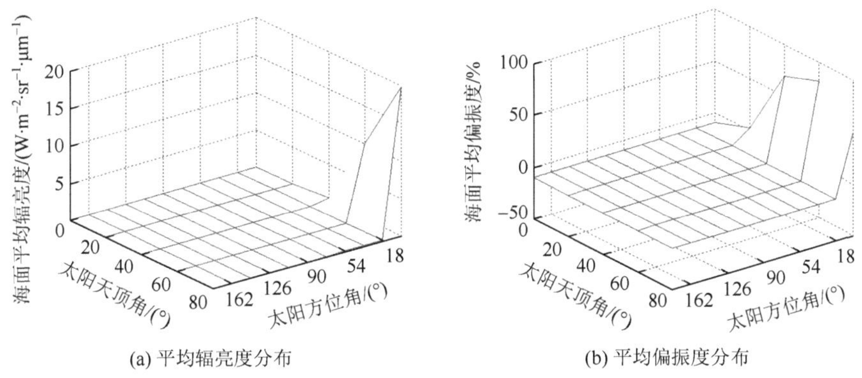

(a) 平均辐亮度分布　　(b) 平均偏振度分布

图 3.3.23　耀斑海面长波红外平均辐亮度与偏振度分布

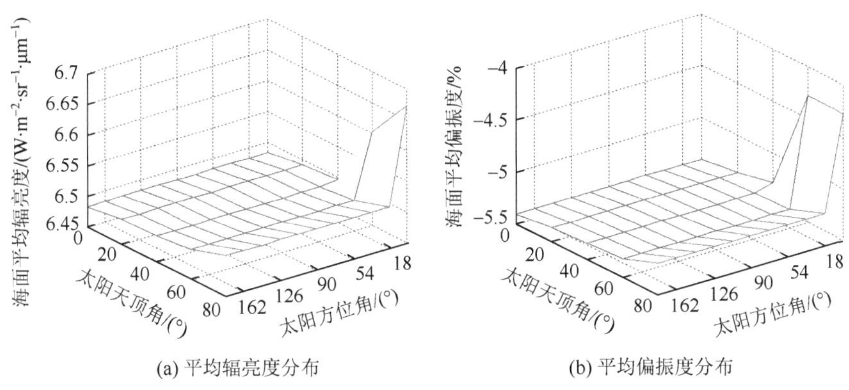

(a) 平均辐亮度分布　　(b) 平均偏振度分布

图 3.3.24　耀斑海面中波红外平均辐亮度与偏振度分布

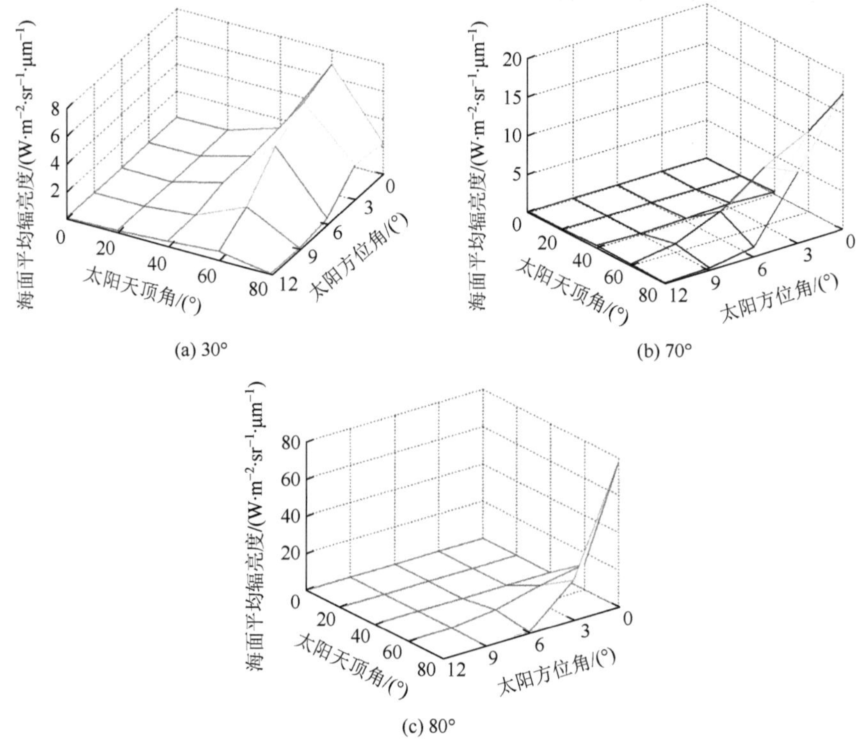

图 3.3.25　观测天底角分别为 30°、70°与 80°时耀斑海面的中波红外平均辐亮度

于平均辐亮度结果分析耀斑的分布特性。但是，由于耀斑在视场中的占比不同，海面红外辐射的平均偏振度并不能够直接反映耀斑自身的红外偏振辐射特性。

若不考虑光线传输过程中可能出现的多次反射现象，海面耀斑一般可以认为是来自海面的单次镜面反射的阳光辐射。因此，对于视场中某个确定位置的耀斑，其辐射特性完全取决于太阳所在位置。图 3.3.26（a）～（e）分别为当观测天底角为 0°、20°、40°、60°及 80°时，海面耀斑在长波红外波段的偏振度特性。图中，圆心表示太阳所处位置的天顶角为 0°；圆中任意一点与圆心的距离表示太阳所处天顶角，最外侧天顶角为 90°；点和圆心的连线与水平正右方的夹角表示太阳相对于观测者的方位角；白色小圆点为视场中心线相对于水平面的反射方向对应的天顶位置，白色圆/椭圆圆环表示可能进入视场的太阳反射光（海面耀斑）对应的太阳位置。可见随着观测天底角的减小，海面耀斑偏振度均值逐渐降低。由于成像系统视场及海面斜率分布概率的限制，显然视场中的耀斑只有在极少数情况下（例如图 3.3.26（b）与（c）中的部分区域）具有接近于 1 的偏振特性，能够通过线偏振片滤除，其他场景中偏振片只能在一定程度上起到抑制耀斑的作用。

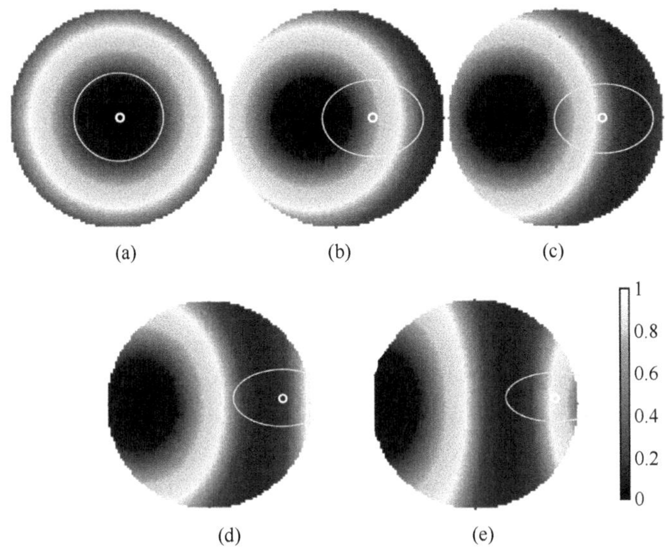

图 3.3.26　耀斑偏振度与太阳位置的关系

点与圆心的距离径表示太阳方位于竖直方向夹角范围为[0°, 90°]，由圆心至图中一点的向量与正右向的夹角表示太阳方位于 x 轴方向的夹角，变化范围为[0°, 360°]

综上所述，若希望偏振片起到较为明显的抑制海面耀斑的作用，就需要保证视场中出现的耀斑具有较高的偏振度，因此，红外偏振成像系统观测方向的天底角应该尽量接近海平面的布儒斯特角。由于能够出现耀斑的太阳俯仰角范围很大，所以应该尽量减小探测器的视场，以降低偏振度较低的耀斑进入视场的概率。

参 考 文 献

[1] Koshikawa K. A polarimetric approach to shape understanding of glossy objects[C]. Proceedings of International Joint Conference on Artificial Intelligence，Tokyo，1979：493-495.

[2] Wolff L B. Spectral and polarization stereo methods using a single light source[C]. Proceedings of IEEE International Conference on Computer Vision，London，1987：708-715.

[3] Wolff L B. Surface orientation from polarization images [C]. Optics，Illumination，and Image Sensing for Machine Vision II，Cambridge，1987，850：110-121.

[4] Wolff L B. Shape from polarization images[C]. Proceedings of the IEEE Computer Society Workshop on Computer Vision，Miami Beach，1987：79-85.

[5] Partridge M. Three-dimensional surface reconstruction using emission polarization[C]. Image and Signal Processing for Remote Sensing II，Bellingham，1995，2579：92-103.

[6] Wolff L B. Constraining object features using a polarization reflectance model[J]. IEEE Transactions on Pattern Analysis and Machine Intelligence，1991，13（7）：635-657.

[7] 刘敬，金伟其，王霞，等. 透明物体面形偏振成像测量技术综述[J]. 红外技术，2014，36（9）：681-687.

[8] 刘敬，金伟其，王霞，等. 考虑探测器特性的光电偏振成像系统偏振信息重构方法[J]. 物理学报，2016，

65（9）：094201.

[9] Saito M. Measurement of surface orientations of transparent objects by use of polarization in highlight[J]. Journal of the Optical Society of America A-optics Image Science and Vision，1999，16（9）：2286-2293.

[10] Morel O，Meriaudeau F，Stolz C. Polarization imaging applied to 3D reconstruction of specular metallic surfaces[C]. Machine Vision Applications in Industrial Inspection XIII，San Jose，2005，5679（1）：178-186.

[11] Azzam R M A. Instrument matrix of the fou-detector photopolarimeter：Physical meaning of its rows and columns and constraints on its elements[J]. Journal of the Optical Society of America A-optics Image Science and Vision，1990，7（1）：87-91.

[12] Vedel M，Lechocinski N，Breugnot S. 3D shape reconstruction of optical element using polarization[C]. Polarization：Measurement，Analysis，and Remote Sensing IX，Orlando，2010，7672：767203.

[13] Atkinson G A. Surface shape and reflectance analysis using polarisation[D]. York：The University of York，2007.

[14] Shaw J A. Degree of linear polarization in spectral radiances from water-viewing infrared radiometers[J]. Applied Optics，1999，38（15）：3157-3165.

[15] Hale G M，Querry M R. Optical constants of water in the 200nm to 200μm wavelength region [J]. Applied Optics，1973，12（3）：555-563.

[16] Vedel M，Lechocinski N，Breugnot S. Full Stokes polarization imaging camera[J]. International Society for Optics and Photonics，2011，8160：81600X.

[17] Maignan F，Bréon F M，Fédèle E，et al. Polarized reflectances of natural surfaces：Spaceborne measurements and analytical modeling[J]. Remote Sensing of Environment，2009，113（12）：2642- 2650.

[18] 吴恒泽. 水面波纹中波红外偏振成像及其波面检测方法研究[D]. 北京：北京理工大学，2020.

[19] Connor B，Carrie I，Craig R. Discriminative imaging using a LWIR polarimeter[C]. Electro-Optical and infrared systems：Technology and applications V，Cardiff，2008：7113-71130.

[20] Tessendorf J. Simulating ocean water[J]. Simulating Nature：Realistic and Interactive Techniques，2001，1（2）：5.

[21] Elfouhaily T，Chapron B，Katsaros K，et al. A unified directional spectrum for long and short wind-driven waves[J]. Journal of Geophysical Research，1997，102（C7）：15781-15796.

[22] Apel J R. An improved model of the ocean surface wave vector spectrum and its effects on radar backscatter[J]. Journal of Geophysical Research：Oceans，1994，99（C8）：16269-16291.

[23] Hasselmann K，Barnett T P，Bouws E，et al. Measurements of wind-wave growth and swell decay during the Joint North Sea Wave Project（JONSWAP）[R]. Hamburg：Deutches Hydrographisches Institut，1973.

[24] William P J. A stochastic，multiscale model of microwave backscatter from the ocean[J]. Journal of Geophysical Research，2002，107（C9）：3120.

[25] Susan K，John H，Samantha L，et al. Light transfer at the ocean surface modeled using high resolution sea surface realizations[J]. Optics Express，2011：6493-6504.

[26] 夏润秋. 海面环境中红外偏振成像探测机理研究[D]. 北京：北京理工大学，2015.

[27] Philip B，Robinson D K. Data Reduction and Error Analysis for the Physical Sciences[M]. New York：McGraw-Hill，2003：320.

[28] Athanasios P. Probability，Random Variables，and Stochastic Processes[M]. New York：McGraw-Hill，1984：576.

[29] Friedman D. Infrared characteristics of ocean water（1.5-15 micro）[J]. Applied Optics，1969，8（10）：2073-2078.

[30] Richap R W，Smith T M. A high-resolution global sea surface temperature climatology[J]. Journal of Climate，1995，8（6）：1571-1583.

第 4 章　偏振成像理论

4.1　传统偏振检测理论

4.1.1　偏振成像的基本原理

光学元件对光波偏振态的改变可用 4×4 的缪勒矩阵 $\boldsymbol{M}$ 描述

$$\boldsymbol{S}_{\text{out}}=\begin{bmatrix} I_{\text{out}} \\ Q_{\text{out}} \\ U_{\text{out}} \\ V_{\text{out}} \end{bmatrix}=\boldsymbol{M}\cdot\boldsymbol{S}_{\text{in}}=\begin{bmatrix} M_{11} & M_{12} & M_{13} & M_{14} \\ M_{21} & M_{22} & M_{23} & M_{24} \\ M_{31} & M_{32} & M_{33} & M_{34} \\ M_{41} & M_{42} & M_{43} & M_{44} \end{bmatrix}\cdot\begin{bmatrix} I_{\text{in}} \\ Q_{\text{in}} \\ U_{\text{in}} \\ V_{\text{in}} \end{bmatrix} \tag{4.1.1}$$

式中，$\boldsymbol{S}_{\text{in}}$ 和 $\boldsymbol{S}_{\text{out}}$ 分别表示入射光和出射光的斯托克斯矢量；$\boldsymbol{M}$ 表示光学元件的缪勒矩阵。

对于四通道同时偏振成像系统，入射光的斯托克斯矢量 $\boldsymbol{S}_{\text{in}}$ 和经过偏振分光元件到达同时偏振成像系统四路探测器的光强 I_1、I_2、I_3、I_4 满足

$$\begin{bmatrix} I_1 & I_2 & I_3 & I_4 \end{bmatrix}^{\text{T}}=\boldsymbol{M}_{\text{ins}}\cdot\boldsymbol{S}_{\text{in}}=\boldsymbol{M}_{\text{ins}}\cdot\begin{bmatrix} I_{\text{in}} & Q_{\text{in}} & U_{\text{in}} & V_{\text{in}} \end{bmatrix}^{\text{T}} \tag{4.1.2}$$

式中，$\boldsymbol{M}_{\text{ins}}$ 称为偏振成像系统的仪器矩阵

$$\boldsymbol{M}_{\text{ins}}=\begin{bmatrix} \boldsymbol{M}_{11} & \boldsymbol{M}_{12} & \boldsymbol{M}_{13} & \boldsymbol{M}_{14} \end{bmatrix}=\begin{bmatrix} M_{11}^1 & M_{12}^1 & M_{13}^1 & M_{14}^1 \\ M_{11}^2 & M_{12}^2 & M_{13}^2 & M_{14}^2 \\ M_{11}^3 & M_{12}^3 & M_{13}^3 & M_{14}^3 \\ M_{11}^4 & M_{12}^4 & M_{13}^4 & M_{14}^4 \end{bmatrix} \tag{4.1.3}$$

若 $\boldsymbol{M}_{\text{ins}}$ 可逆，则由式（4.1.2）可得入射辐射的斯托克斯矢量 $\boldsymbol{S}_{\text{in}}$ 的表达式

$$\boldsymbol{S}_{\text{in}}=\begin{bmatrix} I_{\text{in}} & Q_{\text{in}} & U_{\text{in}} & V_{\text{in}} \end{bmatrix}^{\text{T}}=\boldsymbol{M}_{\text{ins}}^{-1}\cdot\begin{bmatrix} I_1 & I_2 & I_3 & I_4 \end{bmatrix}^{\text{T}} \tag{4.1.4}$$

若要 $\boldsymbol{M}_{\text{ins}}$ 满足可逆条件，需要四通道同时偏振成像系统的四个子通道分别测量不相关的偏振分量。国内外学者对子通道偏振分量的选取方法进行了研究[1-4]，选择 0°、45°、90°和 135°的 4 个检偏方向及 0°、60°和 120°的 3 个检偏方向是常见的两种最佳方案。

4.1.2　成像系统像面的辐照度

假设物的辐射遵循朗伯定律，光在系统内部没有损失，且半孔径角很小，则对于轴上点，如图 4.1.1 所示，像平面的辐照度[5, 6]为

$$E = \pi L_0 \tau \frac{n_1^2}{n_0^2} \sin^2 u_1 \tag{4.1.5}$$

式中，L_0为物空间景物亮度；τ为物镜透过率；n_0、n_1分别为物空间和像空间的折射率；u_1为像点对成像系统的张角。

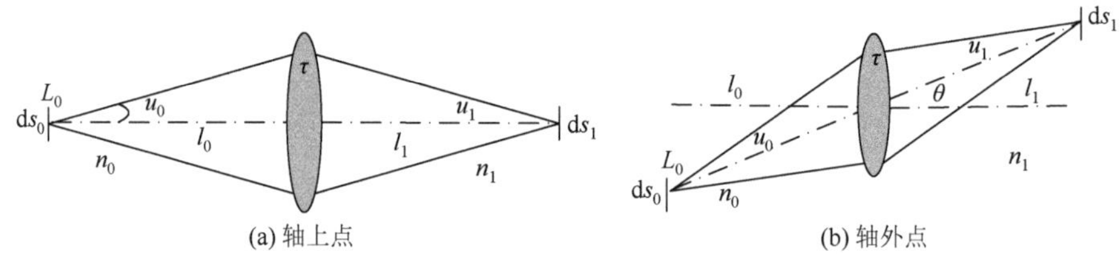

图 4.1.1　成像系统中点的成像关系

轴外点像平面的辐照度为

$$E' = \pi L_0 \tau \frac{n_1^2}{n_0^2} \sin^2 u_1 \cos^4 \theta \tag{4.1.6}$$

式中，θ为轴外像点主光线与光轴的夹角。

由式（4.1.5）和式（4.1.6）可知，轴上点和轴外点的探测器面辐照度关系为

$$E' = E \cos^4 \theta \tag{4.1.7}$$

对于偏振成像系统的像面辐照度，目前大多把入射光当作近轴光线来处理，即透过线偏振片的光强I_0'和入射光光强I_0满足马吕斯定律。若I_0为无偏自然光，则$I_0' = I_0 / 2$；若I_0为线偏振光，则$I_0' = I_0 \cos^2 \alpha$，其中α为入射线偏振光振动和偏振片透光轴方向之间的夹角。

4.2　大视场偏振成像理论

2006 年，陈西园等提出了一个透光平面的概念[7]，即能通过线偏振片的偏振光，光矢量必定在透光轴与偏振器件系统法线所构成的平面上，该平面定义为透光平面。在通光孔径内的偏振光，只有其光矢量在透光平面内的分量才能通过偏振片。

在借鉴透光平面概念的基础上，建立如图 4.2.1 所示[8]的偏振片坐标系 $Oxyz$ 和光波坐标系 $O\xi\eta\zeta$。假定偏振片为理想偏振片（对自然光透过率为 0.5，对线偏振光透过率遵循马吕斯定律），入射光波为线偏振光，其方向与偏振片系统光轴方向成 θ 角；取偏振片系统的光轴为 z 轴，偏振片的透光轴为 x 轴，建立偏振片坐标系，显然 Oxz 平面为透光平面；取入射光波的方向为 ζ 轴，光矢量方向为 ξ 轴，垂直于 $O\zeta\eta$ 平面，建立右手螺旋的偏振光坐标系。OA 是 Oxy 面与 $O\xi\eta$ 面的交线，与 ξ 轴夹角为ϕ，与 x 轴夹角为ψ；$O\xi\eta$ 面与 Oxz 面和 Oyz 面的交线分别为 OB 和 OC。

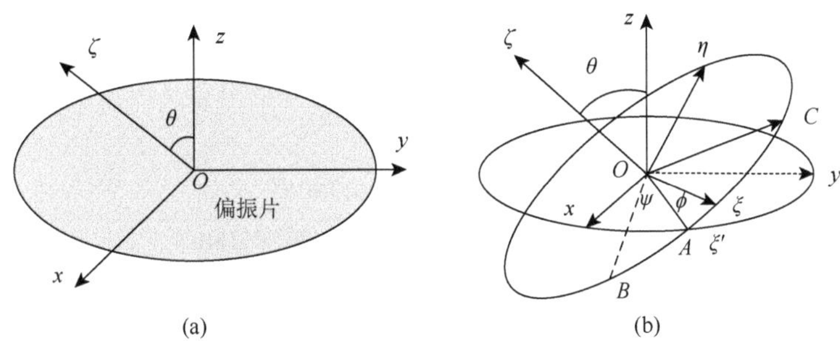

图 4.2.1　偏振片坐标系（a）与光波坐标系（b）关系

设 $\boldsymbol{i}$、$\boldsymbol{j}$、$\boldsymbol{k}$ 分别为 x、y 和 z 轴的方向向量，则ζ轴、ξ轴和 η 轴的单位向量可表示为

$$\begin{cases}\boldsymbol{e}_\zeta=\sin\theta\sin\psi\boldsymbol{i}-\sin\theta\cos\psi\boldsymbol{j}+\cos\theta\boldsymbol{k}\\\boldsymbol{e}_\xi=(\cos\psi\cos\phi-\cos\theta\sin\psi\sin\phi)\boldsymbol{i}+(\sin\psi\cos\phi+\cos\theta\cos\psi\sin\phi)\boldsymbol{j}+(\sin\theta\sin\phi)\boldsymbol{k}\\\boldsymbol{e}_\eta=-(\cos\psi\sin\phi+\cos\theta\sin\psi\cos\phi)\boldsymbol{i}-(\sin\psi\sin\phi-\cos\theta\cos\psi\cos\phi)\boldsymbol{j}+(\sin\theta\cos\phi)\boldsymbol{k}\end{cases}\tag{4.2.1}$$

透光轴 OB 和不透光轴 OC 的方向向量分别为

$$\begin{cases}\boldsymbol{e}_b=\boldsymbol{e}_y\times\boldsymbol{e}_\zeta/\sin\gamma_y=(\cos\theta\boldsymbol{i}-\sin\theta\sin\psi\boldsymbol{k})/\sin\gamma_y\\\boldsymbol{e}_c=\boldsymbol{e}_\zeta\times\boldsymbol{e}_x/\sin\gamma_x=(\cos\theta\boldsymbol{j}+\sin\theta\cos\psi\boldsymbol{k})/\sin\gamma_x\end{cases}\tag{4.2.2}$$

式中，γ_x为ζ轴与 x 轴夹角；γ_y为 y 轴与ζ轴夹角。γ_x和γ_y分别定义为

$$\gamma_x=\arccos(\sin\theta\sin\psi)\tag{4.2.3}$$

$$\gamma_y=\arccos(-\sin\theta\cos\psi)\tag{4.2.4}$$

由此得透光轴 OB 和不透光轴 OC 的夹角 β 为

$$\cos\beta=-\sin^2\theta\sin(2\psi)/(2\sin\gamma_x\sin\gamma_y)\tag{4.2.5}$$

图 4.2.2 给出 $O\xi\eta$ 平面内光波矢量的分解，图 4.2.3 给出 β 随θ和ψ的变化曲面。可以看出：当光斜入射$\theta\neq0$ 时，$\beta\geqslant\pi/2$，即光矢量的分解不是正交分解。

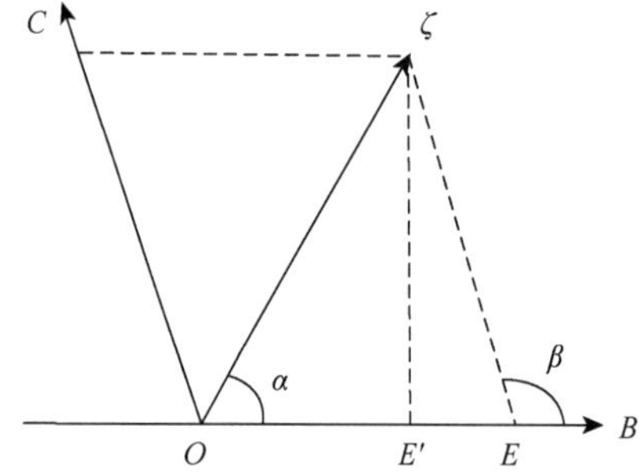

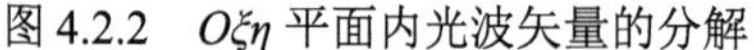
图 4.2.2　$O\xi\eta$ 平面内光波矢量的分解

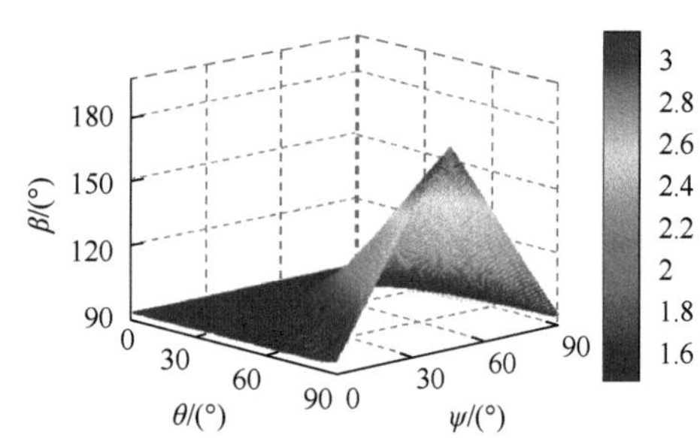

图 4.2.3　β 随 θ 和 ψ 的变化曲面

令光矢量 ξ 与 OB 方向夹角为 α，其在 OB 方向的分量（即透过偏振片的光振动）OE 为

$$OE = \cos\alpha - \sin\alpha / \tan\beta \tag{4.2.6}$$

$$\cos\alpha = (\cos\theta\cos\psi\cos\phi - \sin\psi\sin\phi)/\sin\gamma_y \tag{4.2.7}$$

进一步设 OB 与 x 轴夹角为 δ，则

$$\cos\delta = \boldsymbol{e}_b \cdot \boldsymbol{e}_x = \frac{\cos\theta}{\sin\gamma_y} \tag{4.2.8}$$

OE 在 x 轴的投影 OF，即探测器得到的光振动为

$$OF = \boldsymbol{OE} \cdot \boldsymbol{e}_x = (\cos\alpha - \sin\alpha/\tan\beta)\cos\delta \tag{4.2.9}$$

化简可得

$$OF = \cos\psi\cos\phi - \cos\theta\sin\psi\sin\phi \tag{4.2.10}$$

由于检偏器的透光平面与没有特定偏振方向的自然光不存在固定夹角，但与线偏振光偏振方向有固定夹角，因此应分别讨论自然光和线偏振光入射的情况。

4.2.1　自然光入射

假定一束强度为 I'_{N} 与光轴夹角为 θ 的自然光入射到偏振成像系统，结合式（4.2.9）和式（4.2.10），则像面接收的光强为

$$I'_{\mathrm{N}} = \int \Delta I_{\mathrm{N}\alpha} \cos^4\theta (\cos\alpha - \sin\alpha/\tan\beta)^2 \cos^2\delta \mathrm{d}\alpha \tag{4.2.11}$$

式中，$I_{\mathrm{N}\alpha}$ 为入射自然光任意振动方向分量的光强，即 $I_{\mathrm{N}} = \int I_{\mathrm{N}\alpha}\mathrm{d}\alpha$，因此

$$I'_{\mathrm{N}} = \frac{I_{\mathrm{N}}}{2}\cos^4\theta\left(1 + \frac{1}{\tan^2\beta}\right)\cos^2\delta \tag{4.2.12}$$

由式（4.2.11）可知，对于非偏振成像系统像面的光强 $I_{\mathrm{N1}} = I_{\mathrm{N}}\cos^4\theta$，在偏振成像系统像面上接收的光强和非偏振成像系统像面的光强的比值 ρ_{N} 为

$$\rho_{\mathrm{N}}=\frac{I'_{\mathrm{N}}}{I_{\mathrm{N1}}}=\frac{1}{2}\left(1+\frac{1}{\tan^2\beta}\right)\cos^2\delta \tag{4.2.13}$$

化简后可得

$$\rho_{\mathrm{N}}=\frac{1}{2}\left(1-\sin^2\theta\sin^2\psi\right) \tag{4.2.14}$$

图 4.2.4 给出 ρ_{N} 与 θ、ψ 的关系。对于近轴光束 $\theta\approx0°$，$\rho_{\mathrm{N0}}=1/2$ 与传统理论一致，但当 θ 加大后，仍然采用传统理论将产生误差，且相对误差可表示为

$$\frac{\left|\rho_{\mathrm{N0}}-\rho_{\mathrm{N}}\right|}{\rho_{\mathrm{N0}}}=\sin^2\theta\sin^2\psi \tag{4.2.15}$$

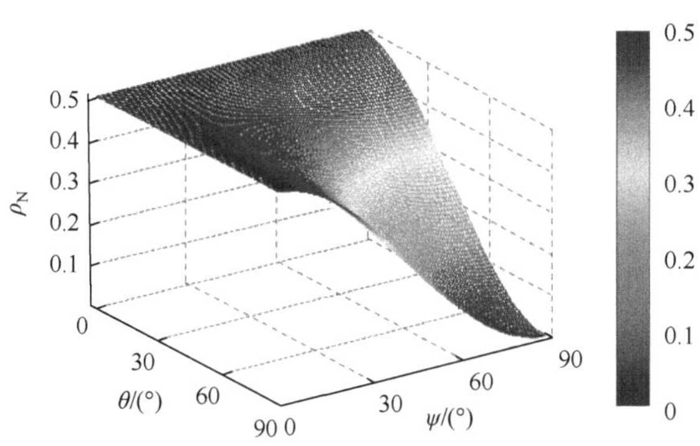

图 4.2.4　ρ_{N} 与 θ、ψ 的关系

在本章后续的实验系统中，成像半视场角 θ 约为 10.96°，由式（4.2.15）可知采用传统理论的透过率将产生的 3.61%相对误差，且当 θ 达到 18.45°时，最大相对误差将达到 10%。

4.2.2　线偏振光入射

与光轴夹角为 θ 且强度为 I_{P} 的线偏振光入射到偏振成像系统，通过检偏器的光强为

$$I'_{\mathrm{P}}=I_{\mathrm{P}}\cos^4\theta\left(\cos\alpha-\frac{\sin\alpha}{\tan\beta}\right)^2\cos^2\delta \tag{4.2.16}$$

由于通过非偏振成像系统像面的光强为 $I_{\mathrm{P1}}=I_{\mathrm{P}}\cos^4\theta$，所以入射到偏振成像系统非偏振成像系统和像面的光强比值 ρ_{P} 为

$$\rho_{\mathrm{P}}=\frac{I'_{\mathrm{P}}}{I_{\mathrm{P1}}}=OF^2=(\cos\psi\cos\phi-\cos\theta\sin\psi\sin\phi)^2 \tag{4.2.17}$$

不同 θ 条件下，ρ_P 与ϕ、ψ 的关系如图 4.2.5 所示。可以看出：当轴外斜光束以 $\theta = 0°$入射，$\phi = 0°$、$\psi = 0°$和$\phi = 90°$、$\psi = 90°$时，ρ_P 取最大值 1，说明光束全部通过没有能量损失；当$\phi + \psi = 90°$时，ρ_P 取最小值 0，光束没有通过偏振片。轴外斜光束以 $\theta = 30°$入射时，只有$\phi = 0°$、$\psi = 0°$，ρ_P 取最大值 1，而另一个极值点（当$\phi = 90°$、$\psi = 90°$时），$\rho_P = \cos^2\theta$，且 ρ_P 取最小值时的ϕ和 ψ 的坐标与 θ 有关。

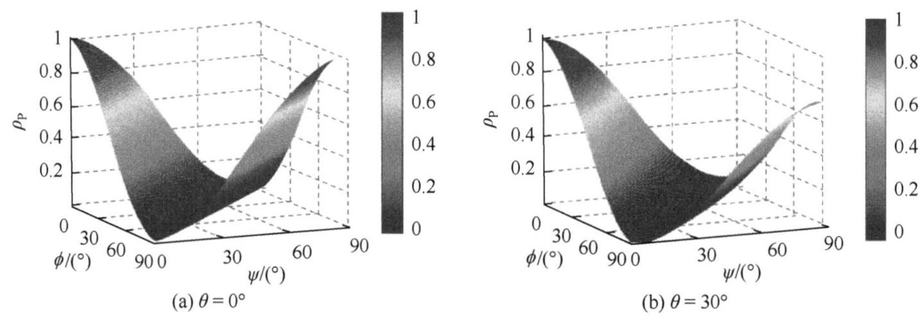

图 4.2.5　不同 θ 条件下，ρ_P 与ϕ、ψ 的关系

下面讨论几种特殊情况。

（1）$\theta = 0°$，光垂直入射。此时 $\sin\gamma_x = 1$，$\sin\gamma_y = 1$，由式（4.2.2）得 $\boldsymbol{e}_b = \boldsymbol{i}$，即 OB 与 x 轴重合，由式(4.2.5)和式(4.2.6)～式(4.2.9)分别可得：$\beta = \pi/2$，$\alpha = \psi + \phi$，$\cos\delta = 1$，$OF = \cos\alpha$。于是，若入射光是线偏振光，则 $I'_P = I_P\cos^2\alpha$；若入射光是自然光，则 $I'_N = I_N/2$，刚好符合马吕斯定律，与原有模型（近轴近似）一致。

（2）$\theta \neq 0°$，光斜入射，$\psi = 0$。此时 $\sin\gamma_x = 1$，$\sin\gamma_y = 1$，由式（4.2.2）得 $\boldsymbol{e}_b = \boldsymbol{i}$，即 OB 与 x 轴重合，由式（4.2.5）和式（4.2.6）～式（4.2.9）分别可得：$\beta = \pi/2$，$\alpha = \phi$，$\cos\delta = 1$，$OF = \cos\alpha$。于是，若入射光是线偏振光，则 $I'_P = I_P\cos^2\alpha\cos^4\theta$；若入射光是自然光，则 $I'_N = (I_N/2)\cos^4\theta$。

（3）$\theta \neq 0°$，光斜入射，$\psi = 90°$。此时 $\sin\gamma_x = \cos\theta$，$\sin\gamma_y = 1$，由式（4.2.2）得 $\boldsymbol{e}_b = \cos\theta\,\boldsymbol{i} - \sin\theta\,\boldsymbol{j}$，由式（4.2.5）和式（4.2.6）～式（4.2.9）分别可得：$\beta = \pi/2$，$\alpha = \pi/2 + \phi$，$\cos\delta = \cos\theta$，$OF = \cos\alpha\cos\theta$。于是，若入射光是线偏振光，则 $I'_P = I_P\cos^2\alpha\cos^6\theta$；若入射光是自然光，则 $I'_N = (I_N/2)\cos^6\theta$。

4.2.3　斜入射光束下偏振成像理论的实验验证

为了验证轴外斜光束入射偏振成像理论，搭建了如图 4.2.6 所示的验证实验系统。

系统采用积分球 + 旋转偏振片（旋转误差±0.5°）作为偏振辐射源；相机采用 flea3-usb3-13s2c 相机（探测器为 1/3″，像素尺寸为 3.63μm，相机输出图

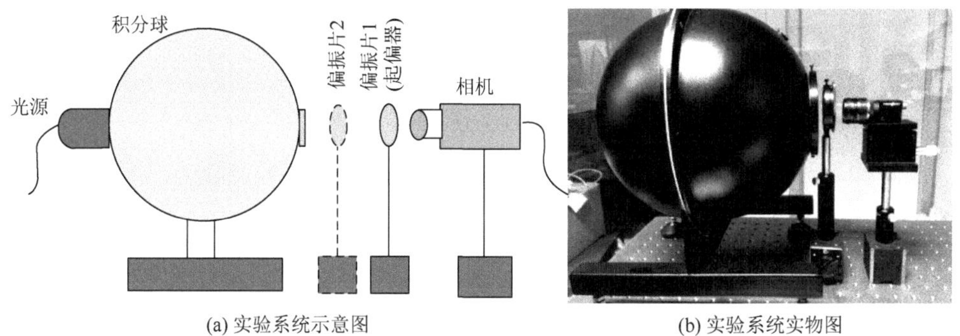

(a) 实验系统示意图　(b) 实验系统实物图

图 4.2.6　轴外斜光束入射偏振成像理论验证实验系统

像模式为8位1280×960的bmp格式)；物镜焦距为f= 12mm(半视场角为10.96°)；积分球光源采用标准 A 光源（色温误差±0.1K)；起偏器和检偏器均采用中国某公司 GCL-050004 偏振片（通光孔径为 45mm，厚度为 2mm，波长范围为 400～700nm，视场角大于±45°，消光比为 100∶1)，两者光谱透过率（图 4.2.7（a))基本一致，平均透过率分别为 39.66%和 38.27%；图 4.2.7（b）为两个偏振片透光轴形成 0°、30°和 90°夹角时的光谱透过率，平均透过率分别为 83.09%、64.52%和 0。可以看出：虽然理论上单偏振片对自然光的透过率是 50%，且两偏振片透光轴不同夹角时，遵循马吕斯定律（即 0°、30°和 90°夹角时分别为 100%、75%和 0)，但实际偏振片存在一些偏差。在下面的实验验证和分析中，将采用实测偏振片透过率进行分析，并与理论模型和原有近轴近似模型的透过率进行对比。

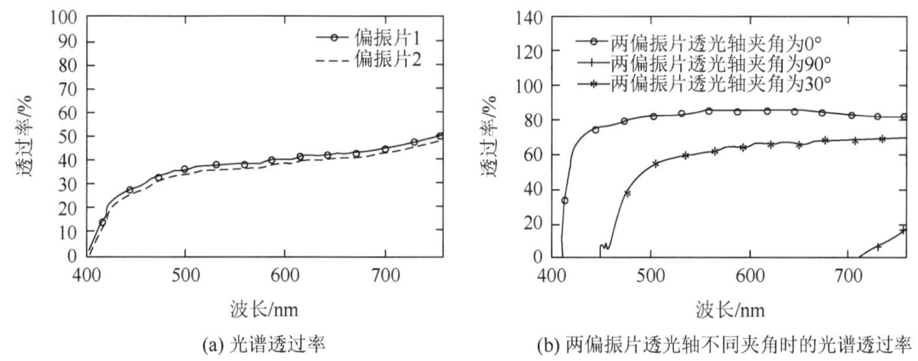

(a) 光谱透过率　(b) 两偏振片透光轴不同夹角时的光谱透过率

图 4.2.7　偏振片光谱透过率

在关闭 AGC 功能条件下，对相机的灰度级和辐照度做了标定试验，得到辐照度和灰度级标定的函数关系如图 4.2.8 所示。

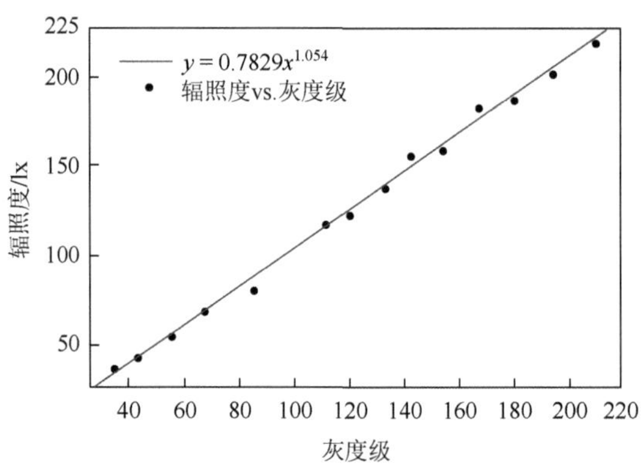

图 4.2.8　相机灰度级与辐照度的关系

1）自然光斜入射的实验验证和分析

积分球可认为是无偏朗伯辐射体，通常相机及常规的成像物镜也可认为无偏。用相机直接采集积分球输出端的自然光图像如图 4.2.9（a）所示；在相机和积分球位置不变情况下，在物镜前加入偏振片 1（图 4.2.6），且偏振片透光方向为竖直方向，构成线偏振成像相机，同样对积分球采集图像，得到线偏振相机对自然光的图像如图 4.2.9（b）所示。

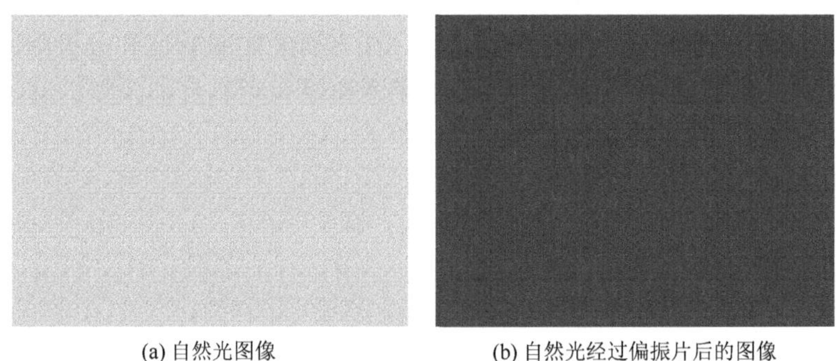

(a) 自然光图像　　(b) 自然光经过偏振片后的图像

图 4.2.9　相机采集的积分球场景图像

根据图 4.2.8 的相机标定函数 $I_g(x)$，由图 4.2.9 两幅图像像素灰度值对应的辐照度之比，得到像面不同位置处对应轴外斜光束入射偏振片的透射率 ρ_N 分布图像，进而对原有近轴近似模型（简称原有模型）偏振透过率、轴外斜光束入射偏振成像理论的透过率（简称理论透过率）和实验拟合偏振透过率进行比较。

图 4.2.10 分别是 $\psi = 0°$和 $\psi = 90°$（即光线落在图像 x 轴和 y 轴）时，入射角 θ 和偏振片透过率 ρ_N 的关系。可以看出：①$\psi = 0°$时，理论透过率曲线与原有模型透过率曲线重合，是一条直线（$\rho_N = 0.3966$）；而实验拟合曲线不仅整体上略低

（$\bar{\rho}_N = 0.3936$，$\sigma_{\rho_N} = 5.61\times10^{-3}$），而且 ρ_N 随 θ 增大逐渐下降，与另两条曲线的平均相对误差约为 0.74%；②$\psi = 90°$时，实验拟合透过率 ρ_N 的变化规律与理论透过率基本一致，均随入射角 θ 的增大而减小，且均低于原有模型透过率（其中理论透过率在轴上与原有模型透过率相等，实验拟合透过率轴上较理论透过率稍低，但随 θ 的变化速度稍慢一些），实验拟合与理论透过率和原有模型透过率平均相对误差分别为 0.44%和 1.49%。

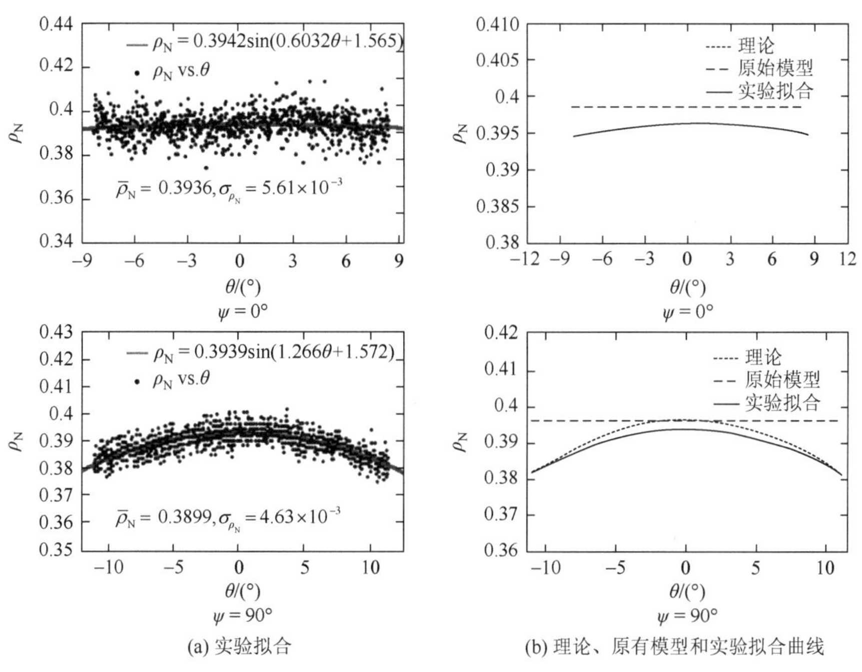

(a) 实验拟合　(b) 理论、原有模型和实验拟合曲线

图 4.2.10　$\psi = 0°$和 $\psi = 90°$时 θ 和 ρ_N 的关系

图 4.2.11 给出 $\theta = 5.5°$（即光线落在图像中心半径 320 个像素的圆周）时 ψ 和 ρ_N 的关系。可以看出：① ρ_N 随 ψ 的变化是双峰函数，在 $\psi = 0°$和 $\psi = 180°$时，ρ_N 取得最大值；②实验拟合偏振透过率与理论偏振透过率变化趋势一致，平均相对误差为 0.79%，而与原有模型透过率的平均相对误差为 1.25%。

2）线偏振光斜入射的实验验证和分析

在上述自然光斜入射的实验光路中，积分球光源前加入偏振片 2 作为起偏器（图 4.2.6），通过调整偏振片 2 的起偏角来控制入射的线偏光的偏振方向。不加入偏振片 2 时的图像如图 4.2.12（a）所示，加入偏振片 2 后且两偏振片透光轴夹角为 0°和 30°时的图像分别如图 4.2.12（b）和（c）所示。与自然光入射类似，对实验拟合偏振透过率、原有模型偏振透过率和理论透过率进行比较。

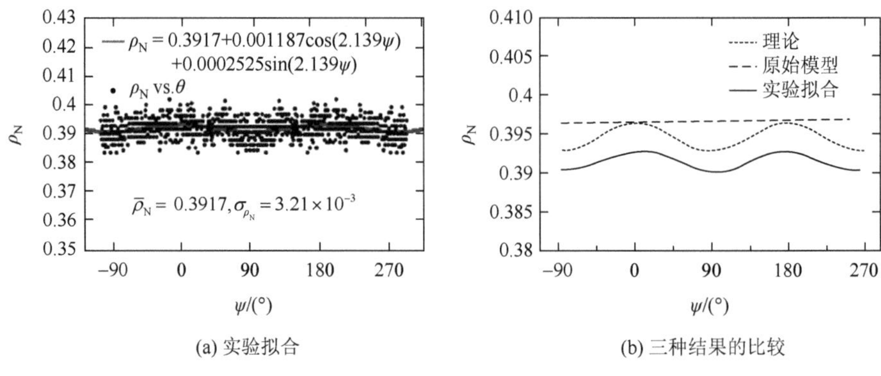

(a) 实验拟合　(b) 三种结果的比较

图 4.2.11　$\theta = 5.5°$时，ψ 和 ρ_N 的关系

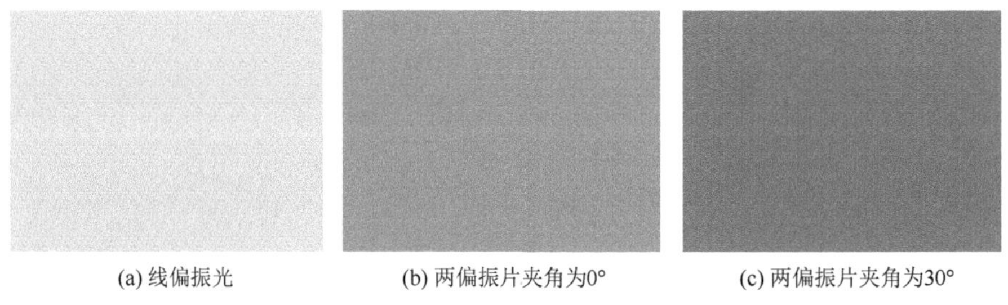
(a) 线偏振光　(b) 两偏振片夹角为0°　(c) 两偏振片夹角为30°

图 4.2.12　相机采集图像

图 4.2.13 是偏振片 1 和偏振片 2 夹角为 0°，$\psi = 0°$和 $\psi = 90°$（即光线落在图像 x 轴和 y 轴）时偏振透过率 ρ_P 和视场角 θ 的关系。$\psi = 0°$与 $\psi = 90°$相比，实验拟合和理论偏振透过率随 θ 的变化较小，但都在 $\theta = 0°$时取得最大值，且两者变化趋势一致，明显有别于原有模型透过率，随着 θ 的增大，原有模型透过率与两者相差越大；$\psi = 0°$时，实验拟合透过率与理论和原有模型透过率平均相对误差分别为 0.52%和 1.11%；$\psi = 90°$时则分别是 0.51%和 1.49%。

图 4.2.14 是偏振片 1 和偏振片 2 夹角为 0°、$\theta = 5.5°$时 ψ 和 ρ_P 的关系。与自然光入射相似，ρ_P 随 ψ 的变化是双峰函数，在 $\psi = 0°$和 $\psi = 180°$时 ρ_P 取得最大值；实验拟合透过率与理论透过率变化趋势一致，平均相对误差为 0.8%，而与原有模型偏振透过率的平均相对误差则为 1.27%。

图 4.2.15 分别是偏振片 1 和 2 的夹角为 30°，$\psi = 0°$和 $\psi = 90°$时，偏振透过率 ρ_P 和视场角 θ 的关系。$\psi = 0°$与 $\psi = 90°$相比，实验拟合和理论偏振透过率随 θ 的变化较小，但都在 $\theta = 0°$时取得最大值，且两者变化趋势一致，明显有别于原有模型透过率；随着 θ 的增大，原有模型透过率与两者相差越大。$\psi = 0°$时实验拟合与理论和原有模型透过率平均相对误差分别为 0.4%和 0.95%；$\psi = 90°$时则分别是 0.46%和 1.37%。

图 4.2.16 是偏振片 1 和偏振片 2 夹角为 0°、$\theta = 5.5°$时 ψ 和 ρ_P 的关系。与自然光入射相似，ρ_P 随 ψ 的变化是双峰函数，实验拟合透过率与理论透过率变化趋势一致，平均相对误差为 0.92%，而与原有模型偏振透过率的平均相对误差为 1.26%；但实验拟合和理论偏振透过率取得最大值时 ψ 值不再是 0°和 180°，而是与两偏振片夹角有关。

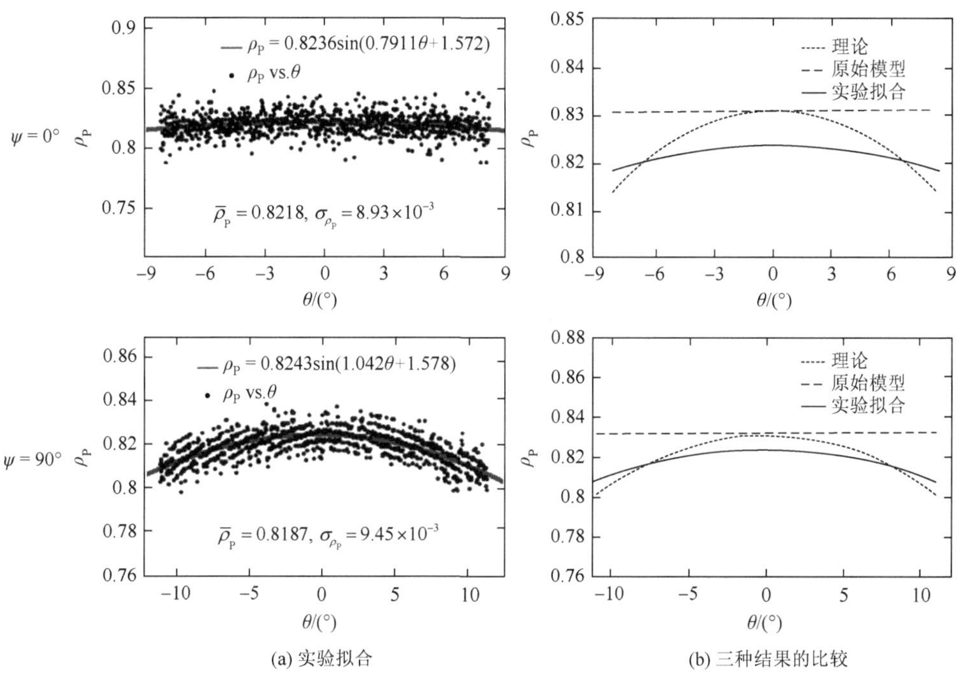

(a) 实验拟合　(b) 三种结果的比较

图 4.2.13　$\psi = 0°$和 $\psi = 90°$时，θ 和 ρ_P 的关系（偏振片 1 和偏振片 2 夹角为 0°）

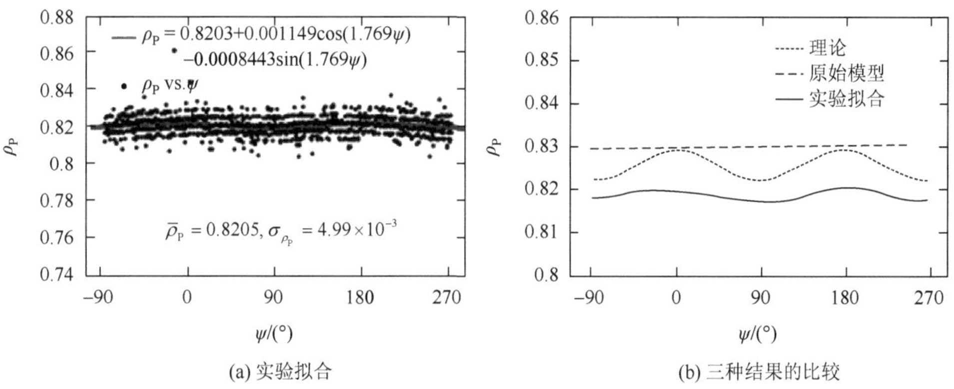

(a) 实验拟合　(b) 三种结果的比较

图 4.2.14　$\theta = 5.5°$时，ψ 和 ρ_P 的关系（偏振片 1 和偏振片 2 夹角为 0°）

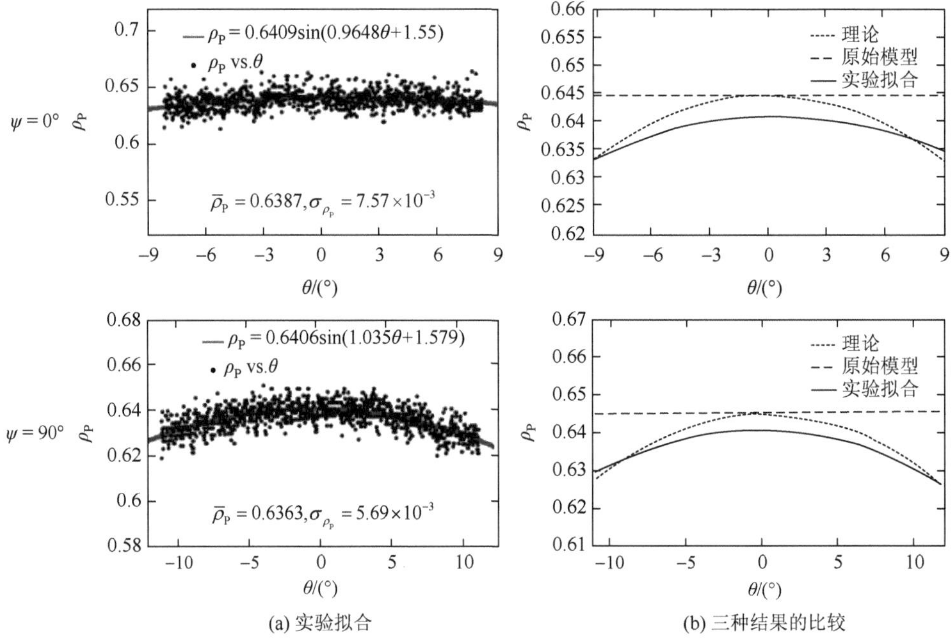

(a) 实验拟合　　(b) 三种结果的比较

图 4.2.15　$\psi = 0°$和 $\psi = 90°$时，θ 和 ρ_P 的关系（偏振片 1 和偏振片 2 夹角为 30°）

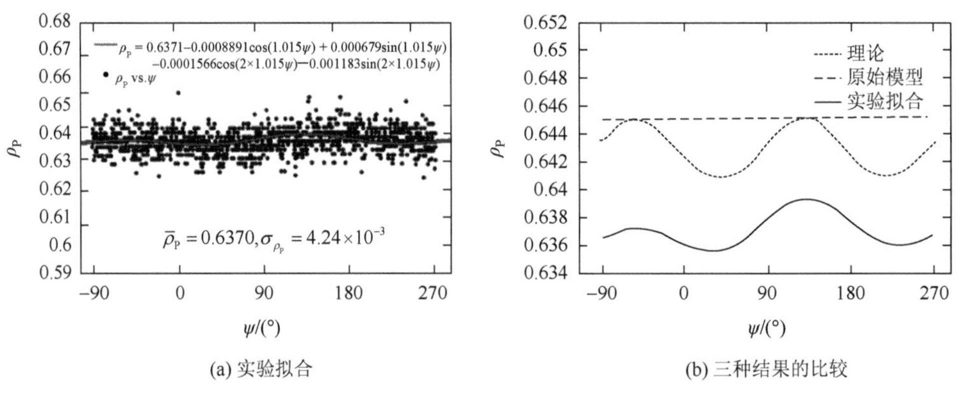

(a) 实验拟合　　(b) 三种结果的比较

图 4.2.16　$\theta = 5.5°$时，ψ 和 ρ_P 的关系（偏振片 1 和偏振片 2 夹角为 30°）

图 4.2.17 分别是$\theta = 5.5°$、$\psi = 0°$和 $\psi = 30°$时ϕ 和 ρ_P 的关系。对于不同的ϕ 角的实验，通过两偏振片夹角从 0°到 90°每隔 10°共采集 10 幅图像，这些图像中同一位置的像素点满足 θ 和 ψ 相同但ϕ 不同，可用来验证ϕ 和 ρ_P 的关系。可以看出：ρ_P 随ϕ 的增大而减小，且实验拟合透过率与理论透过率基本一致，与原有模型透过率有稍许差异；由式（4.2.4）可知，θ 越大两者差距越大，即原有模型误差越大（本实验$\theta = 5.5°$较小，故两者差距不明显）。

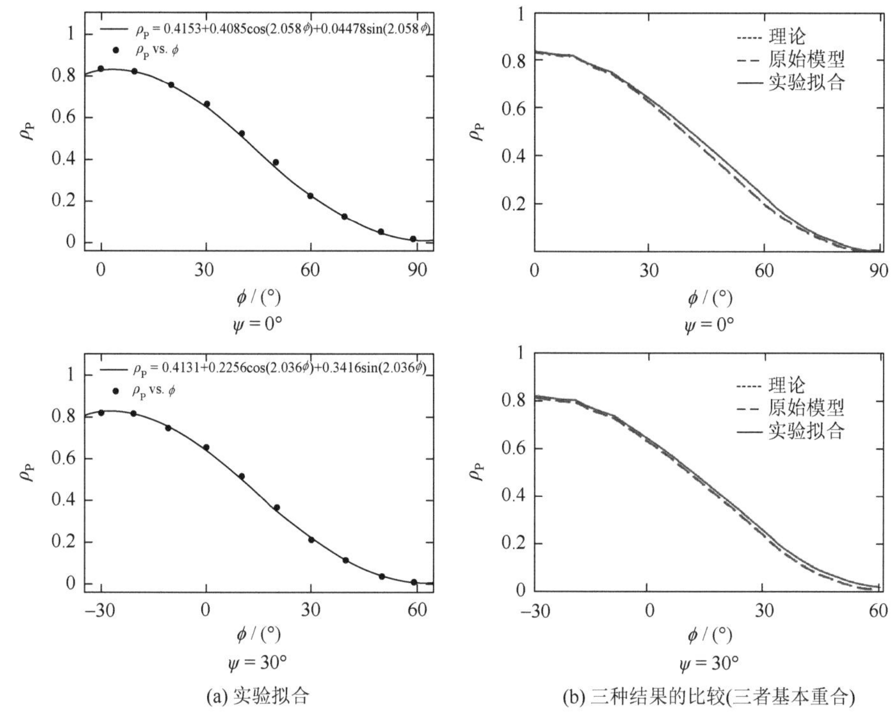

(a) 实验拟合　　(b) 三种结果的比较(三者基本重合)

图 4.2.17　$\theta = 5.5°$、$\psi = 0°$和 $\psi = 30°$时，ϕ和 ρ_P 的关系

通过上述自然光和线偏振光斜入射两种情况的实验分析可以看出：①虽然在入射角小于 5.5°的成像条件下，理论透过率和实验拟合透过率与传统近轴模型透过率的整体数值相差不大，平均相对误差不到 2%，但透过率曲线变化与传统模型存在明显的差异，且理论透过率与实验拟合透过率的变化基本一致，表明本书轴外斜光束入射偏振成像理论的正确性和必要性；②目前实验拟合结果与理论透过率虽然有较好的一致性，但数值上仍有稍许偏差，其原因可能是偏振片透光轴角度的标定和调节及其与光轴对准等存在偏差。

4.3　自然光入射下偏振成像特性

4.3.1　自然光入射

如图 4.3.1 所示[9]，假设一束辐射强度为 I 的自然光以入射角 θ_i 从介质 1（折射率为 n_1）入射到介质 2（折射率为 n_2）表面发生折反射。

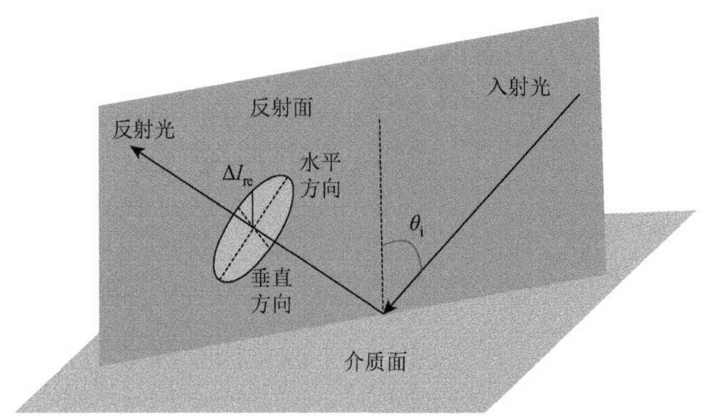

图 4.3.1　介质面、反射面与振动方位角

若入射光是线偏振光，则反射光仍为线偏振光，偏振度为 1，但振动方向将发生变化。设 α_i 为入射光振动方向与入射面的夹角，α_r 为反射光振动方向与反射面的夹角，α_i、α_r 也称为振动方位角，则

$$\tan\alpha_i = \frac{E_{0\perp}^{(i)}}{E_{0||}^{(i)}},\quad \tan\alpha_r = \frac{E_{0\perp}^{(r)}}{E_{0||}^{(r)}} \tag{4.3.1}$$

结合菲涅耳定律，可得

$$\tan\alpha_r = -\frac{\cos(\theta_i - \theta_t)}{\cos(\theta_i + \theta_t)}\tan\alpha_i \tag{4.3.2}$$

即线偏振光入射时，若已知入射光的振动方位角，可唯一求出反射线偏振光的振动方位角。

将自然光看成各个振动方向都存在且强度相同的线偏振光的集合，那么对于其中任一束线偏振光，假设其辐射强度为 $I_i(\alpha_i)$，其中 α_i 为该线偏振光的振动方位角（振动方向与入射面的夹角）。对于无偏自然光，$I_i(\alpha_i) = I_c$，即各方向光强相同，则总光强为

$$I = \int_0^{2\pi} I_i(\alpha_i)\mathrm{d}\alpha_i = 2\pi I_c \tag{4.3.3}$$

于是，自然光入射时，方向 α_i 线偏振光的反射光强度 $I_r(\alpha_i)$和振动方位角 $\alpha_r(\alpha_i)$分别为

$$\begin{aligned} I_r(\alpha_i) &= I_i(\alpha_i)\left(R_{||}\cos^2\alpha_i + R_\perp \sin^2\alpha_i\right) \\ \tan^2\alpha_r(\alpha_i) &= \frac{R_\perp \sin^2\alpha_i}{R_{||}\cos^2\alpha_i} = a^2\tan^2\alpha_i \end{aligned} \tag{4.3.4}$$

式中，$a = (R_\perp/R_{||})^{1/2}$。

假设自然光从空气（$n_1 = 1$）入射到玻璃（$n_2 = 1.5163$）表面，入射角 $\theta_i = 10°$，

20°, ⋯, 80°及布儒斯特角 $\theta_B = \arctan(n_2/n_1)$ 时，反射光在振动方位角内的分量强度图像如图 4.3.2[9]所示。可以看出，反射光各分量强度随振动方位角变化，且不论入射角为多少，总是在垂直入射面的方向的振动分量最大。

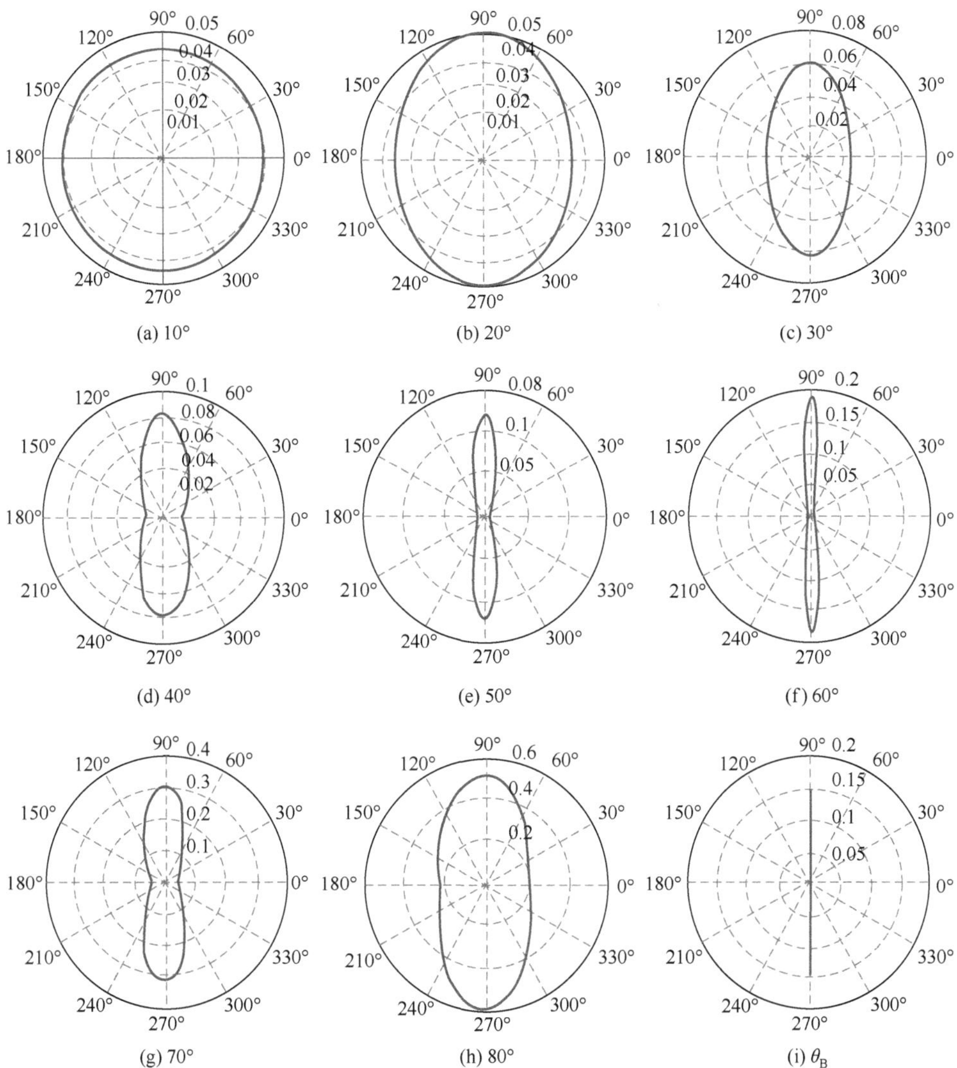

图 4.3.2　入射角为 10°～80°和布儒斯特角时，反射光振动方位角内的光强分布

假设 α_{sys} 是偏振成像系统的参考方向（即 0°检偏方向）与反射面的夹角，一束以 θ_i 入射的自然光在介质面反射时，反射光振动方向、反射面与偏振成像系统参考方向的关系如图 4.3.3 所示[9]，通过可见光偏振成像系统（同时或者分时）

对反射光成像，可得到检偏方向分别为 0°、45°、90°、135°的四通道的强度，即 $I_{0°}$、$I_{45°}$、$I_{90°}$、$I_{135°}$分别为

$$\begin{cases} I_{0°} = \int_0^{2\pi} I_r(\alpha_i)\cos^2\left[\alpha_r(\alpha_i) - \alpha_{sys}\right] d\alpha_i \\ I_{45°} = \int_0^{2\pi} I_r(\alpha_i)\cos^2\left(\alpha_r(\alpha_i) - \alpha_{sys} - \dfrac{\pi}{4}\right) d\alpha_i \\ I_{90°} = \int_0^{2\pi} I_r(\alpha_i)\cos^2\left(\alpha_r(\alpha_i) - \alpha_{sys} - \dfrac{\pi}{2}\right) d\alpha_i \\ I_{135°} = \int_0^{2\pi} I_r(\alpha_i)\cos^2\left(\alpha_r(\alpha_i) - \alpha_{sys} - \dfrac{3\pi}{4}\right) d\alpha_i \end{cases} \tag{4.3.5}$$

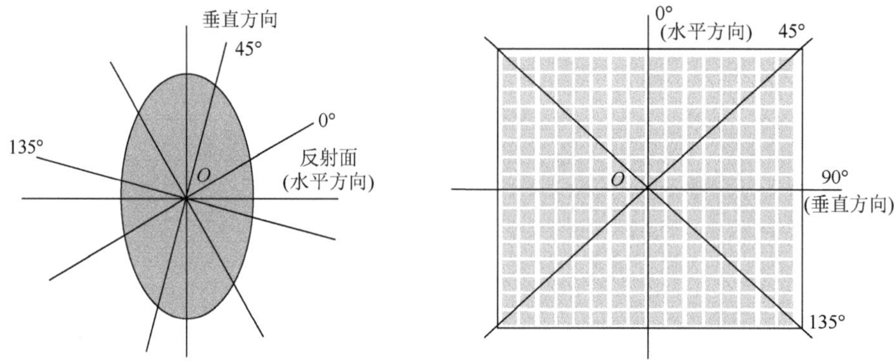

图 4.3.3　反射光振动方向、反射面与偏振成像系统参考方向的关系

由偏振成像的斯托克斯矢量

$$\boldsymbol{S} = \begin{bmatrix} I \\ Q \\ U \\ V \end{bmatrix} = \begin{bmatrix} I_{0°} + I_{90°} \\ I_{0°} - I_{90°} \\ I_{45°} - I_{135°} \\ 0 \end{bmatrix} \tag{4.3.6}$$

可得到斯托克斯矢量的分量为

$$\begin{aligned} I &= I_{0°} + I_{90°} = \int_0^{2\pi} I_r(\alpha_i) d\alpha_i = \int_0^{2\pi} I_i(\alpha_i)\left(R_{\|}\cos^2\alpha_i + R_{\perp}\sin^2\alpha_i\right) d\alpha_i \\ &= I_{0°}R_{\|}\int_0^{2\pi}\left(\cos^2\alpha_i + a^2\sin^2\alpha_i\right) d\alpha_i = I_0 R_{\|}(1+a^2)\pi \end{aligned} \tag{4.3.7}$$

$$\begin{aligned} Q &= I_{0°} - I_{90°} = \int_0^{2\pi} I_r(\alpha_i)\cos 2\left[\alpha_r(\alpha_{in}) - \alpha_{sys}\right] d\alpha_i \\ &= \int_0^{2\pi} I_{0°}R_{\|}\left[(\cos^2\alpha_i - a^2\sin^2\alpha_i)\cos 2\alpha_{sys} + a\sin 2\alpha_i \sin 2\alpha_{sys}\right] d\alpha_i \\ &= I_{0°}R_{\|}\pi(1-a^2)\cos 2\alpha_{sys} \end{aligned} \tag{4.3.8}$$

$$
\begin{aligned}
U = I_{45^\circ} - I_{135^\circ} &= \int_0^{2\pi} I_{\mathrm{r}}(\alpha_{\mathrm{i}}) \cos 2\left(\alpha_{\mathrm{r}} - \alpha_{\mathrm{sys}} - \frac{\pi}{4}\right) \mathrm{d}\alpha_{\mathrm{i}} \\
&= \int_0^{2\pi} I_{0^\circ} R_{||} \left[a \sin 2\alpha_{\mathrm{in}} \cos 2\alpha_{\mathrm{sys}} - (\cos^2 \alpha_{\mathrm{in}} - a^2 \sin^2 \alpha_{\mathrm{in}}) \sin 2\alpha_{\mathrm{sys}} \right] \mathrm{d}\alpha_{\mathrm{i}} \\
&= -I_{0^\circ} R_{||} (1 - a^2) \pi \sin 2\alpha_{\mathrm{sys}}
\end{aligned} \tag{4.3.9}
$$

自然光以不同入射角入射时，依此模型可以计算得到反射光的线偏振度和偏振角。

4.3.2　偏振度与入射角的关系

自然光入射时的反射光是部分偏振光，该部分偏振光的完全偏振成分是线偏振光，根据式（2.1.5）和式（4.3.7）～式（4.3.9）可得线偏振度

$$
\mathrm{DoLP} = \frac{\sqrt{(I_{0^\circ} - I_{90^\circ})^2 + (I_{45^\circ} - I_{135^\circ})^2}}{(I_{0^\circ} + I_{90^\circ})} = \frac{\left|1 - a^2\right|}{1 + a^2} = \left|\frac{R_{||} - R_{\perp}}{R_{||} + R_{\perp}}\right| \tag{4.3.10}
$$

目前相关文献[10]给出的线偏振度与入射角的关系式为

$$
\mathrm{DoLP} = \left|\frac{I_{\mathrm{r}s} - I_{\mathrm{r}p}}{I_{\mathrm{r}s} + I_{\mathrm{r}p}}\right| = \frac{2\sin^2 \theta_{\mathrm{i}} \cos \theta_{\mathrm{i}} \sqrt{n^2 - \sin^2 \theta_{\mathrm{i}}}}{(1 - \sin^2 \theta_{\mathrm{i}})(n^2 - \sin^2 \theta_{\mathrm{i}}) + \sin^4 \theta_{\mathrm{i}}} \tag{4.3.11}
$$

式中，$I_{\mathrm{r}s}$ 和 $I_{\mathrm{r}p}$ 分别为反射光 s 分量和 p 分量光强。

实际上，式（4.3.10）和式（4.3.11）是完全等价的，如图 4.3.4 所示[9]，这两个模型计算得到的偏振度完全一致，证明本书导出模型正确。

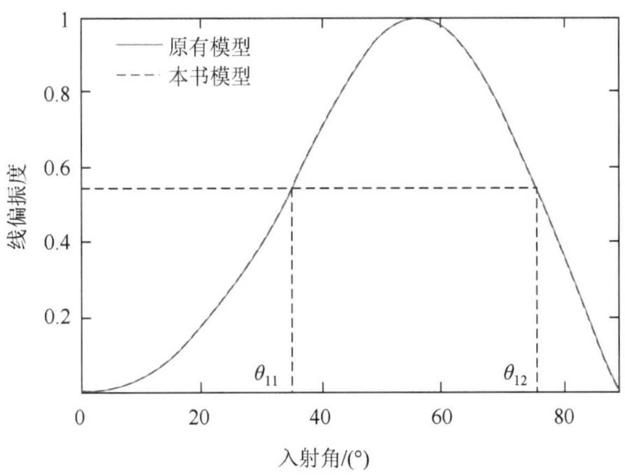

图 4.3.4　两模型计算得到的线偏振度和入射角的关系曲线

4.3.3　偏振角与入射角的关系

同样，由 Q 和 U 可得偏振角

$$\mathrm{AoP}=\frac{1}{2}\arctan\left(\frac{\int_0^{2\pi} I_{\mathrm{r}}(\alpha_{\mathrm{i}})\cos 2\left(\alpha_{\mathrm{r}}-\alpha_{\mathrm{sys}}-\frac{\pi}{4}\right)\mathrm{d}\alpha_{\mathrm{i}}}{\int_0^{2\pi} I_{\mathrm{r}}(\alpha_{\mathrm{i}})\cos 2\left(\alpha_{\mathrm{r}}(\alpha_{\mathrm{in}})-\alpha_{\mathrm{sys}}\right)\mathrm{d}\alpha_{\mathrm{i}}}\right)=\frac{1}{2}\arctan\left[\tan(-2\alpha_{\mathrm{sys}})\right]=\frac{\pi}{2}-\alpha_{\mathrm{sys}} \tag{4.3.12}$$

即对于确定的入射面、偏振成像系统及其间的位置关系，不论入射角 θ_{i} 为多少，所得到的出射光偏振角是一个定值 $\pi/2-\alpha_{\mathrm{sys}}$。这与图 4.3.4 是一致的。

4.3.4　基于反射率的消除入射角歧义性的方法

图 4.3.5[9]给出光束从介质 1（折射率 $n_1=1$）射入介质 2（折射率 $n_2=1.5163$）表面反射率 R 的变化曲线，垂直方向 $R_{\perp}$与入射角 θ_{i} 是单调函数，而水平方向 $R_{\parallel}$ 与 θ_{i} 的关系非单调，利用 $R_{\perp}$与 θ_{i} 的关系可求解入射角或辅助消除基于偏振度的入射角歧义性。

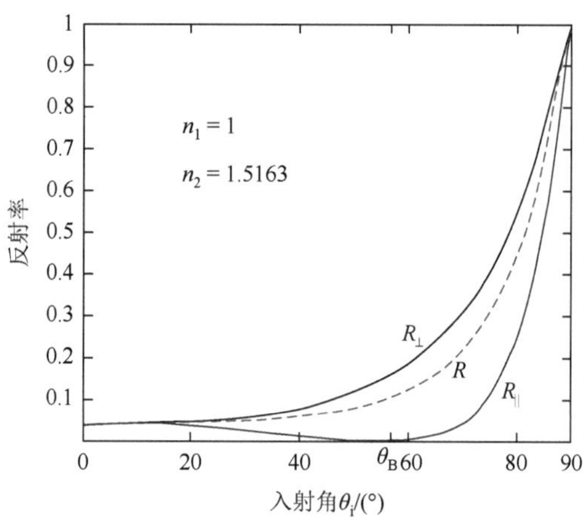

图 4.3.5　反射率随入射角 θ_{i} 的变化关系曲线

通过偏振成像系统采集 0°，45°，90°，135°的图像可计算出偏振度和偏振角，其中偏振角实际上就是 $\pi/2-\alpha_{\mathrm{sys}}$。利用 0°和 90°的光强（相机灰度级与其接收辐射

强度的事先标定）及 α_{sys}，可求得反射光垂直方向强度 $I_{r\perp}$为

$$I_{r\perp} = I_{0^\circ} \sin^2 \alpha_{sys} + I_{90^\circ} \cos^2 \alpha_{sys} \quad (4.3.13)$$

在实际海面测量应用中，根据舰船或者直升机所在地方的光强和离海面的距离及太阳方位、经纬度和云层厚度等，估计出海面界面处入射的自然光强 I_{iN}，则可得到入射光垂直分量强度 $I_{i\perp} = I_{iN}/2$，并获得垂直分量的反射率

$$R_\perp = I_{r\perp} / I_{i\perp} \quad (4.3.14)$$

理论上，联立式（4.3.6）、式（4.3.13）和式（4.3.14）可求得入射角 θ_i，且是单一解没有歧义性。然而，实际偏振度和偏振角的计算表明：①偏振度和偏振角精度随入射角偏离布儒斯特角而逐渐降低；②偏振度的计算稳定性明显优于偏振角，后者由于计算过程中存在反正切等运算，计算精度很难控制。因此，按式（4.3.12）得到的 α_{sys} 再进行式（4.3.13）的 $I_{r\perp}$计算往往带来较大的偏差，由 $R_\perp$（θ_i）确定的 θ_i 也难以保证足够的精度。

为此，我们提出了基于偏振度和偏振角的入射角确定方法，即利用计算稳定性较强的偏振度确定两个候选的入射角（歧义性）；使用偏振角确定的 $R_\perp$获得一个精度稍差的入射角，其通常更靠近某个候选入射角，该入射角即为唯一的入射角。

表 4.3.1[9]为通过实验和上述方法解算的玻璃平板和水面的入射角。由偏振度得到两个入射角需要去除歧义解，而由本书方法得到的入射角是单一解，虽然该入射角存在较大的误差，但以其对偏振度两个歧义入射角的接近度作为判断条件，可较准确地确定入射角（表中粗体加下横线），去除入射角的歧义性，其与真实值的偏差受偏振度计算精度影响，在布儒斯特角附近具有最高的计算精度。

表 4.3.1　根据实验偏振度和本书方法分别得到的入射角

入射角		10°		20°		30°		40°	
玻璃平板	DoLP	89.339	**<u>8.059</u>**	86.281	**<u>18.838</u>**	81.108	**<u>28.654</u>**	75.726	**<u>36.030</u>**
	本书方法	30.497		33.284		34.009		45.348	
平静水面	DoLP	89.020	**<u>8.058</u>**	84.257	**<u>19.235</u>**	78.678	**<u>26.897</u>**	67.958	**<u>38.325</u>**
	本书方法	33.869		40.872		42.383		39.857	
入射角		50°		60°		70°		80°	
玻璃平板	DoLP	66.133	**<u>46.840</u>**	**<u>60.719</u>**	52.437	**<u>72.659</u>**	39.689	**<u>82.750</u>**	25.981
	本书方法	43.117		59.980		72.765		77.602	
平静水面	DoLP	58.731	**<u>47.431</u>**	**<u>60.593</u>**	45.595	**<u>71.013</u>**	35.247	**<u>79.139</u>**	26.341
	本书方法	48.626		58.894		66.389		67.015	

4.4　非理想偏振条件下的可见光偏振成像理论

实际可见光偏振成像系统往往难以满足理想偏振条件，典型的偏差因素主要有：①偏振片制作工艺，使得检偏偏振片的消光比为有限值，由此将使得检偏图像偏离理想线偏振光；②偏振片的主方向偏离理论值，由此造成偏振成像的非理想化，对偏振成像也将造成影响。

4.4.1　考虑偏振片消光比的缪勒矩阵

设有一沿 z 方向传输且偏振方向平行于 x 轴的线偏振光，其垂直入射到偏振器表面，偏振器保持入射线偏振态不变情况下的最大振幅透过系数为τ_1，称这时偏振器的主方向为 x 方向，相应条件的最小透过系数为τ_2，定义$\varepsilon^2=(\tau_1/\tau_2)^2$为偏振器的消光比[11]。

偏振片主方向平行于 x 轴（$\theta=0°$）时，设入射光的 x、y 分量振幅分别为 E_x、E_y，则入射光的斯托克斯参量定义为[12]

$$\begin{cases} I_{\text{in}}=E_xE_x^*+E_yE_y^* \\ Q_{\text{in}}=E_xE_x^*-E_yE_y^* \\ U_{\text{in}}=E_xE_y^*+E_x^*E_y \\ V_{\text{in}}=E_xE_y^*-E_x^*E_y \end{cases} \tag{4.4.1}$$

入射光通过线偏振片时将发生变化：

$$E_x'=\tau_1E_x,\quad E_y'=\tau_2E_y \tag{4.4.2}$$

透过光的斯托克斯参量为

$$\begin{cases} I_{\text{out}}=\dfrac{\tau_1^2}{2}(I_{\text{in}}+Q_{\text{in}})+\dfrac{\tau_2^2}{2}(I_{\text{in}}-Q_{\text{in}}) \\ Q_{\text{out}}=\dfrac{\tau_1^2}{2}(I_{\text{in}}+Q_{\text{in}})-\dfrac{\tau_2^2}{2}(I_{\text{in}}-Q_{\text{in}}) \\ U_{\text{out}}=\tau_1\tau_2U_{\text{in}} \\ V_{\text{out}}=\tau_1\tau_2V_{\text{in}} \end{cases} \tag{4.4.3}$$

当偏振片主方向平行于 x 轴（$\theta=0°$）时，考虑偏振片消光比的缪勒矩阵 $\boldsymbol{M}_{\text{pe0}}$ 为

$$\boldsymbol{M}_{\text{pe0}}=\frac{1}{2}\begin{bmatrix} \tau_1^2+\tau_2^2 & \tau_1^2-\tau_2^2 & 0 & 0 \\ \tau_1^2-\tau_2^2 & \tau_1^2+\tau_2^2 & 0 & 0 \\ 0 & 0 & 2\tau_1\tau_2 & 0 \\ 0 & 0 & 0 & 2\tau_1\tau_2 \end{bmatrix} \tag{4.4.4}$$

4.4.2　考虑偏振片主方向误差的缪勒矩阵

偏振片标记主方向与 x 轴夹角为θ，偏振片主方向误差为$\Delta\theta$时（图 4.4.1），偏振片实际主方向及其正交方向（x',y'）与参考坐标系（x,y）间的旋转角度为$\theta+\Delta\theta$。此时，入射光的 x、y 分量振幅分别为 E_x、E_y，在（x',y'）的振幅投影 $E_{x'}$、$E_{y'}$分别为

$$\begin{aligned} E_{x'} &= E_x \cdot \cos(\theta+\Delta\theta) + E_y \cdot \sin(\theta+\Delta\theta) \\ E_{y'} &= E_x \cdot [-\sin(\theta+\Delta\theta)] + E_y \cdot \cos(\theta+\Delta\theta) \end{aligned} \tag{4.4.5}$$

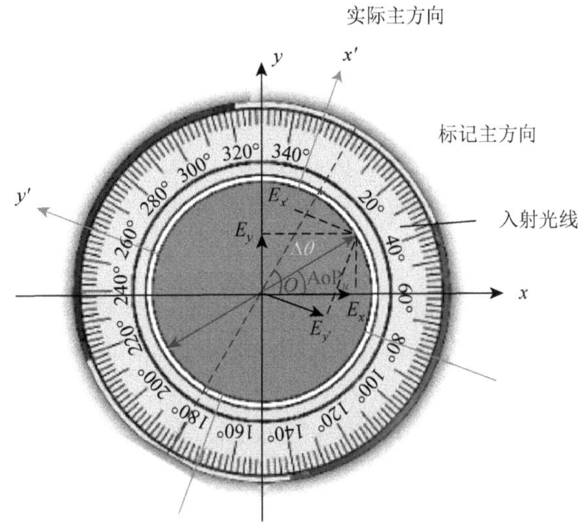

图 4.4.1　偏振片主方向与参考坐标

设（x,y）到（x',y'）的转换矩阵为 $\boldsymbol{A}$，入射光、出射光的斯托克斯矢量 $\boldsymbol{S}_{\text{in}}$、$\boldsymbol{S}_{\text{out}}$，与旋转变换后的斯托克斯矢量 $\boldsymbol{S}_{\text{i}\theta}$、$\boldsymbol{S}_{\text{o}\theta}$满足如下关系：

$$\boldsymbol{S}_{\text{i}\theta} = \boldsymbol{A} \cdot \boldsymbol{S}_{\text{in}},\quad \boldsymbol{S}_{\text{o}\theta} = \boldsymbol{A} \cdot \boldsymbol{S}_{\text{out}} = \boldsymbol{M}_{\text{pe0}} \cdot \boldsymbol{A} \cdot \boldsymbol{S}_{\text{in}} \tag{4.4.6}$$

由此可得转换矩阵 $\boldsymbol{A}$ 为

$$\boldsymbol{A} = \begin{bmatrix} 1 & 0 & 0 & 0 \\ 0 & \cos[2(\theta+\Delta\theta)] & \sin[2(\theta+\Delta\theta)] & 0 \\ 0 & -\sin[2(\theta+\Delta\theta)] & \cos[2(\theta+\Delta\theta)] & 0 \\ 0 & 0 & 0 & 1 \end{bmatrix} \tag{4.4.7}$$

即得到此偏振片的缪勒矩阵 $\boldsymbol{M}_{\text{pr}}$ 为

$$\boldsymbol{M}_{\mathrm{pr}}=\boldsymbol{A}^{-1}\cdot\boldsymbol{M}_{\mathrm{pe0}}\cdot\boldsymbol{A}$$

$$=\frac{\tau_2^2}{2}\begin{bmatrix}\varepsilon^2+1 & (\varepsilon^2-1)\cos 2\alpha & (\varepsilon^2-1)\sin 2\alpha & 0\\ (\varepsilon^2-1)\cos 2\alpha & (\varepsilon^2+1)\cos^2 2\alpha+2\varepsilon\sin^2 2\alpha & (\varepsilon-1)^2\sin 2\alpha\cos 2\alpha & 0\\ (\varepsilon^2-1)\sin 2\alpha & (\varepsilon-1)^2\sin 2\alpha\cos 2\alpha & (\varepsilon^2+1)\sin^2 2\alpha+2\varepsilon\cos^2 2\alpha & 0\\ 0 & 0 & 0 & 2\varepsilon\end{bmatrix}$$

（4.4.8）

式中，$\varepsilon^2=(\tau_1/\tau_2)^2$为偏振片消光比；$\alpha=\theta+\Delta\theta$为偏振片实际主方向与 x 轴夹角。

当偏振片消光比 ε^2 趋于无穷（即 $\tau_2\to 0$），主方向误差 $\Delta\theta=0$ 时，式（4.4.8）与理想模型完全等价。

4.4.3 非理想偏振条件下的偏振成像模型

假定偏振成像系统前置偏振片为实际偏振片（即消光比 $\varepsilon^2\ll\infty$，主方向误差为$\Delta\theta$），四次偏振方位角分别为θ_0、θ_1、θ_2、θ_3，定义 4×1 强度列矢量 $\boldsymbol{I}=[I_0\quad I_1\quad I_2\quad I_3]^{\mathrm{T}}$，$I_0$、$I_1$、$I_2$ 和 I_3 分别为偏振方向上测得的辐射强度。由式（4.4.8）可知，测量过程可表示为

$$\boldsymbol{I}=\boldsymbol{M}_{\mathrm{cr}}\cdot\boldsymbol{S}_{\mathrm{in}}=\frac{\tau_2^2}{2}\begin{bmatrix}\varepsilon^2+1 & (\varepsilon^2-1)\cos 2\alpha_0 & (\varepsilon^2-1)\sin 2\alpha_0 & 0\\ \varepsilon^2+1 & (\varepsilon^2-1)\cos 2\alpha_1 & (\varepsilon^2-1)\sin 2\alpha_1 & 0\\ \varepsilon^2+1 & (\varepsilon^2-1)\cos 2\alpha_2 & (\varepsilon^2-1)\sin 2\alpha_2 & 0\\ \varepsilon^2+1 & (\varepsilon^2-1)\cos 2\alpha_3 & (\varepsilon^2-1)\sin 2\alpha_3 & 0\end{bmatrix}\boldsymbol{S}_{\mathrm{in}}\quad(4.4.9)$$

式中，$\boldsymbol{M}_{\mathrm{cr}}$为基于非理想模型的偏振成像系统系数矩阵；$\alpha_k=\theta_k+\Delta\theta_k\ (k=0,1,2,3)$；$\Delta\theta_k$是第 k 个测量方向的角度误差；$\boldsymbol{S}_{\mathrm{in}}=[I_{\mathrm{in}}\quad Q_{\mathrm{in}}\quad U_{\mathrm{in}}\quad V_{\mathrm{in}}]^{\mathrm{T}}$为忽略圆偏振分量后的入射斯托克斯矢量。

为简化分析，我们讨论一种特殊情况，即由于安装、运输、使用中的振动或维修再装配的误差等原因，偏振片在框架中旋转了一定角度，标记在偏振片框架的主方向将与实际偏振片主方向产生偏差[13]，忽略了每个偏振通道中独立的微小角度误差，这种偏差会在四个测量方向中产生一致且恒定的角度误差（即$\Delta\theta_1=\Delta\theta_2=\Delta\theta_3=\Delta\theta_4=\Delta\theta$）。取四次偏振方位角$\theta$分别为 0°、45°、90°和 135°，各偏振方向上测得的辐射强度 $\boldsymbol{I}=[I_{0^\circ}\quad I_{45^\circ}\quad I_{90^\circ}\quad I_{135^\circ}]^{\mathrm{T}}$，则系数矩阵 $\boldsymbol{M}_{\mathrm{cr}}$ 为

$$\boldsymbol{M}_{\mathrm{cr}}=\frac{\tau_2^2}{2}\begin{bmatrix}\varepsilon^2+1 & (\varepsilon^2-1)\cos(2\Delta\theta) & (\varepsilon^2-1)\sin(2\Delta\theta) & 0\\ \varepsilon^2+1 & (1-\varepsilon^2)\sin(2\Delta\theta) & (\varepsilon^2-1)\cos(2\Delta\theta) & 0\\ \varepsilon^2+1 & (1-\varepsilon^2)\cos(2\Delta\theta) & (1-\varepsilon^2)\sin(2\Delta\theta) & 0\\ \varepsilon^2+1 & (\varepsilon^2-1)\sin(2\Delta\theta) & (1-\varepsilon^2)\cos(2\Delta\theta) & 0\end{bmatrix}\quad(4.4.10)$$

待测入射斯托克斯矢量 $\boldsymbol{S}_{\text{in}}$ 可表示为[3]

$$\boldsymbol{S}_{\text{in}}=\boldsymbol{M}_{\text{cr}}^{-1}\cdot\boldsymbol{I}=\frac{2}{\tau_2^2}\begin{bmatrix}\varepsilon^2+1 & (\varepsilon^2-1)\cos(2\Delta\theta) & (\varepsilon^2-1)\sin(2\Delta\theta) & 0\\ \varepsilon^2+1 & (1-\varepsilon^2)\sin(2\Delta\theta) & (\varepsilon^2-1)\cos(2\Delta\theta) & 0\\ \varepsilon^2+1 & (1-\varepsilon^2)\cos(2\Delta\theta) & (1-\varepsilon^2)\sin(2\Delta\theta) & 0\\ \varepsilon^2+1 & (\varepsilon^2-1)\sin(2\Delta\theta) & (1-\varepsilon^2)\cos(2\Delta\theta) & 0\end{bmatrix}^{-1}\cdot\boldsymbol{I} \quad (4.4.11)$$

式中，$\boldsymbol{M}_{\text{cr}}^{-1}$ 为 $\boldsymbol{M}_{\text{cr}}$ 的逆矩阵。

由式（4.4.9）～式（4.4.11）可知，应用非理想模型计算得到的 DoLP_{r} 和 AoP_{r}[14] 分别为

$$\begin{aligned}\text{DoLP}_{\text{r}}&=\frac{\varepsilon^2+1}{\varepsilon^2-1}\frac{\sqrt{(I_{0^\circ}-I_{90^\circ})^2+(I_{45^\circ}-I_{135^\circ})^2}}{I_{0^\circ}+I_{90^\circ}}\\ \text{AoP}_{\text{r}}&=\frac{1}{2}\arctan\left[\frac{(I_{0^\circ}-I_{90^\circ})\sin(2\Delta\theta)+(I_{45^\circ}-I_{135^\circ})\cos(2\Delta\theta)}{(I_{0^\circ}-I_{90^\circ})\cos(2\Delta\theta)-(I_{45^\circ}-I_{135^\circ})\sin(2\Delta\theta)}\right]\end{aligned} \quad (4.4.12)$$

利用三角函数性质对 AoP_{r} 进行化简得

$$\begin{aligned}\tan(2\text{AoP}_{\text{r}})&=\frac{(I_{0^\circ}-I_{90^\circ})\sin(2\Delta\theta)+(I_{45^\circ}-I_{135^\circ})\cos(2\Delta\theta)}{(I_{0^\circ}-I_{90^\circ})\cos(2\Delta\theta)-(I_{45^\circ}-I_{135^\circ})\sin(2\Delta\theta)}\\ &=\frac{\sin(2\Delta\theta)+\tan(2\text{AoP}_{\text{i}})\cos(2\Delta\theta)}{\cos(2\Delta\theta)-\tan(2\text{AoP}_{\text{i}})\sin(2\Delta\theta)}\\ &=\frac{\tan(2\Delta\theta)+\tan(2\text{AoP}_{\text{i}})}{1-\tan(2\text{AoP}_{\text{i}})\tan(2\Delta\theta)}=\tan(2\text{AoP}_{\text{i}}+2\Delta\theta)\end{aligned} \quad (4.4.13)$$

由此可知，应用理想模型及非理想模型得到的偏振度和偏振角满足如下关系：

$$\text{DoLP}_{\text{r}}=\frac{\varepsilon^2+1}{\varepsilon^2-1}\text{DoLP}_{\text{i}},\qquad \text{AoP}_{\text{r}}=\text{AoP}_{\text{i}}+\Delta\theta \quad (4.4.14)$$

当偏振成像系统前置偏振片为理想偏振片（即消光比 $\varepsilon^2\to\infty$，主方向误差 $\Delta\theta=0$）时，式（4.4.10）～式（4.4.12）与理想模型一致。

4.5　前置偏振片的红外偏振成像理论与方法

对于前置偏振片可见光偏振成像系统，偏振片基本不会在成像波段范围内引入非场景的无关辐射；然而对于前置偏振片结构的红外偏振成像系统，除了来自场景的红外辐射，偏振片的自发辐射及反射辐射都将被成像系统接收，从而引起入射辐射失真，进而影响场景偏振信息的后续解算。特别是对于非制冷长波红外偏振成像系统，前置偏振片引入的不良影响将更为显著。

4.5.1　前置偏振片红外偏振成像系统的理想模型

对于前置偏振片红外偏振成像系统，来自场景的入射辐射先后经过偏振片和光学系统，最终在像面成像。改变镜头前置偏振片的主方向，可接收不同方向的场景偏振信息图像；移除偏振片可直接获得场景的强度图像。

不难导出偏振片的缪勒矩阵[12]

$$\boldsymbol{M}_{\mathrm{p}}=\frac{1}{2}\begin{bmatrix}1 & \cos 2\theta & \sin 2\theta & 0\\ \cos 2\theta & \cos^2 2\theta & \cos 2\theta\sin 2\theta & 0\\ \sin 2\theta & \cos 2\theta\sin 2\theta & \sin^2 2\theta & 0\\ 0 & 0 & 0 & 0\end{bmatrix} \tag{4.5.1}$$

式中，θ为偏振片透过方向与x轴的夹角。

不失一般性，将光学系统简化为一无能量损耗的光学透镜，则可得出像元接收的辐射强度为

$$I=\frac{1}{2}\left(I_{\mathrm{i}}+Q_{\mathrm{i}}\cdot\cos 2\theta+U_{\mathrm{i}}\cdot\sin 2\theta\right) \tag{4.5.2}$$

若三次测量的偏振方位角分别为θ_0、θ_1、θ_2，定义 3×1 强度列矢量$\boldsymbol{I}=\left[I_0\ I_1\ I_2\right]^{\mathrm{T}}$，$I_0$、$I_1$和$I_2$分别为$\theta_0$、$\theta_1$、$\theta_2$偏振方向上测得的辐射强度，则测量过程可以表示为[15]

$$\boldsymbol{I}=\boldsymbol{M}_{\mathrm{c}}\cdot\boldsymbol{S}_{\mathrm{in}} \tag{4.5.3}$$

式中，$\boldsymbol{M}_{\mathrm{c}}=\frac{1}{2}\begin{bmatrix}1 & \cos 2\theta_0 & \sin 2\theta_0\\ 1 & \cos 2\theta_1 & \sin 2\theta_1\\ 1 & \cos 2\theta_2 & \sin 2\theta_2\end{bmatrix}$为系数矩阵，$\boldsymbol{S}_{\mathrm{in}}=\left[I_{\mathrm{i}}\quad Q_{\mathrm{i}}\quad U_{\mathrm{i}}\right]^{\mathrm{T}}$为忽略圆偏振分量后的入射斯托克斯矢量。则入射斯托克斯矢量可表示为

$$\boldsymbol{S}_{\mathrm{in}}=\boldsymbol{M}_{\mathrm{c}}^{-1}\cdot\boldsymbol{I} \tag{4.5.4}$$

式中，$\boldsymbol{M}_{\mathrm{c}}^{-1}$为$\boldsymbol{M}_{\mathrm{c}}$的逆矩阵。

移除偏振片后像元直接接收的辐射强度为

$$I_{\mathrm{NP}}=I_{\mathrm{i}} \tag{4.5.5}$$

设两正交偏振方位角α和$\alpha+\pi/2$下，像元接收的辐射强度分别为I_α和$I_{\alpha+\pi/2}$，则由式（4.5.2）可得

$$\begin{cases}I_\alpha=\dfrac{1}{2}(I_{\mathrm{i}}+Q_{\mathrm{i}}\cdot\cos 2\alpha+U_{\mathrm{i}}\cdot\sin 2\alpha)\\[2ex] I_{\alpha+\pi/2}=\dfrac{1}{2}(I_{\mathrm{i}}-Q_{\mathrm{i}}\cdot\cos 2\alpha-U_{\mathrm{i}}\cdot\sin 2\alpha)\end{cases} \tag{4.5.6}$$

$$I_{\alpha}+I_{\alpha+\pi/2}=I_{\mathrm{i}}=I_{\mathrm{NP}} \tag{4.5.7}$$

即两正交偏振方位下，像元接收的辐射强度之和与直接接收的辐射强度相等。

4.5.2 前置偏振片红外偏振成像系统的修正模型

理想模型由于忽略了许多实际影响因素，因而与实际情况往往存在较为明显的差异：

（1）未考虑偏振片主方向及其正交方向的透过率。

（2）未考虑光学系统的能量损耗。

（3）未考虑偏振片的自发辐射及成像系统自身热辐射，经偏振片反射回光学系统后，在像面处产生的附加光强。

针对以上三项对理想模型进行修正，可以得到忽略噪声条件下的前置偏振片式红外偏振成像系统的修正原理图，如图 4.5.1 所示。

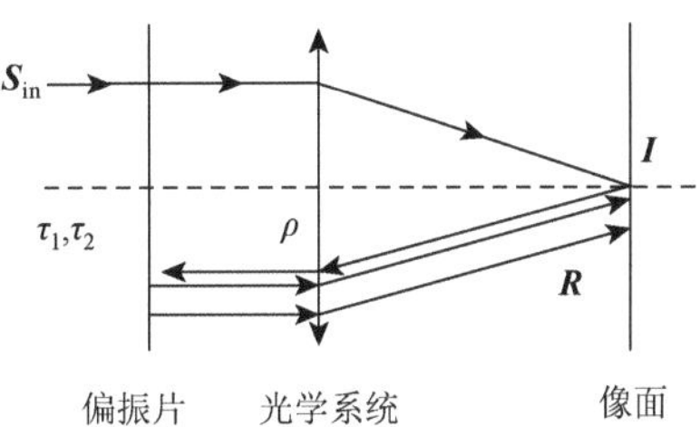

图 4.5.1　前置偏振片式红外偏振成像系统的修正原理图

图中，$\boldsymbol{S}_{\mathrm{in}}$ 为来自场景的入射斯托克斯矢量，$\boldsymbol{R}$ 为偏振片的自发辐射和反射辐射在像面处产生的附加光强，τ_1、τ_2 分别表示偏振片主方向及其正交方向的能量透过率，ρ 表示偏振片和光学系统的透过率。考虑偏振片能量透过率之后的系数矩阵 $\boldsymbol{M}_{\mathrm{c}}$ [6]变为

$$\boldsymbol{M}_{\mathrm{c}}=\frac{1}{2}\begin{bmatrix}\tau_1+\tau_2 & (\tau_1-\tau_2)\cos 2\theta_0 & (\tau_1-\tau_2)\sin 2\theta_0\\ \tau_1+\tau_2 & (\tau_1-\tau_2)\cos 2\theta_1 & (\tau_1-\tau_2)\sin 2\theta_1\\ \tau_1+\tau_2 & (\tau_1-\tau_2)\cos 2\theta_2 & (\tau_1-\tau_2)\sin 2\theta_2\end{bmatrix} \tag{4.5.8}$$

则像元接收到的辐射强度可以重新表达为

$$I=\frac{1}{2}\cdot\rho\cdot\left[I_{\mathrm{i}}\cdot(\tau_1+\tau_2)+Q_{\mathrm{i}}\cdot(\tau_1-\tau_2)\cdot\cos 2\theta+U_{\mathrm{i}}\cdot(\tau_1-\tau_2)\cdot\sin 2\theta\right]+r \tag{4.5.9}$$

式中，r 为偏振片自发辐射和反射辐射导致的附加光强。移除偏振片后像元直接接收的辐射强度为

$$I_{\mathrm{NP}}=\rho\cdot I_{\mathrm{i}} \tag{4.5.10}$$

此时，I_α 和 $I_{\alpha+\pi/2}$ 变为

$$\begin{cases} I_\alpha = \dfrac{1}{2}\cdot\rho\cdot\left[I_\mathrm{i}\cdot(\tau_1+\tau_2)+Q_\mathrm{i}\cdot(\tau_1-\tau_2)\cdot\cos2\alpha+U_\mathrm{i}\cdot(\tau_1-\tau_2)\cdot\sin2\alpha\right]+r \\ I_{\alpha+\pi/2} = \dfrac{1}{2}\cdot\rho\cdot\left[I_\mathrm{i}\cdot(\tau_1+\tau_2)-Q_\mathrm{i}\cdot(\tau_1-\tau_2)\cdot\cos2\alpha-U_\mathrm{i}\cdot(\tau_1-\tau_2)\cdot\sin2\alpha\right]+r \end{cases} \tag{4.5.11}$$

由此可以得出

$$I_\alpha + I_{\alpha+\pi/2} = I_\mathrm{NP}\cdot(\tau_1+\tau_2)+2r \tag{4.5.12}$$

由此可知，在修正模型下，式（4.5.7）所描述的相等关系不再成立。

4.5.3 基于前置偏振片红外偏振成像系统修正模型的辐射校正方法

根据修正模型，改变偏振片主方向的角度，进行三次测量，可以得到

$$\boldsymbol{I} = \boldsymbol{T}_\mathrm{s}\cdot\boldsymbol{M}_\mathrm{c}\cdot\boldsymbol{S}_\mathrm{in}+\boldsymbol{R} \tag{4.5.13}$$

式中，$\boldsymbol{I}=\begin{bmatrix}I_0 & I_1 & I_2\end{bmatrix}^\mathrm{T}$ 为测得的光强列矢量；$\boldsymbol{T}_\mathrm{s}=\begin{bmatrix}\rho & & \\ & \rho & \\ & & \rho\end{bmatrix}$ 为光学系统的透过率矩阵；$\boldsymbol{M}_\mathrm{c}=\dfrac{1}{2}\begin{bmatrix}\tau_1+\tau_2 & (\tau_1-\tau_2)\cos2\theta_0 & (\tau_1-\tau_2)\sin2\theta_0 \\ \tau_1+\tau_2 & (\tau_1-\tau_2)\cos2\theta_1 & (\tau_1-\tau_2)\sin2\theta_1 \\ \tau_1+\tau_2 & (\tau_1-\tau_2)\cos2\theta_2 & (\tau_1-\tau_2)\sin2\theta_2\end{bmatrix}$ 为系数矩阵；$\boldsymbol{R}=\begin{bmatrix}r & r & r\end{bmatrix}^\mathrm{T}$ 为偏振片反射辐射和自发辐射导致的附加光强，这里假定 r 与偏振片主方向无关。

移除偏振片后再次对像元接收到的光强进行测量，可以增加一个等式

$$I_\mathrm{NP} = \boldsymbol{T}_\mathrm{s}'\cdot\boldsymbol{S}_\mathrm{in} \tag{4.5.14}$$

式中，I_NP 为移除偏振片后像元接收的辐射强度；$\boldsymbol{T}_\mathrm{s}'=\begin{bmatrix}\rho & 0 & 0\end{bmatrix}$ 为光学系统的透过率。

进一步将式（4.5.13）和式（4.5.14）合并

$$\begin{bmatrix}\boldsymbol{S}_\mathrm{in} \\ r\end{bmatrix} = \boldsymbol{M}_\mathrm{c}^{-1}\begin{bmatrix}\boldsymbol{I} \\ I_\mathrm{NP}\end{bmatrix} = 2\begin{bmatrix}\rho(\tau_1+\tau_2) & \rho(\tau_1-\tau_2)\cos2\theta_0 & \rho(\tau_1-\tau_2)\sin2\theta_0 & 2 \\ \rho(\tau_1+\tau_2) & \rho(\tau_1-\tau_2)\cos2\theta_1 & \rho(\tau_1-\tau_2)\sin2\theta_1 & 2 \\ \rho(\tau_1+\tau_2) & \rho(\tau_1-\tau_2)\cos2\theta_2 & \rho(\tau_1-\tau_2)\sin2\theta_2 & 2 \\ 2\rho & 0 & 0 & 0\end{bmatrix}^{-1}\begin{bmatrix}I_0 \\ I_1 \\ I_2 \\ I_\mathrm{NP}\end{bmatrix} \tag{4.5.15}$$

在已知偏振片正交方向透过率 τ_1、τ_2 和光学系统透过率 ρ 条件下，利用式（4.5.15），即可计算出像元对应的斯托克斯参量和附加光强，得到正确的 $\boldsymbol{S}$ 矢量、偏振度和偏振角图像。

4.5.4　实际室外场景校正实验及分析

为了验证前置偏振片红外偏振成像模型，采用 3 通道偏振（45°、90°和 135°检偏）+ 1 通道强度偏振成像实验系统，采集室外场景图像（夏季晚间 20 时左右，无风），拍摄场景主要为汽车和建筑物。图 4.5.2 给出偏振热成像实验系统中强度通道增强图像，经过帧平均处理、对比度增强及线性压缩之后，由 14bit 转化为 8bit 的图像。为减小随机噪声的影响，每组图像采集 50 帧进行多帧平均，且为方便观察比较，4 组图像均使用相同灰度线性映射至 8bit。图 4.5.3 给出了 4 组红外图像。可以看到：由于偏振片自发辐射及反射辐射的影响，检偏通道图像亮度明显高于强度通道图像，但对比度低于强度图像。

图 4.5.2　偏振热成像实验系统中强度通道增强图像

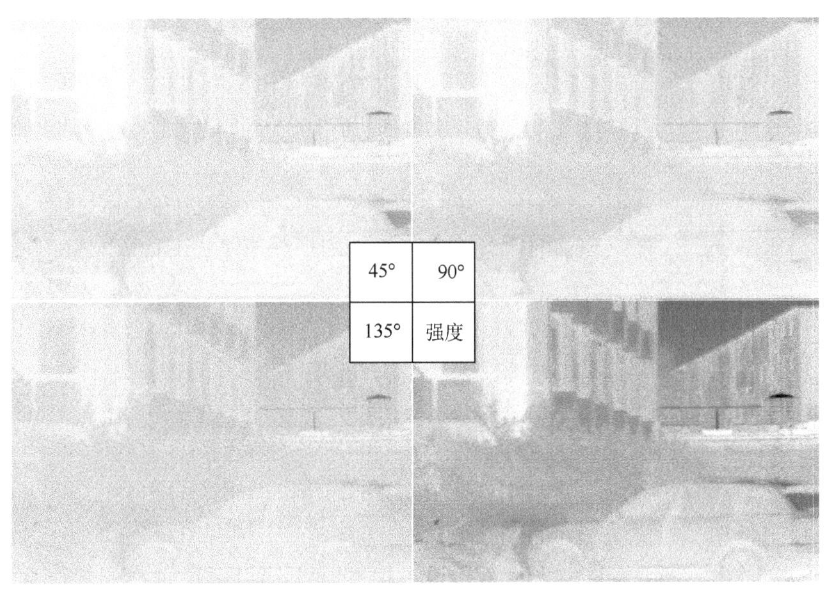

图 4.5.3　检偏通道图像和强度通道图像

根据图像灰度-辐照度映射关系，分别应用理想模型式（4.5.7）和修正模型式（4.5.12）进行偏振信息反演，得到辐射校正前后的（I, Q, U）参量图像、线偏振度和偏振角图像如图 4.5.4 所示。

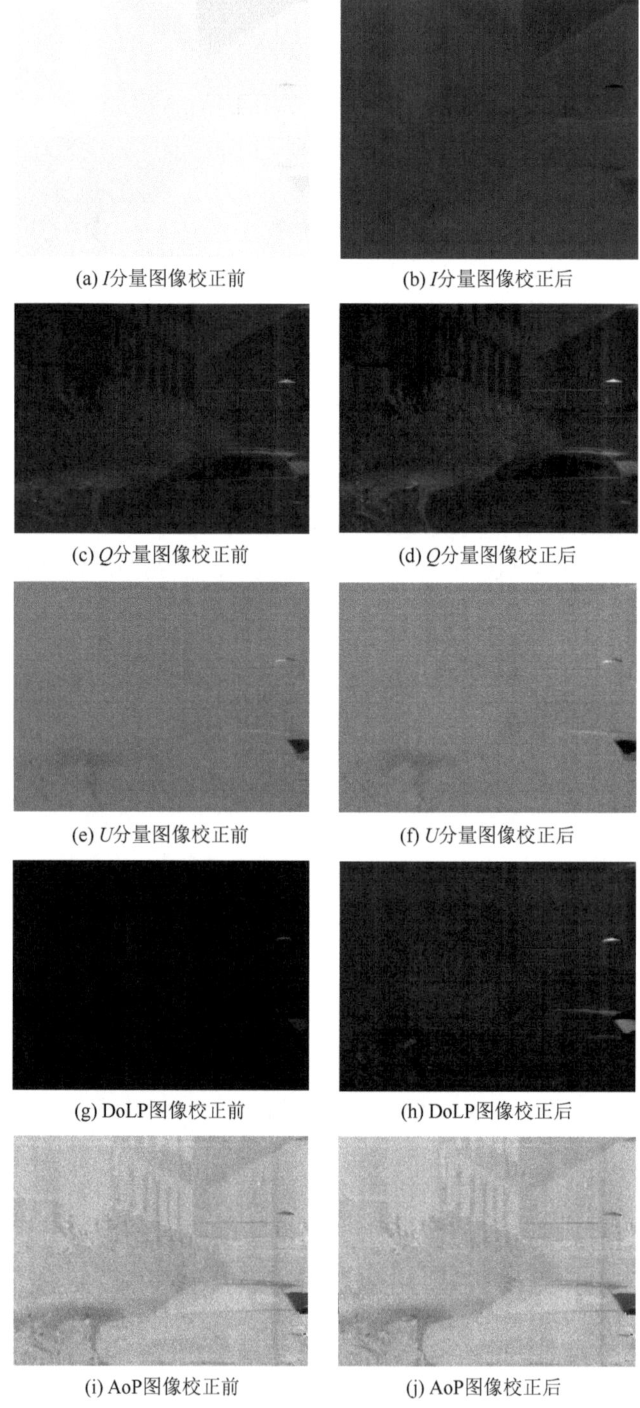

(a) I分量图像校正前　(b) I分量图像校正后

(c) Q分量图像校正前　(d) Q分量图像校正后

(e) U分量图像校正前　(f) U分量图像校正后

(g) DoLP图像校正前　(h) DoLP图像校正后

(i) AoP图像校正前　(j) AoP图像校正后

图 4.5.4　辐射校正前后对比效果

对图 4.5.4 中各组图像线性映射前的实际值进行统计，得到图 4.5.5 所示 5 组直方图。图中，横坐标为物理量的值，纵坐标为像素数目。对比图 4.5.4 和图 4.5.5 可以得到以下结论：

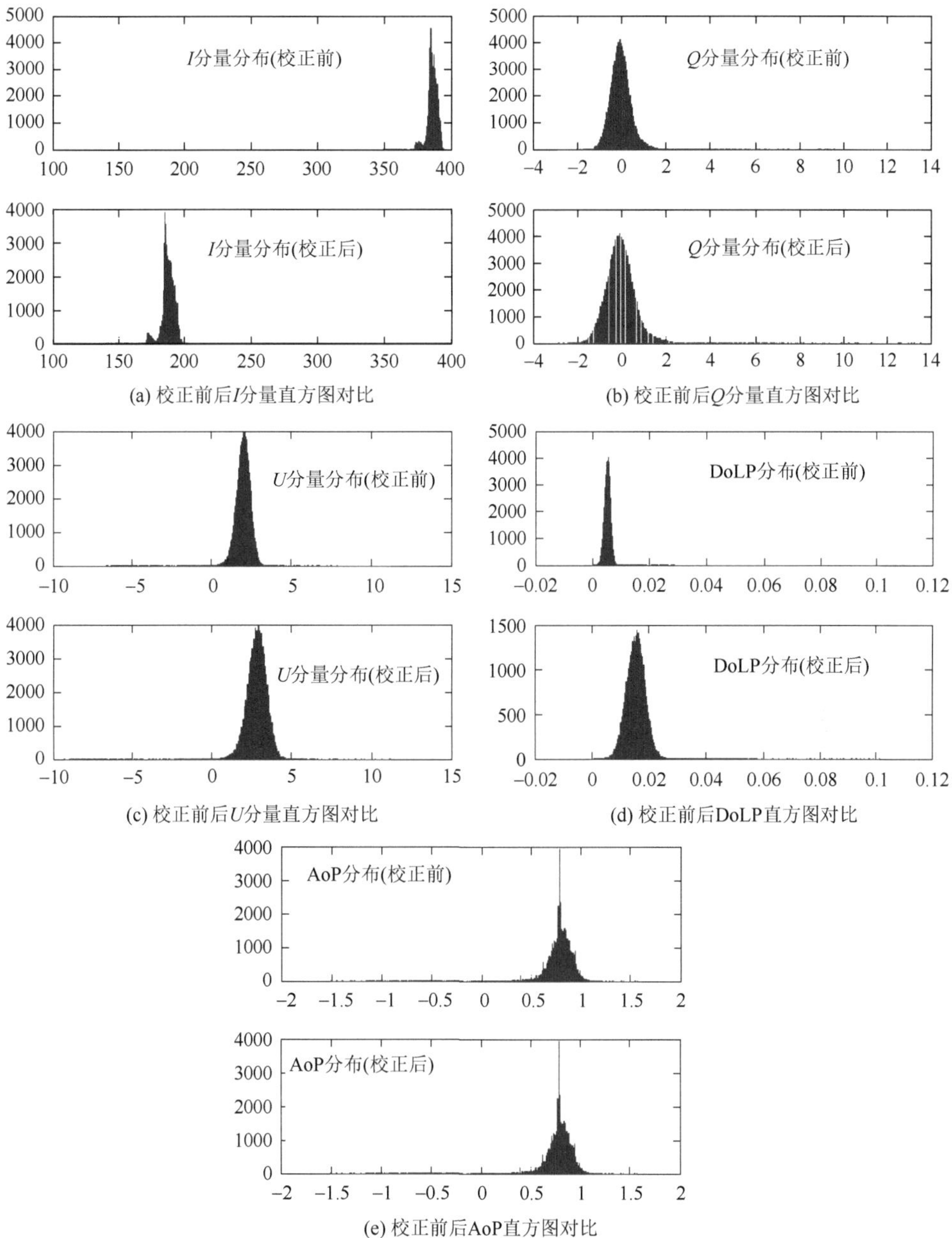

(a) 校正前后*I*分量直方图对比　(b) 校正前后*Q*分量直方图对比

(c) 校正前后*U*分量直方图对比　(d) 校正前后DoLP直方图对比

(e) 校正前后AoP直方图对比

图 4.5.5　辐射校正前后偏振信息直方图对比

（1）校正后 I 分量分布直方图整体左移，形状基本不变，图像亮度下降显著。

（2）Q 分量分布直方图位置和形状的变化较小，U 分量直方图略微右移，校正前后的视觉差异并不明显。

（3）DoLP 直方图整体右移，且有所展宽；DoLP 图像亮度比校正前有所提高，整体对比度也有一定程度的增强，特别是场景中金属屋顶和汽车后窗等相对光滑的区域，偏振度提升显著；AoP 直方图位置和形状基本没有变化，校正前后视觉差异并不明显，值域基本接近。

由图 4.5.5（d）可知，场景辐射偏振度集中分布在 0～0.04 区间内，说明偏振片对于入射辐射的能量透过率近似等于主方向与其正交方向的能量透过率之和。检偏通道探测器接收的辐射强度 I_p 可表示为偏振片能量透过率（$\tau_1+\tau_2$）与理想场景入射辐射强度 I_p' 的乘积再加上偏振片自发及反射辐射附加强度 r 的和，则检偏通道接收的理想辐射强度可表示为

$$I_p' = (I_p - r)/(\tau_1+\tau_2) \tag{4.5.16}$$

将式（4.5.4）中的 I_0、I_1、I_2 利用式（4.5.16）分别替换为 I_0'、I_1'、I_2'，计算的 I 分量与直接采集的 I 分量（I_{NP}）的对比图如图 4.5.6 所示，两幅图像的亮度分布基本相同，图 4.5.4（a）的亮度差异悬殊的现象不复存在，说明基于前置偏振片修正模型的偏振成像校正方法具有准确性和有效性。

(a) 直接采集的强度图像

(b) 校正后计算强度图像

图 4.5.6　校正偏振片影响后计算所得 I 分量与真实值对比

参 考 文 献

[1] Goudail F. Estimation precision of the degree of linear polarization and of the angle of polarization in the presence of different sources of noise[J]. Applied Optics，2010，49（4）：683-693.

[2] 夏润秋. 海面环境中红外偏振热成像探测理论研究[D]. 北京：北京理工大学，2015.

[3] Azzam R，Elminyawi I，El-Saba A. General analysis and optimization of the four-detector photopolarimeter[J].

Journal of the Optical Society of America A，1988，5（5）：681-689.

[4] Hou M H，Lin W M，Fan Z J. A research on improving the precision of rotating-wave-plate polarization measurement[J]. Applied Mechanics and Materials，2015，742：105-114.

[5] Born M，Wolf E，Hecht E. Principles of optics：Electromagnetic theory of propagation，interference and diffraction of light[J]. Physics Today，1900，53（10）：77-78.

[6] 金伟其，胡威捷. 辐射度光度与色度及其测量[M]. 北京：北京理工大学出版社，2006.

[7] 陈西园，单明. 光斜入射时偏振器作用的表述[J]. 光学技术，2006，32（3）：425- 427.

[8] Lu X，Jin W，Li L，et al. Theory and analysis of a large field polarization imaging system with obliquely incident light[J]. Optics Express，2018，26（3）：2495-2508.

[9] Lu X，Yang J，Jin W，et al. Polarization properties of reflected light with natural light incidence and elimination of angle of incidence ambiguity [J]. Applied Optics，2018，57（29）：8549-8556.

[10] Harchanko J S，Chenault D B. Water-surface object detection and classification using imaging polarimetry[C]. Polarization Science and Remote Sensing II，San Diego，2005，5888：330-336.

[11] 廖延彪. 偏振光学[M]. 北京：科学出版社，2003.

[12] 新谷隆一，范爱英，康昌鹤. 偏振光[M]. 北京：原子能出版社，1994.

[13] Stéphane R，Matthieu B，François G，et al. Polarimetric precision of a micropolarizer grid-based camera in the presence of additive and Poisson shot noise[J]. Optics Express，2018，26（23）：29968- 29982.

[14] Goudail F，Bénière A. Estimation precision of the degree of linear polarization and of the angle of polarization in the presence of different sources of noise[J]. Applied Optics，2010，49（4）：683-693.

[15] Meng L，Kerekes J P. Adaptive target detection with a polarization-sensitive optical system[J]. Applied Optics，2011，50（13）：1925-1932.

第 5 章　偏振成像系统的响应非线性校正与仪器矩阵标定

5.1　偏振成像系统的仪器矩阵及其标定方法

根据偏振信息提取原理，要获得场景的偏振信息，需要标定得到系统的仪器矩阵。在理论上，系统的仪器矩阵可以由系统中各元件的缪勒矩阵相乘得到。但是由于光学元件制造工艺的缺陷、系统各模块的装配偏差等因素，实际的系统仪器矩阵偏离理论仪器矩阵。如果直接使用理论仪器矩阵从偏振图像中提取偏振信息，将会引入很大的误差，因此需要标定系统的仪器矩阵[1-4]。

常用的两种标定偏振成像系统仪器矩阵的方法是四点定标法[5]和 E-P（equator-poles）定标法[5]。两种方法均采用偏振态发生器产生已知偏振状态的偏振光作为入射光，应用待标定的偏振成像系统对已知偏振状态的偏振光成像，获得偏振分量图像，进一步应用算法获得系统仪器矩阵。

我们在传统定标方法基础上研究了多种偏振成像系统的仪器矩阵定标方法[6]，可有效提升偏振成像系统的性能。

5.1.1　四点定标方法

利用偏振发生器产生四组线性无关的偏振光作为入射光，利用探测器探测四条子光路的出射光强度，再利用矩阵运算即可得到系统的仪器矩阵。基本步骤如下。

利用偏振发生器产生 4 组已知偏振态的偏振光最为入射光，记为 $\boldsymbol{S}_j = [s_{j0} \quad s_{j1} \quad s_{j2} \quad s_{j3}]^{\mathrm{T}}\ (j = 1, 2, 3, 4)$。对于每一个入射偏振态，记录四条子光路的光强，记为

$$\boldsymbol{I}_j = \begin{bmatrix} I_{1j} & I_{2j} & I_{3j} & I_{4j} \end{bmatrix},\quad j=1,2,3,4 \tag{5.1.1}$$

由仪器矩阵得到

$$\boldsymbol{I}_j = \boldsymbol{M}_{\text{ins}} \cdot \boldsymbol{S}_j,\quad j=1,2,3,4 \tag{5.1.2}$$

将四组测量结果组成矩阵，则有

$$\boldsymbol{I} = \boldsymbol{M}_{\text{ins}} \cdot \begin{bmatrix} \boldsymbol{S}_j \end{bmatrix} \tag{5.1.3}$$

式中，$[\ \boldsymbol{S}_j\ ] = [\boldsymbol{S}_1 \quad \boldsymbol{S}_2 \quad \boldsymbol{S}_3 \quad \boldsymbol{S}_4]$为四组线性不相关的偏振光组成的 4×4 矩阵；$\boldsymbol{I} = [\boldsymbol{I}_1 \quad \boldsymbol{I}_2 \quad \boldsymbol{I}_3 \quad \boldsymbol{I}_4]$为各路光电探测器探测的光强构成的 4×4 矩阵。

于是得到的仪器矩阵 $\boldsymbol{M}_{\text{ins}}$ 为

$$\boldsymbol{M}_{\text{ins}}=\boldsymbol{I}\cdot\left[\boldsymbol{S}_j\right]^{-1} \tag{5.1.4}$$

由于利用偏振态发生器产生的是四组线性不相关光，$[\boldsymbol{S}_j]$的逆矩阵$[\boldsymbol{S}_j]^{-1}$ 肯定存在，因此根据式（5.1.4）通过四点标定法可以获得系统的仪器矩阵 $\boldsymbol{M}_{\text{ins}}$。

四点标定方法计算简单，适用于在每次测量前都需要进行定标的系统。但偏振态发生器产生偏振态的稳定性和准确性对四点标定方法的影响很大，因此仅利用四组线性不相关的偏振态来计算系统的仪器矩阵往往不准确，且稳定性不高。

5.1.2　E-P 定标法的原理

在描述光偏振态的庞加莱球[7, 8]上，赤道（equator）对应线偏振态，极点（poles）对应圆偏振态，因此将利用线偏振态和圆偏振态实现定标的方法称为 equator-poles 定标法，简称 E-P 定标法。E-P 定标过程分为两步，第一步仅利用偏振态发生器产生线偏光来进行线偏振部分的标定，即仪器矩阵的前三列；第二步利用偏振发生器产生右旋和左旋圆偏振光来对圆偏振部分进行标定，即仪器矩阵的第四列；最后利用最小二乘法得到仪器矩阵。由于采用 E-P 定标法可减少测量结果对偏振发生器产生偏振光质量的依赖，因此采用 E-P 定标法标定双分离沃拉斯顿棱镜同时偏振成像系统的仪器矩阵。

第一步：标定仪器矩阵的前三列。

首先采用偏振态发生器产生线偏振光，光强归一化后的线偏振光的斯托斯克矢量可表示为 $\boldsymbol{S}=[1, \cos 2\theta, \sin 2\theta, 0]^{\mathrm{T}}$，其中 θ 为线偏振光的偏振角。使偏振态发生器在 0°～360°范围内每隔 10°步长产生一个线偏振光，对于每一个线偏振态，记录偏振系统四条子光路的光强，获得 36 组数据。经过光学系统后的光强与线偏振光偏振角间的关系满足

$$\boldsymbol{I}(\theta)=\left[I_1(\theta)\quad I_2(\theta)\quad I_3(\theta)\quad I_4(\theta)\right]^{\mathrm{T}}=\boldsymbol{M}_{\text{ins}}\cdot\boldsymbol{S}=\boldsymbol{M}_{11}+\boldsymbol{M}_{12}\cos 2\theta+\boldsymbol{M}_{13}\sin 2\theta \tag{5.1.5}$$

式中，$\theta=0°, 10°, \cdots, 340°, 350°$。

利用最小二乘法计算系统的仪器矩阵的前三列为

$$\begin{cases}\boldsymbol{M}_{11}=\dfrac{1}{36}\sum\limits_{j=0}^{35}\boldsymbol{I}(\theta_j)\\[2ex]\boldsymbol{M}_{12}=\dfrac{1}{18}\sum\limits_{j=0}^{35}\boldsymbol{I}(\theta_j)\cos\left(\dfrac{\pi}{9}\cdot j\right),\quad \theta_j=j\times 10°\\[2ex]\boldsymbol{M}_{13}=\dfrac{1}{18}\sum\limits_{j=0}^{35}\boldsymbol{I}(\theta_j)\sin\left(\dfrac{\pi}{9}\cdot j\right)\end{cases} \tag{5.1.6}$$

第二步：标定仪器矩阵的第四列。

要产生左旋和右旋圆偏振光，最简单的方法是利用 1/4 波片和线偏振片组合的方式实现。线偏振片缪勒矩阵 $\boldsymbol{M}_{\mathrm{P}}$ 和 1/4 波片的缪勒矩阵 $\boldsymbol{M}_{1/4}$ 分别为

$$\boldsymbol{M}_{\mathrm{P}}=\frac{1}{2}\begin{bmatrix} 1 & \cos 2\theta & \sin 2\theta & 0 \\ \cos 2\theta & \cos^2 2\theta & \cos 2\theta \sin 2\theta & 0 \\ \sin 2\theta & \cos 2\theta \sin 2\theta & \sin^2 2\theta & 0 \\ 0 & 0 & 0 & 0 \end{bmatrix} \tag{5.1.7}$$

$$\boldsymbol{M}_{1/4}=\begin{bmatrix} 1 & 0 & 0 & 0 \\ 0 & \cos^2 2\psi & \sin 2\psi \cos 2\psi & -\sin 2\psi \\ 0 & \sin 2\psi \cos 2\psi & \sin^2 2\psi & \cos 2\psi \\ 0 & \sin 2\psi & -\cos 2\psi & 0 \end{bmatrix} \tag{5.1.8}$$

式中，θ 为偏振片的方位角；ψ 为 1/4 波片的快轴方向。

自然光线先经过线偏振片，再经过 1/4 波片，出射光的归一化斯托克斯矢量为

$$\boldsymbol{S}_{\mathrm{out}}=\boldsymbol{M}_{1/4}\boldsymbol{M}_{\mathrm{P}}\boldsymbol{S}_{\mathrm{in}}=\begin{bmatrix} 1 \\ \cos 2\psi \cos(2\psi-2\theta) \\ \sin 2\psi \cos(2\psi-2\theta) \\ \sin(2\psi-2\theta) \end{bmatrix} \tag{5.1.9}$$

调整线偏振片的透光方向和 1/4 波片的快轴方向，使得 1/4 波片的快轴方向和线偏振片的透光方向的夹角分别为 45°和 –45°时，可分别得到右旋圆偏振光和左旋圆偏振光，其斯托克斯矢量分别为

$$\boldsymbol{S}_{\mathrm{R}}=\begin{bmatrix} 1 & 0 & 0 & 1 \end{bmatrix}^{\mathrm{T}} \tag{5.1.10}$$

$$\boldsymbol{S}_{\mathrm{L}}=\begin{bmatrix} 1 & 0 & 0 & -1 \end{bmatrix}^{\mathrm{T}} \tag{5.1.11}$$

由此可得

$$\begin{cases} \boldsymbol{I}_{\mathrm{R}}=\boldsymbol{M}_{11}+\boldsymbol{M}_{14} \\ \boldsymbol{I}_{\mathrm{L}}=\boldsymbol{M}_{11}-\boldsymbol{M}_{14} \end{cases} \tag{5.1.12}$$

式中，$\boldsymbol{I}_{\mathrm{R}}$ 为在右旋圆偏振光入射时测得的光强列矢量；$\boldsymbol{I}_{\mathrm{L}}$ 为左旋圆偏振光下测得的光强列矢量。

根据式（5.1.12）可以标定出系统仪器矩阵的第一列和第四列

$$\begin{cases} \boldsymbol{M}_{11}=(\boldsymbol{I}_{\mathrm{R}}+\boldsymbol{I}_{\mathrm{L}})/2 \\ \boldsymbol{M}_{14}=(\boldsymbol{I}_{\mathrm{R}}-\boldsymbol{I}_{\mathrm{L}})/2 \end{cases} \tag{5.1.13}$$

根据式（5.1.6）和式（5.1.13），定标第一步和第二步都可得到仪器矩阵的第一列，理论上两步定标获得的仪器矩阵第一列的数据应该是一致的，因此，第一步得到的仪器矩阵第一列和第二步得到的仪器矩阵第一列的差值是衡量定标是否正确的重要指标，定义一致性参数 c_i 为

$$c_i = \frac{a_{i1,\mathrm{p}} - a_{i1,\mathrm{e}}}{a_{i1,\mathrm{p}}} \times 100\%, \qquad i = 1,2,3,4 \tag{5.1.14}$$

式中，$a_{i1,\mathrm{p}}$ 和 $a_{i1,\mathrm{e}}$ 分别为第一步和第二步得到的仪器矩阵的第一列。

5.1.3 偏振成像系统的仪器矩阵标定实验

为了检验偏振成像系统仪器矩阵标定的必要性，根据 E-P 定标原理设计了如图 5.1.1 所示的系统定标方案，定标装置分为两个模块，即偏振辐射源发生模块和待定标的偏振成像系统。偏振辐射源发生模块由积分球和旋转偏振片组成，定义与探测器水平方向平行为偏振片的 0°方向，从 0°到 350°每间隔 10°转动偏振片，采集 36 组待定标系统的偏振图像。

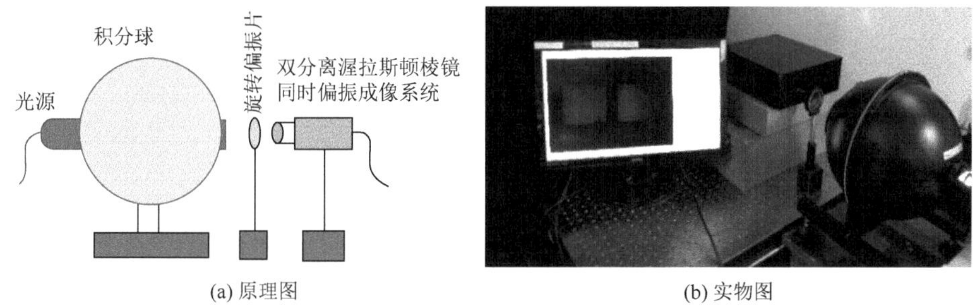

(a) 原理图　　(b) 实物图

图 5.1.1 仪器矩阵 E-P 定标

按照大视场偏振成像理论（4.2 节），严格来讲需要对偏振成像系统有效成像区域进行逐个像素偏振定标[8]，但由于处理量的原因，在成像视场不大的情况下，可以采用分区域定标的方法[6]。例如，将有效图像区域划分为 3×3 的子区域，区域划分方法及权重分配如图 5.1.2 所示，分别对 9 个子区域定标图像取区域平均，应用 E-P 法进行定标，得到 9 组定标仪器矩阵；对 9 组定标仪器矩阵按照图中的权重进行运算，得到适用于整个有效图像区域的定标仪器矩阵。

区域1	区域4	区域7
区域2	区域5	区域8
区域3	区域6	区域9

1/15	2/15	1/15
2/15	3/15	2/15
1/15	2/15	1/15

图 5.1.2 分区域定标区域划分方法及权重分配

针对图 5.1.1 的双分离沃拉斯顿棱镜同时偏振成像系统进行标定实验，由于系统只能测量线偏振态，故只需要标定仪器矩阵的前三列，理论上仪器矩阵的第四列为 0，只开展 E-P 定标方法的第一步，得到 9 组仪器矩阵如表 5.1.1 所示。对其按照图 5.1.2 的加权系数得到平均定标仪器矩阵与理论仪器矩阵如表 5.1.2 所示。可以看出：①实际偏振成像系统的仪器矩阵偏离理论矩阵 $\boldsymbol{M}_{\text{ideal}}$，各区域仪器矩阵也与平均仪器矩阵存在差异，虽然在仪器矩阵中相应元素占比呈正相关，但差别仍然是明显的；②当成像视场很小，且各通道较为均匀时，采用中心平均仪器矩阵 $\boldsymbol{M}$ 即可获得较好的效果，若需要较高的偏振成像精度且处理量受限，则可以采用分区域仪器矩阵模式，若成像视场较大且入射光束的偏振特性较为明显，则需要采用逐点仪器矩阵。

以上分析在一定程度上说明了仪器矩阵定标及分区仪器矩阵的必要性和有效性，需要在实际应用中根据要求决定采用何种标定模式。

表 5.1.1　9 组子区域定标仪器矩阵

$\boldsymbol{M}_1$				$\boldsymbol{M}_2$				$\boldsymbol{M}_3$			
1.00	0.90	0.11	0	1.00	0.92	0.12	0	1.00	0.91	0.12	0
0.71	−0.01	0.43	0	0.68	0.01	0.44	0	0.64	0.01	0.42	0
0.43	−0.33	−0.06	0	0.44	−0.37	−0.06	0	0.44	−0.32	−0.02	0
0.38	0.02	−0.22	0	0.36	0.01	−0.23	0	0.34	−0.01	−0.22	0
$\boldsymbol{M}_4$				$\boldsymbol{M}_5$				$\boldsymbol{M}_6$			
1.00	0.92	0.12	0	1.00	0.94	0.12	0	1.00	0.93	0.12	0
0.68	−0.02	0.45	0	0.66	−0.01	0.46	0	0.65	0.00	0.44	0
0.72	−0.61	−0.10	0	0.70	−0.62	−0.09	0	0.71	−0.63	−0.09	0
0.55	0.02	−0.35	0	0.51	0.01	−0.34	0	0.51	0.01	−0.34	0.00
$\boldsymbol{M}_7$				$\boldsymbol{M}_8$				$\boldsymbol{M}_9$			
0.91	0.80	0.11	0.00	0.91	0.83	0.11	0	0.93	0.82	0.10	0
0.60	−0.01	0.39	0.00	0.58	−0.01	0.39	0	0.58	−0.01	0.39	0
1.00	−0.85	−0.12	0.00	1.00	−0.88	−0.13	0	1.00	−0.87	−0.13	0
0.76	0.03	−0.48	0.00	0.73	0.03	−0.49	0	0.70	0.02	−0.47	0

表 5.1.2　理论仪器矩阵与平均定标仪器矩阵

$\boldsymbol{M}_{\text{ideal}}$				$\boldsymbol{M}$			
1	1	0	0	1.00	0.92	0.12	0
1	0	1	0	0.66	−0.01	0.44	0
1	−1	0	0	0.71	−0.61	−0.09	0
1	0	−1	0	0.53	0.02	−0.35	0

5.2　偏振成像系统响应的非线性校正

基于斯托克斯矢量[7]的偏振成像技术大体可分为两类：一类是偏振光调制法，在待测光路中，引入起偏器和相位延迟器进行调制，通过测量调制光强 I_θ 重构斯托克斯参量，即分时偏振成像模式[8]；另一类采用分波前、分振幅或分焦平面等方法，用一个或多个光电探测器探测光强 I_θ，同时测量某一瞬间的各个调制光强[7]，进而重构斯托克斯参量，即同时偏振成像模式[8]。

然而，由于偏振成像的偏振信息重构环节处于探测和显示之间，数字图像灰度信号与入射光辐射存在 γ 变换关系。直接用图像灰度代替光辐射强度进行偏振信息重构，重构得到的偏振信息将与实际偏振信息产生偏差，失去偏振成像的实际物理意义。

鉴于目前在可见光偏振成像及热偏振成像的研究中缺乏对探测器 γ 特性的认识，并且诸多研究未考虑 γ 校正的问题，我们通过理论推导和实验测量，分析 γ 变换对光电偏振成像系统偏振信息重构的影响，提出考虑探测器 γ 特性的光电偏振成像系统偏振信息重构方法[9]。

5.2.1　光电探测器的 γ 特性

光电探测器的 γ 特性表征探测器输出数字图像灰度 DN 与入射光辐射强度 I 的关系，可表示为

$$\mathrm{DN} = kI^{\gamma} + \mathrm{DN_b} \tag{5.2.1}$$

式中，$\mathrm{DN_b}$ 为偏置/暗背景；k 为增益常数；γ 随探测器材料不同而变化，称为灰度系数[9]。

探测器的 γ 特性曲线[10]一般如图 5.2.1 所示，$\gamma = 1$ 时，图像灰度和光辐射强度呈线性关系；$\gamma < 1$ 时，可提高低光辐射强度时的图像信号，有利于暗场目标场景信号显现，同时使高光辐射强度时的图像信号呈一定的饱和状态，有利于扩展动态范围；由于光电探测器的光电转换特性一般满足 $\gamma \leqslant 1$，因此对 $\gamma > 1$ 的情况不讨论。

需要指出，场景偏振图像是针对辐射量的，不是针对图像灰度信息的，即相关的偏振信息必须通过灰度量到辐射量的转换，所进行的偏振信息解析才具有实际物理意义；如果只是针对获得的偏振图像进行相关的偏振信息解析，虽然也可以得到相应的结果，且在一些处理中也能够取得一定的效果，但其往往偏离真实的偏振信息，在一些具有场景偏振信息的应用中会产生明显的偏差。

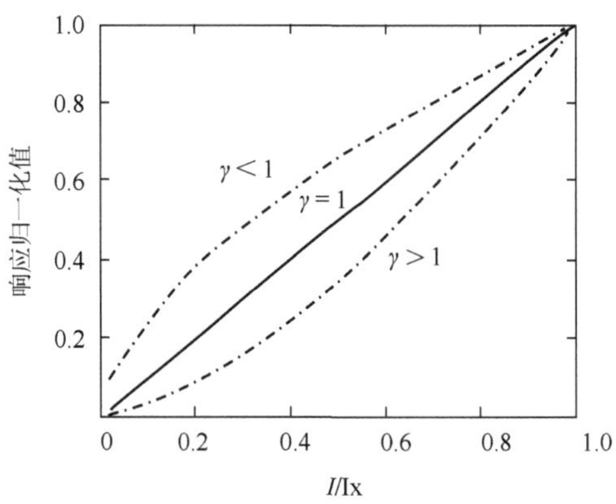

图 5.2.1　探测器的 γ 特性曲线

5.2.2　基于探测器输出数字信号的偏振信息重构方法

斯托克斯矢量 $\boldsymbol{S}=[s_0\quad s_1\quad s_2\quad s_3]^{\mathrm{T}}$ 是光强的函数[7]，其中，s_0 表示总光强；s_1 和 s_2 表示线偏振分量；s_3 表示圆偏振分量，自然场景的圆偏振成分很小，可近似认为 $s_3=0$。

对于分时偏振成像模式，基于检偏方向调制光强 I_θ（$\theta=0°, 45°, 90°, 135°$）的斯托克斯矢量 $\boldsymbol{S}$、线偏振度（DoLP）、偏振角（AoP）重构表达式分别为

$$\boldsymbol{S}=\begin{bmatrix}s_0 & s_1 & s_2 & s_3\end{bmatrix}^{\mathrm{T}}=\begin{bmatrix}I_{0°}+I_{90°}\\ I_{0°}-I_{90°}\\ I_{45°}-I_{135°}\\ 0\end{bmatrix}=\begin{bmatrix}\mathrm{DN}_{0°}+\mathrm{DN}_{90°}\\ \mathrm{DN}_{0°}-\mathrm{DN}_{90°}\\ \mathrm{DN}_{45°}-\mathrm{DN}_{135°}\\ 0\end{bmatrix} \tag{5.2.2}$$

$$\mathrm{DoLP}=\frac{\sqrt{s_1^2+s_2^2}}{s_0}=\frac{\sqrt{(\mathrm{DN}_{0°}-\mathrm{DN}_{90°})^2+(\mathrm{DN}_{45°}-\mathrm{DN}_{135°})^2}}{\mathrm{DN}_{0°}+\mathrm{DN}_{90°}} \tag{5.2.3}$$

$$\mathrm{AoP}=\frac{1}{2}\arctan\left(\frac{s_2}{s_1}\right)=\frac{1}{2}\arctan\left(\frac{\mathrm{DN}_{45°}-\mathrm{DN}_{135°}}{\mathrm{DN}_{0°}-\mathrm{DN}_{90°}}\right) \tag{5.2.4}$$

对于同时偏振成像模式，基于检偏方向调制光强 $\boldsymbol{I}_{\theta i}$（$i=1, 2, 3, 4$）的斯托克斯矢量 $\boldsymbol{S}$ 重构式为

$$\boldsymbol{S}=\begin{bmatrix}s_0 & s_1 & s_2 & s_3\end{bmatrix}^{\mathrm{T}}=\boldsymbol{M}^{-1}\boldsymbol{I}_{\theta i} \tag{5.2.5}$$

$$\boldsymbol{I}_{\theta i}=\begin{bmatrix}I_{\theta 1} & I_{\theta 2} & I_{\theta 3} & I_{\theta 4}\end{bmatrix}^{\mathrm{T}} \tag{5.2.6}$$

$$\boldsymbol{M}^{-1}=\begin{bmatrix}\boldsymbol{M}_1; & \boldsymbol{M}_2; & \boldsymbol{M}_3; & \boldsymbol{M}_4\end{bmatrix} \tag{5.2.7}$$

式中，$\boldsymbol{M}_i$（$i=1, 2, 3, 4$）为行向量，代表 4×4 矩阵 $\boldsymbol{M}^{-1}$ 的第 i 行；$\boldsymbol{M}^{-1}$ 为偏振成像系统仪器矩阵 $\boldsymbol{M}$ 的逆矩阵。

当用偏振成像系统输出数字图像信号 DN 代替光强 I 时，斯托克斯矢量 $\boldsymbol{S}$ 重构式为

$$\begin{cases}\boldsymbol{S}=\left[\boldsymbol{M}_1\cdot\mathbf{DN}_{\theta i}\quad \boldsymbol{M}_2\cdot\mathbf{DN}_{\theta i}\quad \boldsymbol{M}_3\cdot\mathbf{DN}_{\theta i}\quad \boldsymbol{M}_4\cdot\mathbf{DN}_{\theta i}\right]\\ \mathrm{DN}_{\theta i}=\left[\mathrm{DN}_{\theta 1}\quad \mathrm{DN}_{\theta 2}\quad \mathrm{DN}_{\theta 3}\quad \mathrm{DN}_{\theta 4}\right]\end{cases}\tag{5.2.8}$$

相应地，线偏振度（DoLP）和偏振角（AoP）可分别表示为

$$\mathrm{DoLP}=\frac{\sqrt{s_1^2+s_2^2}}{s_0}=\frac{\sqrt{(\boldsymbol{M}_2\cdot\mathbf{DN}_{\theta i})^2+(\boldsymbol{M}_3\cdot\mathbf{DN}_{\theta i})^2}}{\boldsymbol{M}_1\cdot\mathbf{DN}_{\theta i}}\tag{5.2.9}$$

$$\mathrm{AoP}=\frac{1}{2}\arctan\left(\frac{s_2}{s_1}\right)=\frac{1}{2}\arctan\left(\frac{\boldsymbol{M}_3\cdot\mathbf{DN}_{\theta i}}{\boldsymbol{M}_2\cdot\mathbf{DN}_{\theta i}}\right)\tag{5.2.10}$$

以上重构方法是目前诸多研究中所采用的方法。

5.2.3　考虑探测器 γ 特性的偏振信息重构方法

由于探测器的 γ 特性决定了输出数字图像灰度信号 DN 和光强 I 不满足线性关系，用数字图像灰度信号 DN 代替光强 I 重构斯托克斯矢量，必然会导致重构斯托克斯矢量的重构偏差。因此，需要研究考虑探测器 γ 特性的偏振信息重构方法。

对于分时偏振成像模式，考虑 γ 特性的斯托克斯矢量 $\boldsymbol{S}$ 重构表达式为

$$\boldsymbol{S}=\left[s_0\quad s_1\quad s_2\quad s_3\right]^{\mathrm{T}}=\left[I_{0^\circ}+I_{90^\circ}\quad I_{0^\circ}-I_{90^\circ}\quad I_{45^\circ}-I_{135^\circ}\quad 0\right]^{\mathrm{T}}\tag{5.2.11}$$

$$I_\theta=\left[(\mathrm{DN}_\theta-\mathrm{DN}_{\mathrm{b}\theta})/k_\theta\right]^{1/\gamma_\theta},\quad \theta=0^\circ,45^\circ,90^\circ,135^\circ\tag{5.2.12}$$

对于分时偏振成像模式，通常可假设与 0°、45°、90°、135°四个检偏方向对应的探测器 γ 特性相同，即 $\mathrm{DN}_{\mathrm{b}0^\circ}=\mathrm{DN}_{\mathrm{b}45^\circ}=\mathrm{DN}_{\mathrm{b}90^\circ}=\mathrm{DN}_{\mathrm{b}135^\circ}=\mathrm{DN}_{\mathrm{b}0^\circ}$，$k_{0^\circ}=k_{45^\circ}=k_{90^\circ}=k_{135^\circ}=k$，$\gamma_{0^\circ}=\gamma_{45^\circ}=\gamma_{90^\circ}=\gamma_{135^\circ}=\gamma$，式（5.2.12）简化为

$$I_\theta=\left[(\mathrm{DN}_\theta-\mathrm{DN}_{\mathrm{b}})/k\right]^{1/\gamma},\qquad \theta=0^\circ,45^\circ,90^\circ,135^\circ\tag{5.2.13}$$

相应地，线偏振度（DoLP）和偏振角（AoP）分别表示为

$$\begin{aligned}\mathrm{DoLP}&=\frac{\sqrt{s_1^2+s_2^2}}{s_0}=\frac{\sqrt{(I_{0^\circ}-I_{90^\circ})^2+(I_{45^\circ}-I_{135^\circ})^2}}{I_{0^\circ}+I_{90^\circ}}\\&=\frac{\sqrt{\left[(\mathrm{DN}_{0^\circ}-\mathrm{DN}_{\mathrm{b}})^{1/\gamma}-(\mathrm{DN}_{0^\circ}-\mathrm{DN}_{\mathrm{b}})^{1/\gamma}\right]^2+\left[(\mathrm{DN}_{45^\circ}-\mathrm{DN}_{\mathrm{b}})^{1/\gamma}-(\mathrm{DN}_{135^\circ}-\mathrm{DN}_{\mathrm{b}})^{1/\gamma}\right]^2}}{(\mathrm{DN}_{0^\circ}-\mathrm{DN}_{\mathrm{b}})^{1/\gamma}+(\mathrm{DN}_{90^\circ}-\mathrm{DN}_{\mathrm{b}})^{1/\gamma}}\end{aligned}\tag{5.2.14}$$

$$\mathrm{AoP}=\frac{1}{2}\arctan\left(\frac{s_2}{s_1}\right)=\frac{1}{2}\arctan\left(\frac{(\mathrm{DN}_{45^\circ}-\mathrm{DN}_{\mathrm{b}})^{1/\gamma}-(\mathrm{DN}_{135^\circ}-\mathrm{DN}_{\mathrm{b}})^{1/\gamma}}{(\mathrm{DN}_{0^\circ}-\mathrm{DN}_{\mathrm{b}})^{1/\gamma}-(\mathrm{DN}_{90^\circ}-\mathrm{DN}_{\mathrm{b}})^{1/\gamma}}\right)\tag{5.2.15}$$

式中，偏振度（DoLP）和偏振角（AoP）是关于γ的函数，但与增益k无关。

对于同时偏振成像模式，考虑γ特性的斯托克斯矢量$\boldsymbol{S}$、线偏振度（DoLP）、偏振角（AoP）的重构表达式分别为

$$\begin{cases}\boldsymbol{S}=\begin{bmatrix}s_0 & s_1 & s_2 & s_3\end{bmatrix}^{\mathrm{T}}=\boldsymbol{M}^{-1}\cdot\boldsymbol{I}_{\theta i}\\ \boldsymbol{I}_{\theta i}=\begin{bmatrix}I_{\theta 1} & I_{\theta 2} & I_{\theta 3} & I_{\theta 4}\end{bmatrix}^{\mathrm{T}}\\ I_{\theta i}=\left[\left(\mathrm{DN}_{\theta i}-\mathrm{DN}_{\mathrm{b}\theta i}\right)/k_{\theta i}\right]^{1/\gamma_{\theta i}}, \qquad i=1,2,3,4\end{cases} \tag{5.2.16}$$

$$\mathrm{DoLP}=\frac{\sqrt{s_1^2+s_2^2}}{s_0}=\frac{\sqrt{(\boldsymbol{M}_2\cdot\boldsymbol{I}_{\theta i})^2+(\boldsymbol{M}_3\cdot\boldsymbol{I}_{\theta i})^2}}{\boldsymbol{M}_1\cdot\boldsymbol{I}_{\theta i}} \tag{5.2.17}$$

$$\mathrm{AoP}=\frac{1}{2}\arctan\left(\frac{s_2}{s_1}\right)=\frac{1}{2}\arctan\left(\frac{\boldsymbol{M}_3\cdot\boldsymbol{I}_{\theta i}}{\boldsymbol{M}_2\cdot\boldsymbol{I}_{\theta i}}\right) \tag{5.2.18}$$

直接按照式（5.2.16）～式（5.2.18）实现同时偏振成像模式的斯托克斯矢量重构，需要对四路偏振成像通道的增益k、偏置$\mathrm{DN_b}$和γ分别进行标定，标定环节的复杂性使其难以有效实施，且未与仪器矩阵定标进行结合。由于同时偏振成像系统仪器矩阵定标过程包含偏振定标和辐射定标的内容，因此，通过标定探测器不同γ设置下的仪器矩阵$\boldsymbol{M}_{\gamma}$，实现考虑γ特性的同时偏振成像的仪器矩阵定标，进一步重构斯托克斯矢量$\boldsymbol{S}$重构，重构表达式为

$$\boldsymbol{S}=\begin{bmatrix}s_0 & s_1 & s_2 & s_3\end{bmatrix}^{\mathrm{T}}=\boldsymbol{M}_{\gamma}^{-1}\cdot\begin{bmatrix}\mathrm{DN}_{\theta 1} & \mathrm{DN}_{\theta 2} & \mathrm{DN}_{\theta 3} & \mathrm{DN}_{\theta 4}\end{bmatrix}^{\mathrm{T}} \tag{5.2.19}$$

对分时偏振成像系统，当γ偏离 1 时，得到的偏振度（DoLP）会产生较为明显的偏离，甚至出现偏振度大于 1 的情况，但γ对偏振角（AoP）则几乎没有影响。对于同时偏振成像系统，γ对重构的偏振度（DoLP）和偏振角（AoP）均有影响。利用考虑γ特性的偏振信息重构方法得到的偏振度和偏转角符合实际场景的情况，表明考虑探测器γ特性的偏振信息重构方法具有有效性和必要性，即只有考虑探测器的γ特性，才能从偏振成像系统的图像信号正确地解算出目标场景的偏振辐射信息。

5.3 红外偏振辐射源及其定标方法

标准偏振辐射源是偏振成像系统性能标定和评价的基准，可见光标准偏振辐射源通常采用积分球光源 + 偏振起偏器、$\lambda/4$ 波片的组合。然而，类比可见光波段，采用面型黑体源 + 红外偏振起偏器组合成的红外偏振辐射源却难以满足可控的标准偏振辐射源的要求。其原因在于处于自然环境的起偏器自身的辐射及反射辐射会叠加在透过起偏器的红外偏振辐射上，不仅降低了偏振辐射源的偏振度，

而且由于环境变化的不可控，产生的部分偏振辐射处于偏振信息不可控的状态。

我们开展了红外偏振辐射源研究，提出了一种温控偏振度可调的中波红外偏振辐射源[11]，这里说明红外偏振辐射源及其性能检测系统。

5.3.1 红外偏振辐射源的系统设计

中波红外偏振辐射源及其性能检测系统（中波偏振热像仪）的实物图和原理图如图 5.3.1 所示。红外偏振辐射源主要由高精度面型温差黑体辐射源、变温透射支架、中波红外起偏器及中波红外窗口等组成。其检测原理为：通过变温透射支架两端红外窗口和中波红外起偏器，面型温差黑体辐射源的无偏辐射变为部分偏振光（由黑体透射部分偏振辐射、偏振片自发辐射、窗口等的自发辐射、反射辐射和环境杂散辐射等组成）；通过调节黑体辐射源和变温透射支架的温度，可改变中波红外偏振辐射源出射光场的偏振度；中波制冷偏振热像仪由中波制冷热像仪及红外物镜后截距中安装的 4 孔径滤光片转轮组成，调节热像仪的物镜，使其聚焦在中波红外起偏器上，通过旋转转轮分别采集 0°、60°、120°检偏方向和无检偏器时的红外偏振辐射源靶标强度图像；最后，在不同黑体辐射源和变温透射支架温度条件下，标定出中波红外偏振辐射源出射光场的偏振度，从而为其他偏振热像仪的偏振性能测试提供温控偏振度可调的红外偏振辐射源。

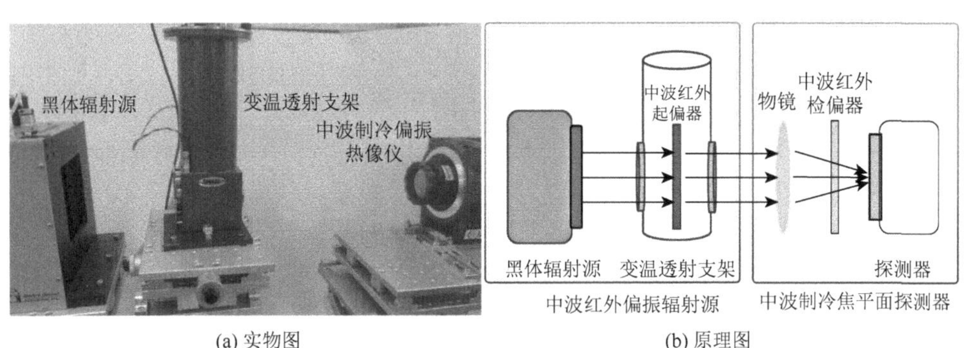

(a) 实物图　　(b) 原理图

图 5.3.1 中波红外偏振辐射源及其性能检测系统

下面介绍图 5.3.1（a）中黑体辐射源、变温透射支架和中波制冷偏振热像仪的选型。

（1）美国某公司高精度面型温差黑体辐射源 CDS 100-04。

4in[①]面型温差黑体辐射源的温度稳定度为±0.01℃；在绝对模式下的温度范围

① 1in = 2.54cm。

是 0～100℃；在温差模式下的温度范围是–25～75℃；在绝对模式下的温度控制精度是 0.01℃；温度显示分辨率最高是 0.0001℃；发射率为 0.97±0.02。

（2）英国 SPECAC 公司 P/N GS21525 的变温透射支架。

P/N GS21525 是一个通用变温透射支架，在真空腔中放置安装有中波红外起偏器（midwave infrared polarizer，MIRP）的样品架，如图 5.3.2（a）所示，向变温仓内加入液氮并进行数字控温，有效控温范围为–190～250℃，上升或下降温控速率约为 10℃/min；温度设定分辨率为 1℃，温度稳定性优于±2℃；窗口材料可以根据工作波长进行选择，部件所带 CaF_2 窗口透射光谱范围可从远紫外线（130nm）到远红外线（8μm），在中波红外工作波段 3.0～5.2μm 的透射率大于 94%，如图 5.3.3 所示；隔膜泵通过管道与真空舱相连进行工作，最大抽真空为 0.5mbar（50Pa），在向变温舱加注液氮时，可有效防止窗口结晶。采用北京理工大学设计的中波红外偏振片作为起偏器，由 Al_2O_3 基底和铝金属线栅组成，主光轴及其正交方向的透过率分别为 $\tau_{M1}=0.813$ 、$\tau_{M2}=0.006$，铝线栅（铝毛面）发射率为 0.2～0.6。

(a)

(b)

(c)

图 5.3.2　样品架（a）、制冷中波红外焦平面热像仪 JADE MWIR（b）和 4 孔径偏振片转轮（c）

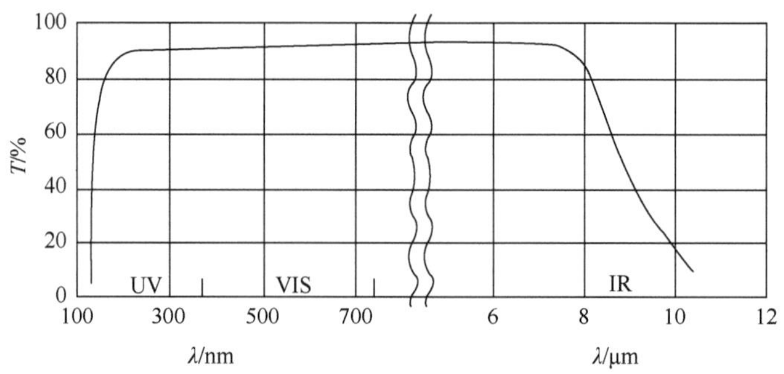

图 5.3.3　CaF_2 窗口光谱透射率

UV：紫外线；VIS：可见光；IR：红外线

（3）法国 CEDIP 公司 JADE MWIR 制冷中波红外焦平面热像仪。

基于碲镉汞（MCT）的制冷中波红外焦平面热像仪 JADE MWIR 如图 5.3.2（b）所示，性能指标如表 5.3.1 所示。在 4 孔径偏振片转轮上，分别安装 3 个 Thorlabs 公司的中波红外偏振片 WP25M-IRA（性能参数如表 5.3.2 所示）作为红外检偏器（infrared analyzer，IRA），如图 5.3.2（c）所示。偏振片方位角分别设置为 0°、60°和 120°，再加上一个强度通道，构成 3 个检偏方向光强加总光强通道的中波红外偏振热像仪。

表 5.3.1　JADE MWIR 的性能指标

性能指标	参量	性能指标	参量
探测器类型	MCT 或 InSb	光谱范围	3.0～5.2μm
物镜 F 数	–20～1300℃	冷却方式	闭环斯特林制冷器
数据输出	14 bits RS422	滤波器	3 个 1in 的检偏器
帧速率	1～170Hz，增量 1Hz	积分时间	1μs～10ms，增量 1μs
噪声等效温差（NETD）	＜25mK @ 30℃	阵列规模	320×240
像元尺寸	30μm	物镜焦距	50mm

表 5.3.2　WP25M-IRA 的性能指标

性能指标	参量	性能指标	参量
型号	Thorlabs WP25M-IRA	波长范围	3～5μm
尺寸	25mm	入射光角度	±20°
通光孔径	18mm×18mm	消光比	大于 1000（$\tau_{\text{MD1}}=0.974$，$\tau_{\text{MD2}}=0.001$）

5.3.2　红外偏振辐射源的数学模型

按照图 5.3.1 中波红外偏振辐射源的构成，我们分析偏振辐射源的输出辐亮度。如图 5.3.4 所示，黑体辐射源出射光场总辐亮度 $L_{\text{B}}(T)$ 主要包括黑体辐射源的自发辐亮度 $L_{\text{BS}}(T)$ 和反射辐亮度；中波红外偏振片 Al_2O_3 基底的透射率 $\rho_{Al_2O_3}$ 约为 0.9，基底中心为 5mm×5mm 的单方向金属线栅，非线栅的表面涂有不透光材料；无偏辐亮度 $L_{\text{BS}}(T)$ 透过金属线栅形成部分偏振光，该部分偏振光可以视为完全偏振光 L_{P} 和非偏振光 L_{N} 的叠加；ρ_{c} 为 CaF_2 窗口在 3.0～5.2μm 波段平均透过率；L_{c} 为 CaF_2 窗口的自发辐亮度和反射辐亮度，与环境温度有关；L_{H} 为大气辐亮度。

在 3.0～5.2μm 波段内，大气平均吸收率和发射率分别为 α_{a} 和 ε_{a}；黑体辐射源平均吸收率和发射率分别为 α_{BS} 和 ε_{BS}；CaF_2 窗口平均吸收率、发射率和透射

率分别为α_c、ε_c和ρ_c；室内物体和腔内系统的发射率分别为ε_{obj}和ε_{vc}；金属线栅吸收率和发射率分别为α_p和ε_p。

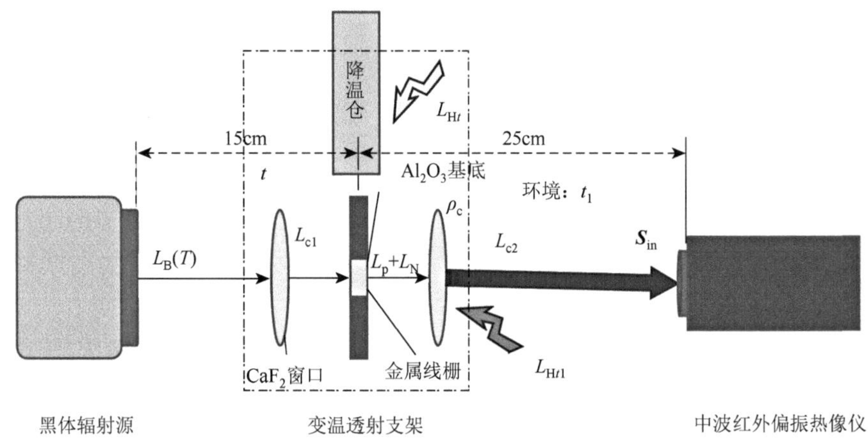

图 5.3.4　中波红外偏振辐射源原理图

中波红外偏振辐射源出射光场$\boldsymbol{S}_{in}$的偏振度P是完全偏振光成分L_{pout}在总辐亮度L_{out}中所占比例，出射光场中完全偏振光L_{pout}可定义为

$$L_{pout}=\rho_c\cdot\left[L_{max}(T,t)-L_{min}(T,t)\right] \tag{5.3.1}$$

$$L_N(t)=\left[1-(\tau_{M1}+\tau_{M2})/2-\alpha_p\right]\cdot\left[L_{Ht}(t)+\rho_c\cdot L_{Ht_1}(t_1)\right]+L_p(\varepsilon_p,t) \tag{5.3.2}$$

式中，T为黑体辐射源温度；t为变温透射支架腔内温度；t_1为室内环境温度；L_{max}、L_{min}分别为金属线栅主方向、正交方向的透过辐亮度；τ_{M1}和τ_{M2}分别为中波红外偏振片金属线栅主方向和正交方向在工作波段的平均透过率；金属线栅表面出射光场的非偏振光L_N主要包括反射辐亮度、自发辐亮度$L_p(\varepsilon_p,t)$；$L_{Ht_1}(t_1)$和$L_{Ht}(t)$分别为室内环境和腔内环境辐亮度。

$$L_B(T)=L_{BS}(\varepsilon_{BS},T)+(1-\alpha_{BS})\cdot L_{Ht_1}(t_1) \tag{5.3.3}$$

$$L_{max}(T,t)=\left[\rho_c\cdot L_B(T)+L_{c1}(t)\right]\cdot\rho_{Al_2O_3}\cdot\tau_{M1}/2 \tag{5.3.4}$$

$$L_{min}(T,t)=\left[\rho_c\cdot L_B(T)+L_{c1}(t)\right]\cdot\rho_{Al_2O_3}\cdot\tau_{M2}/2 \tag{5.3.5}$$

式中，黑体辐射源辐亮度$L_B(T)$为黑体辐射源自发辐亮度$L_{BS}(\varepsilon_{BS},T)$和反射的室内环境辐亮度$L_{Ht_1}(t_1)$的叠加；$L_{c1}(t)$为左侧窗口的附加辐亮度，与腔内温度$t$相关。

$$L_{Ht_1}(t_1)=(1-\alpha_a)\cdot L_{obj}(\varepsilon_{obj},t_1)+(1-\alpha_a)\cdot L_a(\varepsilon_a,t_1) \tag{5.3.6}$$

$$L_{c1}(t)=L_{c1}(\varepsilon_c,t)+(1-\rho_c-\alpha_c)\cdot L_{Ht}(t) \tag{5.3.7}$$

$$L_{Ht}(t)=(1-\alpha_a)\cdot L_{vc}(\varepsilon_{vc},t_1)+(1-\alpha_a)\cdot L_a(\varepsilon_a,t_1) \tag{5.3.8}$$

式中，室内环境辐亮度$L_{Ht_1}(t_1)$主要包括室内物体的自发辐亮度$L_{obj}(\varepsilon_{obj},t_1)$和室内

大气的自发辐亮度 $L_a(\varepsilon_a,t_1)$；左侧窗口的附加辐亮度 $L_{c1}(t)$ 主要包括窗口的自发辐亮度 $L_{c1}(\varepsilon_c,t)$ 和反射的腔内环境辐亮度 $L_{Ht}(t)$；腔内环境辐亮度 $L_{Ht}(t)$ 为变温透射支架腔内系统自发辐亮度 $L_{vc}(\varepsilon_{vc},t)$ 和腔内大气辐亮度 $L_a(\varepsilon_a,t)$ 的叠加。

中波红外偏振辐射源出射光场 L_{in} 的线偏振度（DoLP）与黑体辐射源、变温透射支架温度的函数关系为

$$L_{out}(T,t)=\rho_c\cdot\left[L_{max}(T,t)+L_{min}(T,t)+L_N(t)\right]+L_{c2}(t_1) \tag{5.3.9}$$

$$L_{c2}(t_1)=L_{c2}(\varepsilon_c,t_1)+(1-\rho_c-\alpha_c)\cdot L_{Ht_1}(t_1) \tag{5.3.10}$$

$$\begin{aligned}P(T,t)&=L_{pout}(T,t)/L_{out}(T,t)\\&=\frac{\rho_c\cdot\left[L_{max}(T,t)-L_{min}(T,t)\right]}{\rho_c\cdot\left[L_{max}(T,t)+L_{min}(T,t)+L_N(t)\right]+L_{c2}(t_1)}\end{aligned} \tag{5.3.11}$$

式中，右侧 CaF_2 窗口的附加辐亮度 $L_{c2}(t_1)$ 包括窗口自发辐亮度 $L_{c2}(\varepsilon_c,t_1)$ 和反射的室内环境辐亮度 $L_{Ht1}(t_1)$。

根据基尔霍夫定律，黑体辐射源、金属线栅、环境和 CaF_2 窗口自发辐射正入射方向的辐亮度为

$$L_x(\varepsilon_y,T_t)=\frac{\varepsilon_y}{\pi}\cdot\int_{3.0\mu m}^{5.2\mu m}\frac{c_1}{\exp(c_2/\lambda T_t)-1}\,d\lambda \tag{5.3.12}$$

式中，第一辐射常数 $c_1=3.7418\times10^{-16}\,W\cdot m^2$，第二辐射常数 $c_2=1.4388\times10^{-2}\,m\cdot K$；$\varepsilon_y$ 为被测物体表面发射率；T_t 为被测物体表面温度。

在 3.0～5.2μm 波段内，对于近距离探测靶标，若被测物体满足灰体，取大气 $\alpha_a=\varepsilon_a=0$；标准黑体源表面 $\alpha_B=\varepsilon_B=0.97$；$CaF_2$ 窗口 $\alpha_c=\varepsilon_c=0$，$\rho_c=0.94$；偏振片金属线栅 $\tau_{M1}=0.813$，$\tau_{M2}=0.006$，$\alpha_p=0$，$\varepsilon_p=0.28$；腔内支架（抛光不锈钢）：$\varepsilon_{vc}=0.2$；室内环境（平滑铸铁）$\varepsilon_{obj}=0.5$。当室内实验环境温度 t_1 为 20℃时，可得到中波红外偏振辐射源出射光场的偏振度 P 与黑体辐射源温度 T、变温透射支架腔内温度 t 的关系，如图 5.3.5 所示。结果表明，辐射源出射光场偏振度随着黑体辐射源温度的升高而增加，随着变温透射支架温度的升高而降低，即通过调制温度 T 和 t，可调控辐射源出射光场 $\boldsymbol{S}_{in}$ 的偏振度。

根据红外偏振辐射源出射辐射的偏振度模型，在常规的黑体辐射源温度 T 和变温透射支架腔内温度 t 范围，红外偏振辐射源偏振度的仿真结果与实测值具有较好的一致性，均方差为 0.0566，且黑体辐射源温度 T 越大，变温透射支架腔内温度 t 越低，输出的辐射偏振度越高（0.2683～0.9072）。因此，通过调节 T 和 t，可以设计确定偏振度的中波红外偏振辐射。进一步提高变温舱中偏振片的消光比（从目前约 100∶1 提高到 800∶1），则可获得更高消光比的偏振辐射源。此外，通过采用长波红外偏振片起偏，并改换长波红外窗口，该红外偏振辐射源模型与测试系统也适合长波红外偏振成像系统的检测与评价。

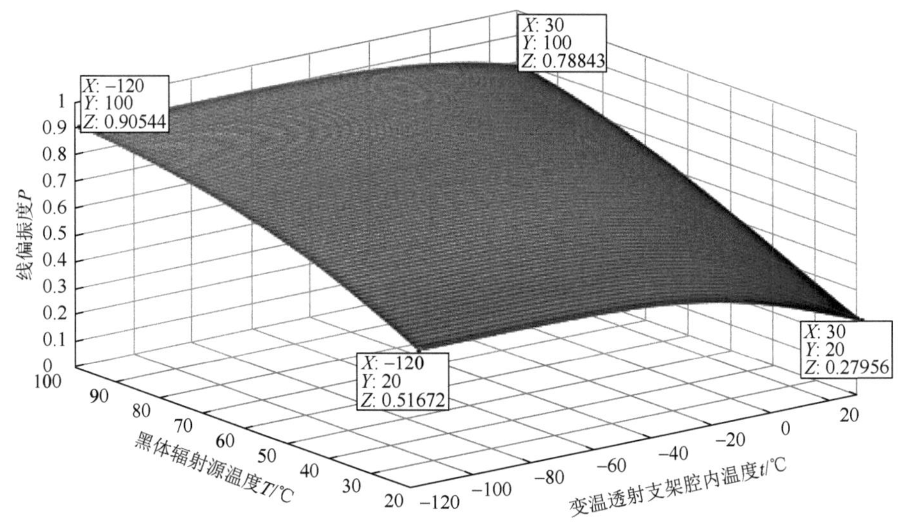

图 5.3.5　中波红外偏振辐射源出射光的线偏振度（DoLP）仿真结果

5.4　反射式可控红外部分偏振辐射源

目前，偏振成像定标辐射源主要是利用线偏振片、$\lambda/4$ 波片与非偏振辐射源，产生不同的线偏振态或椭圆偏振态等完全偏振辐射[12, 13]。在可见光或近红外偏振成像辐射定标中，通常采用积分球辐射源 + 线偏振片 + $\lambda/4$ 波片即可获得常规的高偏振度的偏振辐射源，但若要偏振度可调的偏振辐射源，则需要增加新的机构。此外，在红外偏振成像特别是长波红外偏振热成像系统的定标过程中，由于偏振片自发辐射及周边环境辐射的影响，往往难以获得高偏振度或可调偏振度的红外偏振辐射源。

我们开展了可控长波红外部分偏振辐射源的研究，提出一种反射式红外可控偏振辐射源结构[14]，用于在长波红外波段产生偏振态可控的部分偏振辐射。

5.4.1　一种反射式红外可控部分偏振辐射源及其测量系统

图 5.4.1 反射式红外可控部分偏振辐射源及其测量系统示意图[14]。偏振辐射源的工作过程为：黑体辐射（温度在 273～373K 可调）经过平行光管准直后，由红外金属线栅偏振片起偏并入射到铝反射镜上，出射辐射为宽波段范围的部分偏振辐射；反射镜固定在电控旋转平台上，平台旋转时反射镜的入射角随之变化，从而产生偏振态不同的出射辐射，构成反射式红外部分偏振辐射源；线偏振热成像系统用于测量出射辐射的偏振态，响应波段为 7.5～13.5μm；测量时，随着反射

镜的旋转，对线偏振热成像系统的位置和探测方向进行相应的旋转和调整；计算机用于反射镜旋转平台的控制、数据的采集与处理。

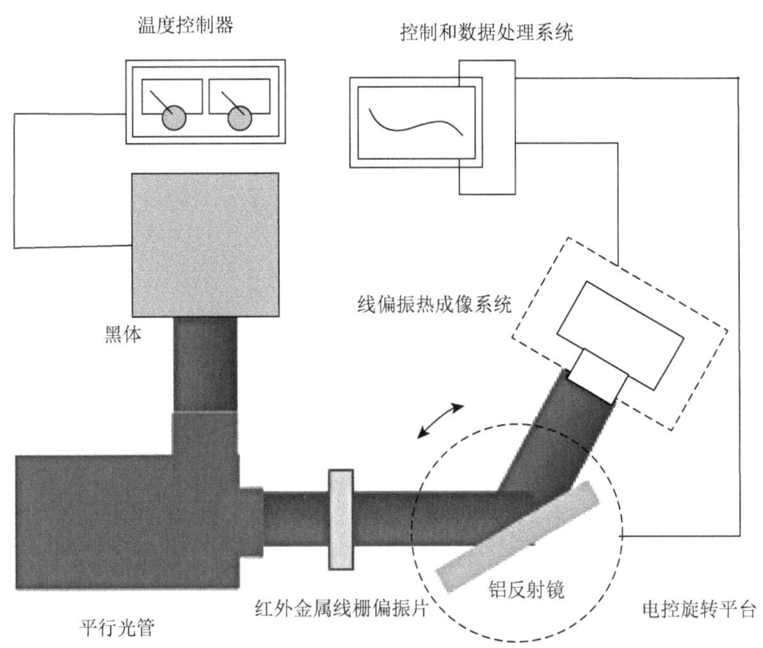

图 5.4.1　反射式红外可控部分偏振辐射源及其测量系统示意图

5.4.2　部分偏振辐射源的理论分析

1. 辐射在金属表面反射的理论

根据光学菲涅耳公式可知，当光倾斜入射至光滑金属表面时，金属对平行（**p** 分量）及垂直（**s** 分量）于入射面的辐射分量存在不同的反射率，且在反射过程中会产生相位差[7]。

光的强度信息和偏振状态常用斯托克斯矢量 $\boldsymbol{S}=(I,Q,U,V)^{\mathrm{T}}$ 表示，其中 I 表示总光强；Q 表示水平和垂直偏振方向上光强的差异；U 表示 45°和 135°两个对角线方向上光强的差异；V 表示左旋和右旋圆偏振光的强度差异[7, 15]。偏振光学元件对入射光的作用可表示为

$$\boldsymbol{S}_2=\begin{bmatrix} I_2 \\ Q_2 \\ U_2 \\ V_2 \end{bmatrix}=\begin{bmatrix} M_{11} & M_{12} & M_{13} & M_{14} \\ M_{21} & M_{22} & M_{23} & M_{24} \\ M_{31} & M_{32} & M_{33} & M_{34} \\ M_{41} & M_{42} & M_{43} & M_{44} \end{bmatrix}\begin{bmatrix} I_1 \\ Q_1 \\ U_1 \\ V_1 \end{bmatrix}=\boldsymbol{M}\boldsymbol{S}_1 \tag{5.4.1}$$

式中，$\boldsymbol{S}_1$ 和 $\boldsymbol{S}_2$ 分别为入射光和出射光的斯托克斯矢量；$\boldsymbol{M}$ 为光学元件的缪勒矩阵，表示其取向与特性。

为了证明图 5.4.1 的偏振辐射源结构能够产生偏振态可变的部分偏振辐射，根据式（5.4.1），首先推导铝反射镜的缪勒矩阵，然后在入射辐射偏振态已知的前提下，对铝镜反射辐射的偏振态进行分析。根据琼斯矩阵与缪勒矩阵的关系[7, 15]，可推导出理想金属反射镜表面的反射缪勒矩阵为

$$\boldsymbol{M}_{\text{metal}}=\frac{1}{2}\begin{bmatrix} r_p r_p^* + r_s r_s^* & r_p r_p^* - r_s r_s^* & 0 & 0 \\ r_p r_p^* - r_s r_s^* & r_p r_p^* + r_s r_s^* & 0 & 0 \\ 0 & 0 & r_p r_s^* + r_s r_p^* & \mathrm{i}(r_p r_s^* - r_s r_p^*) \\ 0 & 0 & \mathrm{i}(r_s r_p^* - r_p r_s^*) & r_s r_p^* + r_p r_s^* \end{bmatrix} \tag{5.4.2}$$

式中，r_p、r_s 分别为金属对入射光电场的 p、s 分量的反射系数[7]，分别定义为

$$r_p=\frac{(n^2+\chi^2)^2\cos^2\theta_{\mathrm{i}}-n_{\mathrm{i}}^2(N^2+\chi'^2)+2\mathrm{i}n_{\mathrm{i}}\cos\theta_{\mathrm{i}}[(n^2-\chi^2)\chi'-2Nn\chi]}{\left[(n^2-\chi^2)\cos\theta_{\mathrm{i}}+n_{\mathrm{i}}N\right]^2+(2n\chi\cos\theta_{\mathrm{i}}+n_{\mathrm{i}}\chi')^2} \tag{5.4.3}$$

$$r_s=\frac{(n_{\mathrm{i}}^2\cos^2\theta_{\mathrm{i}}-N^2)-\chi'^2+2\mathrm{i}\chi' n_{\mathrm{i}}\cos\theta_{\mathrm{i}}}{(n_{\mathrm{i}}\cos\theta_{\mathrm{i}}+N^2)+\chi'^2} \tag{5.4.4}$$

式中，N、χ' 的表达式分别为

$$N^2=\frac{1}{2}\left[n^2-\chi^2-n_{\mathrm{i}}^2\sin^2\theta_{\mathrm{i}}+\sqrt{(n^2-\chi^2-n_{\mathrm{i}}^2\sin^2\theta_{\mathrm{i}})^2+4n^2\chi^2}\right] \tag{5.4.5}$$

$$\chi'^2=\frac{1}{2}\left[n^2-\chi^2-n_{\mathrm{i}}^2\sin^2\theta_{\mathrm{i}}-\sqrt{(n^2-\chi^2-n_{\mathrm{i}}^2\sin^2\theta_{\mathrm{i}})^2+4n^2\chi^2}\right] \tag{5.4.6}$$

式中，n 和 χ 分别为金属复折射率的实部和虚部，则 $n-\mathrm{i}\chi$ 为金属的复折射率；i 为虚数单位；n_{i} 为入射介质的折射率；θ_{i} 为入射角。

2. 出射辐射偏振态的计算方法

偏振辐射源系统的出射辐射主要由铝镜的反射辐射及其自发辐射两部分组成，与入射辐射相比，自发辐射的偏振成分很小，可以认为是非偏的。铝镜的表面对于中长波红外足够光滑，可以认为是理想的。对某一波段内系统出射辐射的偏振态进行理论计算，可得出射辐射的斯托克斯矢量 $\boldsymbol{S}_{\text{rOUT}}$ 为

$$\boldsymbol{S}_{\text{rOUT}}=\int_{\lambda_{\mathrm{L}}}^{\lambda_{\mathrm{H}}}\left(\boldsymbol{M}_{\mathrm{Al}}(\lambda,\theta_{\mathrm{i}},n_{\mathrm{i}})\cdot\boldsymbol{S}_{\text{rIN}}(\theta_{\mathrm{P}},\lambda,T_{\mathrm{B}})+\boldsymbol{S}_{\text{rEmit}}(\lambda,\theta_{\mathrm{i}},T_{\mathrm{Al}},T_{\mathrm{B}})\right)\mathrm{d}\lambda \tag{5.4.7}$$

式中，λ_{H}、λ_{L} 分别为积分波长的上限和下限；$\boldsymbol{M}_{\mathrm{Al}}(\lambda,\theta_{\mathrm{i}},n_{\mathrm{i}})\cdot\boldsymbol{S}_{\text{rIN}}(\theta_{\mathrm{P}},\lambda,T_{\mathrm{B}})$ 表示反射辐射部分的斯托克斯矢量；$\boldsymbol{M}_{\mathrm{Al}}(\lambda,\theta_{\mathrm{i}},n_{\mathrm{i}})$ 为铝反射镜的缪勒矩阵；$\boldsymbol{S}_{\text{rIN}}(\theta_{\mathrm{P}},\lambda,T_{\mathrm{B}})$ 为反射镜入射辐射的斯托克斯矢量；$\boldsymbol{S}_{\text{rEmit}}(\lambda,\theta_{\mathrm{i}},T_{\mathrm{Al}},T_{\mathrm{B}})$ 表示铝镜自发辐射部分的斯托克斯矢量。

对于式（5.4.7）中表示反射辐射的部分，$\boldsymbol{M}_{\mathrm{Al}}(\lambda,\theta_{\mathrm{i}},n_{\mathrm{i}})$ 与铝的复折射率、入射

角 θ_i 、入射介质折射率 n_i 有关，首先由入射波长 λ 计算出复折射率，然后将复折射率、θ_i 、n_i 代入式（5.4.2）～式（5.4.6），最后得到 $\boldsymbol{M}_{\mathrm{Al}}(\lambda,\theta_i,n_i)$ 。而 $\boldsymbol{S}_{\mathrm{rIN}}(\theta_{\mathrm{P}},\lambda,T_{\mathrm{B}})$ 与辐射源系统中偏振片的透光轴方向 θ_{P} 、波长 λ 、黑体温度 T_{B} 有关

$$\boldsymbol{S}_{\mathrm{rIN}}(\theta_{\mathrm{P}},\lambda,T_{\mathrm{B}})=\frac{L(\lambda,T_{\mathrm{B}})}{L(\lambda_{\mathrm{m}},T_{\mathrm{B}})}\cdot\boldsymbol{S}_{\mathrm{pOUT}}(\theta_{\mathrm{P}},T_{\mathrm{B}})=\pi\frac{L(\lambda,T_{\mathrm{B}})}{BT_{\mathrm{B}}^5}\cdot\boldsymbol{S}_{\mathrm{pOUT}}(\theta_{\mathrm{P}},T_{\mathrm{B}}) \tag{5.4.8}$$

式中，$\boldsymbol{S}_{\mathrm{pOUT}}(\theta_{\mathrm{P}},T_{\mathrm{B}})$ 为辐射源系统中黑体辐射由平行光管准直后，再经过偏振片后的斯托克斯矢量；$L(\lambda,T_{\mathrm{B}})/L(\lambda_{\mathrm{m}},T_{\mathrm{B}})$ 即相应的比例系数；λ_{m} 为黑体光谱辐射的峰值波长；B 为常数；黑体辐亮度 $L(\lambda,T_{\mathrm{B}})$ 的普朗克公式[16]为

$$L(\lambda,T_{\mathrm{B}})=\frac{c_1}{\pi\lambda^5}\frac{1}{\exp(c_2/\lambda T_{\mathrm{B}})-1} \tag{5.4.9}$$

式中，c_1 为第一辐射常数；c_2 为第二辐射常数。

为了将理论计算结果与实测结果相比较，计算前，先测出不同黑体温度 T_{B} 下的 $\boldsymbol{S}_{\mathrm{pOUT}}(\theta_{\mathrm{P}},T_{\mathrm{B}})$ ，再进行仿真计算；而不同辐射波长处的 $\boldsymbol{S}_{\mathrm{rIN}}(\theta_{\mathrm{P}},\lambda,T_{\mathrm{B}})$ 与相应的辐亮度成比例。

铝镜自发辐射部分的 $\boldsymbol{S}_{\mathrm{rEmit}}(\lambda,\theta_i,T_{\mathrm{Al}},T_{\mathrm{B}})$ 与波长 λ 、反射辐射方向、铝镜的温度 T_{Al} 、黑体温度 T_{B} 有关，反射辐射方向由 θ_i 决定。根据基尔霍夫定律及斯特藩-玻尔兹曼定律[16]，不透明物体的辐射发射率和反射率之和等于 1，因此 $\boldsymbol{S}_{\mathrm{rEmit}}(\lambda,\theta_i,T_{\mathrm{Al}},T_{\mathrm{B}})$ 与黑体辐射斯托克斯矢量之间的关系为

$$\boldsymbol{S}_{\mathrm{rEmit}}(\lambda,\theta_i,T_{\mathrm{Al}},T_{\mathrm{B}})=\left(1-\frac{r_s r_s^*+r_p r_p^*}{2}\right)\frac{T_{\mathrm{B}}^4}{T_{\mathrm{Al}}^4}\boldsymbol{S}_{\mathrm{B}} \tag{5.4.10}$$

式中，r_p 、r_s 为铝镜的反射系数，由式（5.4.3）和式（5.4.4）计算；$\left(r_s r_s^*+r_p r_p^*\right)/2$ 为铝镜的反射率；$\boldsymbol{S}_{\mathrm{B}}$ 为黑体辐射的斯托克斯矢量，计算中认为是非偏的，即 $\boldsymbol{S}_{\mathrm{B}}=(1,0,0,0)^{\mathrm{T}}$ 。

3. 计算结果及其分析

理论计算参数设置如表 5.4.1 所示。图 5.4.2 为黑体温度在 333K 和 373K 时出射辐射的线偏振度（DoLP）、圆偏振度（DoCP）与铝镜入射角的关系曲线。分析四个不同黑体温度下的计算结果，得出如下规律：

表 5.4.1　理论计算参数设置

参数	值
$[\lambda_{\mathrm{L}},\lambda_{\mathrm{H}}]$	[7.5μm, 13.5μm]
θ_i	[0°, 90°]，计算精度为 0.1°
n_i	1.0

续表

参数	值
θ_P	45°
T_B	313K,333K,353K,373K
$\boldsymbol{S}_B$	$(1,0,0,0)^T$
c_1	$3.7418\times10^{-16}\,\mathrm{W\cdot m^2}$
c_2	$1.4388\times10^{-2}\,\mathrm{m\cdot K}$
B	$1.2862\times10^{-11}\,\mathrm{W\cdot m^{-2}\cdot \mu m^{-1}\cdot K^{-5}}$
T_{Al}	290.6K

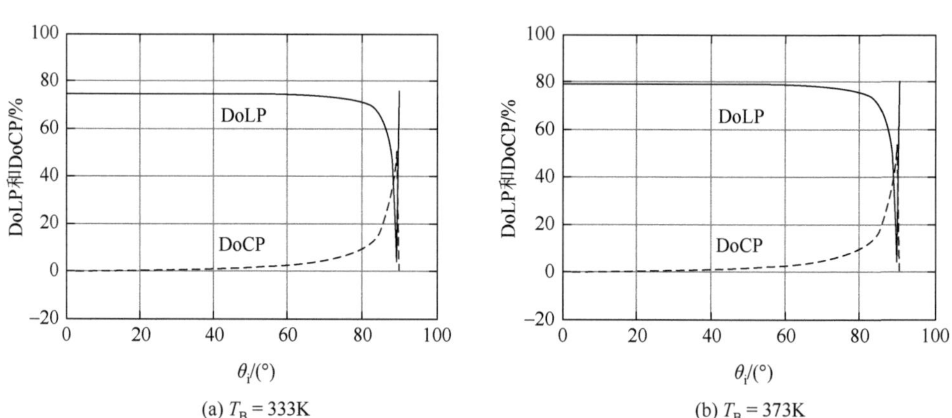

图 5.4.2　333K 和 373K 黑体温度下，铝镜入射角 θ_i 变化时出射辐射的 DoLP 和 DoCP

（1）当 θ_i 极小时，铝镜出射辐射和入射辐射的斯托克斯矢量相比，Q、U 分量的绝对值基本保持不变而符号发生反转，即铝镜将入射辐射的偏振方向旋转了 90°，铝镜相当于快轴方向为 0°的半波片。

（2）当 θ_i 逐渐增大时，出射辐射的 DoLP 从最大值逐渐减小，DoCP 从 0 逐渐增大。

（3）当 θ_i 继续增大到铝镜的布儒斯特角时，出射辐射的 DoCP 迅速增加到最大值，DoLP 迅速减小到约 0，而 θ_i 超过布儒斯特角时，DoCP 急剧下降，DoLP 急剧上升。

（4）理论上该辐射源结构能够产生偏振态可调的部分偏振辐射，在四个不同黑体温度下，当 θ_i 相同时，出射辐射 DoLP 的偏差较小，且 $\theta_i \leqslant 80°$ 时，偏差在 8%以内。

5.4.3　反射式红外可控部分偏振辐射源实验测试与讨论

利用图 5.4.1 的反射式红外可控部分偏振辐射源及其测量系统，对辐射源出射辐射进行偏振态测量[17, 18]时，用于起偏的偏振片透光轴方向 θ_p 设置为45°，黑体温度分别调节为 313K、333K、353K 和 373K，每个黑体温度的测量过程中，铝镜入射角 θ_i 依次设置为 47°、62°、72°、77°、80°和 82°，实验在环境温度为(290.6±0.6) K、湿度为 (45±4) %的室内条件下进行。

当 θ_i 为 62°和 80°时，不同的偏振热成像系统检偏角对应的探测值分布如图 5.4.3 所示；图 5.4.4 为偏振热成像系统检偏角对应的探测值的极坐标分布图，其中黑体温度为 373K，比较 62°、72°、77°和 80°等不同入射角时的曲线形态；当铝镜入射角变化时，在不同黑体温度下，根据探测数据计算的出射辐射的归一化斯托克斯矢量和 DoLP 及五次测量时 DoLP 的相对标准偏差（relative standard deviation，RSD）见表 5.4.2。可以看出：

（1）出射辐射的 DoLP 随着入射角 θ_i 的增大而减小，而随着 θ_i 的减小存在最大值，这与理论计算结果的规律一致。

（2）当入射角较小，为 47°、62°时，测量出的出射辐射是 135°线偏振成分很高的部分偏振辐射。

（3）当入射角为 80°时，根据图 5.4.3（b）、图 5.4.4（b）及表 5.4.2，偏振热成像系统各检偏方向对应的探测值相差较小，说明出射辐射的 DoLP 明显减小，由于铝镜表面光滑，该现象产生的原因应是在反射过程中产生了椭圆偏振辐射，这需要用红外测圆偏振态仪器进一步测定。

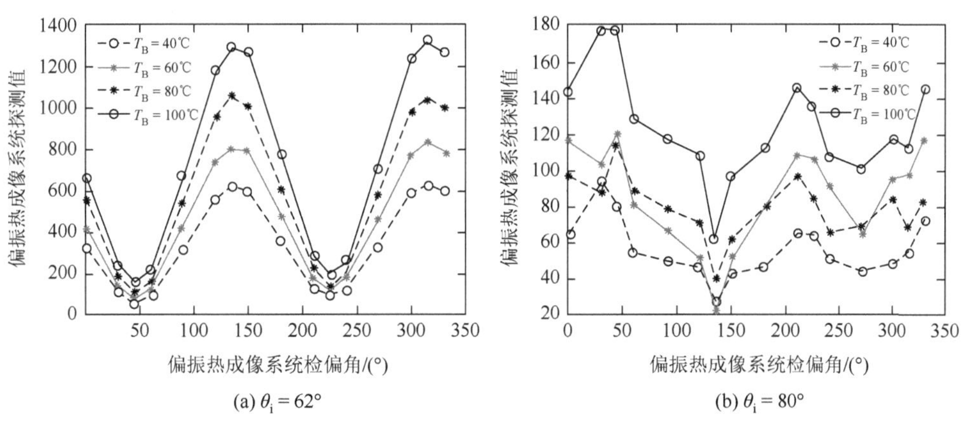

图 5.4.3　铝镜入射角 θ_i 为 62°和 80° 时，不同偏振热成像系统检偏角对应的探测值分布

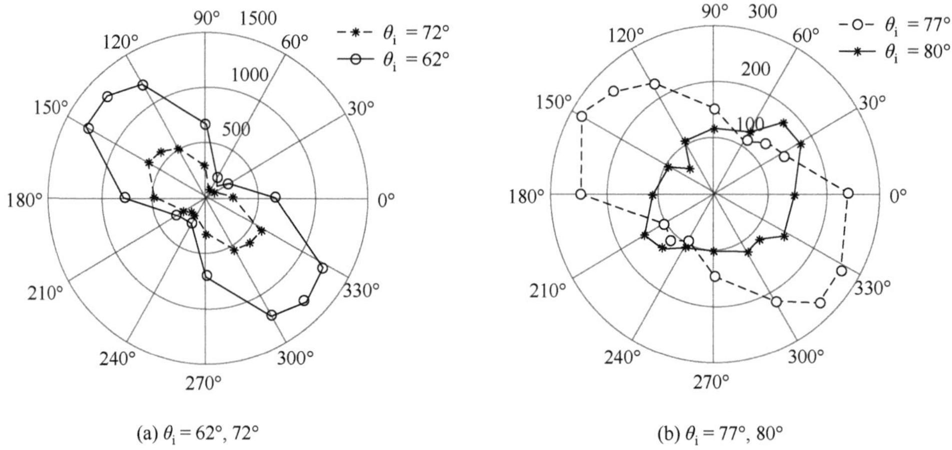

(a) $\theta_i = 62°, 72°$　　(b) $\theta_i = 77°, 80°$

图 5.4.4　黑体温度 $T_B = 373\text{K}$ 时偏振热成像系统检偏角（角向）与探测值（径向）的极坐标分布图

（4）该部分偏振辐射源能在 7.5～13.5μm 波段产生 DoLP 为 0.25～0.85 的部分偏振辐射，当 θ_i 小于 72°时，在四个不同黑体温度下 DoLP 的偏差小于 8.5%，而在同一黑体温度、同一 θ_i 的情况下，DoLP 五次测量的相对标准偏差低于 6%。

（5）当入射角大于 80° 时，由于角度过大，遮蔽装置难以发挥作用，偏振热成像系统探测已明显受到铝镜入射辐射的干扰，今后要考虑更优的测量方法。对比实验和仿真的结果，尽管个别结果存在偏差，在同一入射角时反射辐射的 DoLP 有一定差异，但总体规律是一致的。造成这种偏差的原因是多方面的，比如实验系统内部复杂的反射光路，铝镜表面镀有增反膜或保护膜，这也说明还需要进一步研究相关的校正工作及外界干扰的消除方法。

（6）综上所述，这里基于黑体辐射源、平行光管、红外线栅偏振片和铝反射镜，设计了反射式红外可控部分偏振辐射源，推导了金属反射镜的缪勒矩阵，通过波段积分方法对辐射源出射辐射的偏振态进行了理论计算与论证；搭建了偏振辐射源，并用线偏振热成像系统进行了测量实验，结果表明该辐射源可以在 7.5～13.5μm 波段产生 DoLP 为 0.25～0.85 的部分偏振辐射，当铝反射镜入射角低于 80°时，出射辐射 DoLP 测量值的相对标准偏差低于 6%。

（7）可控的部分偏振辐射源在偏振成像系统的定标中具有重要用途，定标工作中通常采用完全偏振辐射源或可控的部分偏振辐射源。此外，可控的部分偏振辐射源也可应用于偏振光学器件的偏振定标、物质折反射偏振特性的测定、物质结构的鉴定等方面。

表 5.4.2　理论计算结果与实验测量结果

θ_i / (°)	T_B / K	理论计算结果			实验测量结果		
		DoCP	DoLP	出射辐射的归一化斯托克斯矢量	DoLP	出射辐射的归一化斯托克斯矢量	DoLP 的相对标准偏差/%
47.0	313	0.0119	0.7672	[1.0000；0.2527；−0.7244；0.0119]	0.8145	[1；−0.0093；−0.8144]	0.5675
	333	0.0118	0.7443	[1.0000；0.2133；−0.7131；0.0118]	0.8400	[1；−0.0337；−0.8393]	0.1991
	353	0.0125	0.7879	[1.0000；0.2224；−0.7559；0.0125]	0.8615	[1；−0.0674；−0.8589]	0.1249
	373	0.0126	0.7948	[1.0000；0.2490；−0.7547；0.0126]	0.8862	[1；−0.0260；−0.8858]	0.2567
62.0	313	0.0261	0.7614	[1.0000；0.2466；−0.7204；0.0261]	0.8287	[1；−0.0047；−0.8287]	0.3127
	333	0.0259	0.7396	[1.0000；0.2075；−0.7099；0.0259]	0.8473	[1；0.0100；−0.8473]	0.4217
	353	0.0276	0.7835	[1.0000；0.2167；−0.7529；0.0276]	0.8376	[1；0.0358；−0.8369]	0.2497
	373	0.0277	0.7904	[1.0000；0.2432；−0.7521；0.0277]	0.8360	[1；−0.0016；−0.8360]	0.3121
72.0	313	0.0461	0.7508	[1.0000；0.2374；−0.7123；0.0461]	0.7582	[1；−0.0842；−0.7535]	0.8520
	333	0.0459	0.7310	[1.0000；0.1990；−0.7034；0.0459]	0.7254	[1；−0.0394；−0.7244]	0.3929
	353	0.0490	0.7754	[1.0000；0.2081；−0.7469；0.0490]	0.7003	[1；0.0400；−0.6992]	0.7915
	373	0.0492	0.7827	[1.0000；0.2345；−0.7467；0.0492]	0.7489	[1；−0.0747；−0.7451]	0.4647
77.0	313	0.0660	0.7387	[1.0000；0.2280；−0.7027；0.0660]	0.4269	[1；0.2218；−0.3648]	2.3644
	333	0.0657	0.7210	[1.0000；0.1901；−0.6954；0.0657]	0.4205	[1；0.2307；−0.3516]	2.7456
	353	0.0703	0.7660	[1.0000；0.1993；−0.7396；0.0703]	0.5252	[1；0.2773；−0.4461]	1.9867
	373	0.0707	0.7737	[1.0000；0.2256；−0.7401；0.0707]	0.4171	[1；0.2220；−0.3531]	2.5356
80.0	313	0.0862	0.7253	[1.0000；0.2181；−0.6917；0.0862]	0.2355	[1；0.1071；0.2097]	5.9738
	333	0.0861	0.7097	[1.0000；0.1810；−0.6862；0.0861]	0.2844	[1；0.0984；0.2668]	5.2665
	353	0.0922	0.7553	[1.0000；0.1902；−0.7309；0.0922]	0.2759	[1；0.2516；0.1131]	5.0880
	373	0.0928	0.7635	[1.0000；0.2163；−0.7322；0.0928]	0.2596	[1；0.0929；0.2424]	5.2662

续表

θ_i / (°)	T_B / K	理论计算结果			实验测量结果		
		DoCP	DoLP	出射辐射的归一化斯托克斯矢量	DoLP	出射辐射的归一化斯托克斯矢量	DoLP 的相对标准偏差/%
88.3	313	0.3692	0.4268	[1.0000；0.0767；−0.4198；0.3692]	—		
	333	0.3822	0.4333	[1.0000；0.0450；−0.4309；0.3822]			
	353	0.4195	0.4722	[1.0000；0.0513；−0.4694；0.4195]			
	373	0.4296	0.4829	[1.0000；0.0727；−0.4774；0.4296]			
88.9	313	0.4499	0.2533	[1.0000；0.0357；−0.2508；0.4499]	—		
	333	0.4705	0.2588	[1.0000；0.0040；−0.2588；0.4705]			
	353	0.5199	0.2827	[1.0000；0.0081；−0.2826；0.5199]			
	373	0.5349	0.2889	[1.0000；0.0273；−0.2876；0.5349]			

参 考 文 献

[1] Powell S B，Gruev V，Shaw J A，et al. Evaluation of calibration methods for visible-spectrum division-of-focal-plan polarimeters[C]. Polarization Science and Remote Sensing VI，San Diego，2013，8873：47-52.

[2] Duggin M J，Jayne R，Loe R S，et al. Calibration requirements and the impact of bit depth for digital cameras used as imaging polarimeters[C]. Polarization Analysis，Measurement，and Remote Sensing III，San Diego，2000，4133：179-190.

[3] Mackey J R，Tin P，Tong W，et al. Calibration methods for phase-modulated polarimeters[C]. Conference on Optical Methods for Industrial Processes，Boston，2000，4201：33-40.

[4] Bowers D L，Boger J K，Wellems L D，et al. Unpolarized calibration and nonuniformity correction for long-wave infrared microgrid imaging polarimeters [J]. Optical Engineering，2008，47（4）：1-9.

[5] Azzam R. Arrangement of four photodetectors for measuring the state of polarization of light[J]. Optics Letters，1985，10（7）：309-311.

[6] Lu X T，Yang J，Li L，et al. Point by point calibration method for simultaneous polarization imaging system based on large field polarization imaging theory[J]. Optik，2019，180：1027-1035.

[7] 谢敬辉，赵达尊，阎吉祥. 物理光学教程[M]. 北京：北京理工大学出版社，2005.

[8] 廖延彪. 偏振光学[M]. 北京：科学出版社，2003.

[9] 刘敬，金伟其，王霞，等. 考虑探测器 γ 特性的光电偏振成像系统偏振信息重构方法[J]. 物理学报，2016，65（9）：61-69.

[10] 白廷柱，金伟其. 光电成像原理与技术[M]. 北京：北京理工大学出版社，2006.

[11] Sun Z Y，Jin W Q，Kang G G，et al. A temperature-controlled mid-wave infrared polarization radiation source with adjustable degree of linear polarization[J]. Measurement，2022，196（4）：111210.

[12] Chen Z Y，Wang X，Liang R G. Calibration method of microgrid polarimeters with image interpolation[J]. Applied Optics，2015，54（5）：995-1001.

[13] Powell S B，Gruev V. Calibration methods for division-of focal-plane polarimeters[J]. Optics Express，2013，21：21039-21055.

[14] 贺思，赵万利，王霞，等. 反射式可控红外部分偏振辐射源设计与测试[J]. 红外与毫米波学报，2017，36（3）：336-341.

[15] Wang X，Zou X F，Jin W Q. Study of polarization properties of radiation reflected by roughness object[J]. Transaction of Beijing Institute of Technology，2011，32（11）：1327-1331.

[16] 金伟其，王霞，廖宁放，等. 辐射度光度与色度及其测量[M]. 2 版. 北京：北京理工大学出版社，2016.

[17] Blumer R，Miranda M，Howe J，et al. LWIR polarimeter calibration[C]. Polarization Analysis，Measurement and Remote Sensing IV，San Diego，2002，4481：37-45.

[18] Persons C M，Jones M W，Farlow C A，et al. A proposed standard method for polarimetric calibration and calibration verification[C]. Polarization Science and Remote Sensing III，San Diego，2007，6682：184-195.

第 6 章　透明界面的光电偏振成像检测方法

6.1　透明界面的光电偏振成像遥测方法

目前的透明介质三维面形偏振测量方法基于两个假设条件：①轴上点假设条件，假设反射光线平行于成像系统光轴；②$\boldsymbol{s}$ 分量近似假设，假设反射光的 $\boldsymbol{s}$ 分量等同于反射光的振动方向。然而在实际成像过程中，以上两个假设条件往往难以满足：绝大部分成像点都在轴外，轴上点假设不总是成立；入射角偏离布儒斯特角时，反射光有 $\boldsymbol{s}$ 分量和 $\boldsymbol{p}$ 分量，$\boldsymbol{p}$ 分量不可忽略，因此 $\boldsymbol{s}$ 分量偏离反射光的振动方向。由此造成实际测量结果存在较大的偏差。

为此，我们研究了一种基于方向矢量的透明介质三维面形偏振成像测量方法[1]，突破现有方法的两个假设条件，使得偏振成像测量方法能够更准确地适应实际应用。

6.1.1　曲面法向量的表示方法

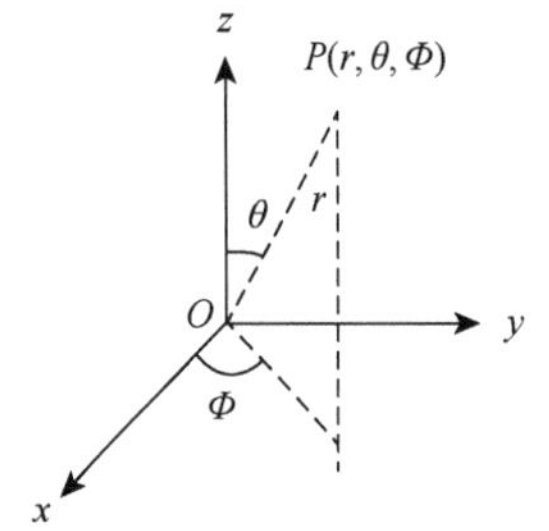

图 6.1.1　直角坐标系和球坐标系

基于测量法向量的面形测量技术，涉及曲面法向量的表示方法。可以近似认为曲面由许多平面微面元构成，用平面法向量描述每个微面元的方向[2-4]。

在直角坐标系中，曲面高度为 $z(x, y)$、曲面梯度 $\boldsymbol{G}$ 和曲面法向量 $\boldsymbol{n}$ 满足

$$\boldsymbol{G} = \nabla z = \left[\partial z/\partial x, \partial z/\partial y\right] = \left[g_1, g_2\right] \tag{6.1.1}$$

$$\boldsymbol{n} = \left[\partial z/\partial x, \partial z/\partial y, 1\right] = \left[-g_1, -g_2, 1\right] \tag{6.1.2}$$

球坐标由方位角 Φ、仰角 θ 和距离 r 构成。如图 6.1.1 所示，假设空间点 P 的直角坐标为（x, y, z），球坐标为（r, θ, Φ），r 为原点 O 与点 P 间的距离，θ 为有向线段 OP 与 z 轴正向的夹角，Φ 表示从正 z 轴观察从 x 轴按逆时针方向转到 OP 在 xOy 面的投影。球坐标系（r, θ, Φ）与直角坐标系（x, y, z）的转换关系为

$$\begin{cases} x = r\sin\theta\cos\Phi \\ y = r\sin\theta\sin\Phi \\ z = r\cos\theta \end{cases} \Leftrightarrow \begin{cases} r = \sqrt{x^2 + y^2 + z^2} \\ \theta = \arccos(z/r) \\ \Phi = \arctan(y/x) \end{cases} \tag{6.1.3}$$

在球坐标系中，法向量可以表示为入射面的方位角 Φ 和光线入射角 θ 的函数

$$\boldsymbol{n}=\left[\sin\theta\cos\Phi,\quad \sin\theta\sin\Phi,\quad \cos\theta\right] \tag{6.1.4}$$

6.1.2　基于方向矢量的透明介质三维面形偏振成像测量方法

通过探测物体镜面反射光的偏振信息，实现透明介质三维面形偏振成像测量。其关键是确定曲面的微平面法向量（相对于基准平面的坡度），这不仅涉及透明介质两端的介质性质（折射率），还取决于入射光和反射光的状态，因此，需要首先研究这些参量的确定方法。

1. 曲面法向量

如图 6.1.2 所示，建立偏振成像系统坐标系 O-xyz。偏振成像系统的光学主点 O 为坐标原点，x 轴平行于探测器成像面的行方向，y 轴平行于探测器成像面的列方向，z 轴沿光轴指向探测器。透明介质表面近似为由无数个微面元构成，每一个微面元可以用平面表示，需要确定微面的坡面（相对 xz 平面的俯仰角 θ 和相对 xy 平面的方位角 Φ）。

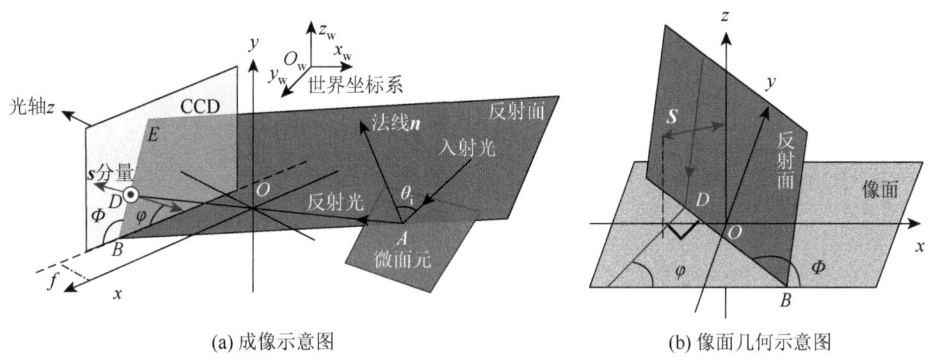

(a) 成像示意图　　(b) 像面几何示意图

图 6.1.2　曲面微面元反射光成像示意图

已有方法假定反射光线方向平行于偏振成像系统光轴方向，则俯仰角 θ 等于入射角 θ_i，曲面的法向量可以表示为入射角 θ_i 和入射面方位角 Φ 的函数

$$\begin{gathered}\boldsymbol{n}=\left[n_x,n_y,n_z\right]=\left[\sin\theta_i\cos\Phi,\quad \sin\theta_i\sin\Phi,\quad \cos\theta_i\right]\\ \Phi=\mathrm{AoP}_{xy}\pm 90^\circ\end{gathered} \tag{6.1.5}$$

式中，AoP_{xy} 为从偏振图像重构的像面偏振角。

基于方向矢量的透明介质三维面形偏振成像测量方法，分析空间内各个向量的几何关系，确定被测曲面的法向量。坐标空间内存在被测微面元、反射面（入

射面）和像面，其中反射面与微面元相互垂直、反射面和像面的交线为 BD。入射光线与反射光线在微面元上相交于 A 点，反射光线与像面相交于 D 点，BD 与像面下边界线相交于 B 点。像面的平面方程为 $z=f$，其中 f 为偏振成像系统的光学系统的焦距。基于菲涅耳定律，根据反射光的偏振度计算入射角 θ_i；分析反射光 AO、反射面的法向量 $\boldsymbol{n}_\mathrm{r}$、交线 BD 与微面元的法向量 $\boldsymbol{n}_\mathrm{w}$ 的方向矢量的几何关系，运用向量运算反演微面元的法向量 $\boldsymbol{n}_\mathrm{w}$。

被测微面元与反射面相互垂直，因此微面元的法向量 $\boldsymbol{n}_\mathrm{w}$ 与反射面的法向量 $\boldsymbol{n}_\mathrm{r}$ 相互垂直，并且微面元的法向量 $\boldsymbol{n}_\mathrm{w}$ 与入射光 AO 的夹角为 θ_i，因此微面元的法向量 $\boldsymbol{n}_\mathrm{w}$ 满足

$$\begin{cases}\boldsymbol{n}_\mathrm{w}\cdot\boldsymbol{n}_{AO}=|\boldsymbol{n}_\mathrm{w}||\boldsymbol{n}_{AO}|\cos\theta_\mathrm{i}\\ \boldsymbol{n}_\mathrm{w}\cdot\boldsymbol{n}_\mathrm{r}=0\end{cases}\tag{6.1.6}$$

解算微面元的法向量 $\boldsymbol{n}_\mathrm{w}$ 有两个解，需要加入约束条件，获得唯一确定的曲面法向量。根据式（6.1.6）求解微面元的法向量 $\boldsymbol{n}_\mathrm{w}$，需要首先求解入射角 θ_i、反射面的法向量 $\boldsymbol{n}_\mathrm{r}$ 和入射光 AO 的法向量 $\boldsymbol{n}_{AO}$。

2. 入射角

当入射光为自然光时，菲涅耳公式给出反射光的 DoLP 与入射角 θ_i、折射角 θ_t 的定量关系

$$\mathrm{DoLP}=\left|\frac{R_p-R_s}{R_p+R_s}\right|=\left|\frac{\cos^2(\theta_\mathrm{i}-\theta_\mathrm{t})-\cos^2(\theta_\mathrm{i}+\theta_\mathrm{t})}{\cos^2(\theta_\mathrm{i}-\theta_\mathrm{t})+\cos^2(\theta_\mathrm{i}+\theta_\mathrm{t})}\right|\tag{6.1.7}$$

折射定律给出了入射角 θ_i 和折射角 θ_t 的定量关系

$$\sin\theta_\mathrm{i}=n\cdot\sin\theta_\mathrm{t}\tag{6.1.8}$$

式中，n 为介质的折射率。

当反射光的偏振度和介质折射率 n 已知时，根据式（6.1.7）和式（6.1.8）可以计算入射角 θ_i。偏振度等于 1 时，对应的入射角等于布儒斯特角，偏振度小于 1 时，对应两个 θ_i（即 θ_small 和 θ_large），θ_small 和 θ_large 分别小于、大于布儒斯特角。因此，需要加入约束条件，判断入射角 θ_i 和布儒斯特角 θ_B 的相对大小，得到唯一确定的入射角 θ_i。

3. 反射光 AO 的方向向量

反射光上 A、O、D 三点共线，由坐标原点 O 和 D 点确定方向向量 $\boldsymbol{n}_{AO}$。反射光线与像面的交点 $D(u,v,f)$ 满足：$u=(i-1)\cdot\mathrm{wpixel}$，$v=(j-1)\cdot\mathrm{hpixel}$，其中 (i,j) 为像素坐标，像面中心点的像素坐标为 $(0,0)$，wpixel 和 hpixel 分别为探测器单个像元的横向尺寸和纵向尺寸，f 为偏振成像系统的光学系统的焦距。AO

的方向向量 $\boldsymbol{n}_{AO}$ 为

$$\boldsymbol{n}_{AO}=\frac{1}{\sqrt{u^2+v^2+f^2}}\cdot[u,v,f] \tag{6.1.9}$$

4. 反射面的法向量

直线 AO、直线 BD 均在反射面内，且 AO 和 BD 相交于 D 点，由两条相交直线确定反射面的法向量为

$$\boldsymbol{n}_{\mathrm{r}}=\boldsymbol{n}_{AO}\times\boldsymbol{n}_{BD} \tag{6.1.10}$$

5. 反射面与像面交线 BD 的方向向量

BD 是反射面与像面的交线，像面垂直于 z 轴，因此其内部的任意直线的方向向量在 z 方向的分量取值为 0，故 BD 的方向向量的 z 分量为 0。记 BD 与 x 轴正方向的夹角为 $\varPhi$，故 BD 方向向量 $\boldsymbol{n}_{BD}$ 为

$$\boldsymbol{n}_{BD}=\begin{bmatrix}\cos\varPhi, & \sin\varPhi, & 0\end{bmatrix} \tag{6.1.11}$$

对于图 6.1.2，$\boldsymbol{s}$ 分量垂直于反射面，BD 在反射面上，因此 $\boldsymbol{s}$ 分量垂直于 BD。因为 BD 与 $\boldsymbol{s}$ 分量垂直，且 BD 在像面上，因此 BD 垂直于 $\boldsymbol{s}$ 分量在像面的投影面。

自然光入射到光滑表面发生镜面反射，反射光为部分偏振光，$\boldsymbol{s}$ 分量占优，用 $\boldsymbol{s}$ 分量的振动方向近似表示反射光的振动方向。当入射角 θ_{i} 等于布儒斯特角 θ_{B} 时，反射光仅存在 $\boldsymbol{s}$ 分量，$\boldsymbol{s}$ 分量的振动方向与反射光的振动方向相同；当入射角偏离布儒斯特角 θ_{B} 较大时，反射光存在 $\boldsymbol{s}$ 分量和 $\boldsymbol{p}$ 分量，$\boldsymbol{s}$ 分量的振动方向与反射光的振动方向存在不可忽略的夹角 α_{r}，因此确定 BD 与 x 轴正方向的夹角 $\varPhi$ 时，必须考虑 $\boldsymbol{s}$ 分量的振动方向与反射光的振动方向夹角 α_{r}。

下面分轴上点和轴外点，分别分析 BD 与 x 轴正方向的夹角 $\varPhi$ 的确定方法。

（1）轴上点。若已知反射光的 $\boldsymbol{s}$ 分量大于 $\boldsymbol{p}$ 分量，则 $\boldsymbol{s}$ 分量的振动方向与反射光的振动方向夹角 α_{r} 满足

$$\mathrm{DoLP}=\left|\frac{R_p-R_s}{R_p+R_s}\right|=\frac{R_s-R_p}{R_p+R_s}=\frac{R_s/R_p-1}{R_s/R_p+1} \tag{6.1.12}$$

$$\tan\alpha_{\mathrm{r}}=\frac{R_s}{R_p}=\frac{\cos^2(\theta_{\mathrm{i}}+\theta_{\mathrm{t}})}{\cos^2(\theta_{\mathrm{i}}-\theta_{\mathrm{t}})}=\frac{1+\mathrm{DoLP}}{1-\mathrm{DoLP}} \tag{6.1.13}$$

对于轴上点，光的传播方向沿成像系统的光轴，振动的 $\boldsymbol{s}$ 分量、$\boldsymbol{p}$ 分量在像面的投影 $\boldsymbol{s}'$和 $\boldsymbol{p}'$即为其本身，因此 $\boldsymbol{s}'$和像面上光振动的夹角亦为 α_{r}，如图 6.1.3（a）所示。于是，入射面和像面的交线 BD、振动的 $\boldsymbol{s}$ 分量的投影 $\boldsymbol{s}'$、$\boldsymbol{p}$ 分量的投影 $\boldsymbol{p}'$、

振动的方位角 α_r、从偏振图像计算的偏振角（AoP）、**s** 分量在像面上的投影 **s'** 与 x 轴的夹角 φ、BD 的方位角 Φ，满足

$$\Phi = \varphi \pm 90° = \left(\text{AoP}_{xy} - \alpha_r + 90°\right) \pm 90° = \begin{cases} \text{AoP}_{xy} - \alpha_r \\ \text{AoP}_{xy} - \alpha_r + 180° \end{cases} \tag{6.1.14}$$

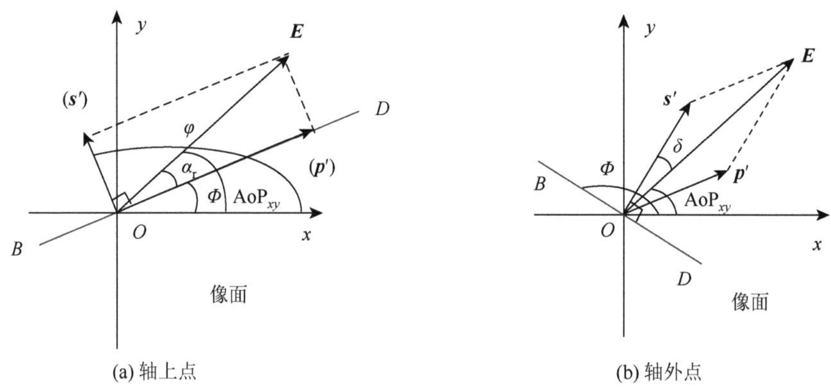

(a) 轴上点　　(b) 轴外点

图 6.1.3　BD 的方位角

（2）轴外点。对于轴外点，反射光的传播方向偏离成像系统光轴，因此振动的 **s** 分量在像面的投影 **s'** 与 **p** 分量在像面的投影 **p'** 不再垂直，如图 6.1.3（b）所示。在这种情况下，不能再用振动的方位角 α_r 描述 **s** 分量与振动方向的夹角。**s** 分量的方向向量和 **p** 分量的方向向量为

$$\begin{cases} \boldsymbol{s} = (s_x, s_y, s_z) \\ \boldsymbol{p} = (p_x, p_y, p_z) \end{cases} \tag{6.1.15}$$

s 分量在 xOy 平面的投影向量为

$$\boldsymbol{s}' = (s_x, s_y) \tag{6.1.16}$$

p 分量在 xOy 平面的投影向量为

$$\boldsymbol{p}' = (p_x, p_y) \tag{6.1.17}$$

则在 xOy 平面的光的电场矢量为

$$\boldsymbol{E} = \boldsymbol{s}' + \boldsymbol{p}' = (s_x + p_x, s_y + p_y) \tag{6.1.18}$$

记 **s'** 与 **E** 的夹角为 δ，则有

$$\delta = \arctan\left(\frac{s_y + p_y}{s_x + p_x}\right) - \arctan\left(\frac{s_y}{s_x}\right) \tag{6.1.19}$$

BD 与 x 轴的夹角满足

$$\Phi = \text{AoP}_{xy} + \delta \pm 90° \tag{6.1.20}$$

各个向量之间满足

$$\begin{aligned} &\boldsymbol{s}=\boldsymbol{n}_{\mathrm{r}}=\boldsymbol{n}_{AO}\times\boldsymbol{n}_{BD}\\ &\boldsymbol{p}=\boldsymbol{n}_{AO}\times\boldsymbol{s}\\ &\boldsymbol{n}_{BD}=(\cos\varPhi,\sin\varPhi,0) \end{aligned}\tag{6.1.21}$$

即 $\boldsymbol{n}_{\mathrm{r}}$ 和 δ 互为自变量和因变量，需要迭代方法求解。

上面给出了基于方向矢量的透明介质三维面形偏振成像测量的计算过程，该算法不依赖轴上点假设条件和 $\boldsymbol{s}$ 分量近似。

被测曲面的坡度 $\varGamma$ 与曲面法向量 $\boldsymbol{n}_{\mathrm{w}}=[n_x, n_y, n_z]$满足

$$\varGamma=\frac{\sqrt{n_x^2+n_y^2}}{n_z}\tag{6.1.22}$$

6. 特例推导

式（6.1.14）所示基于轴上点假设条件和 $\boldsymbol{s}$ 分量近似条件的透明介质三维面形偏振成像测量方法，可以视为算法在反射光沿光轴传播且反射光只存在 $\boldsymbol{s}$ 分量条件下的特例，推导过程如下。

当轴上点假设条件成立时，光线 AO 的方向向量满足

$$\boldsymbol{n}_{AO}=[0,0,1]\tag{6.1.23}$$

根据式（6.1.10）和式（6.1.11）有

$$\boldsymbol{n}_{\mathrm{r}}=[\sin\varPhi,\cos\varPhi,0]\tag{6.1.24}$$

对于 $\boldsymbol{n}_{\mathrm{w}}=[n_x, n_y, n_z]$，根据式（6.1.6），则有

$$\begin{cases} n_z=\cos\theta_{\mathrm{i}}\\ n_x\sin\varPhi-n_y\cos\varPhi=0\\ n_x^2+n_y^2+n_z^2=1 \end{cases}\Leftrightarrow\begin{cases} n_z=\cos\theta_{\mathrm{i}}\\ n_y=\sin\varPhi\sin\theta_{\mathrm{i}}\\ n_x=\cos\varPhi\sin\theta_{\mathrm{i}} \end{cases}\tag{6.1.25}$$

$$\boldsymbol{n}_{\mathrm{w}}=[n_x,n_y,n_z]=[\cos\varPhi\sin\theta_{\mathrm{i}},\sin\varPhi\sin\theta_{\mathrm{i}},\cos\theta_{\mathrm{i}}]\tag{6.1.26}$$

当入射角等于布儒斯特角时，反射光中只存在 $\boldsymbol{s}$ 分量，满足 $\boldsymbol{s}$ 分量近似，于是有

$$\alpha_{\mathrm{r}}=90^\circ\tag{6.1.27}$$

由此得到

$$\varPhi=\mathrm{AoP}_{xy}\pm 90^\circ\tag{6.1.28}$$

式（6.1.26）和式（6.1.28）等同于基于轴上点假设条件和 $\boldsymbol{s}$ 分量近似的曲面法向量的表达式（6.1.5），表明已有方法是本节方法在轴上点假设且入射角等于布儒斯特角时的特例。由于在实际成像过程中往往不满足轴上点假设和 $\boldsymbol{s}$ 分量近似，轴外点成像时轴上点假设不总是成立，当入射角也偏离布儒斯特角时，反射光有 $\boldsymbol{s}$ 分量和 $\boldsymbol{p}$ 分量，$\boldsymbol{p}$ 分量不可忽略，因此 $\boldsymbol{s}$ 分量偏离反射光的振动方向。

6.1.3　边缘视场

基于轴上点假设和 **s** 分量近似的透明介质三维面形偏振成像测量方法，假设反射光线平行于光轴，根据式（6.1.5）和式（6.1.22）可以得出坡度角

$$\Gamma = \arctan\left(\sqrt{n_x^2 + n_y^2} \Big/ n_z\right) = \theta_{\mathrm{i}} \tag{6.1.29}$$

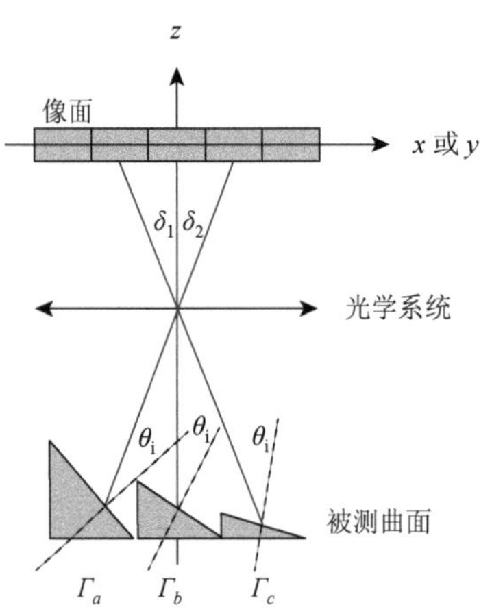

图 6.1.4　边缘视场

因此，所有具有相同入射角 θ_{i} 的微面元具有相同的坡度角 $\Gamma = \theta_{\mathrm{i}}$。在图 6.1.4 所示的边缘视场中，$\Gamma_a$、$\Gamma_b$、$\Gamma_c$ 分别对应三个不同坡度的微面元，这三个微面元的入射角相同且均为 θ_{i}，但是坡度角分别为 $\Gamma_a = \theta_{\mathrm{i}} + \delta_2$、$\Gamma_b = \theta_{\mathrm{i}}$、$\Gamma_c = \theta_{\mathrm{i}} - \delta_1$ 三个不同的取值。

给定入射角 $\theta_{\mathrm{i}} = 10°, 20°, \cdots, 80°$，取折射率 $n = 1.5163$，偏振角 $\mathrm{AoP}_{xy} = 40°$，对图 6.1.5 所示的 1×9 的阵列进行仿真，得到的坡度角如表 6.1.1 所示。应用本章基于向量运算的方法计算的坡度角取值体现了真实坡度角的差异，表明基于方向矢量的透明介质三维面形偏振成像测量方法对非轴上点测量的有效性。

(0,–4)	(0,–3)	(0,–2)	(0,–1)	(0,0)	(0,1)	(0,2)	(0,3)	(0,4)

图 6.1.5　像面示意图

表 6.1.1　本算法计算的坡度角　　（单位：(°)）

像素坐标		(0, –4)	(0, –3)	(0, –2)	(0, –1)	(0, 0)	(0, 1)	(0, 2)	(0, 3)	(0, 4)
$\theta_{\mathrm{i}} = 10°$	本算法	10.26	10.20	10.14	10.09	10.00	9.97	9.92	9.86	9.81
	轴上点假设	10.00	10.00	10.00	10.00	10.00	10.00	10.00	10.00	10.00
$\theta_{\mathrm{i}} = 20°$	本算法	20.26	20.20	20.14	20.08	20.00	19.96	19.91	19.85	19.79
	轴上点假设	20.00	20.00	20.00	20.00	20.00	20.00	20.00	20.00	20.00
$\theta_{\mathrm{i}} = 30°$	本算法	30.25	30.20	30.14	30.08	30.00	29.96	29.90	29.84	29.79
	轴上点假设	30.00	30.00	30.00	30.00	30.00	30.00	30.00	30.00	30.00
$\theta_{\mathrm{i}} = 40°$	本算法	40.25	40.19	40.14	40.08	40.00	39.96	39.90	39.84	39.78
	轴上点假设	40.00	40.00	40.00	40.00	40.00	40.00	40.00	40.00	40.00

续表

像素坐标		(0, −4)	(0, −3)	(0, −2)	(0, −1)	(0, 0)	(0, 1)	(0, 2)	(0, 3)	(0, 4)
$\theta_i = 50°$	本算法	50.25	50.19	50.14	50.08	50.00	49.96	49.90	49.84	49.78
	轴上点假设	50.00	50.00	50.00	50.00	50.00	50.00	50.00	50.00	50.00
$\theta_i = 60°$	本算法	60.25	60.19	60.13	60.08	60.00	59.96	59.90	59.84	59.78
	轴上点假设	60.00	60.00	60.00	60.00	60.00	60.00	60.00	60.00	60.00
$\theta_i = 70°$	本算法	70.25	70.19	70.13	70.07	70.00	69.96	69.90	69.84	69.78
	轴上点假设	70.00	70.00	70.00	70.00	70.00	70.00	70.00	70.00	70.00
$\theta_i = 80°$	本算法	80.25	80.19	80.13	80.07	80.00	79.96	79.90	79.84	79.78
	轴上点假设	80.00	80.00	80.00	80.00	80.00	80.00	80.00	80.00	80.00

6.1.4　曲面高度重建

面形测量给出曲面的法向量数据，进一步需从曲面法向量重建曲面高度。从曲面法向量重建曲面高度可归纳为二重积分问题，曲面的点法式方程为

$$z(x,y) = z_0 - \frac{n_x}{n_z}x - \frac{n_y}{n_z}y \tag{6.1.30}$$

式中，z_0为（0, 0）点的曲面高度；n_x、n_y、n_z分别为法向量$\boldsymbol{n}_\mathrm{w}$在$x$、$y$、$z$方向的分量。

基于二重积分的曲面高度重建算法要求法向量数据可积分，即沿任意回路的积分为 0，积分结果不依赖于积分路径的选择。然而，由于噪声等因素的影响，实际测量获得的梯度/法向量通常不满足可积性约束，导致积分结果与积分路径的选择有关，利用直接积分方法重建曲面高度的结果不仅与积分路径有关，而且对噪声十分敏感。

选择泊松求解方法作为已有方法进行对比，重建曲面如图 6.1.6 所示。可以看出：基于方向矢量的透明介质三维面形偏振成像测量方法得到的玻璃坡面较为平整，效果优于已有方法。

6.1.5　湖面实验

应用 LUCID 偏振相机对武汉汤逊湖湖面进行实际采集实验，采集的图像及处理后图像如图 6.1.7 和图 6.1.8 所示。两组图像分别是湖面无目标和有目标的情况，可以看出：偏振成像都可以很好地反映水面波纹信息，但目前处理方法对于小船后面的小尺度尾迹尚不能很好地呈现。

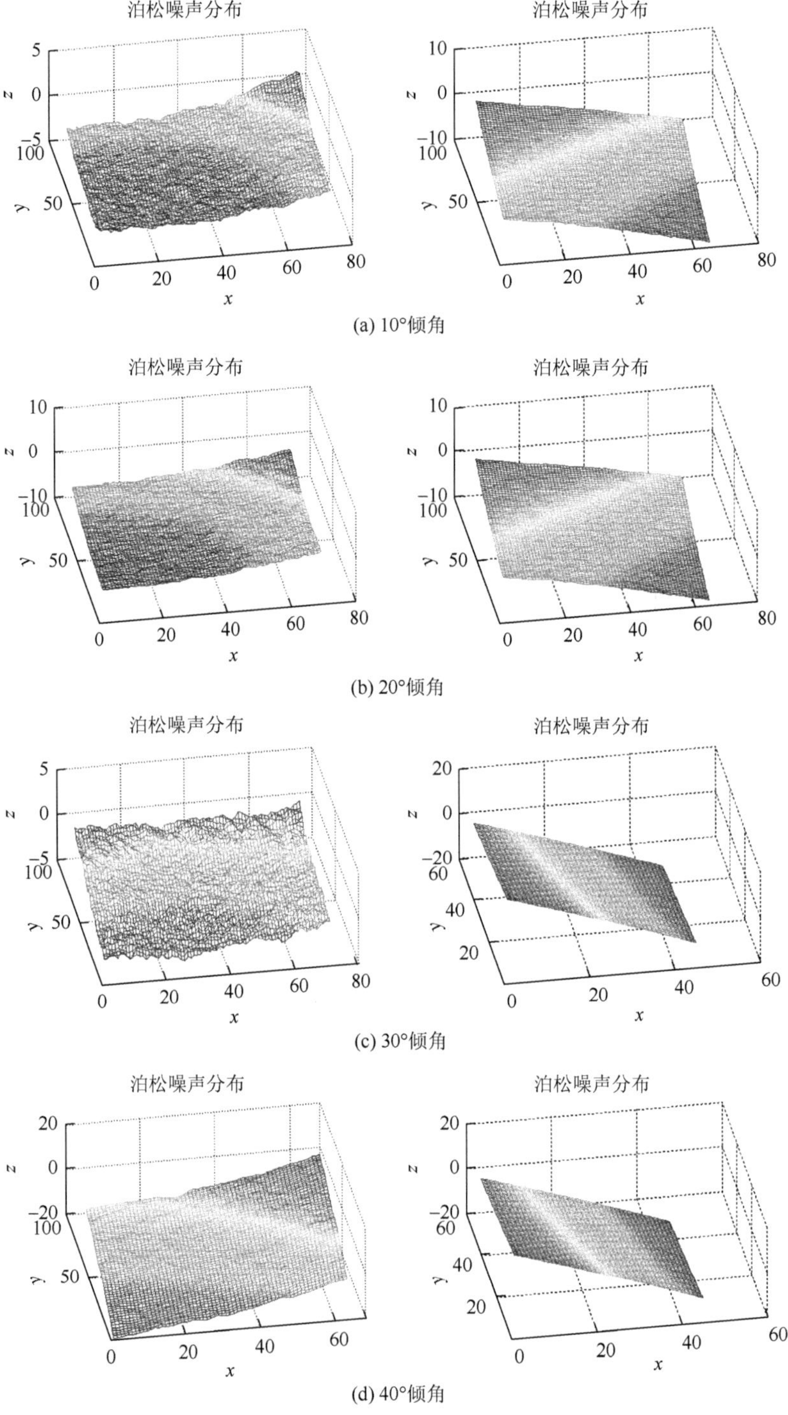

(a) 10°倾角

(b) 20°倾角

(c) 30°倾角

(d) 40°倾角

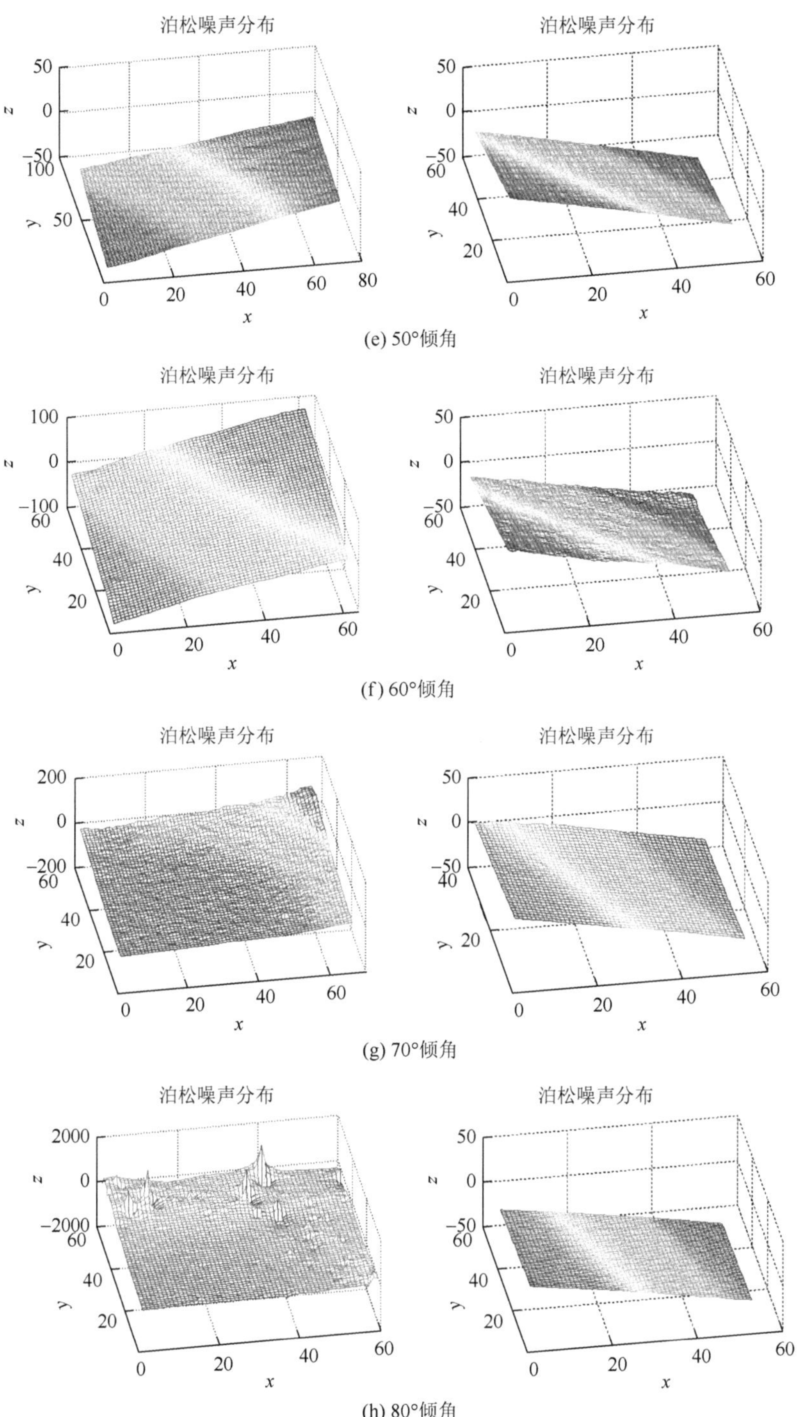

(e) 50°倾角

(f) 60°倾角

(g) 70°倾角

(h) 80°倾角

图 6.1.6　$\gamma_D=1.0$ 时已有方法（左侧）和本书方法（右侧）的重建曲面

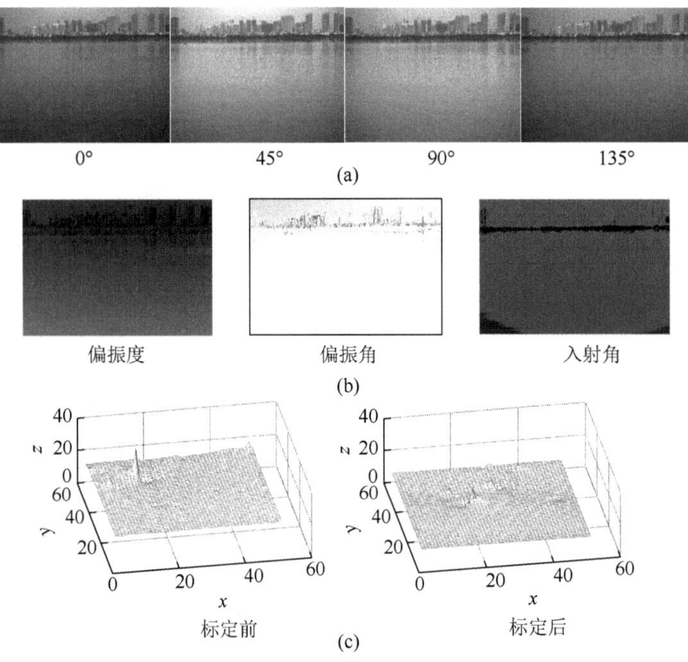

图 6.1.7　LUCID 偏振相机采集的湖面图像和处理后结果（湖面无目标）

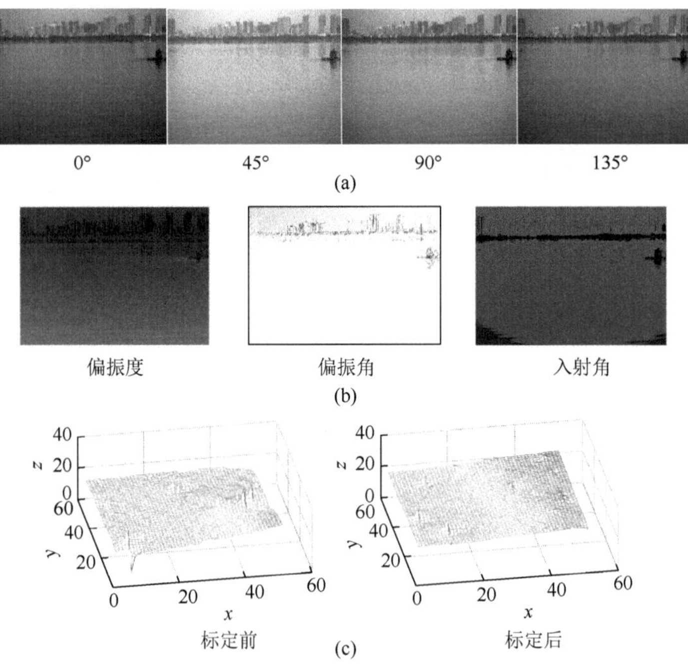

图 6.1.8　LUCID 偏振相机采集的耀光较大图像和坡面重建效果（湖面有目标）

6.2　水面波纹的多波段光电偏振成像检测分析

6.2.1　模型概述

根据电磁波理论，光波电矢量可分解为互相垂直的两个分量：在入射面内的平行分量 $\boldsymbol{p}$ 和垂直于入射面的垂直分量 $\boldsymbol{s}$。根据菲涅耳公式和基尔霍夫定律可知，水面对 $\boldsymbol{s}$ 和 $\boldsymbol{p}$ 分量的反射率和发射率不同，这是水面偏振特性产生的基本原理[5-7]。

三维水面波纹可看成是由很多微小光滑水面面元组合而成，具有连续性和光滑性。准确的水面波纹重构需要根据测量的水面偏振特性反推水面面元的姿态，前提是对水面偏振特性进行正确的理论分析及计算。根据自然照明条件下的成像过程，可建立水面光电偏振探测模型，如图 6.2.1 所示。成像过程[5, 7]如下。天空大气辐射 L_{atm} 入射水面，入射能量被分为三部分：第一部分能量以反射辐射形式到达成像设备；第二部分能量被水体吸收，这部分能量会通过自发辐射的形式到达成像设备；第三部分则穿过水面向下传播。在可见光波段，由于水体温度较低，自发辐射可以忽略，到达相机的辐射只需考虑反射部分 L_{R}。在中长波红外波段，水体有较强的自发辐射，到达相机的水面辐射由反射辐射 L_{atm} 和自发辐射 L_{sfc} 组成。由于在水面和成像设备之间还有一段大气路径，其会产生无偏的辐射 L_{Iatm}，并对通过其中的反射光和自发辐射光产生衰减。因此，最终到达成像设备的 $\boldsymbol{s}$ 和 $\boldsymbol{p}$ 分量辐射为

$$L^{s,p} = \tau\left(L_{\text{sfc}}^{s,p} + L_{\text{R}}^{s,p} + L_{\text{Iatm}}/2\right) = \tau\left(L_{\text{sfc}}^{s,p} + R_{\text{sfc}}^{s,p} L_{\text{atm}}/2 + L_{\text{Iatm}}/2\right) \qquad (6.2.1)$$

式中，L 为成像设备接收的光辐射；L_{sfc} 为水面自发辐射，其能量集中在红外中长波段；R_{sfc} 为水面的反射率；L_{atm} 为入射的天空大气辐射；L_{Iatm} 为无偏光，入射到水面的 $\boldsymbol{s}$ 分量和 $\boldsymbol{p}$ 分量强度（$=L_{\text{atm}}/2$）相等；τ 为水面和成像设备之间的大气透过率。

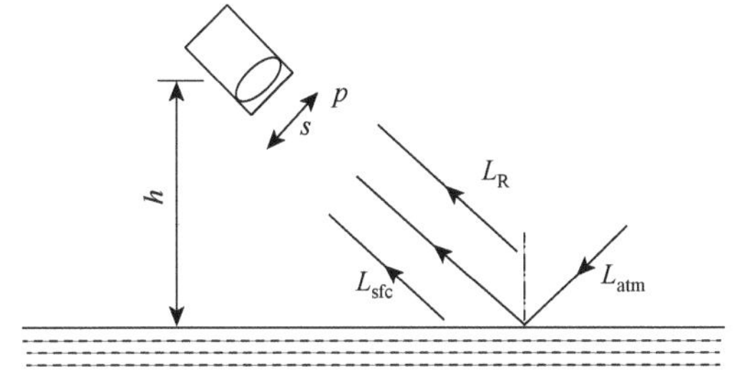

图 6.2.1　水面光电偏振探测模型

根据物理光学，**s** 和 **p** 偏振的偏振度定义为

$$\mathrm{DoLP}=\frac{L^s-L^p}{L^s+L^p} \tag{6.2.2}$$

DoLP 的正负表示光辐射的偏振方向，当偏振度大于 0 时是 **s** 偏振，当偏振度小于 0 时是 **p** 偏振。

1. 水面反射辐射

将水面当作光滑的镜面处理，**s** 分量和 **p** 分量的光谱反射率可以用菲涅耳公式进行计算：

$$R^s(\lambda,\theta)=\left|\frac{\cos(\theta)-\tilde{n}(\lambda)\cos(\theta_\mathrm{r})}{\cos(\theta)+\tilde{n}(\lambda)\cos(\theta_\mathrm{r})}\right|^2 \tag{6.2.3}$$

$$R^p(\lambda,\theta)=\left|\frac{\tilde{n}(\lambda)\cos(\theta)-\cos(\theta_\mathrm{r})}{\tilde{n}(\lambda)\cos(\theta)+\cos(\theta_\mathrm{r})}\right|^2 \tag{6.2.4}$$

式中，$R^s(\lambda,\theta)$、$R^p(\lambda,\theta)$ 分别是水面反射辐射 **s** 光和 **p** 光的光谱反射率（均为波长 λ 和入射角 θ 的函数）；$\tilde{n}(\lambda)$ 是水体的复折射率（后续水折射率数据来自 Hale 等的计算数据[6]）；θ_r 是折射角，Snell 定律给出了入射角和折射角之间的关系

$$\theta_\mathrm{r}(\lambda,\theta)=\arcsin\left[\sin(\theta)/\tilde{n}(\lambda)\right] \tag{6.2.5}$$

图 6.2.2 给出波长为 500nm 单色光以不同入射角入射水面时 **s** 光和 **p** 光反射率，**s** 光反射率始终大于 **p** 光反射率，水面反射辐射是 **s** 偏振的部分偏振光。

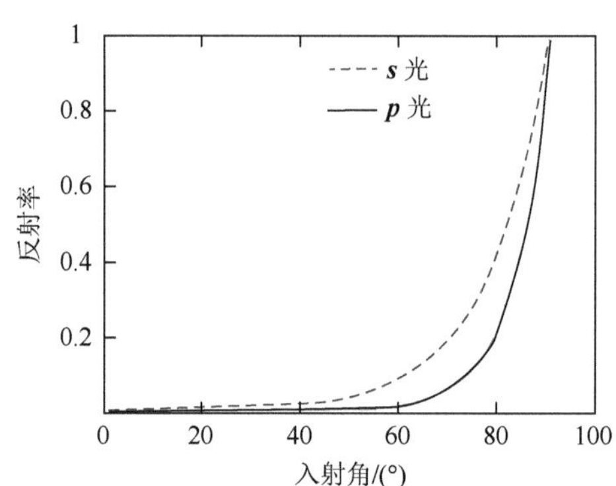

图 6.2.2　**s** 光和 **p** 光反射率与入射角的关系曲线

天空辐射强度会随天气状况而变化，天空云量、大气温度和湿度都会影响天空辐射强度，进而影响水面的偏振度，根据不同的天气状况准确地计算出天空辐射是计算水面偏振度的关键一环。使用通用大气仿真软件 MODTRAN 计算天空光谱辐射，获取从水面向上不同斜路径的大气光谱辐亮度 L_atm。图 6.2.3 给出 5μm

波长处的中纬度冬/夏季天空辐射辐亮度与天顶角的关系曲线。气溶胶模型为都市，能见度为 5km（后面所用气溶胶模型与此相同）。可以看出：夏季的天空辐射强度远大于冬季，这是因为夏季的大气温度较高，且大气湿度和密度更大。大气辐照度值随着入射角的增大而增大，路径越倾斜，大气路程越长，辐射值越大。因此，在计算天空辐射强度时必须考虑大气条件及大气路径的影响。

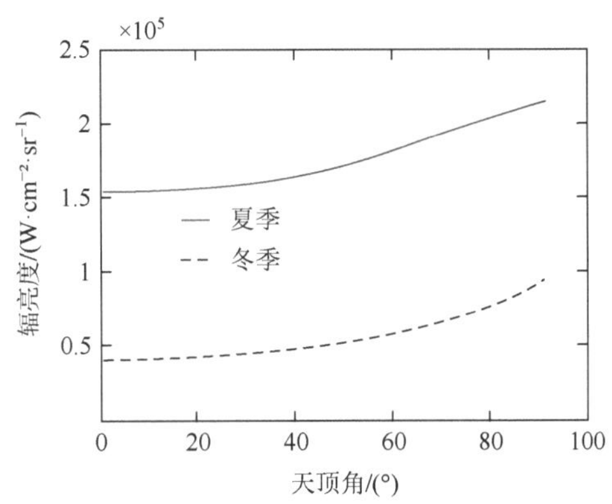

图 6.2.3　中纬度冬/夏季天空辐射辐亮度与天顶角的关系曲线

利用求出的光谱反射率和天空光谱辐射，可求出 **s** 光和 **p** 光在波段$\left[\lambda_1,\lambda_2\right]$的反射辐射

$$L_{\mathrm{R}}^{s,p}=\frac{1}{2}\int_{\lambda_1}^{\lambda_2}R^{s,p}(\lambda,\theta)L_{\mathrm{atm}}(\lambda)\mathrm{d}\lambda \tag{6.2.6}$$

反射辐射偏振度表达式为

$$\mathrm{DoLP_R}=(L_{\mathrm{R}}^{s}-L_{\mathrm{R}}^{p})/(L_{\mathrm{R}}^{s}+L_{\mathrm{R}}^{p}) \tag{6.2.7}$$

2. 水面自发辐射

水面可作为灰体处理，温度 T 的水面自身辐亮度可表示为

$$L_{\mathrm{sfc}}^{s,p}(\lambda,\theta,T)=\varepsilon_{\mathrm{sfc}}^{s,p}(\lambda,\theta)L_{\mathrm{BB}}(\lambda,T) \tag{6.2.8}$$

式中，$\varepsilon_{\mathrm{sfc}}^{s,p}$为水面辐射发射率；上标 s、p 分别表示 **s** 光和 **p** 光；$L_{\mathrm{BB}}(\lambda, T)$ 为黑体辐亮度

$$L_{\mathrm{BB}}(\lambda,T)=\frac{c_1}{\pi\lambda^5}\frac{1}{\exp(c_2/\lambda T)-1} \tag{6.2.9}$$

式中，c_1 和 c_2 分别为第一和第二辐射常数。

基尔霍夫定律表明：在给定温度下，任何材料的发射率在数值上等于吸收率。由于红外辐射不透过水体，入射到水面的红外辐射变成反射和吸收两部分，发射

率 $\varepsilon_{\mathrm{sfc}}^{s,p}(\lambda,\theta)$、吸收率 $\mu_{\mathrm{sfc}}^{s,p}(\lambda,\theta)$、反射率 $R_{\mathrm{sfc}}^{s,p}(\lambda,\theta)$ 三者关系可表示为

$$\varepsilon_{\mathrm{sfc}}^{s,p}(\lambda,\theta)=\mu_{\mathrm{sfc}}^{s,p}(\lambda,\theta)=1-R_{\mathrm{sfc}}^{s,p}(\lambda,\theta) \tag{6.2.10}$$

水面的发射率与反射率情况正好相反，故水面自发辐射的 ***p*** 光分量多于 ***s*** 光分量，是 ***p*** 偏振的部分偏振光。

水面自发辐射在波段$[\lambda_1,\lambda_2]$的辐射为

$$L_{\mathrm{sfc}}^{s,p}(\theta,T)=\frac{1}{2}\int_{\lambda_1}^{\lambda_2}\left[1-R^{s,p}(\lambda,\theta\right]L_{\mathrm{BB}}(\lambda,T)\mathrm{d}\lambda \tag{6.2.11}$$

自发辐射偏振度表达式为

$$\mathrm{DoLP_S}=(L_{\mathrm{sfc}}^{s}-L_{\mathrm{sfc}}^{p})/(L_{\mathrm{sfc}}^{s}+L_{\mathrm{sfc}}^{p}) \tag{6.2.12}$$

3. 水面综合偏振辐射

结合式（6.2.7）和式（6.2.12），式（6.2.2）进一步推导得

$$\mathrm{DoLP}=\mathrm{DoLP_R}\cdot P_{\mathrm{R}}+\mathrm{DoLP_S}\cdot P_{\mathrm{S}} \tag{6.2.13}$$

式中，P_{R} 和 P_{S} 分别为反射辐射和自发辐射在总辐射量中的占比，且 $P_{\mathrm{S}}+P_{\mathrm{R}}=1$。可以看出水面辐射的偏振度决定于反射辐射和自发辐射的份额比例及各自的偏振度。由于水面自发辐射和反射辐射的偏振方向相互垂直，$\mathrm{DoLP_R}$ 和 $\mathrm{DoLP_S}$ 的符号相反，合成辐射时偏振度减小了。

图 6.2.4 为不同入射角下的反射辐射、自发辐射和水面总辐射偏振度曲线（红外中波 3～5.2μm，大气模型设置为中纬度冬季夜间，水面的温度为 5℃）。可以看出，反射辐射是 ***s*** 偏振的，随着入射角增大，其偏振度先增大后减小，在布儒斯特角处达到 100%。自发辐射是 ***p*** 偏振的，偏振度绝对值随着入射角单调递增，最大偏振度是 26%。总辐射偏振度介于两者之间，其偏振度要小于前两者的偏振度（绝对值）。总体上，反射辐射的偏振度要比自身辐射的高，但是自身辐射的强度更大，在总辐射中占主导，因此合成辐射是 ***p*** 偏振的部分偏振光。

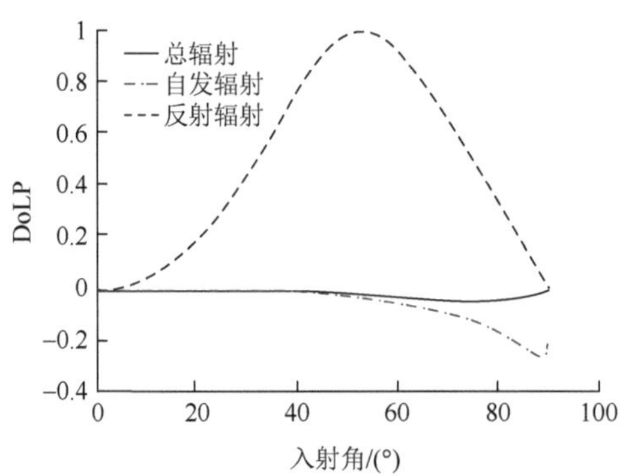

图 6.2.4　水面偏振度曲线

6.2.2　水面偏振度仿真结果与分析

在探测器离水面较近时，可忽略水面对探测器的大气影响。下面对可见光（visible light，VIS，0.4～0.7μm）、短波红外（short wave infrared，SWIR，0.9～1.7μm）、中波红外（midwave infrared，MWIR，3～5.2μm）和长波红外（long wave infrared，LWIR，7.5～14μm）波段的水面偏振度进行仿真计算。

1. VIS 的水面偏振度仿真

在可见光波段，来自水面的辐射只有反射辐射，所以只需要考虑大气变化对偏振特性的影响，其偏振度最大值为 1（布儒斯特角处），任何小于 1 的偏振度都对应两个可能的入射角（即存在歧义解）。利用 MODTRAN 分别计算中纬度冬/夏季 1976 美国标准大气下的天空大气辐亮度，从而求出水面偏振度随入射角的变化。可见光波段水面偏振度仿真曲线如图 6.2.5 所示。可以看出：在不同大气状况下，可见光波段的水面偏振度具有一致的变化规律，曲线完全重合。由此可得出结论：可见光波段的水面偏振特性与水体温度、大气状况等相关度不高，有效简化了对水面可见光波段偏振的分析[7]。

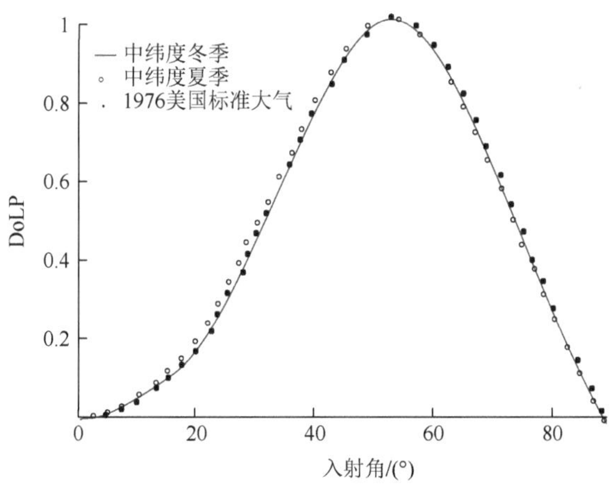

图 6.2.5　可见光波段水面偏振度仿真曲线

2. SWIR 水面偏振度仿真

水和大气都不是高温物体，在 SWIR 波段水面自发辐射和大气热辐射相比，天空太阳散射辐射可忽略，但昼夜太阳散射辐射量变化巨大，造成反射量随之变化，进而对水面偏振度产生影响。

在白天，红外相机接收的主要是水面对太阳散射的反射，$P_S = 0$，偏振度随入射角变化的曲线与可见光波段的偏振曲线趋势是一致的（图 6.2.6），偏振度值基本不受温度及大气状况变化的影响。

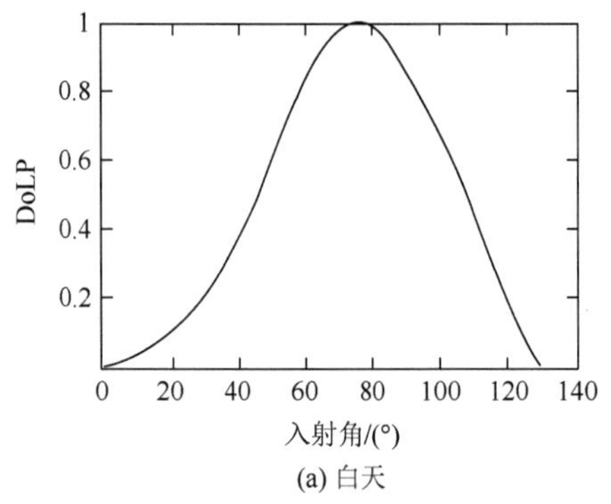

(a) 白天

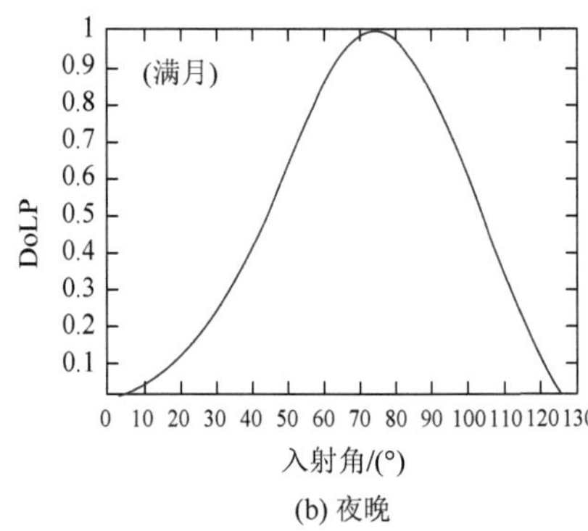

(b) 夜晚

图 6.2.6　短波波段水面偏振度曲线

在满月夜晚，辐射由月光、夜天光、星光、黄道光、热辐射等组成（按其在夜间的辐射强度排列），主要辐射能量集中在短波波段[8]（图 6.2.7）。短波波段的水面自发辐射可忽略不计，因此在夜间来自水面的短波辐射主要是反射辐射，水面偏振特性与反射辐射的偏振特性相同，具有偏振特性明显，且不易受天气变化影响的特点，在满月情况下短波波段水面偏振度曲线如图 6.2.6 所示。但是夜间的短波辐射较微弱，在满月情况下，光谱辐射出射度为 $10^{-7}\mathrm{W\cdot cm^{-2}\cdot \mu m^{-1}}$ 数量级，而在没有月亮的情况下，光谱辐射出射度要下降一个数量级。

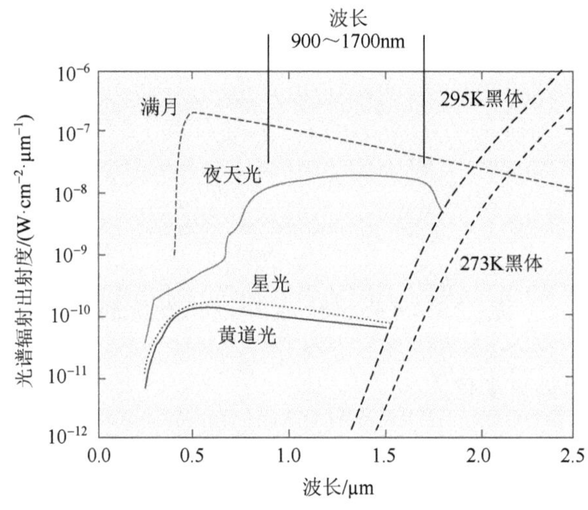

图 6.2.7　夜晚辐射光源

3. MWIR/LWIR 水面偏振度仿真

大于 3μm 波段天空太阳散射的能量较低，在中/长波红外波段，水面辐射主要包括对大气热辐射反射和自发辐射，水面的偏振度受水体温度和大气状况的影响较大，两个波段的水面偏振度规律表现相似，偏振度计算方法相同，因此统一做分析。

图 6.2.8 是在中/长波红外波段，冬/夏季不同温度下的偏振度随入射角变化的曲线，大气模型为中纬度冬/夏季。从图中可以看出，在中/长波红外波段，水面偏振度小于 0，随着温度的增大而增大，说明水面自发辐射处于主导地位。在同一条件下，冬季的水面偏振度大于夏季的，这是因为在冬季，大气更干燥，更清澈，大气辐射小。从图 6.2.3 中可以看出夏季的大气辐射强度是冬季的接近 4 倍，由式（6.2.13）可知，这将大大抵消自发辐射的偏振。但是，即使在 15℃（在中纬度冬季来说温度已经很高了）最大偏振度也不超过 10%，说明中/长波红外波段水面偏振程度较低。无论是冬季还是夏季，同一温度下中波波段的水面偏振度都比长波波段的大。同时与可见光类似，存在偏振度值与入射角不一一对应的情况，但其拐点处入射角较大，在 80°附近，有掠入射表面的情况存在时才需要考虑入射角歧义解的情况。

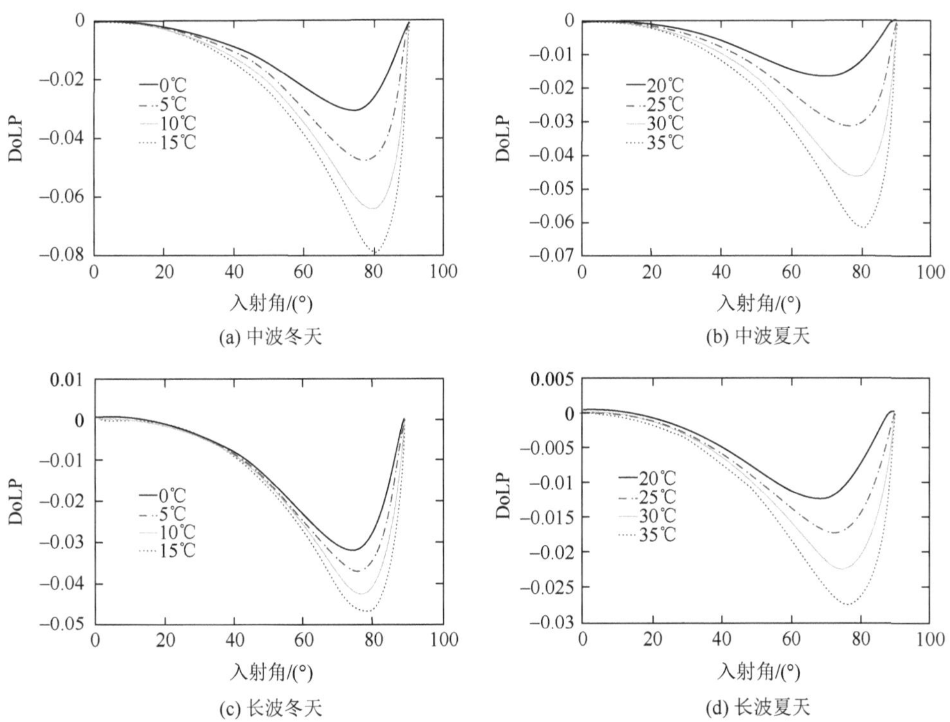

图 6.2.8　中/长波红外波段，冬/夏季不同温度下的偏振度随入射角变化的曲线

6.2.3　水面偏振度的实验测量与模型验证

为了验证上述水面偏振探测模型的有效性及水面偏振度仿真的准确性，采用基于斯托克斯矢量的测量方法对可见光波段和中波波段的水面偏振度进行测量。依据斯托克斯矢量计算的 DoLP 和 AoP 的公式分别为

$$\text{DoLP}=\frac{\sqrt{Q^2+U^2}}{I},\quad \text{AoP}=\frac{1}{2}\arctan\left(\frac{U}{Q}\right) \tag{6.2.14}$$

根据式（6.2.14）计算得到的偏振度值均为正值，无法判断水面偏振是 **s** 偏振或 **p** 偏振，需要通过观察斯托克斯矢量的第二个分量 $Q=I_x-I_y$ 来确定偏振方向，其符号意义与式（6.2.2）的符号意义相同。

1. VIS 水面偏振度测量与模型验证

为减小外界环境的影响，实验选择在暗室中进行。使用 TILO 公司的 video checker 摄像测试用的灯箱模拟自然光，将装满水的黑色小盆放置于灯箱中，拍摄目标是水盆中的平静水面。选用德国 Ueye 公司 UI-3240-CP-M-GL CMOS 相机，将相机固定在三脚架上，使其能上下调节倾角，相机对准小盆中的平静水面。相机在 10°～80°范围内每隔 10°对水面成像，旋转偏振片获得水面在不同检偏角下的图像。如图 6.2.9 所示，*表示实验结果，实线表示理论计算曲线。可以看出：实验结果与理论曲线较为一致，水面偏振探测模型在可见光波段有效。

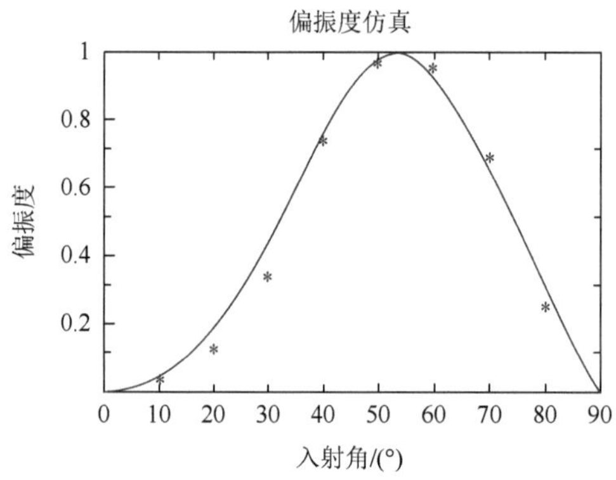

图 6.2.9　VIS 水面偏振度测量与仿真结果

2. MWIR 水面偏振度测量及模型验证

通过仿真已知中波红外波段的水面偏振度较低，且与水体和大气状况相关，

易受周围环境的影响，故对采用的实验器材、实验方法和数据处理方法要求较高。为此，实验选在开阔的室外进行，使用天空辐射作为无偏的光源。由于在水体温度不变的情况下来自天空的辐射越低，水面偏振度越高，为了增大水面的偏振度，降低测量的难度，选在晴朗干净的天气下进行实验测量。热像仪选用法国 CEDIP 公司中波红外制冷热像仪 JADE，响应波段为 3～5.2μm，分辨率为 320×240，NETD≤25mK。实验前需要标定热像仪输出灰度与入射辐射亮度之间的关系，从而将热像仪的图像灰度转化为辐射亮度。偏振片选用 GoEdmund 公司高消光比中波硅基底线栅偏振片 WP25M-IRC，消光比＞1000∶1，平均透过率大于 85%。

采用由热像仪和旋转偏振片组成的分时偏振成像系统对平静水面的中波红外偏振度进行测量，将 0°、60°、120° 共 3 个检偏方向的偏振片安装在一个滤波轮上。由于偏振片属于常温物体，在 MWIR 和 LWIR 波段有较强的辐射，且偏振片的表面较光滑也会将热像仪自身发射的热辐射反射回到焦平面；偏振片不是理想检偏器。这些因素会导致测得的入射偏振度偏离理论值。为了减小这一误差，使用我们之前提出的前置偏振片辐射修正方法，对测得的偏振度进行了校正。

实验在北京 1 月中旬进行，天气晴朗干燥无风，实验场地选在开阔的楼顶。将热像仪架设在三脚架上，对准水盆的水面，通过调节三脚架的倾角来测量不同入射角的水面偏振度，并避开太阳的直接反射方向。热像仪倾角从 10°到 80°，每隔 5°或者 10°转动滤波轮，拍摄 0°、60°和 120°检偏角及无偏振片下的水面图像。为减少噪声影响，每次采集 100 张图像求平均得到 1 张图像，并进行中值滤波处理。由于是平静水面成像，可对其中心视场中心 30×30 像素区域求平均，得到该组图像的灰度值。同时，为了减小随机误差，对同一倾角采集三组图像，分别计算出偏振度，剔除明显异常的偏振度值后求平均，作为最终的测量偏振度。图 6.2.10 给出冬季水面 MWIR 偏振度实验测量与仿真结果。

测量是在中纬度地区的北京冬季进行，故使用中纬度冬季的大气模型进行水面偏振度的仿真计算。图 6.2.10 中实线表示仿真结果；o 表示偏振片影响未校正的实验结果，* 表示校正偏振片影响后的实验结果。白天测量在下午进行，气温从 11℃逐渐变为 8℃，将仿真温度设置为 10℃，也将太阳散射能量计算进了天空辐射的能量；晚上测量期间气温从 6℃降为 4℃，仿真温度设置为 5℃。可以看出：校正后的测量结果与仿真曲线一致性较好，说明了水面红外偏振模型的正确性；未消除偏振片影响的测量结果偏小，偏振度越大偏差越大，说明了消除偏振片影响对获得正确实验结果的必要性。需要指出：白天测量期间温度比夜间高约 5℃，但两者的偏振度却相差不大，这是因为白天的太阳散射使得天空辐射的能量高于夜间，反射的消偏作用更明显，使得水面的偏振度偏小。

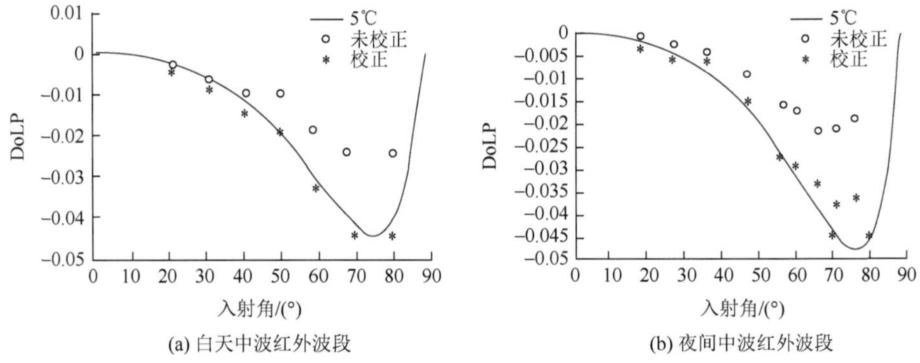

图 6.2.10 冬季水面 MWIR 偏振度实验测量与仿真结果

参考文献

[1] Liu J，Lu X T，Jin W Q，et al. Transparent surface orientation from polarization imaging using vector operation[J]. Applied Optics，2018，57（9）：2306-2313.

[2] Ettl S. Shape reconstruction from gradient data [J]. Applied Optics，2008，47（12）：2091-2097.

[3] Frank Chen G M，Mumin S. Overview of three-dimensional shape measurement using optical methods[J]. Optical Engineering，2000，39：10-22.

[4] Wei T，Klette R. A new algorithm for gradient field integration[C]. Image and Vision Computing Conference A，Dunedin，2001：103-108.

[5] Shaw J A. Degree of linear polarization in spectral radiances from water-viewing infrared radiometers[J]. Applied Optics，1999，38（15）：3157-3165.

[6] Hale G M，Querry M R. Optical constants of water in the 200nm to 200μm wavelength region[J]. Applied Optics，1973，12（3）：555-563.

[7] 吴恒泽，王大成，金伟其，等. 基于水面特征波纹的潜艇多波段光电偏振成像探测性仿真研究[J].红外与激光工程，2020，49（6）：54-63.

[8] Myers M M，Dayton D C，Gonglewski J D，et al. SWIR air glow mapping of the night sky[C]. Advanced Wavefront Control-Methods，Devices，and Applications VIII，San Diego，2010：7816.

第 7 章　透明界面光电偏振成像技术的应用

7.1　海面耀光的滤除方法

强杂波背景是目标探测中极具破坏力的一种干扰环境，大大影响了探测成像系统的性能和应用能力。偏振成像技术有利于杂乱背景中的目标探测，特别是太阳耀光存在时海面目标的探测。近年来，偏振成像技术在水面杂波抑制领域的应用逐渐成为重点研究方向之一。

本节从理论模型和应用机制入手，结合数据仿真与场景实验，针对典型的水面杂波场景，重点介绍基于偏振成像技术的杂波抑制方法。

7.1.1　计算线偏振图像模型及其在杂波抑制中的应用

一维偏振计通过调整检偏角可以获得杂波抑制最佳的线偏振图像，使目标和背景的对比度达到最大。二维偏振计、三维偏振计和全斯托克斯偏振计等通常可以获得固定检偏角度的线偏振图像、斯托克斯矢量图像、偏振度和偏振角图像，也可达到一定的杂波抑制效果。三维偏振计目前较为常用，可同时获取线偏振信息进行偏振特性分析，应用范围广。但三维偏振计一般只获得几个固定检偏角度的线偏振图像，无法像一维偏振计一样通过旋转偏振片获得任意检偏角度的线偏振图像。本节介绍一种基于计算线偏振图像的杂波抑制方法，该方法根据三维偏振计输出图像计算得到任意检偏角线偏振图像，并通过寻优计算获得最佳信杂比线偏振图像，从而可以快速而有效地抑制杂波。

1. 基于三维偏振计的线偏振图像计算模型

假设三维偏振计由理想线偏振片和探测器构成，系统在不同检偏方向探测到的光强 $\boldsymbol{I}=\left[I_1\ \ I_2\ \ \cdots\ \ I_N\right]^{\mathrm{T}}$ 与入射斯托克斯矢量 $\boldsymbol{S}=\left[s_0\ \ s_1\ \ s_2\ \ s_3\right]^{\mathrm{T}}$ 的关系为[1]

$$\boldsymbol{I}=\boldsymbol{W}\boldsymbol{S} \tag{7.1.1}$$

斯托克斯矢量的四个参量均是光强的时间平均值，具有强度的量纲，可以直接被探测器探测。$\boldsymbol{W}$ 是测量矩阵，其和检偏角（线偏振片透光方向与水平方向的夹角）θ_{i} 有关：

$$\boldsymbol{W}=\begin{bmatrix}\boldsymbol{w}_1^{\mathrm{T}}\\ \boldsymbol{w}_2^{\mathrm{T}}\\ \vdots\\ \boldsymbol{w}_N^{\mathrm{T}}\end{bmatrix}=\frac{1}{2}\begin{bmatrix}1 & \cos 2\theta_1 & \sin 2\theta_1\\ 1 & \cos 2\theta_2 & \sin 2\theta_2\\ \vdots & \vdots & \vdots\\ 1 & \cos 2\theta_N & \sin 2\theta_N\end{bmatrix} \tag{7.1.2}$$

那么入射斯托克斯矢量可以估算为

$$\boldsymbol{S}=\boldsymbol{W}^{\dagger}\boldsymbol{I} \tag{7.1.3}$$

式中，$\boldsymbol{W}^{\dagger}$是$\boldsymbol{W}$的广义逆矩阵[2]

$$\boldsymbol{W}^{\dagger}=(\boldsymbol{W}^{\mathrm{T}}\boldsymbol{W})^{-1}\boldsymbol{W}^{\mathrm{T}} \tag{7.1.4}$$

由此可见，只要由系统实际测量N个方向的线性偏振光强值即可由式（7.1.3）估算入射斯托克斯矢量。θ_{i}方向出射线性偏振光强与入射斯托克斯矢量的关系为$I_{\mathrm{i}}=\boldsymbol{w}_{\mathrm{i}}^{\mathrm{T}}\boldsymbol{S}$。将估算得到的入射斯托克斯矢量代入$I_{\mathrm{i}}=\boldsymbol{w}_{\mathrm{i}}^{\mathrm{T}}\boldsymbol{S}$，即可估计任意$\theta_{\mathrm{any}}$方向的出射线偏振强度

$$I_{\mathrm{any}}=\boldsymbol{w}_{\mathrm{any}}^{\mathrm{T}}\boldsymbol{S}=\boldsymbol{w}_{\mathrm{any}}^{\mathrm{T}}\boldsymbol{W}^{\dagger}\boldsymbol{I}=\boldsymbol{A}\boldsymbol{I}=a_1I_1+a_2I_2+\cdots+a_NI_N \tag{7.1.5}$$

式中，$\boldsymbol{A}=[a_1\ \ a_2\ \ \cdots\ \ a_N]$，$a_i$与$\theta_{\mathrm{any}}$及$\theta_1,\cdots,\theta_N$有关。

由此可知，利用三维偏振计可以通过实际N个方向的线偏振图计算得到任意θ方向的线偏振图，理论上等同于一维偏振计成像结果。我们将实测的N个线偏振图称为基础线偏振图像，简称为基础图像；计算得到的任意θ方向的线偏振图称为计算线偏振图像，简称为计算图像；N个方向的角度$\theta_1,\theta_2,\cdots,\theta_N$称为检偏角；任意$\theta$方向的角度$\theta_{\mathrm{any}}$称为计算检偏角。

一维偏振计在应用时需要旋转偏振片以寻找目标和背景对比度最大的线偏振成像图，操作不易且耗时，不利于对动态场景的探测。三维偏振计在应用时通常只需要获得几个固定角度的线偏振图像，继而解算得到斯托克斯参数图像、偏振度和偏振角图像，可以做到实时成像，有利于对动态场景的探测。一维偏振计利用的是线偏振图像对场景进行分析，而三维偏振计不仅可以得到线偏振图像，更多的是利用后续解算得到的斯托克斯参数图像、偏振度和偏振角图像对场景进行分析。实际上，线偏振图像、斯托克斯参数图像、偏振度和偏振角图像均具有应用价值，不同条件下各类图像的优势不同。根据上述计算方法，可以利用三维偏振计成像结果计算一维偏振计的成像效果，这样三维偏振计便综合了一维偏振计的应用，理论上可以用三维偏振计取代一维偏振计，三维偏振计的功能得到扩充，三维偏振计的应用范围将大大提高，这对偏振计的发展具有重要的意义。

2. 基于计算线偏振图像的杂波抑制方法

基于线偏振信息抑制杂波的机制，结合计算线偏振图像原理，利用三维偏振计的杂波抑制方法步骤如下。

（1）获取线偏振图像。选择一种三维偏振计对杂波场景成像，得到场景在 N 个固定检偏角的线偏振图像 $\boldsymbol{I}=\begin{bmatrix}I_1 & I_2 & \cdots & I_N\end{bmatrix}^{\mathrm{T}}$。

（2）估算入射斯托克斯矢量。根据所选择的三维偏振计的 N 个固定检偏角 $\theta_1,\theta_2,\cdots,\theta_N$，由式（7.1.2）计算此三维偏振计的测量矩阵 $\boldsymbol{W}$。根据式（7.1.3），由测量矩阵 $\boldsymbol{W}$ 和入射线偏振图像 $\boldsymbol{I}=\begin{bmatrix}I_1 & I_2 & \cdots & I_N\end{bmatrix}^{\mathrm{T}}$ 估算入射斯托克斯矢量 $\boldsymbol{S}$。

（3）计算线偏振图像。选择计算检偏角度 θ_{any} 的范围为 $[0°,180°]$，计算检偏角度间隔为 1°。根据式（7.1.5）计算从 0°到 180°每隔 1°的所有计算图像 $I_{\theta_{\mathrm{any}}}$。

（4）选择目标函数寻优。依据不同的任务目标，选择一个合适的目标函数进行寻优，找到与目标任务相匹配的计算图像。一般情况下，任务目标多为找到目标与背景对比度最佳的图像，我们推荐使用信杂比函数作为寻优目标函数。信杂比（signal to clutter ratio，SCR）是目标均值与背景杂波均值的差值与背景均方差的比，用它来评价杂波抑制图像中目标与杂波的对比情况。SCR 越大说明目标越突出，背景杂波越能得到抑制。

$$\mathrm{SCR}=\frac{|\mu_{\mathrm{t}}-\mu_{\mathrm{c}}|}{\sigma} \tag{7.1.6}$$

式中，μ_{t} 为目标均值；μ_{c} 为背景杂波均值；σ 为背景的均方差。

首先根据式（7.1.6）计算每一计算图像 $I_{\theta_{\mathrm{any}}}$ 的信杂比 $\mathrm{SCR}_{\theta_{\mathrm{any}}}$，然后寻找信杂比最大时对应的计算图像 $I_{\theta_{\max}}$。$I_{\theta_{\max}}$ 即为杂波抑制效果最佳的计算图像，$I_{\theta_{\max}}$ 对应的计算检偏角度即为最优检偏角 $\theta_{\max}$。

上述方法通过设定目标函数进行寻优的方式，获取了具有最优信杂比的线偏振图像，从而实现了抑制杂波、突出目标的目的。由于三维偏振计可以做到实时成像，所以可通过解算得到斯托克斯参数图像、偏振度和偏振角图像。使用三维偏振计替代一维偏振计后，三维偏振计就可以实现所有检偏角度下的线偏振信息、斯托克斯参量信息及偏振特性信息的获取，那么基于三维偏振计的杂波抑制方法就可以充分利用这些信息。这样不仅扩展了三维偏振计的应用范围，而且使利用三维偏振计的杂波抑制机制更加多元化。

3. 实验及分析

1）实验系统

实验中采用我们自行研制的平行光路长波红外偏振成像系统[3]，如图 7.1.1 所示。该系统采用的是同时偏振成像方式，共有四组通道，在空间结构上呈“田”字分布。其中三个通道由偏振片和热像仪构成，偏振片的检偏方向分别为 0°、60°、120°，另一通道直接由热像仪构成，采集强度图像。系统各通道光轴平行，并通过四通道信号采集电路同时采集四个通道热像仪的实时图像，然后通过 Cameralink 接口将数据输出至计算机。

图 7.1.1　平行光路长波红外偏振成像系统

系统光学部分主要元器件选型及性能参数如表 7.1.1 所示。该系统中直接采用了 FLIR TAU2-336 非制冷长波红外机芯，为了减小色差对成像的影响、简化系统结构，偏振通道采用了前置偏振片的设置。偏振片有效孔径为 38mm，光学系统口径为 22mm，不会对成像视场造成影响。机芯间距不大于 6.5cm，当观测距离大于 100m 时，其视差小于 1 个像元，满足大多数条件下的观测距离要求。采用文献[4]方法完成四通道响应非一致性校正和偏振信息反演误差校正[4]。

表 7.1.1　系统光学部分主要元器件选型及性能参数

元器件选型	主要性能参数
40mm/F1.0 可调焦镜头	工作波段：8～12μm
	焦距 40mm，F 数为 1.0
	对焦范围：∞到 0.5m
高对比度红外金属线栅偏光镜	工作波段：7～15μm
	消光比：10000∶1
	透过率：T_p >63%，a7.0～8.8μm T_p >55%，a8.8～15.0μm
FLIR 非制冷长波红外机芯	工作波段：7.5～13.5μm
	分辨率：336×256 像素
	灵敏度：小于 50mK，F 数为 1.0
	帧数：8 帧/s

2）实验结果

实验中同时获取了 0°、60°、120°三个检偏角度下的长波红外线偏振图像和长波红外强度图像。按照 7.1.1 第 2 部分的方法，根据任务目标，我们用成像系统直接获取的线偏振图像进行计算，寻优最佳杂波抑制图像，并和强度图像进行对比。

A. 天空云层背景实验

在这组实验中，由于背景天空中没有目标，大量的云层充满整个视场，根据式（7.1.6），背景均方差σ越小，则信杂比越大，说明杂波抑制越好。所以在这组实验中，我们选择背景均方差σ作为寻优目标函数，选择背景均方差最小的计算图像作为最佳杂波抑制计算图像（图 7.1.2）。图 7.1.2 中同时包含了计算图像的σ随计算检偏角变化的曲线图（图 7.1.2（d）），图 7.1.2 中各图像的背景均方差σ列于表 7.1.2 中。其中，σ是基于图像中像素的灰度值计算的，灰度值已归一化至区间[0, 1]。

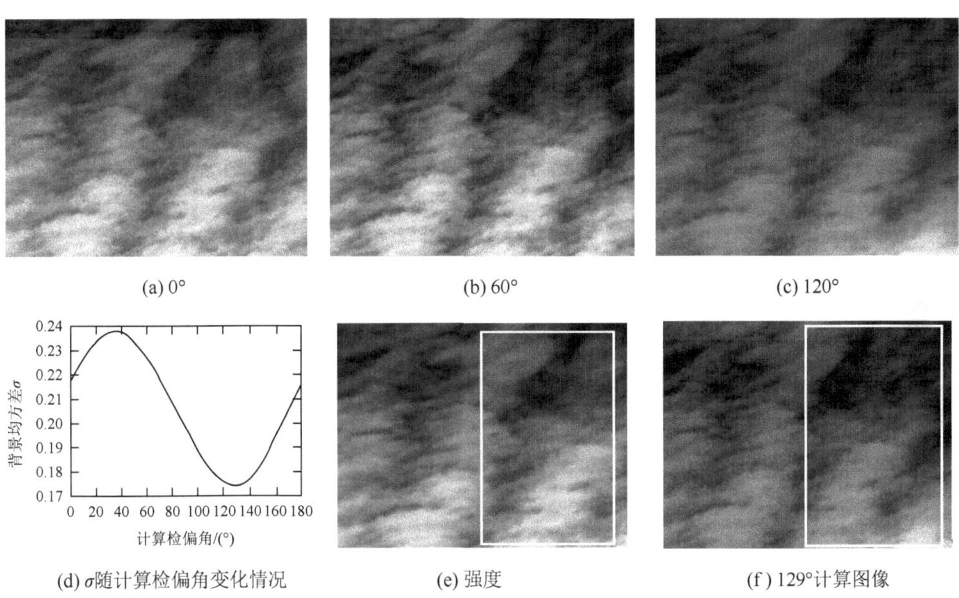

图 7.1.2　天空云层背景实验图

表 7.1.2　图 7.1.2 中各图像的背景均方差

分组	0°	60°	120°	强度	129°计算图像
σ	0.2166	0.2275	0.1754	0.4042	0.1741

从图 7.1.2（d）可以发现，在天空云层背景实验中，计算图像背景均方差σ取最小值时对应的计算检偏角为 129°，所以 129°的计算图像为杂波抑制最佳的计算图像，如图 7.1.2（f）所示。由表 7.1.2 对比发现，129°计算图像的σ小于实测的

0°、60°、120°线偏振图像和强度图像的σ，说明 129°计算图像对背景杂波起到了抑制作用。对比图 7.1.2 中的强度图像和 129°计算图像，计算图像中云层的灰度值整体低于强度图像中云层的灰度值，并且在某些区域抑制了云层的出现，如图中白框所示区域。以上说明基于计算线偏振图像的杂波抑制方法是有效的。

B. 室内燃烧瓶实验

在这组实验中，以燃烧瓶作为目标，以 SCR 作为寻优目标函数。由于燃烧瓶本身温度很高，成像时达到了探测器响应上限，致使成像图中目标过亮，丢失许多细节。SCR 最大时对应于目标背景对比度最大的情况，此时燃烧瓶在图像中最亮；SCR 最小时对应于燃烧瓶与背景对比度最小的情况，此时相当于减少了探测器饱和的程度。我们将 SCR 最大对应的计算图像和 SCR 最小对应的计算图像均示于图 7.1.3 中，表 7.1.3 为图 7.1.3 中各图像的 SCR 值。

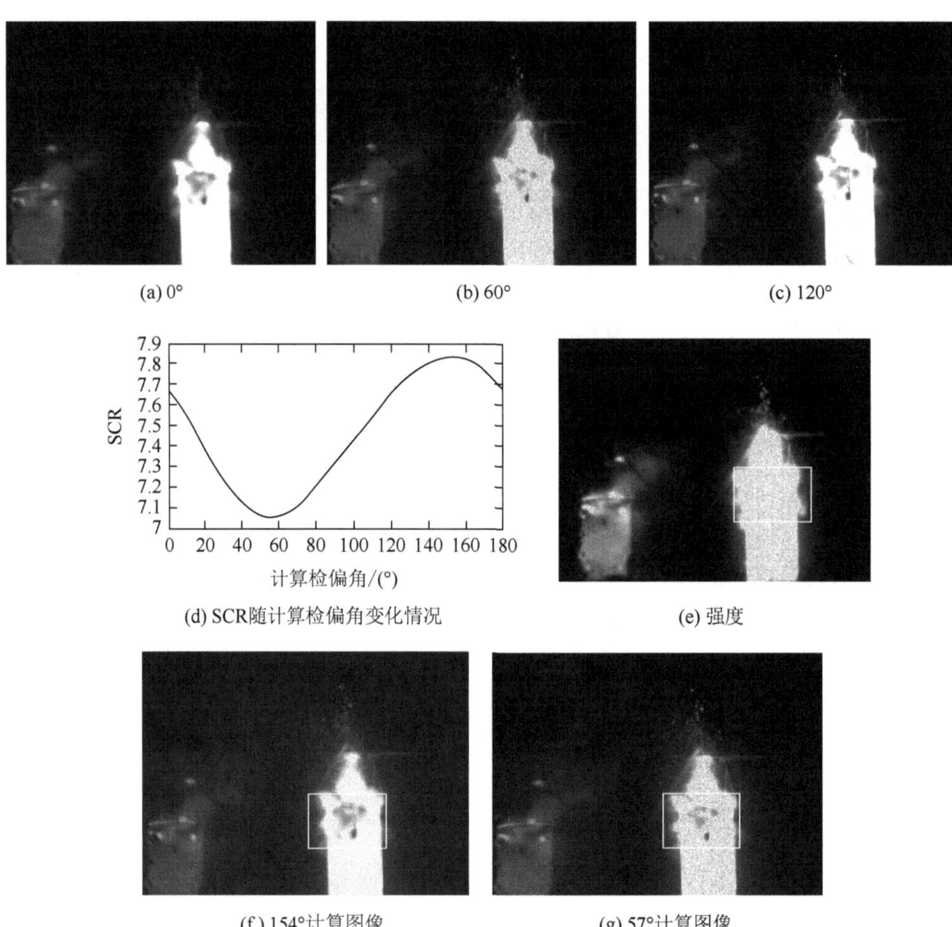

图 7.1.3　室内燃烧瓶实验图

表 7.1.3　图 7.1.3 中各图像的 SCR

分组	0°	60°	120°	强度	154°计算图像	57°计算图像
SCR	7.6695	7.0576	7.6570	7.5375	7.8323	7.0528

由图 7.1.3（d）可以发现，在室内燃烧瓶实验中，计算图像中 SCR 取最大值时对应的计算检偏角为 154°，SCR 取最小值时对应的计算检偏角为 57°。所以 154°的计算图像为杂波抑制最佳图像，如图 7.1.3（f）所示。此时燃烧瓶目标与背景的对比度最大，目标的轮廓细节更加明显。57°的计算图像为杂波抑制效果最差图像，如图 7.1.3（g）所示。此时燃烧瓶目标与背景的对比度最小，图像中燃烧瓶的整体灰度值降低，同时场景的一些细节也有所显现。观察本组实验可发现，目标信号过强易造成探测器像元饱和，成像图不利于人眼观察，若减弱目标信号则有利于人眼观察。所以 SCR 最大的 154°计算图像有利于对目标的理解与分析，而 SCR 最小的 57°计算图像有利于对场景的整体理解与观察。

结合图 7.1.3（d）和表 7.1.3 可以发现，实测线偏振图像及计算图像的 SCR 均大于强度图像，说明偏振成像较强度成像对突出目标、增加目标和背景的对比度更有利。观察强度图像和计算图像可以发现，从计算图像中可以清晰地看到燃烧瓶上的细节（如图中白框所示），背景杂波（燃烧瓶左边物体）的灰度值也远低于目标；而在强度图像中，无法观察到燃烧瓶上的细节，背景杂波的灰度值也高于其在计算图像中的灰度值。显然，计算图像更适用于凸显目标和杂波抑制。

C. 水面金属圆筒实验

这是一组由中波红外偏振成像系统对水面金属圆筒目标成像的实验，7.1.2 节将具体介绍实验系统和实验场景。在这组实验中，由于水面耀光十分强烈，探测器达到饱和，在强度图像中无法找到目标；并且由于杂波过于强烈，线偏振图像中也存在像元饱和的现象，致使在线偏振图像中也无法找到目标。

对比图 7.1.4 中的强度图像和计算图像可以发现，计算图像中的杂波数量变少了，说明基于计算线偏振图像的杂波抑制方法起到了抑制杂波的作用。但是剩余杂波依然严重干扰目标的探测，这样就需要寻找更有效的杂波抑制方法。

(a) 0°

(b) 60°

(c) 120°

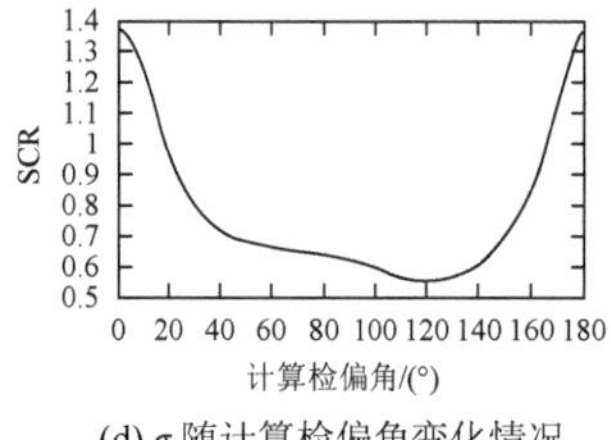

(d) σ 随计算检偏角变化情况

(e) 强度

(f) 1°计算图像

图 7.1.4　水面金属圆筒实验图

3）结果分析

通过前两组实验可以发现，当场景中有强辐射信号时，如可以使探测器饱和的强目标信号或强杂波信号，偏振成像方式可以有效降低辐射信号强度，从而使更多细节信息得以在成像图中显现。和强度成像对比，偏振成像还可以在一定程度上抑制背景杂波、突出目标，从而提高目标与背景的对比度。针对不同的场景特点和不同的任务目标，基于计算线偏振图像的杂波抑制方法的第四步可以灵活地选择寻优目标函数。通过三组实验可以发现，基于计算线偏振图像的杂波抑制方法对云层式的片状杂波和星点状的水面杂波均有抑制作用。

但是，对比天空云层背景实验中的实测 120°线偏振图像和 129°计算图像可以发现，在视觉感受上两者差不多，两者的背景均方差也只相差 0.0013。在室内燃烧瓶实验中，实测 0°和 120°线偏振图像和 154°计算图像在视觉感受上也类似，SCR 的值也相差不大（表 7.1.4）。水面金属圆筒实验也有类似的结果。虽然不同检偏角下的计算图像的寻优目标函数值一定不同，但是检偏角间隔不大的计算图像之间的差异也并不大，甚至在视觉感受上是相近的。三组实验中，与计算图像寻优目标函数值最接近的实测线偏振图像在视觉感受上接近于计算图像，正说明了这一点。

表 7.1.4　图 7.1.4 中各图像的 SCR

分组	0°	60°	120°	强度	1°计算图像
SCR	1.4737	0.6768	0.5457	1.1832	1.4768

总的来说，利用线偏振信息可以在一定程度上抑制背景杂波，有利于目标的探测，适用于星点状和片状杂波。但是从实验结果中可以发现，基于线偏振信息抑制背景杂波的效果有限，并且当实测线偏振图像的检偏角接近计算图像的检偏角时，实测线偏振图像也可以达到抑制杂波的目的。

4. 小结

本节介绍了基于三维偏振计的线偏振图像计算模型，可由三维偏振计通过计算得到一维偏振计成像结果图，扩展了三维偏振计的应用领域，在理论上证明可以用三维偏振计取代一维偏振计，这对偏振计的发展具有重要的意义。

根据计算线偏振图像原理，介绍了一种基于计算线偏振图像的杂波抑制方法。实验表明，和强度成像模式相比，偏振成像模式可以有效抑制强辐射信号，基于计算线偏振图像的杂波抑制方法可以抑制背景杂波，在一定程度上提高信杂比，有利于目标细节的探测，且这种方法灵活多变，可以根据任务目标的不同寻找最符合要求的计算线偏振图像。这种方法利用三维偏振计，适用于同时偏振成像模式，对不同类型的杂波均可以起到抑制作用，适用范围广。

从实验结果看，基于线偏振信息可以起到一定的杂波抑制作用，但是效果与接近计算检偏角的实测线偏振图像接近。如果需要面对更高要求的杂波抑制需求，例如去除目标周围杂波、完全抑制场景中杂波等，仍然需要寻找更有效的杂波抑制方法。

7.1.2　基于红外偏振信息的水面杂波抑制方法

存在耀光的水面是一种典型的强杂波场景，由于水面耀光往往属于强辐射信号且分布广泛，容易使探测器饱和且充满整个视场，这样会湮没目标信号或干扰目标信号的探测。对于水面耀光这种强杂波，不仅需要抑制其强度，也需要去除分布在目标周围的水面耀光，才能达到探测目标、凸显目标的目的。仿真[5]和实验表明，在中波红外波段，海面耀光主要是水平偏振光且偏振度变化范围很大。对存在耀光的海面成像时，在红外成像系统中添加与耀光主偏振方向垂直的偏振片，即可有效抑制水面杂波[6]。

从图像处理的角度，采用杂波抑制算法对红外图像中的背景杂波进行抑制是另一种杂波抑制的思路。通常通过对原始输入图像与背景杂波估计图像做差分运算将背景杂波去除。虽然背景估计的方法众多，但是每种方法的使用范围有限，并且由于不断借鉴模式识别方法和深度学习方法，背景估计算法的复杂程度和运行时间都在增加[7]，这些因素降低了这类方法的应用有效性和实时性。

本节针对星点状分布（背景起伏较大）的水面杂波，介绍一种利用红外偏振信息的水面杂波抑制方法。该方法结合了红外偏振成像方法和杂波抑制算法，可以在保留目标信息的同时进一步抑制背景杂波、提高目标的信杂比。

1. 水面杂波的红外偏振特性

通常来自具有偏振特性的目标和背景的光为部分偏振光，总光强 I_{tot} 由完全偏振光 I_{pol} 和自然光 I_n 组成。

$$I_{tot} = I_{pol} + I_n \tag{7.1.7}$$

完全偏振部分的光强与总光强的比即为偏振度，用斯托克斯矢量可以表示为

$$p=\frac{I_{\text{pol}}}{I_{\text{tot}}}=\frac{\left(S_1^2+S_2^2+S_3^2\right)^{1/2}}{S_0} \tag{7.1.8}$$

S_3 分量一般很小，可以忽略。则偏振部分的强度为

$$I_{\text{pol}}=\left(S_1^2+S_2^2\right)^{1/2} \tag{7.1.9}$$

根据马吕斯定律，入射光经过偏振片后的光强变为[8]

$$I(\theta)=I_{\text{pol}}(\theta)+\frac{1}{2}I_{\text{n}}=I_{\text{pol}}\cos^2(\partial-\theta)+\frac{1}{2}I_{\text{n}} \tag{7.1.10}$$

式中，∂ 是线偏振光振动方向。

根据式（7.1.10），当入射光通过不同检偏角的偏振片时，线偏振分量会有不同程度的减少，自然光分量变为原来的一半，入射光的总能量会减少。因此，当利用三维偏振计对水面成像时，不同通道对水面背景杂波会有不同程度的抑制作用，对目标入射光能量同样有不同程度的减少，不同通道所成的线偏振图像中 SCR 将会不同。SCR 越大则目标越突出，背景杂波越能得到抑制。

三维偏振计常用的成像模式有 Pickering 方法（检偏角为 0°，45°，90°）、Fessenkovs（检偏角为 0°，60°，120°）方法及改进的 Pickering 方法（检偏角为 0°，45°，90°，135°）。根据 7.1.1 节的实验可以发现，实测的三个线偏振通道所成的基础图像的 SCR 总不相同，并且总有某个通道的基础图像的 SCR 接近最佳信杂比的计算图像。虽然对于三维偏振计，总有一个通道所成的基础图像可以达到较好的抑制杂波的目的，若要求达到完全抑制杂波、突出目标的目的，还需要对基础图像中的杂波做进一步的抑制。

基础图像中依然存在剩余杂波，是由于剩余杂波的强度和周围背景的强度差值依然很大，反映到图像上时，如果可以通过 S_0 或 I_{pol} 的统计特征预测剩余杂波，就可以根据预测信息寻找抑制剩余杂波的方法。

2. 基于红外偏振信息的水面杂波抑制方法

基于红外偏振信息的水面杂波抑制方法流程如图 7.1.5 所示，主要包含以下三个步骤：首先，由三维红外偏振计对杂波场景成像，获得一组线偏振图像，从中选出信杂比最大的图像作为基础图像；其次，将偏振强度图像和基础图像进行线性加权，获得融合图像，对其进行 RX 异常检测，得到杂波位置信息；最后，根据杂波位置信息对基础图像进行均值滤波，得到杂波抑制图像。

（1）选取基础图像。

（2）预测杂波位置。

（3）获得杂波抑制图像。

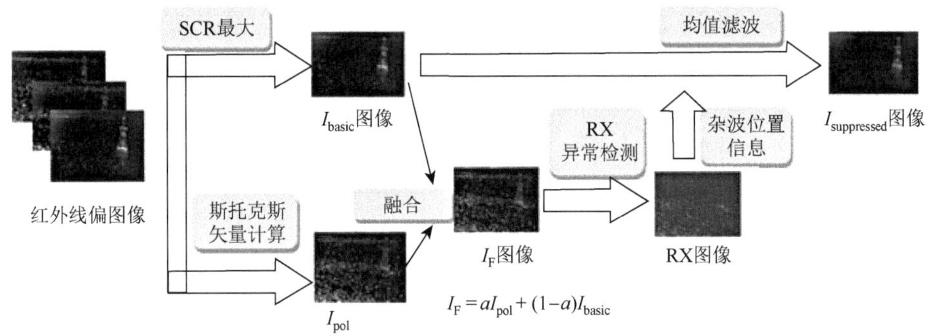

图 7.1.5　基于红外偏振信息的水面杂波抑制方法流程图

1）利用三维偏振计获取基础图像

首先采用三通道中波红外三维偏振计对水面成像，计算每个通道所成基础图像的 SCR，选择 SCR 最大即杂波抑制最佳的基础图像 I_{basic} 进行下一步的杂波抑制。

图 7.1.6 是海上静止浮标中波红外线偏振图像。实验是在天津内海河进行的，实验时天气晴朗，温度为 20℃，微风，相对湿度为 20%。表 7.1.5 是图 7.1.6 中各实测线偏振图像的 SCR。SCR 最大的 120° 红外线偏振图像是此场景基础图像中杂波抑制最佳的图像，其中目标是浮标底部区域（白色方框所示），背景是浮标左侧海面整体区域。可以看出，基础图像中一部分杂波已得到抑制，但仍然剩余部分杂波。当对小目标进行探测时，剩余杂波依然可能会造成干扰，因此需要进一步对基础图像进行杂波抑制。

(a) 0°　(b) 60°　(c) 120°

图 7.1.6　海上静止浮标三维偏振计成像图

表 7.1.5　图 7.1.6 各实测线偏振图像的 SCR

分组	0°	60°	120°
SCR	0.5459	0.6851	3.4582

2）预测杂波位置

RX 异常检测算法[9]是常用的高光谱图像目标检测算法，适用于小目标的检测。构造 RX 异常检测二元假设，即图像中待检测的或是背景和噪声 H_0，或是目标加背景和噪声 H_1，相应的 RX 算子可表示为[10]

$$\delta(\boldsymbol{r})=(\boldsymbol{r}-\boldsymbol{\mu})^T\boldsymbol{K}^{-1}(\boldsymbol{r}-\boldsymbol{\mu})\begin{cases}\geqslant T, & H_1\\ <T, & H_0\end{cases} \tag{7.1.11}$$

式中，T 代表检测阈值；$\boldsymbol{K}$ 表示图像的样本协方差矩阵；$\boldsymbol{\mu}$ 表示样本矩阵均值向量；$\boldsymbol{r}$ 表示样本矩阵向量。

将 RX 算子直接作用在单幅图像上，那么 K 变为图像的方差 σ^2，此时 RX 算子可以检测出图像中偏离均值 μ 超过均方差 σ 一定倍数的像素位置，而这些位置通常是杂波位置。

用 RX 检测算子分别作用于图 7.1.6 所示场景的基础图像（I_{120}）、总光强图（S_0）和偏振强度图（I_{pol}），检测结果如图 7.1.7 所示。可以看出，I_{120} 和 S_0 检测图中目标都较为明显，S_0 和 I_{pol} 检测图中都检测出了大量的杂波，而 I_{pol} 检测图中杂波的检测值更大，目标并不明显。因此，选择 I_{pol} 检测图作为杂波检测最为理想，根据检测值就可以把目标和背景杂波区分开。

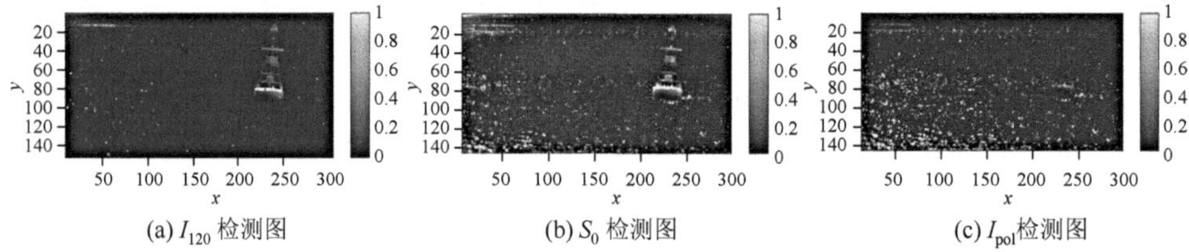

(a) I_{120} 检测图　　(b) S_0 检测图　　(c) I_{pol} 检测图

图 7.1.7　RX 检测结果

基于 RX 算子的杂波信息收集方法具体过程为：首先，对 I_{pol} 图进行 RX 检测，设置合理的检测阈值 T，使阈值大于目标的最大检测值，将检测值大于阈值的像素构成杂波坐标集合，这个集合中将只包含背景杂波像素的坐标，不会包含目标像素的坐标，可以预测基础图像中的杂波坐标；然后，将杂波坐标集合中的杂波坐标信息传递给基础图像，在基础图像中选出相对应的杂波像素点；最后，对基础图像中所有选出的杂波像素点进行均值滤波，对不在杂波坐标集合内的像素点不做任何处理，就可以在滤除杂波的同时完整保留目标信息和非杂波区域的背景信息。

为了保留更多的目标信息，采用一种融合图像 I_F 来代替被检测的 I_{pol} 图像。考虑到滤波是在基础图像 I_{basic} 上进行，这里采用对 I_{pol} 图像和 I_{basic} 图像进行线性加权融合

$$I_F=aI_{pol}+(1-a)I_{basic} \tag{7.1.12}$$

式中，a 为线性融合系数，$a\in[0,1]$。

3）抑制算法

杂波抑制算法的核心为在杂波位置进行均值滤波处理。首先，对融合图像 I_F 进行 RX 检测，设定一个阈值 T，将检测值大于阈值的像素坐标收集起来，构成杂波坐标集合；然后，将杂波坐标信息传递给基础图像，在基础图像中选出相对应的杂波像素点；最后，对基础图像中所有选出的杂波像素点进行均值滤波，滤波模板大小为 $q \times q$。检测信息中是否包含目标信息与阈值 T 有关，杂波抑制效果与滤波模板大小有关，也与融合系数 a 有关。

根据图 7.1.6 所示场景的特点，由于基础图像中目标部分区域检测值可以达到 1，I_F 图的融合系数 a 应尽量大，以减小 I_{basic} 对 I_F 中目标检测值的影响。为了说明采用 I_{pol} 检测结果和采用 I_F 检测结果对最终杂波抑制效果的影响，同时为了对比不同阈值和不同滤波模板大小情况下的最终杂波抑制效果，将不同参数条件下的杂波抑制图像的 SCR 列于表 7.1.6 中。

表 7.1.6 不同参数条件下的杂波抑制图像的 SCR

参数	SCR			
	$T = 0.02$		$T = 0.002$	
	$q = 3$	$q = 5$	$q = 3$	$q = 5$
$a = 0.9$	3.9849	3.8232	**4.1706**	4.0740
$a = 1$	3.9587	3.8046	4.1068	3.9748

根据表 7.1.6 可以发现，阈值越小，杂波抑制图像的 SCR 越大。当阈值一定时，滤波模板的增大并不一定能够提高 SCR，采用融合图像检测结果的杂波抑制图像的 SCR 均大于采用偏振强度图像检测结果的杂波抑制图像 SCR。根据表 7.1.6，参数设置选择 $a = 0.9$、$T = 0.002$、$q = 3$，场景强度图、基础图像和杂波抑制图如图 7.1.8（c）所示。

(a) S_0图 (SCR = 1.5521)

(b) I_{120}图 (SCR = 3.4582)

(c) 杂波抑制图 (SCR = 4.1706)

图 7.1.8 场景强度图、基础图像和杂波抑制图

3. 实验及分析

1）实验系统

实验系统采用基于旋转偏振片的分时中波红外偏振成像系统，如图 7.1.9 所示。系统采用 Jade 中波焦平面热像仪（像元为 320×240，响应波段为 3.7～4.8μm，NETD = 20mK，图像数据 14 位），偏振片选用英国某公司的大口径红外金属线栅偏振片 GS57084（CaF_2）。为了消除手工旋转偏振片引起的误差及满足偏振片快速旋转的需要，采用步进电机旋转偏振片。旋转台采用蜗轮蜗杆传动结构设计，转动精度可达 0.00125°。步进电机通过控制器与计算机进行通信，用 LabVIEW 编写软件控制旋转台的旋转角度。

2）实验结果及分析

实验于 2017 年 10 月 16 日 10∶30 在北京市南长河进行，天气晴朗，温度为 20℃，风速为 1.2m/s。目标是一个底面直径为 10cm、高为 18cm 的金属圆筒。实验时将目标连接在可伸缩金属杆的一端，通过控制可伸缩金属杆的长度控制目标的位置。实验场景可见光图如图 7.1.10 所示。

图 7.1.9 分时中波红外偏振成像系统

图 7.1.10 实验场景可见光图

关于水面杂波抑制实验叙述如下。

图 7.1.11 是两组采用中波红外偏振成像系统采集的水面金属圆筒红外线偏振图像，各图像的信杂比列于表 7.1.7 中。由于耀光特别强烈，探测器部分像元达到了饱和，8 位显示图像中耀光区域和非耀光区域的对比度很大，非耀光区域的亮度低，人眼无法分辨细节，从显示图像中更加无法发现目标。采用本节算法对原始 14 位数据进行处理，基础图像选择 SCR 最大的 0°图像，处理图像及其信杂比如图 7.1.12 所示。表 7.1.8 是图 7.1.11 两组场景的参数设置情况。

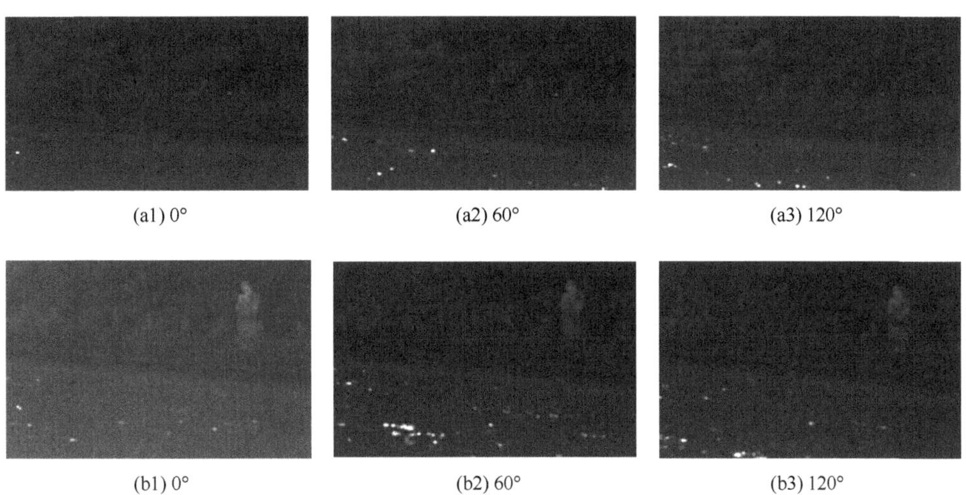

(a1) 0°　(a2) 60°　(a3) 120°

(b1) 0°　(b2) 60°　(b3) 120°

图 7.1.11　水面杂波三维偏振计成像图

表 7.1.7　图 7.1.11 中各图像的信杂比

分组	分组	0°	60°	120°
SCR	a 组	1.4737	0.6768	0.5457
	b 组	1.6810	0.3644	0.5310

表 7.1.8　图 7.1.11 两组场景应用本节杂波抑制算法的参数设置情况

分组	a	T	滤波模板大小
a 组	0.6	0.0002	25×25
b 组	0.9	0.0002	25×25

(a) a组杂波抑制结果(SCR = 3.7147)　(b) b组杂波抑制结果(SCR = 3.0230)

图 7.1.12　图 7.1.11 的杂波抑制结果及其 SCR

从处理结果图 7.1.12 上看，两组场景的水面杂波均得到了抑制，特别是探测器饱和区域的耀光得到了抑制，图像整体亮度得到提升，图像灰度值动态范围得到拉伸，可以清晰地发现目标。同时由于阈值选择合理，两组场景中的目标信息被完全保留，背景也显示出一些纹理信息。两组场景的杂波抑制结果图的 SCR 较基础图像都得到了大幅提升，图 7.1.12（a）的 SCR 较图 7.1.11（a1）提高了约 152%，图 7.1.12（b）的 SCR 较图 7.1.11（b1）提高了约 79.8%。

图 7.1.12 的两幅图中都存在一些未被抑制的杂波边缘。这是由于在基础图像中，这些杂波边缘像素点的灰度值只是略高于背景非杂波区域，其检测值低于阈值，未被当作杂波区域。降低阈值可以避免这一现象，但是阈值降低会使检测到的杂波区域包含部分目标区域，不利于对小目标的探测。从图 7.1.12 可以发现，在不影响目标探测的前提下，少量杂波边缘区域的出现是允许的。

为了分析该方法对不同杂波程度的处理效果，将图 7.1.11（a）图像中的 60°和 120°线偏振图像作为基础图像，应用杂波抑制算法。从图 7.1.13 中可以看出，抑制图像中杂波基本上被抑制，目标信息完全保留，SCR 较基础图像均有明显的提高，说明本节提出的杂波抑制算法对基础图像的杂波抑制能力依赖程度并不高，对任意杂乱程度的场景均有效。但是从图 7.1.13 中发现，以 60°和 120°线偏振图像作为基础图像的杂波抑制图像中，图像边界处有一些区域的杂波没有被滤除，说明寻找杂波抑制效果好的基础图像是有必要的。

(a) 60°线偏振图像作为基础图像的杂波抑制结果(SCR = 2.4752)

(b) 120°线偏振图像作为基础图像的杂波抑制结果(SCR = 1.9433)

图 7.1.13 不同线偏振图像作为基础图像的杂波抑制结果

根据上述实验分析，本节方法是一种有效的水面杂波抑制方法，其特点为：可以在抑制杂波的同时保留目标信息，提升目标信杂比；可以保留背景纹理特征，有助于对场景的理解；可以在抑制强杂波的同时拉伸图像的动态范围，抑制结果更适于人眼观察，有助于完成人眼对目标的探测识别任务。本节方法适用于抑制星点状的杂波，对不同杂乱程度的场景均有效。

4. 小结

本节介绍了一种基于红外偏振信息的水面杂波抑制方法。该方法结合了红外偏振成像技术和杂波抑制算法，在通过线偏振成像方式抑制杂波的基础上，充分利用了背景杂波的偏振特性，检测并处理图像中的剩余杂波，最终达到进一步抑制杂波、保留目标信息的目的。该方法是一种有效的水面杂波抑制方法，可以大幅提升目标信杂比，也可以在抑制强杂波的同时拉伸图像的动态范围，有利于目标的探测，有助于对场景的理解。

然而，该方法仍存在一些不足，尤其是在目标与背景杂波的有效分离方面还需要改进。本节方法主要适用于星点状分布的水面杂波的情况，对于片状杂波，需要寻找更有效的杂波检测方法和滤波算法。此外，由于包括选择参数等过程，算法具有一定复杂度且耗时较长，适用于相对稳定的杂波场景，不适用于杂波变化大且对实时性要求高的杂波场景。

7.1.3　基于时域偏振特性的水面杂波抑制方法

偏振成像技术可以有效抑制水面杂波，是目前海面目标探测方法的发展方向之一。在对存在耀光的海面成像时，将红外偏振成像系统中的偏振片透光方向与耀光主偏振方向垂直，即可抑制水面杂波，提高目标和杂波的对比度[11]。当耀光十分强烈时，红外偏振成像技术只能抑制部分杂波，剩余杂波依然严重影响目标的探测。在 7.1.2 节中，我们介绍了基于红外偏振信息的杂波抑制方法，实验证明该方法对星点状水面杂波抑制有效。然而该方法由于包括选择参数等过程，适用于相对稳定的杂波场景，并不适用于长时间变化的杂波场景的杂波抑制需求。对于长时间存在耀光的场景，耀光往往是随时间变化的，特别是当水面上方风速变大时，水体表面起伏强烈，耀光的强度、位置等特性也会不断变化。针对这样的场景，需要的是快速有效、适用于时变杂波场景的杂波抑制方法。

本节继续针对由太阳耀光形成的水面杂波，将基于偏振信息的杂波抑制概念扩展到时域，仿真研究太阳耀光的时域偏振特性，介绍基于太阳耀光时域偏振特性的水面杂波抑制方法。

1. 动态海面红外偏振辐射模型

粗糙海面辐射特性研究可通过理论建模和实验观测来进行，但是由于实验观测投入巨大且实验条件受限，理论建模的方法越来越受到研究者的青睐。He 等[12]建立了一种海面红外偏振辐射模型，实现了海面红外偏振辐射场景的仿真。首先，基于一种双尺度方法，利用 Elfouhaily 谱生成不同风速的下的随机海浪，仿真海浪的斜率即浪高分布符合已有经验公式；其次，基于蒙特卡罗光线逆追迹法，结合二叉树加速算法，建立海面红外偏振辐射模型；最后，进行给定观测点海面红外偏振辐射场景的仿真，取得了较好的仿真效果。但是文献[12]在研究海面偏振散射特性时并没有考虑时间因素。在该模型的基础上增加时间因素，可以研究动态海面的红外偏振辐射特性。

2. 太阳耀光时域偏振特性的仿真研究

太阳耀光是太阳光在风吹过水面形成的表面张力波上的镜面反射形成的[13, 14]。Longuet-Higgins[15-17]称它们为“闪烁”，为“创造与毁灭”的过程。大多数情况下，水面并不是平静不变化的，波动的水面使太阳辐射形成了无数快速出现和消失的耀光[18]。研究表明，耀光数量变化可以认为是表面粗糙度变化的量度，因此，与波浪和波纹（短波）变化高度相关[19]。观察到的太阳耀光的尺寸和几何形状与水面上的表面张力波的斜率定量相关，任何给定样本中的闪烁数等于在适当角度范围内表面曲率和斜率概率密度函数的乘积的积分。

在中波红外波段，接近掠射角观察海面时，根据菲涅耳定律，水面可以看成是偏振器[20]。因此，反射光形成的太阳耀光是部分偏振光，并且太阳耀光的线偏振度可以在部分反射方向上达到很高的数值（最大值为 1）。由于来自海面的偏振辐射由反射辐射主导，海水的后向散射及反射天空背景辐射的偏振度可忽略，那么来自太阳耀光的偏振度将与波面分布相关。Wang 等[21]通过仿真发现，波面变化将使得进入接收器视场角的太阳耀光的偏振特性不同。相关研究表明，整个海面可以看成是由许多高低起伏的微观小波面集合而成，这些微小面具有不同的斜率和方向[22, 23]。在每个微观面中，太阳耀光被认为是镜面反射的结果，微小平面斜率的变化导致太阳耀光的偏振特性一直在变化[24]。

太阳耀光的出现与消失、太阳耀光的数量均与波面的变化有关，而海面波面是随时间一直变化的，所以太阳耀光的特性在时间维度上是变化的，因此太阳耀光是具有时域特性的。这里将主要研究太阳耀光在中波红外波段的时域偏振特性，寻求更有效的水面杂波抑制方法。

1）仿真结果及分析

仿真参数设置为：中纬度夏季大气模型，海水温度为 293K，海面风速为 2m/s，太阳天顶角为 80°，观测半径为 50m，观测天底角为 70°，分辨率为 320×240 像素的中波红外探测器，焦距为 50mm，像元间距为 30μm，水面尺寸为 8m×8m。仿真中设置了两种场景。在第一种场景中，每隔 0.05s 采集一次海面的偏振辐射数据，采集的总时长为 3s，这种设置接近于一般相机拍摄视频的帧频。在第二种场景中，每隔 3s 采集一次海面的偏振辐射数据，采集的总时长为 108s。根据模型可以得到实时海面的斯托克斯矢量、DoLP 和 AoP。

分别选取场景一和场景二中三个时刻的海面红外偏振辐射仿真图示于图 7.1.14 中。其中场景一选择的时刻为 $t = 0\text{s}$、$t = 0.05\text{s}$ 和 $t = 0.1\text{s}$，场景二选择的时刻为 $t = 3\text{s}$、$t = 6\text{s}$ 和 $t = 9\text{s}$，通过仿真分别得到每一时刻的海面中波红外强度 I 图、DoLP 图和 AoP 图。通过分析发现，在本次仿真参数设置的情况下，各个时刻的强度 I 图中总有一些像素的值远高于其余像素的值（图中亮点），这些像素的位置即为太阳耀光出现的位置，并且随着时间的变化，太阳耀光出现的位置及数量在不停地变化。观察 DoLP 图可发现，图中也存在一些高偏振度值的像素，并且这些像素的位置与同时刻强度 I 图中的太阳耀光的位置是对应的，说明太阳耀光在 DoLP 图中也表现为突出亮点。

2）讨论

根据仿真结果可以发现，在动态海面场景中，随着时间变化，太阳耀光出现的位置及数量在不停地变化。在成像条件不变的情况下，太阳耀光的数量不会出现较大波动。随着时间的变化，耀光区域的辐射特性和偏振特性随时间变化具有波动性，耀光区域的强度和偏振度的数值在一定范围内会有一定起伏的变化。

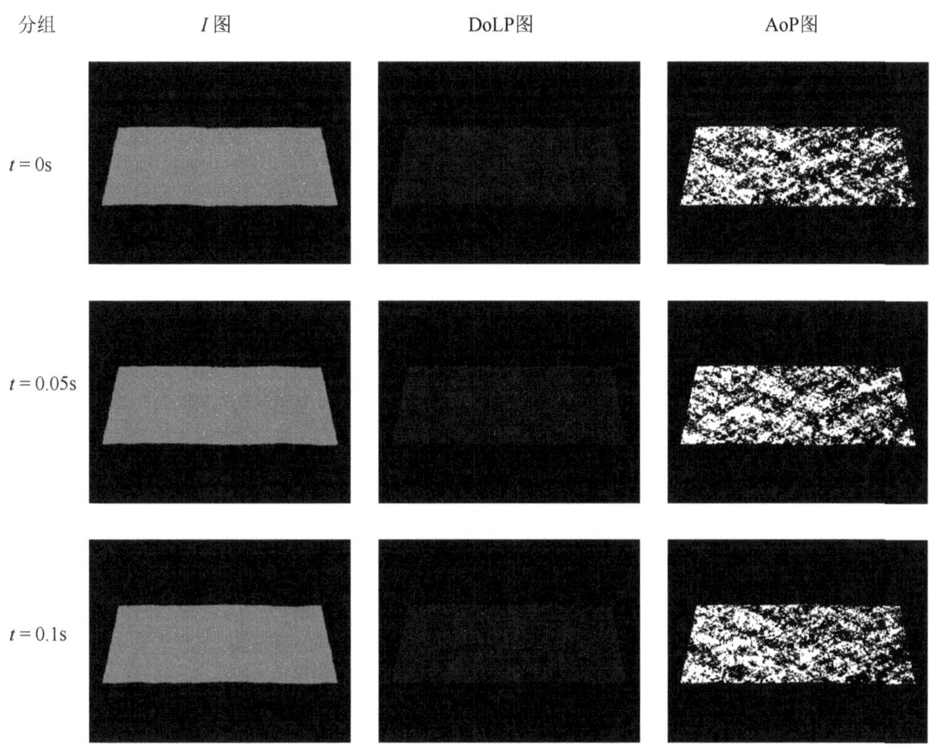

(a) 场景一在 0s、0.05s和0.1s 三个时刻的海面红外偏振辐射仿真图

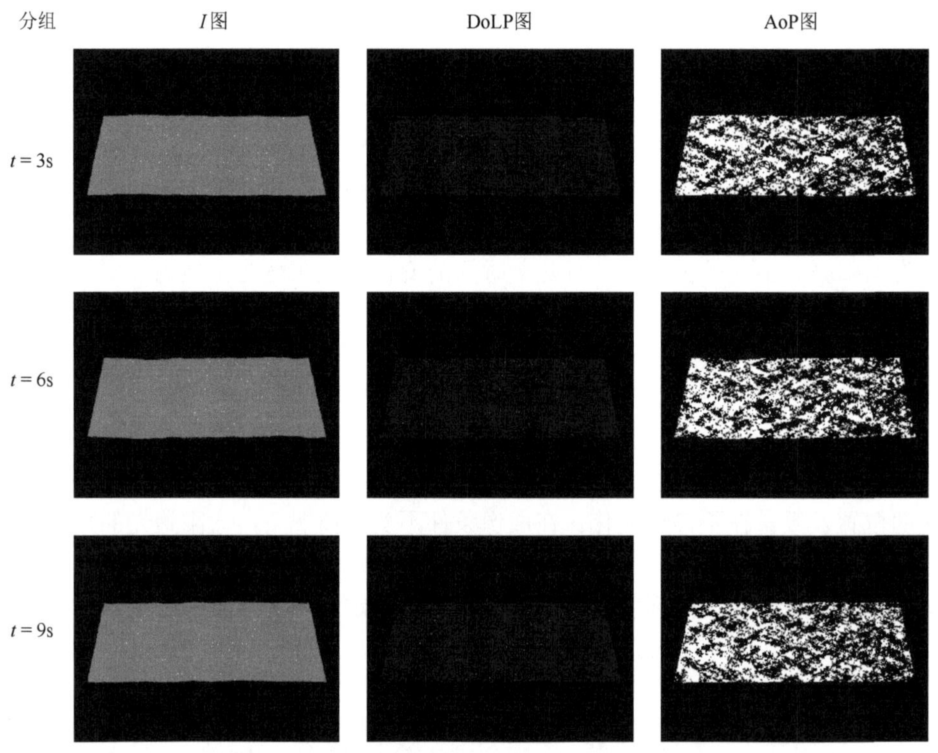

(b) 场景二在 3s、6s 和9s 三个时刻的海面红外偏振辐射仿真图

图 7.1.14 场景一和场景二分别在三个不同时刻的海面中波红外强度 I、DoLP 和 AoP 仿真图

我们认为耀光具有时域偏振特性，具体表现为耀光的位置、数量及偏振度随时间均发生变化，而这种变化与时间并无确定的关系，但是这些变化都在一定的范围内。基于这种特性，将其应用于基于偏振成像技术的水面杂波抑制，以寻求更简单、更有效的水面杂波抑制方法。

3. 基于太阳耀光时域偏振特性的水面杂波抑制方法

上述仿真表明，太阳耀光的强度特征在时域上存在波动性，同一位置在不同时刻的海面辐射强度不同，因此在一段时间内每个固定位置上的像素将观察到无耀光、一些耀光和全耀光等现象。利用这一特点，Scholl 设计了一种利用视频图像序列去除耀光的方法，将一系列帧图像的每个像素的最小值赋予最终的耀光去除图像[25]，即每个像素位置处的无耀光（或最小耀光）信号表示所需信号，并置于最终耀光去除图像中。实验表明，该方法可以明显地消除水面上的耀光，但是不能完全抑制耀光，并且图像中存在伪影和部分信息缺失。

我们综合考虑耀光强度、偏振特性在时域的特点及偏振片滤波的优势，提出一种基于太阳耀光时域偏振特性的水面杂波抑制方法，数据处理过程如图 7.1.15 所示。首先，对于在每个固定检偏角度拍摄的视频图像序列，取每个像素在此视频序列图中的最小值构成一幅杂波初步抑制图像，作为此检偏角度下的杂波抑制图像 $f_{\theta_n}(x,y)$：

$$f_{\theta_n}(x,y)=\min\left\{f_{\theta_n}(x,y,t)\right\},\qquad \theta_{n+1}-\theta_n=180°/N \tag{7.1.13}$$

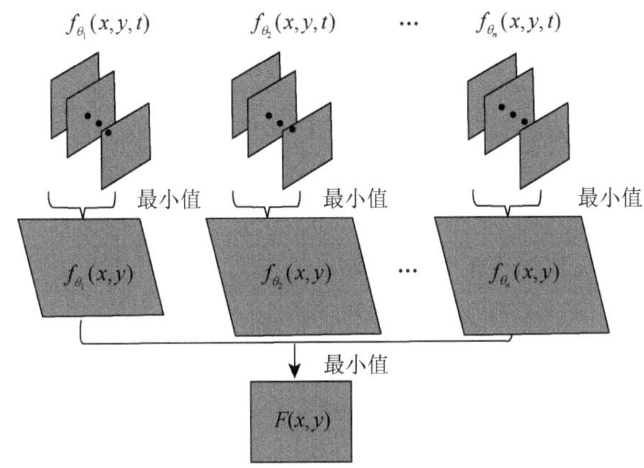

图 7.1.15　基于太阳耀光时域偏振特性的水面杂波抑制方法数据处理示意图

其次，再将每个检偏角度下的杂波抑制图像组合为一组图像序列，取每个像素在这个图像序列中的最小值构成最终的杂波抑制图像 $F(x,y)$：

$$F(x,y)=\min\left\{f_{\theta_n}(x,y)\right\} \tag{7.1.14}$$

本方法从以下两个方面进行水面杂波抑制。

（1）采用旋转偏振片的成像系统，在间隔固定的多个检偏角度对场景成像目标利用偏振片滤波原理进行杂波抑制。根据马吕斯定律，来自海面的反射光经过偏振片后到达探测器的光强变为

$$I(\theta)=I_{\text{pol}}(\theta)+\frac{1}{2}I_n=I_{\text{pol}}\cos^2(\partial-\theta)+\frac{1}{2}I_n \tag{7.1.15}$$

式中，∂ 为线偏振光振动方向；θ 为偏振片检偏角（即偏振片透光方向与水平方向的夹角）；I_{pol} 为完全偏振光分量；I_n 为自然光分量。

根据式（7.1.15），当入射光通过不同检偏角的偏振片时，线偏振分量会有不同程度的减少，自然光分量变为原来的一半，入射光的总能量减少。所以当利用红外偏振成像系统对水面成像时，检偏角不同对水面背景杂波会有不同程度的抑制作用。

在中波波段，太阳耀光主要是水平偏振。设式（7.1.15）的∂为0°，$I(\theta)$随θ的变化情况如图 7.1.16 所示。可以看出，$I(\theta)$随θ的变化情况可以由一条平滑的曲线表示，在$\theta=90°$取得最小值，在$\theta=0°$和$\theta=180°$取得最大值。在间隔固定（$\theta_{n+1}-\theta_n=180°/N$）的多个检偏角度对场景成像，可以尽可能获得接近或等于$I(90°)$的图像。例如，$N=3$时，取0°、60°、120°三个检偏方向的线偏振图像，60°和 120°检偏方向的线偏振图像接近于$I(90°)$的图像；$N=4$时，取0°、45°、90°和135°四个方向的线偏振图像，包括了$I(90°)$的图像。

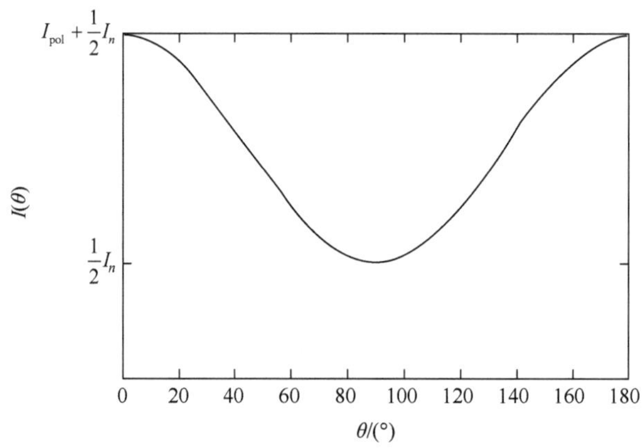

图 7.1.16　$I(\theta)$随θ的变化情况

根据式（7.1.13），$I(\theta)$将在$\theta=\partial\pm90°$时取得最小值。针对不同的杂波场景，∂值不同。为了适用于更多的杂波情况，采用多检偏角度成像的方式使$I(\theta)$的值尽可能接近或等于最小值。

（2）在每个检偏角度采集视频图像序列，利用太阳耀光强度的时域特性对杂波的自然光分量进行抑制。

（3）根据$I=I_{pol}+I_n$，式（7.1.15）可写为

$$I(\theta)=I\left[\text{DoLP}\cos^2(\partial-\theta)+\frac{1}{2}-\frac{1}{2}\text{DoLP}\right] \tag{7.1.16}$$

那么，来自海面的反射光经过偏振片后的强度$I(\theta)$与未经偏振片的强度I的比值为

$$\frac{I(\theta)}{I}=\text{DoLP}\cos^2(\partial-\theta)+\frac{1}{2}-\frac{1}{2}\text{DoLP} \tag{7.1.17}$$

根据上面仿真分析可知，随着时间的变化，太阳耀光的偏振度会在一定范围内变化。我们以仿真场景 2 为例，假设在一段时间内，太阳耀光偏振度的变化范围为[0.4803, 0.4893]，在这段时间内检偏角的变化范围为[0°,180°]，那么根据

式（7.1.15），太阳耀光经过偏振片后的强度 $I(\theta)$ 与未经偏振片的强度 I 的比值如图 7.1.17 所示。

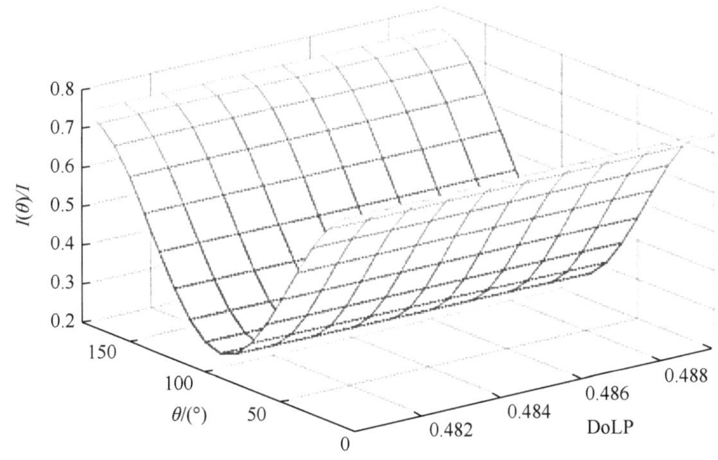

图 7.1.17　随时间变化的 $I(\theta)$ 与 I 的比值

根据图 7.1.17，$I(\theta)/I$ 的变化范围为[0.2553, 0.7447]。也就是说，采用本节的杂波抑制方法，到达探测器的强度值最多可以减少为原始强度值的 25.53%，最少也可以减少为 74.47%。

4. 实验及分析

实验系统采用图 7.1.9 所示分时中波红外偏振成像系统，采用步进电机旋转偏振片，用 LabVIEW 软件控制旋转台的旋转角度。实验场景有两种，场景一在天津内海河，以海面浮标为目标，实验环境如图 7.1.18 所示；场景二在北京市南长河，以金属圆筒为目标，实验环境如图 7.1.10 所示。从图 7.1.18 和图 7.1.10 可以看出，视场中存在太阳耀光，且大量强烈的太阳耀光形成了海面亮带。

图 7.1.18　天津内海河实验场景可见光图

1）海面浮标实验

在天津内海河，以海面浮标为目标的成像实验中，偏振片检偏角从 0°变化到 180°，间隔为 10°。在每个固定检偏角下，采集一段 50 帧的视频，每段视频时长为 2s。实验时，天气晴朗，温度为 20℃，微风，风速为 1.2m/s，相对湿度为 20%。

我们采取了以下三种处理方法，并将杂波场景图像（图 7.1.19（a））和处理后的杂波抑制图像（图 7.1.19（b）～（d））进行对比。

方法 a：对于每个固定检偏角下采集的 50 帧视频图像，取每个像素在这个视频图像序列中的最小值，构成每个固定检偏角下的杂波初步抑制图像；再将不同检偏角下的杂波初步抑制图像构成一个图像序列，取每个像素在这个图像序列中的最小值，构成最终的杂波抑制图像。处理结果如图 7.1.19（b）所示。

方法 b：将每个固定检偏角下采集的视频图像序列的第一帧图像构成一个图像序列，取每个像素在这个图像序列中的最小值，构成杂波抑制图像。处理结果如图 7.1.19（c）所示。

方法 c：将 0°、60°和 120°三个检偏角下采集的视频图像序列的第一帧构成一个图像序列，取每个像素在这个图像序列中的最小值，构成杂波抑制图像。处理结果如图 7.1.19（d）所示。

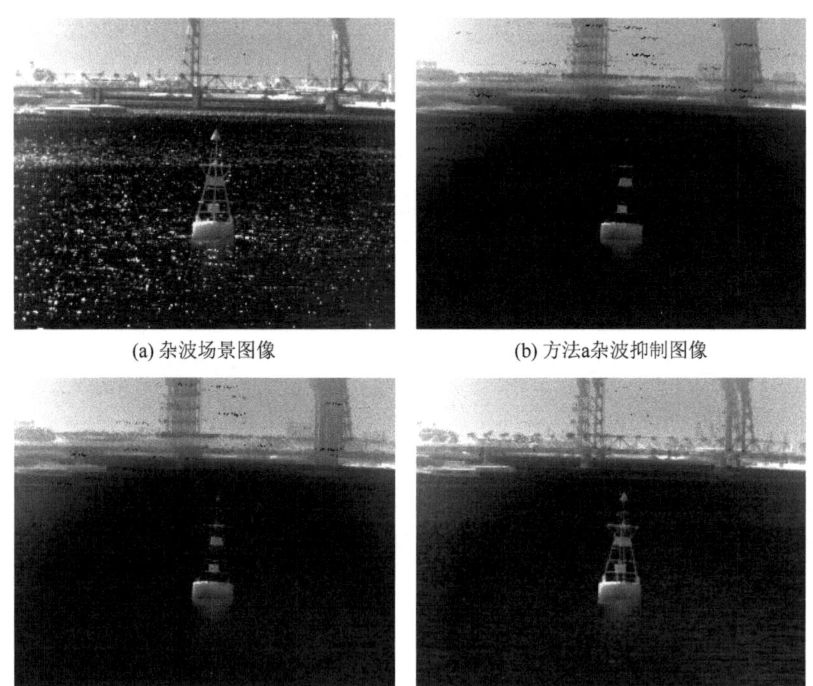

(a) 杂波场景图像　(b) 方法a杂波抑制图像

(c) 方法b杂波抑制图像　(d) 方法c杂波抑制图像

图 7.1.19　杂波场景图像及杂波抑制图像

三种方法的共同点是构成一个图像序列，最终的杂波抑制图像通过取每个像素在这个图像序列中的最小值而构成。这三种方法的区别主要在于图像序列的构成方式不同。三种方法的对比如表 7.1.9 所示。

表 7.1.9　三种方法的对比

方法	方法 a	方法 b	方法 c
不同点	由每个固定检偏角下的视频图像序列得到的杂波初步抑制图像构成图像序列	由每个固定检偏角下的视频序列的第一帧图像构成图像序列	由 0°、60°和 120°三个检偏角下的视频序列的第一帧图像构成图像序列
相同点	图像序列通过取最小值操作得到最终的杂波抑制图像		

采用信杂比（SCR）和标准差（standard deviation，STD）两个指标客观评价杂波抑制效果。其中，SCR 是目标均值与背景杂波均值的差值与背景均方差的比，用它来评价杂波抑制图像中目标与杂波的对比情况，SCR 越大说明目标越突出，背景杂波越能得到抑制；STD 是背景区域的标准差值，用它来评价杂波抑制方法对背景杂波的抑制能力，STD 越小，说明背景杂波抑制效果越好。三种方法处理后的杂波抑制图像的 SCR 和 STD 列于表 7.1.10 中。

表 7.1.10　图 7.1.9 三种方法处理后的杂波抑制图像的 SCR 和 STD

方法类型	方法 a	方法 b	方法 c
SCR	4.33	5.27	6.46
STD	10.35	9.85	10.93

从图 7.1.19（b）、（c）可以看到，水面杂波全部得到抑制，星点状太阳耀光和片状亮带都被去除，目标得到保留，利于目标的凸显和识别，但有部分信息缺失；远处的建筑物背景变得模糊，有重影和虚假信息（天空处黑点）存在。两种方法的最终杂波抑制图像的视觉效果差异不大。由表 7.1.10 可以看出，方法 b 的指标参数优于方法 a，说明方法 b 可以在一定条件下替代方法 a，可以省略每个检偏角度下采集视频图像序列的过程，这样采集所有图像的总时长就可以减少，从而降低由于采集总时长过长而带来的模糊及虚影的影响。

从图 7.1.19（d）可以看到，水面杂波全部得到抑制，星点状太阳耀光和片状亮带都被去除，目标基本得到保留，远处的建筑物背景有少量重影和虚假信息，从而说明方法 c 对水面杂波抑制效果明显。由表 7.1.10 可以发现，方法 c 对于提升目标和杂波的对比度效果最优，而抑制背景杂波的能力并不突出。综合考虑目标杂波对比度增强能力、背景杂波抑制能力和场景信息保留能力，方法 c 是最优方法。

2）金属圆筒实验

在北京南长河，以金属圆筒为目标的成像实验中，均采用方法 c，即分别间隔 3s 采集 0°、60°和 120°三个检偏角下的线偏振图像构成一个图像序列，取每个像素在这个图像序列中的最小值，构成杂波抑制图像。不同检偏角的线偏振图像和杂波抑制图像示于图 7.1.20 中，包括不同成像角度的两组实验结果，相关指标如表 7.1.11 所示。

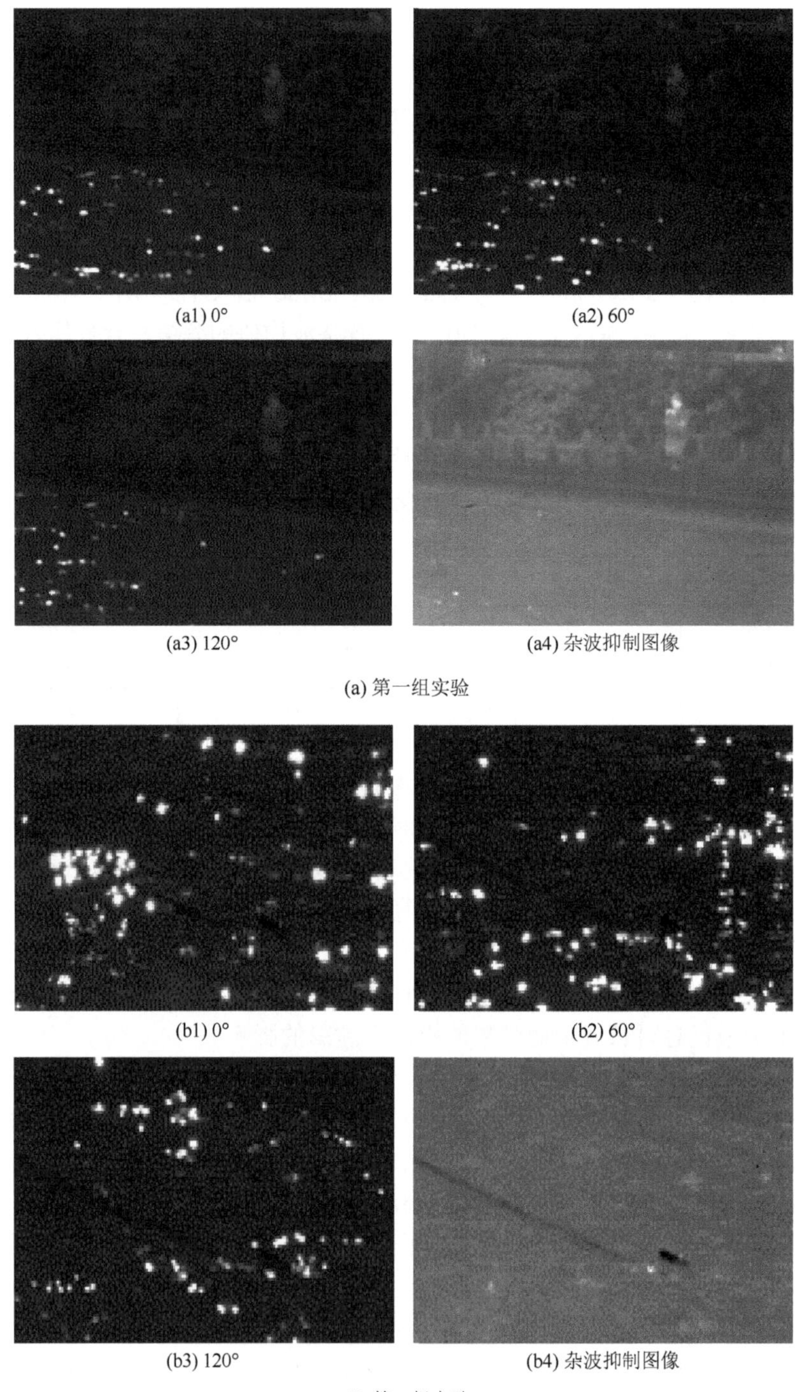

(a1) 0°　　(a2) 60°

(a3) 120°　　(a4) 杂波抑制图像

(a) 第一组实验

(b1) 0°　　(b2) 60°

(b3) 120°　　(b4) 杂波抑制图像

(b) 第二组实验

图 7.1.20　金属圆筒线偏振图像及杂波抑制图像

表 7.1.11　图 7.1.20 中各图像的 SCR 和 STD

分组		0°	60°	120°	杂波抑制图像
第一组	SCR	0.10	0.19	0.22	1.09
	STD	15.21	24.54	21.68	11.74
第二组	SCR	0.34	0.33	0.43	2.98
	STD	26.64	39.92	38.60	7.93

在图 7.1.20 所示的两组金属圆筒实验中，由于耀光过于强烈，探测器达到饱和，完全淹没了目标信号，在两组实验的线偏振图像中都无法发现目标。经过本书方法处理后，从两组实验的杂波抑制图像中可以很明显地看到，杂波基本被抑制，目标信息得到保留，目标与背景的对比度得到大幅提升，目标易被发现及探测。同时，由于杂波被抑制，图像中饱和的像素点被去除，图像的动态范围重新得到拉伸，背景的细节也变得清楚了。从表 7.1.11 也可发现，两组实验的杂波抑制图像的 SCR 远高于各线偏振图像的 SCR，杂波抑制图像的 STD 远低于各线偏振图像的 STD，说明本书方法对水面杂波抑制十分有效，可以起到抑制杂波、提升目标与背景对比度的作用，有利于目标的探测与识别，有利于观察者对场景的理解。

3）讨论

本节杂波抑制方法采用了旋转偏振片的红外偏振成像系统，在不同时刻，在间隔相同的各检偏角度下对场景采集视频图像。先对各检偏角度下的视频图像序列进行取最小值的操作，得到各检偏角度的初步杂波抑制图像；再将这些初步杂波抑制图像排成一组图像序列继续做取最小值的操作，得到最终的杂波抑制图像。由上面的分析可知，由于处理过程中以目标位置为基准进行配准，那么采集图像的总时间越长，最终的杂波抑制图像越容易存在背景模糊和重影。当成像过程中目标位移较大或目标是小目标，而太阳耀光又特别强烈以致探测器部分像元达到饱和时，配准工作将很难进行，所以缩短总时长势在必行。

通过简化方法可以减少图像采集的总时长。首先，简化拍摄视频序列的过程，改为在每个检偏角度下只拍摄一帧图像；然后，增加检偏角度之间的间隔值，将检偏角度减少为 3 个。根据实验结果可知，简化后的方法不仅可以达到抑制杂波的目的，同时可以保留更多的目标信息，减少背景模糊和重影的程度。简化后的方法大大降低了本节完整方法的复杂度，保留了本节方法的核心思想，使得本节方法可以成为一种操作简单、效果明显、新颖的杂波抑制方法。

5. 小结

本节针对动态变化的水面杂波开展杂波抑制方法的研究，利用太阳耀光偏振特性的时变性和目标偏振特性的相对不变性而达到抑制海面耀光、突显目标的目的。首先，从太阳耀光的特性出发，建立动态海面的偏振辐射模型，通过仿真研究太阳耀光偏振特性随时间变化情况，指出太阳耀光是具有时域偏振特性的。然后，在利用太阳耀光时域偏振特性的基础上，介绍了在不同时刻以不同检偏角度对杂波场景进行偏振成像的方法，并通过寻优达到了抑制杂波的目的。实验证明，该方法对杂波的抑制效果十分明显，可以提升目标和背景的对比度，大幅提升信杂比，有利于目标的发现和探测。同时，进一步介绍了简化的方法，其操作更简单，并且缩短了操作总时长，增强了该方法的实用性。本节方法采用了分时偏振成像模式，适用于星点状及片状水面杂波。

但是，由于该方法是基于分时方式采集的图像，在数据处理后可能会出现重影的问题。如果目标的位置随时间发生变化，数据处理时若不对目标进行配准，则目标易出现重影；若对目标进行配准，则背景易出现重影。缩短成像总时间，可以减少目标在不同时刻成像图中的相对位移；减小成像视场，使目标尽量充满视场，可以减少目标在不同时刻成像图中的形变。当强杂波使探测器像元饱和而在成像图中不易寻找到目标时，即使由于不配准而出现目标重影，也可采用本节方法先对杂波进行抑制。另外，由于利用的是杂波的时域偏振特性，故该方法适用于动态变化的水面杂波场景，不适用于杂波偏振特性不随时间变化的场景。

7.2　水下光电偏振成像增强技术方法

7.2.1　水下成像模型

由于水面对自然光的折射作用，自然光被限制在一个有限的锥体内，这个窗口被称为 Snell 窗口（图 7.2.1）。在水下环境中，传统的光学成像系统所获取的图像受水中微粒吸收和散射作用的影响，成像质量显著降低，严重影响了后续对水下目标的识别和分析[26-28]。实验表明，在清澈的海水中，60%的衰减是由散射引起的，40%由吸收引起，而且水体越浑浊，散射部分所占的比例越大[29]。水体的吸收作用具有波长选择性，如图 7.2.2 所示[30]，在可见光波段，波长越长，被水体吸收得越快，可以传播的深度越浅。红光在距离水面 3m 的地方几乎衰减殆尽；橙光在距离水面 5m 的地方消失；绝大多数的黄色光最远传播至距离水面 10m 的地方；蓝光由于波长最短，传播距离最远。即自然光的传播会经历一个严重的颜色衰减，水下对蓝绿光有“窗口”作用，对其他波段的光有很强的吸收作用，在浅水中图像以蓝绿色为主色调；在深水中几乎没有自然光到达，水下成像需要主动照明。

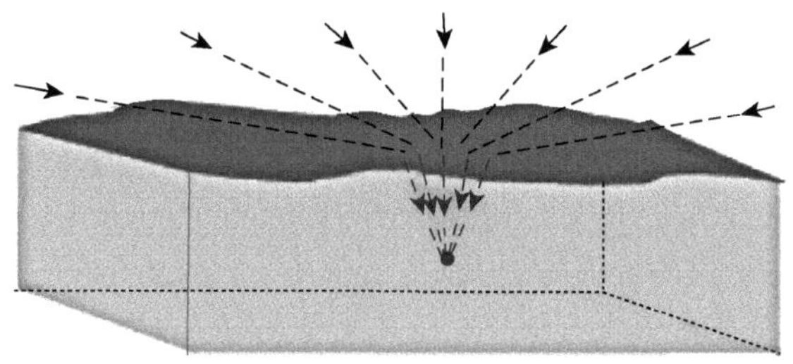

图 7.2.1　Snell 窗口示意图

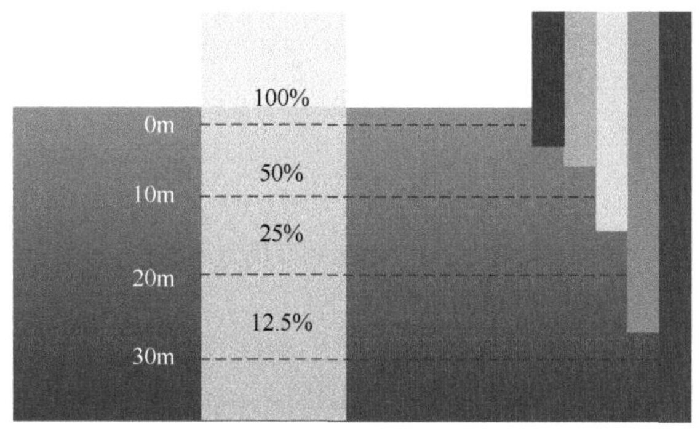

图 7.2.2　水体对光的波长选择性吸收衰减

此外，水体对光波的散射作用则会产生前向和后向散射光，前向散射导致光线偏离原先传输路径，造成图像分辨率降低和图像模糊；后向散射光由于携带了悬浮微粒信息导致目标图像产生帷幔效应，对比度降低[31]，极大地限制了光电系统的水下拍摄性能。而且由瑞利散射可知，散射程度与波长的四次方成反比，波长越短，散射越严重。因此，水下图像通常呈现短波长的蓝绿色调，色彩畸变严重，且成像距离短，图像亮度暗。

在水下拍摄图像时，如图 7.2.3 所示，照相机采得图像包含两方面信息：一方面是光源发出的光照到目标面上经过目标反射，通过相机与目标构成的圆柱形光路传播后到达像面，这部分光包含观察者需要得到的目标信息，这里称为目标的信号光，用 S 表示，它在传播过程中还要受到水的吸收和散射作用，使图像变得模糊；另一方面是光源发出的光没有经过目标反射，由水体直接反射和折射到达像面，由于它不包含目标信息，这里称为杂散光，其中主要是后向散射，用 B 表示。所以像面上得到的照度信息可以表示为

$$E_{\text{image}} = E_{\text{s,image}} + E_{\text{b,image}} \tag{7.2.1}$$

式中，$E_{\text{s,image}}$ 表示信号光最终到达像面的照度；$E_{\text{b,image}}$ 表示杂散光最终到达像面的照度。

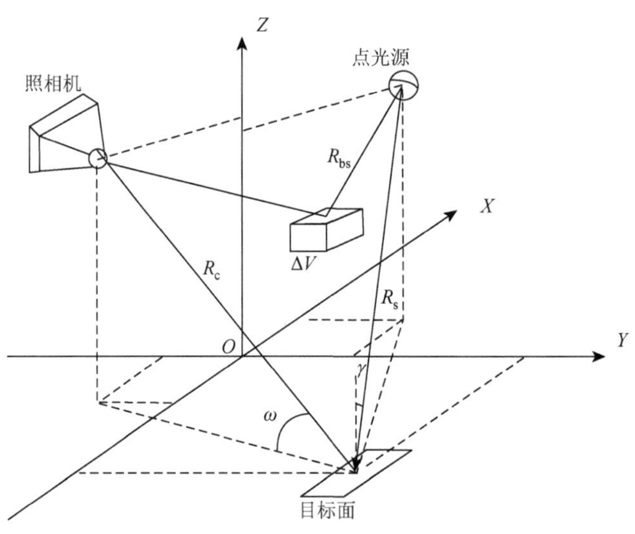

图 7.2.3　水下成像模型图

模型的光源包含透射到水下的自然光、海底反射光和主动光源，分析过程中采用了光照度参量，以下分别对两种信息进行分析。

1. 目标的信号光传播分析

这个部分信号光可分成两个阶段进行分析：光源发出的光到达水下目标面和目标面反射的光到达像面。

1）光源发出的光到达水下目标面

如图 7.2.3 所示，水下成像过程始于点光源，设在距点光源 1m 处的球体表面照度为 $E_{pl}(\theta_s,\varphi_s)$，根据距离平方反比定律得到，距离点光源 R_s 处的目标所在球面照度可以表示为

$$E=\frac{E_{pl}(\theta_s,\varphi_s)}{R_s^2} \tag{7.2.2}$$

假设在传播过程中，水体是理想介质（点扩散函数为 1），直接传播过程衰减规律符合 e 指数衰减，则得到 R_s 处球面照度可以表示为

$$E=\frac{E_{pl}(\theta_s,\varphi_s)}{R_s^2}\mathrm{e}^{-\eta R_s} \tag{7.2.3}$$

β 是水中总的散射系数，它是角散射系数随球面积分的结果：

$$\beta=\int_{\theta}\beta(\theta)\,\mathrm{d}\Omega=2\pi\int_0^{\pi}\beta(\theta)\sin(\theta)\mathrm{d}\theta \tag{7.2.4}$$

如果目标所在平面与球面夹角为 γ，则目标平面的照度为

$$E'_{\text{in}} = \frac{E_{\text{pl}}(\theta_{\text{s}},\varphi_{\text{s}})}{R_{\text{s}}^2}\text{e}^{-\eta R_{\text{s}}}\cos\gamma \tag{7.2.5}$$

在上面分析中，介质对光的散射被当作衰减因素完全去掉了。事实上光在向前传播过程中成像并不理想，这是由于水粒子和杂质的散射导致它要和原来的光路成一个角度，即光的前向散射也可以向前传播到达目标平面，这个作用可以用光照度与点扩散函数卷积加以表示。所以目标平面接收到的光照度为

$$E_{\text{in}} = E'_{\text{in}} + E_{\text{pl}}(\theta_{\text{s}},\varphi_{\text{s}})\text{g}_{\text{s}} \tag{7.2.6}$$

式中，点扩散函数是一个由经验常数确定的和距离有关的函数，这里的取值引用美国加利福尼亚大学水下能见度实验室 1990 年得出的水下点扩散函数经验公式：

$$g_{\text{s}} = (\text{e}^{-\delta R_{\text{s}}} - \text{e}^{-\eta R_{\text{s}}})F^{-1}\{G_{\text{s}}\} \tag{7.2.7}$$

这里的

$$G_{\text{s}} = \text{e}^{-KR_{\text{s}}\omega} \tag{7.2.8}$$

这揭示了随着物体距离的增加，图像的空间模糊也增加。

2）目标面反射的光到达像面

假设目标本身不发光且平面反射率为 τ_0，照相机离目标平面的距离为 R_{c}，则目标面光出射度为

$$E_{\text{out}}(x,y) = \tau_0 E_{\text{in}} \tag{7.2.9}$$

由于目标的反射和目标性质有关，出射度的分布具有了空间位置特性，所以出射度是目标空间坐标 x，y 的函数。

通过衰减到达照相机前的光照度为

$$E'_{\text{out}}(x',y') = E_{\text{out}}(x,y)\text{e}^{-\eta R_{\text{c}}} \tag{7.2.10}$$

式中，x'，y'为目标光到达照相机前照度分布空间坐标。

根据像平面的光照度公式，像面上的照度 E 可以表示为

$$E = \tau_1 \pi L \left(\frac{n_{\text{air}}}{n_{\text{water}}}\right)^2 \sin^2\theta_{\max}\cos^4\omega \tag{7.2.11}$$

式中，L 为目标面辐射亮度；τ_1 为照相机镜头透过率；ω 为目标面与照相机光轴所成角度。假设目标平面是半径为 ρ 的朗伯体，且目标刚好充满视场，则可以得到目标平面的辐射亮度为

$$L'(x,y) = \frac{E_{\text{out}}(x,y)\pi\rho^2}{\pi} = E_{\text{out}}(x,y)\rho^2 \tag{7.2.12}$$

在水中成像要考虑水的衰减，所以计算像面照度时目标辐射亮度应为

$$L = L'\text{e}^{-\eta R_{\text{c}}} \tag{7.2.13}$$

利用成像几何关系可以得到

$$\sin\theta_{\max} = \frac{1}{2}\frac{D}{f} \tag{7.2.14}$$

将其代入式（7.2.11）中得到像面光照度理论值为

$$E'_{\mathrm{s,image}}(x',y') = \tau_1 \pi E_{\mathrm{out}}(x,y)\rho^2\left(\frac{n_{\mathrm{air}}}{n_{\mathrm{water}}}\right)^2 \frac{D^2}{4f^2}\cos^4\omega \tag{7.2.15}$$

这个过程同样也有前向散射，故像面上接收到的目标信号光照度为

$$\begin{aligned} E'_{\mathrm{s,image}}(x',y') &= E'_{\mathrm{s,image}}(x',y') + [\tau_1 E'_{\mathrm{out}}(x',y')]g \\ &= \tau_1 \pi E_{\mathrm{out}}(x,y)\rho^2\left(\frac{n_{\mathrm{air}}}{n_{\mathrm{water}}}\right)^2 \frac{D^2}{4f^2}\cos^4\omega \mathrm{e}^{-\eta R_{\mathrm{c}}} + [\tau_1 E_{\mathrm{out}}(x,y)\mathrm{e}^{-\eta R_{\mathrm{c}}}]g \end{aligned} \tag{7.2.16}$$

后续研究要进行目标距离衰减的复原，所以需要将目标与相机的距离因子单独提取出来。定义目标的有效照度为 $E_{\mathrm{effective}}$，它的含义是目标信号光在不考虑传播过程中的衰减时在像面上得到的照度，它是目标特性的完全反映，故需要研究得到的最终图像，即

$$E_{\mathrm{effective}}(x',y') = \tau_1 \pi E_{\mathrm{out}}(x,y)\rho^2\left(\frac{n_{\mathrm{air}}}{n_{\mathrm{water}}}\right)^2 \frac{D^2}{4f^2}\cos^4\omega + [\tau_1 E_{\mathrm{out}}(x,y)]g \tag{7.2.17}$$

故得到目标信号光照度表达式为

$$E'_{\mathrm{s,image}}(x',y') = E_{\mathrm{effective}}(x',y')\mathrm{e}^{-\eta R_{\mathrm{c}}} \tag{7.2.18}$$

2. 杂散光传播分析

杂散光的传播机制和目标信号光相同，只是它不经过目标平面而是通过不同距离上水体反射和后向散射然后在像面上成像。研究表明，杂散光主要是后向散射光，所以本模型只考虑后向散射光影响。在这种情况下，假设光源与照相机在同一个平面内且距离很近，即可以看成光源和相机到目标距离相同。距离光源 R_{bs} 上的水体接收到的理想光照度为

$$E'_{\mathrm{b,in}} = \frac{E_{\mathrm{pl}}(\theta_{\mathrm{s}},\psi_{\mathrm{s}})}{R_{\mathrm{bs}}^2}\mathrm{e}^{-\eta R_{\mathrm{bs}}} \tag{7.2.19}$$

考虑光源的前向散射作用，依据式（7.2.6）得到的光照度为

$$E_{\mathrm{b,in}} = E'_{\mathrm{b,in}} + E_{\mathrm{pl}}(\theta_{\mathrm{s}},\psi_{\mathrm{s}})g \tag{7.2.20}$$

设这部分水体体积为 ΔV，根据体散射系数定义，其水体的后向散射光为

$$\Delta I = \beta(\theta)E_{\mathrm{b,in}}\Delta V \tag{7.2.21}$$

由于假设目标充满视场，所以散射光积分截面边界为 ρ。体散射系数中 θ 定义为光源照向目标的光线方向与水体反射光线的夹角，故后向散射的积分区域为[π/2, π]，所以在目标所在的视场中总的后向散射光通量为

$$\phi = \int_0^{R_c}\int_0^{\rho}\int_{\frac{\pi}{2}}^{\pi} E_{\mathrm{b,in}}\beta(\theta)(2\pi r\mathrm{d}r)\,\mathrm{d}\theta\mathrm{d}R_{\mathrm{bs}} \tag{7.2.22}$$

积分化简得到近似表达式

$$\phi \approx \beta\rho E_{\mathrm{pl}}(\theta_{\mathrm{s}},\psi_{\mathrm{s}})\int_0^{R_c}\mathrm{e}^{-\eta R_{\mathrm{bs}}}\mathrm{d}R_{\mathrm{bs}} \tag{7.2.23}$$

进而

$$\phi = \beta\rho E_{\mathrm{pl}}(\theta_{\mathrm{s}},\psi_{\mathrm{s}})(1-\mathrm{e}^{-\eta R_c}) \tag{7.2.24}$$

所以，得到像面上的散射光照度为

$$E_{\mathrm{b,image}} = \frac{\phi\tau_1}{S_{\mathrm{D}}} = \frac{\beta\rho E_{\mathrm{pl}}(\theta_{\mathrm{s}},\psi_{\mathrm{s}})(1-\mathrm{e}^{-\eta R_c})\tau_1}{S_{\mathrm{D}}} \tag{7.2.25}$$

式中，S_{D} 为照相机感光面的大小。

3. 像面总光照度分析及模型仿真

依据式（7.2.1），像面上接收到的总的光照度可以表示为

$$E_{\mathrm{image}}(x',y') = E_{\mathrm{s,image}}(x',y') + E_{\mathrm{b,image}} \tag{7.2.26}$$

将式（7.2.16）和式（7.2.25）代入式（7.2.26）中得到像面总的光照度分布：

$$\begin{aligned}E_{\mathrm{image}}(x,y) &= \tau_1\pi E_{\mathrm{out}}(x,y)\rho^2\left(\frac{n_{\mathrm{air}}}{n_{\mathrm{water}}}\right)^2\frac{D^2}{4f^2}\cos^4\omega\mathrm{e}^{-\eta R_c}\\ &\quad+[\tau_1 E_{\mathrm{out}}(x,y)\mathrm{e}^{-\eta R_c}]g + \frac{\beta\rho E_{\mathrm{pl}}(\theta_{\mathrm{s}},\psi_{\mathrm{s}})(1-\mathrm{e}^{-\eta R_c})\tau_1}{S_{\mathrm{D}}}\\ &= E_{\mathrm{effective}}(x',y')\mathrm{e}^{-\eta R_c} + \frac{\beta\rho E_{\mathrm{pl}}(\theta_{\mathrm{s}},\psi_{\mathrm{s}})(1-\mathrm{e}^{-\eta R_c})\tau_1}{S_{\mathrm{D}}}\end{aligned} \tag{7.2.27}$$

式（7.2.27）是两个部分的和，前半部分表示信号光 S 在像面上对应的照度，后半部分表示杂散光 B 在像面上对应的照度。利用式（7.2.27）建立的像面光照度分布模型进行水下成像仿真。原图像如图 7.2.4（a）所示，采用 NIKON D70 单反相机（焦距为 70mm，F 数为 4.5，快门速度为 1/125s）对北京海洋馆玻璃水箱内的一块珊瑚礁成像，相机距离玻璃窗 1m 左右，玻璃窗与珊瑚礁距离小于 0.2m；由于海洋馆中的水比较干净，可认为图像没有经过水体的衰减和散射。将图 7.2.4（a）作为目标面的出射度，即 E_{out}。

首先，仿真没有杂散光影响的情况，即只仿真式（7.2.27）中信息光 S 在像

面上对应的光强度分布随距离的变化，如图 7.2.4 所示。仿真参数为：$\eta = 0.23$，$\tau_1 = 0.995$，F 数为 4.5，其中 η 的值是海洋标准模型值，它代表了我国近海的海水衰减系数。图 7.2.4（b）～（f）对应的距离参数 R_c 依次为 5m、10m、15m、20m、30m。图 7.2.4 对应的图像灰度分布图如图 7.2.5 所示，其中的凹凸代表图 7.2.4 的灰度值。可以看出：随着模拟距离的增大，图像逐渐变得平缓且峰值逐渐变小，说明图像细节逐渐减少，图像的整体亮度在减小。

其次，同时考虑信号光和杂散光的影响，利用图 7.2.4（a）作为目标图像，进行带杂散光的像面光照度分布随距离的变化仿真。仿真参数为：$\eta = 0.23$，$\tau_1 = 0.995$，F 数为 4.5。图 7.2.6（b）～（f）为距离参数 R_c 依次为 1m、3m、5m、7m、8m 的退化图像。图 7.2.6 对应的图像灰度分布图如图 7.2.7 所示。可以看出，随着距离增大，图像的细节衰减很快，图像的灰度值逐渐集中到某一个数值之间。

(a)　(b)　(c)

(d)　(e)　(f)

图 7.2.4　不同距离无杂散光水下成像模拟图

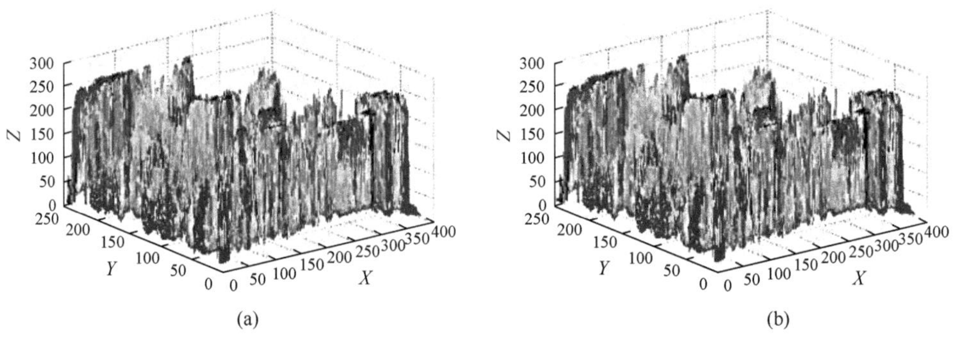

(a)　(b)

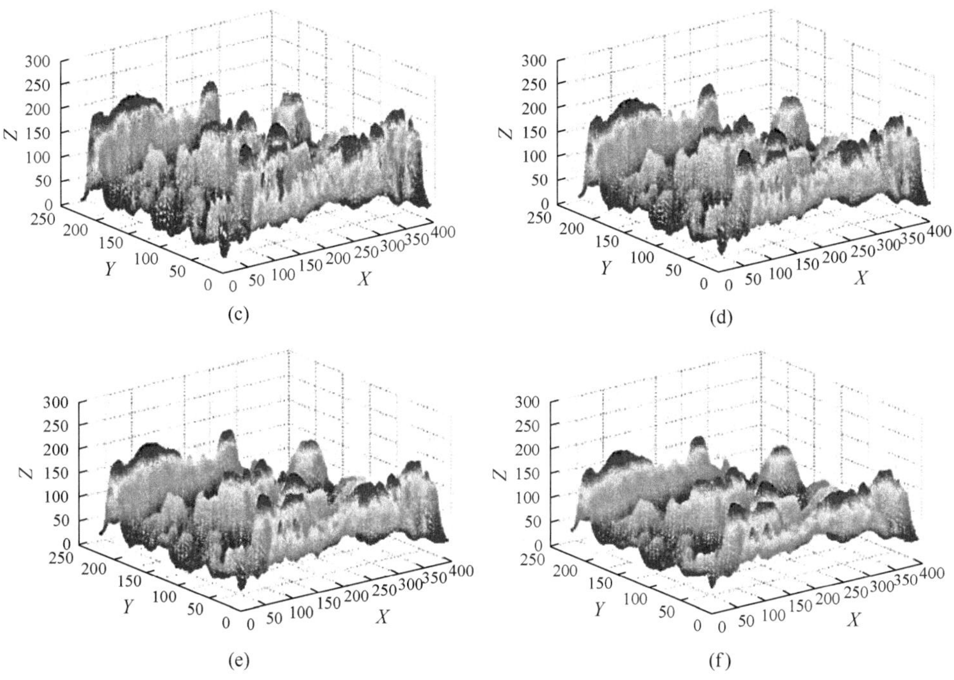

(c)　(d)

(e)　(f)

图 7.2.5　不同距离无杂散光水下成像模拟灰度分布图

(a) 原图像　(b) 1m　(c) 3m

(d) 5m　(e) 7m　(f) 8m

图 7.2.6　不同距离带杂散光水下成像模拟图

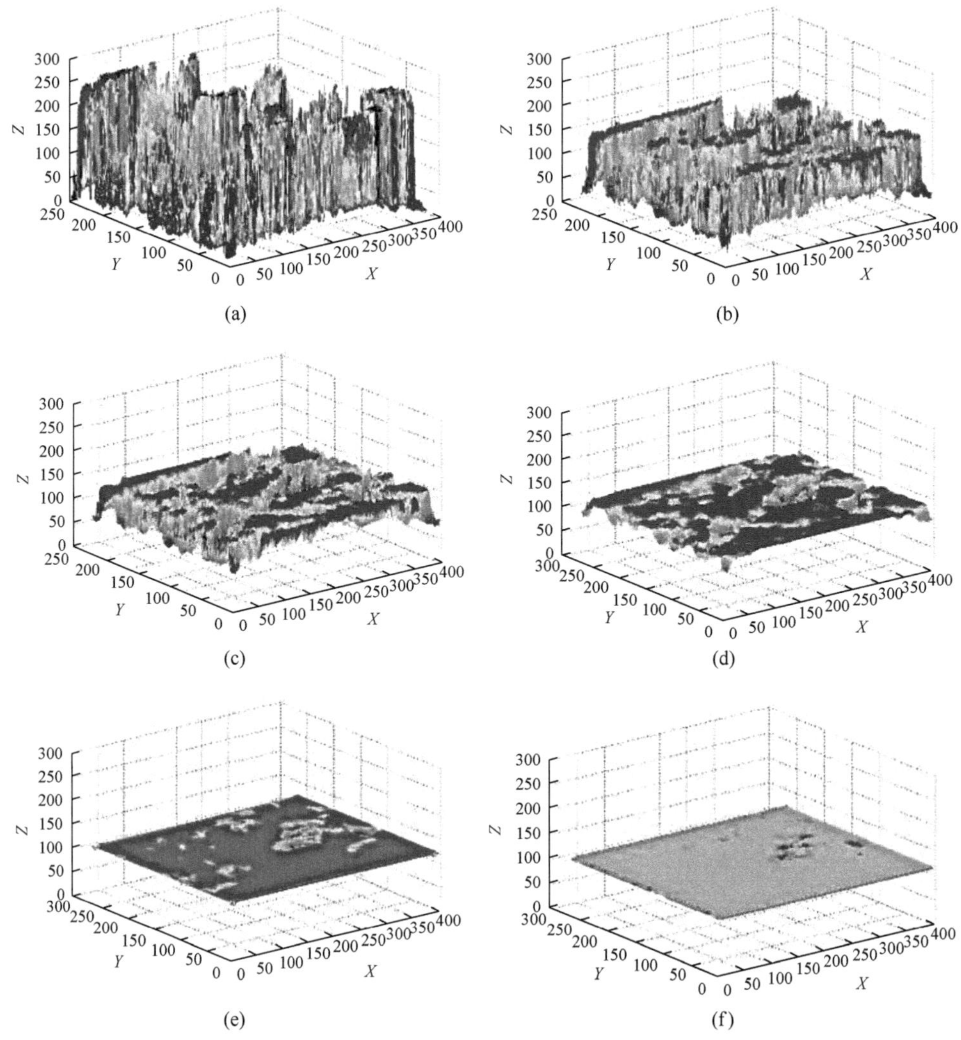

图 7.2.7　不同距离带杂散光水下成像模拟灰度分布图

对图 7.2.4、图 7.2.5、图 7.2.6、图 7.2.7 进行分析，可以得到如下结论：

（1）随着模拟距离的增大，整个像面逐渐变得模糊不清，并且前向散射造成的模糊效应逐渐增强，但是在 30m 处仍然可以看到目标的像。

（2）随着模拟距离的增大，由后向散射等引起的杂散光逐渐将目标的像淹没，整个像面逐步沉浸在蓝绿后向散射光的包围之中。

（3）对比两组模拟图像的模拟距离可以看出，如果不考虑后向散射光等杂散光的影响，尽管图像变模糊但目标的识别距离可以达到 30m 以上；如果考虑后向散射光等杂散光影响，目标还没有变得模糊之前就已经淹没在杂散光之中，识别距离最远也只能达到 5m。因此，水下成像过程中后向散射光等杂散光是影响成像质量的最主要因素。

7.2.2　基于线偏振技术的水下图像复原方法

1. 像面总光照度分析及模型仿真

自然光在水中的散射光是一种部分线偏振光。这是因为：①虽然水是各向同性的介质，但是光从空气中进入水的时候在界面上发生折、反射。根据菲涅耳公式描述的折、反射系数的关系，如果自然光以布儒斯特角射向空气和水的界面，**s** 分量只有一部分能入射水中，而 **p** 分量能全部进入水中。即使不以布儒斯特角入射，透射到水中的光 **s** 分量和 **p** 分量之间也有差异，因此，透射到水中的光是部分偏振光。而且，由于海水随水层的密度和含盐量的不同，水体中折射率还会有差异，也会导致射入水中的光偏振态发生变化。实际上这个过程中水体相当于一个起偏器，海水越深，得到的光越接近于完全线偏振光。②在成像过程中，由于在水中微小粒子对光波的散射是一个各向异性的过程，尤其在光路附近，水粒子和杂质散射存在高度各向异性，这使散射光偏振特性更明显。

由于自然光在水中传播时被限制在一个有限的锥体内，随着在水中深度的增加，由于散射自然光偏离锥体轴线的作用越来越小，光线基本上都集中在锥体尖处。自然光线与照相机视线可以组成一个平面，如图 7.2.8 所示。依据这个平面的位置，散射光可以分为相互正交的两个方向的光线。垂直于这个平面的光线定义为 $B_{\perp}$，平行于这个平面的光线定义为 $B_{\parallel}$，一般来说 $B_{\parallel} > B_{\perp}$。

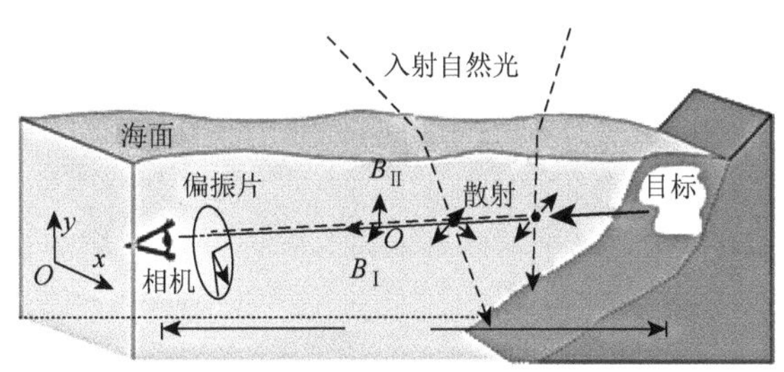

图 7.2.8　水下被动偏振成像物理模型

水下光电成像往往可分为主动和被动两类模式。在水体的吸收和散射衰减作用中，吸收作用造成的是整体光强能量的衰减和消失，其无法在偏振特性中体现。但由于自然照明进入水下的光线属于部分偏振光，水体散射很强且具有偏振特性，因此，利用目标场景反射光及水体散射光的偏振特性差异，成为人们研究水下目标探测的有效技术途径。同样，水下主动偏振成像也成为人们研究的主要方向之一（图 7.2.9）。由于常用激光器作为光源，激光光源发出的光近似于线偏振光，经过水体散射后产生的后向散射光带有很强烈的偏振特性，如图 7.2.10 展示了实验结果。

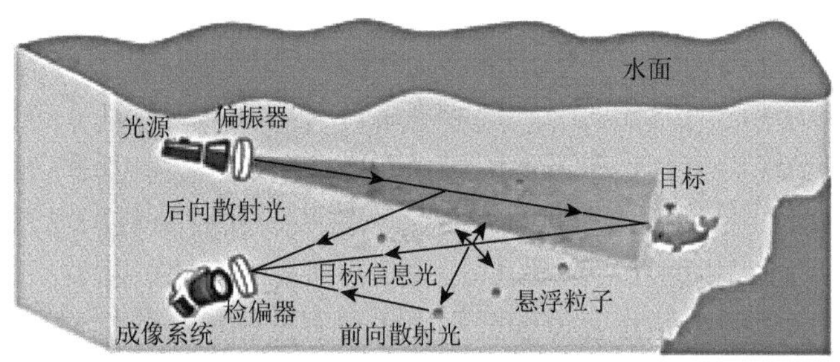

图 7.2.9　水下主动偏振成像物理模型

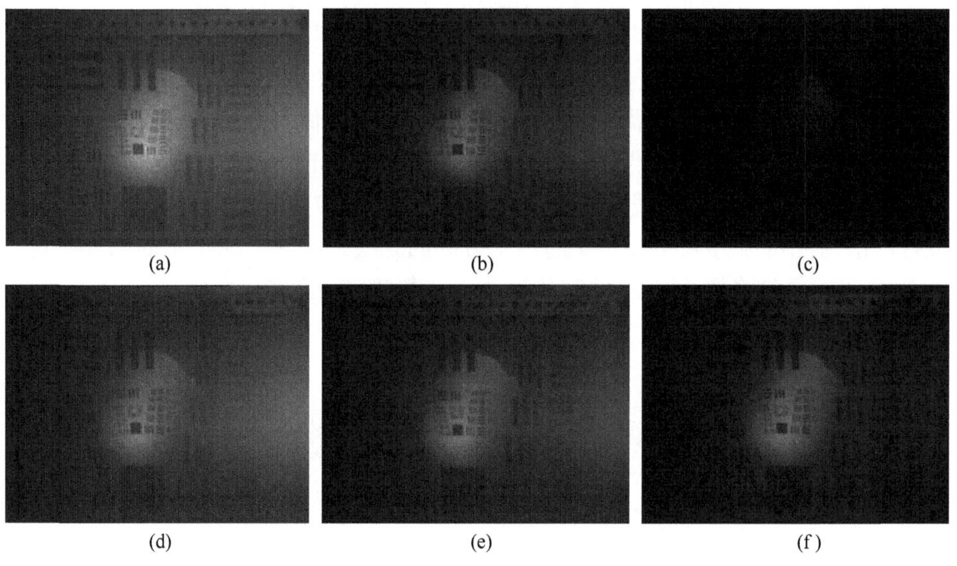

图 7.2.10　激光光源及其后向散射光偏振特性验证视频截图

实验采用了波长为 532nm 的绿光连续激光器。图 7.2.10 中（a）～（c）是在激光光源前加线偏振片，线偏振片按照一个方向连续旋转 360°，偏振片角度依次为 20°、65°、110°时的输出图像，像面亮度从最大变化到最小。图 7.2.10 中（d）～（f）是保持激光器连续照射条件不变的情况下，激光光源前不加偏振片，在 CCD 之前加线偏振片，并让线偏振片按照一个方向连续旋转 360°采得的视频中截取的图像。从左到右偏振片角度依次是 20°、65°、110°，像面亮度从最大变化到最小。从两个视频对比可以看出：

（1）激光光源发出的光绝大部分是线偏振光。

（2）由激光器光源主动照明引起的后向散射光是部分线偏振光。

2. 线偏振技术水下图像复原方法

由于水下散射光是部分线偏振光，所以一定存在两个正交的方向，使得散射光在像面的照度达到最大和最小，则散射光可以表示为

$$E_{\mathrm{b}} = E_{\mathrm{b,max}} + E_{\mathrm{b,min}} \tag{7.2.28}$$

偏振度可以表示为

$$\mathrm{DoLP} = \frac{E_{\mathrm{b,max}} - E_{\mathrm{b,min}}}{E_{\mathrm{b}}} \tag{7.2.29}$$

对于信号光 S 来说，这里可以假设它随偏振片角度变化而变化的影响远远小于散射光的影响，即它是非偏振光。这是因为：

（1）目标面相对于水的散射面来说是粗糙的表面，光从粗糙表面反射后会变成漫反射而使偏振特性降低，可以将目标信号光看成漫反射光。

（2）从镜面反射得到的光是高偏振度的，但是水下镜面反射要比空气中弱，因为水的反射率接近于形成镜面反射的物的反射率。

（3）即使目标发出的信号光是部分线偏振光，在向相机传播过程中受到水的吸收和散射影响，到达相机的光能量已经很弱，它随偏振片变化不明显。

（4）假设信号光是部分偏振的，信号光和散射光随距离变化不同，前者随距离增大而减小，后者随距离增大而增大，所以本复原方法用在较远距离上更精确。

在相机实际拍摄图像时，像面上得到的是信号光和散射光的叠加光照度。利用（1）～（4）的假设条件，在相机前加上线偏振片后，散射光随偏振片变化显著，信号光可保持一半的光能量透过线偏振片。故像面得到的光照度可以表示为

$$E = \frac{E_{\mathrm{s}}}{2} + E_{\mathrm{b}} \tag{7.2.30}$$

当偏振片调节到使散射光达到最大和最小状态时，照相机像面上得到的光照度为

$$E_{\max} = \frac{E_{\mathrm{s}}}{2} + E_{\mathrm{b,max}} \tag{7.2.31}$$

$$E_{\min} = \frac{E_{\mathrm{s}}}{2} + E_{\mathrm{b,min}} \tag{7.2.32}$$

由于 $E_{\max}$ 图像中散射光照度最强，所以将其定义为最强散射状态，$E_{\min}$ 图像中散射光强度最弱，这里定义为最弱散射状态。这里最强和最弱散射状态的判断通过客观评价标准和主观评价标准相结合得到。

客观评价标准主要有两种方法：图像平均灰度和图像的对比度。设图像大小为 $M\times N$，$E(x,y)$ 代表图像中某个像素的灰度值，则图像平均灰度可以表示为

$$\overline{E}=\frac{1}{M\times N}\sum_{i=1}^{M}\sum_{j=1}^{N}E(i,j) \tag{7.2.33}$$

当 $\overline{E}$ 取最大值时是最强散射状态，当 $\overline{E}$ 取最小值时是最弱散射状态。

图像对比度计算需要采集目标和背景两幅图像。设有目标和有光源照射条件下采集的目标图像为 E_{O}，无目标有光源照射条件下采集的背景图像为 E_{B}，则采集到的图像的对比度 C 可以表示为

$$C=\frac{E_{\mathrm{O}}-E_{\mathrm{B}}}{E_{\mathrm{B}}} \tag{7.2.34}$$

式中，当 C 取最大值时 E_{O} 图像为最强散射状态，当 C 取最小值时 E_{O} 图像为最弱散射状态。

由式（7.2.31）和式（7.2.32）得到

$$E_{\max}+E_{\min}=E_{\mathrm{s}}+E_{\mathrm{b,max}}+E_{\mathrm{b,min}}=E_{\mathrm{s}}+E_{\mathrm{b}} \tag{7.2.35}$$

$$E_{\max}-E_{\min}=E_{\mathrm{b,max}}-E_{\mathrm{b,min}} \tag{7.2.36}$$

最终，水下图像处理的结果是获得信号光中的 $E_{\mathrm{effective}}$，去除散射光和补偿水的衰减。

$$E_{\mathrm{s}}(x',y')=E_{\mathrm{effective}}(x',y')\mathrm{e}^{-\eta R_{\mathrm{c}}} \tag{7.2.37}$$

又由式（7.2.25）得到

$$E_{\mathrm{b}}=\frac{\beta\rho E_{\mathrm{pl}}(\theta_{\mathrm{s}},\psi_{\mathrm{s}})\tau_1}{S_{\mathrm{D}}}(1-\mathrm{e}^{-\eta R_{\mathrm{c}}})=E_{\mathrm{b0}}(1-\mathrm{e}^{-\eta R_{\mathrm{c}}}) \tag{7.2.38}$$

将其变形得到

$$\mathrm{e}^{-\eta R_{\mathrm{c}}}=1-\frac{E_{\mathrm{b}}}{E_{\mathrm{b0}}} \tag{7.2.39}$$

$$E_{\mathrm{b}}=\frac{E_{\mathrm{b,max}}-E_{\mathrm{b,min}}}{P_1} \tag{7.2.40}$$

把式（7.2.36）代入式（7.2.40）中得到

$$E_{\mathrm{b}}=\frac{E_{\max}-E_{\min}}{P_1} \tag{7.2.41}$$

将其代入式（7.2.35）中得到

$$E_{\max}+E_{\min}=E_{\mathrm{effective}}(x',y')\cdot\mathrm{e}^{-\eta R_{\mathrm{c}}}+\frac{E_{\max}-E_{\min}}{P_1} \tag{7.2.42}$$

整理得到

$$E_{\text{effective}}(x',y') = \frac{E_{\max} + E_{\min} - \dfrac{E_{\max} - E_{\min}}{P_1}}{1 - \dfrac{E_{\max} - E_{\min}}{P_1 E_{b0}}} \tag{7.2.43}$$

式（7.2.43）为像面上目标光的有效光照度表达式。其中，$E_{\max}$、$E_{\min}$ 可以直接通过照相机获得；P_1、E_{b0} 分别是表示水的特性和主动光源特性的参量，虽然需要测定，但是对于同一水体，在主动光源照射条件不变的情况下，它们是恒定的值。

测定 DoLP 参量，可以得到

$$\text{DoLP} = \frac{E_{\max} - E_{\min}}{E_{\max} + E_{\min} - E_s} \tag{7.2.44}$$

由于 E_s 随不同的目标变化，不具有表示水体特性的性质，所以在具体测量时将目标物撤去，得到 DoLP 的近似值：

$$\text{DoLP} \approx \frac{E_{\max}^0 - E_{\min}^0}{E_{\max}^0 + E_{\min}^0} \tag{7.2.45}$$

式中，$E_{\max}^0$、$E_{\min}^0$ 为无目标状态下测得的最强和最弱散射状态，调节方式与 $E_{\max}$、$E_{\min}$ 相同。

由于随着 R_c 增大，E_{b0} 无限趋近于 E_b，在无穷远处，两者相等，故可以在无目标情况下测定 E_b 的值，近似等于 E_{b0}，即

$$E_{b0} \approx E_b = E_{\max}^0 + E_{\min}^0 \tag{7.2.46}$$

求得 DoLP、E_{b0} 后即可处理特定水域的水下图像。故利用去除后向散射光方法处理水下图像，需要采集的图像有：水体中无目标时测量最强散射状态图 $E_{\max}^0$ 和最弱散射状态图 $E_{\min}^0$，借此获得水体特性参数 DoLP 和光源特性参数 E_{b0}；然后，再采集该水体中带目标的场景最强散射状态图 $E_{\max}$ 和最弱散射状态图 $E_{\min}$，代入式（7.2.43）得到目标的有效光照度，也即获得了去除后向散射等杂散光的图像。

采集图像时需要注意：估算水体特性参数时采集的图像和复原图像时采集的图像必须保持环境光和主动照射光一致，即保持目标所处的水下环境光分布不变。只有在这个前提下才能保证复原图像时水体参数的相关性，得到比较精确的复原效果。

搭建水下偏振成像实验系统，将靶标置于离观察窗 10.5m 的距离上，保持光源连续照射到靶面不变，CCD 采用 75mm 镜头，光圈数为 2。调整 CCD 后面板，使 CCD 增益达到最大，关闭自动增益，保持快门速度为 5s。旋转 CCD 镜头前线偏振片，采集水体中靶标场景的最强散射状态和最弱散射状态图像，如图 7.2.11 所示。

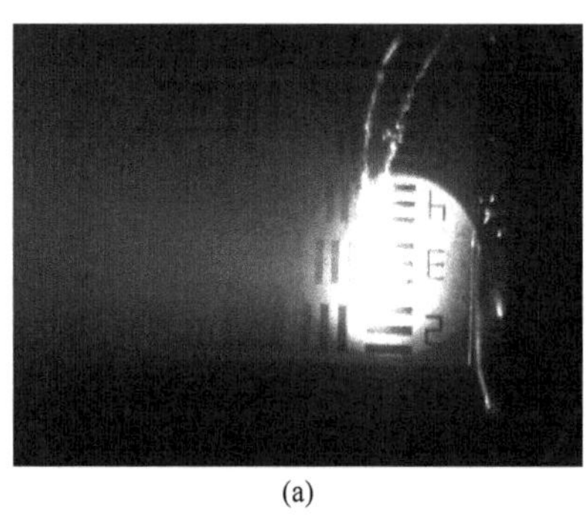
(a)

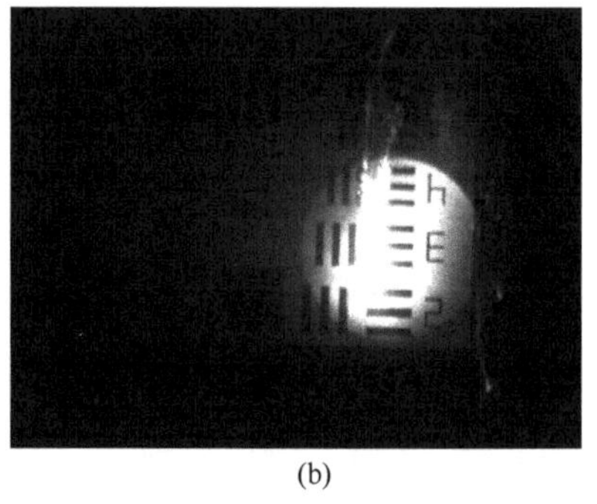
(b)

图 7.2.11　有目标最强散射状态（a）与最弱散射状态（b）图像

要得到处理图像所需的水体特性参数和光源特性参数，需要采集水体中无目标时的最强散射状态和最弱散射状态图像，如图 7.2.12 所示。采集方法和采集条件与有目标状态相同。

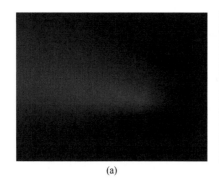

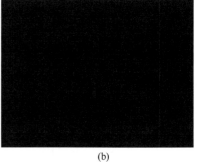

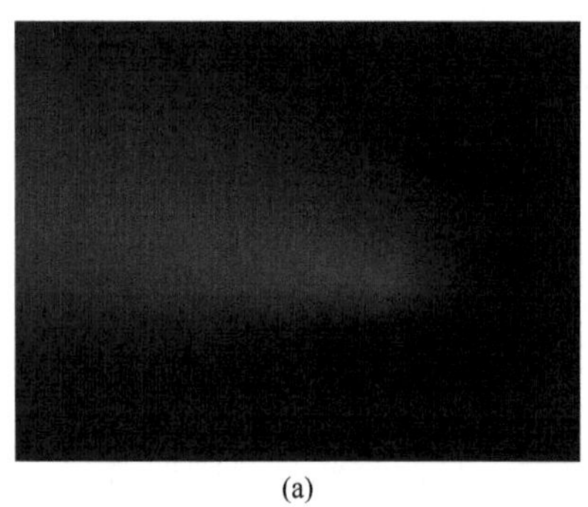
(a)

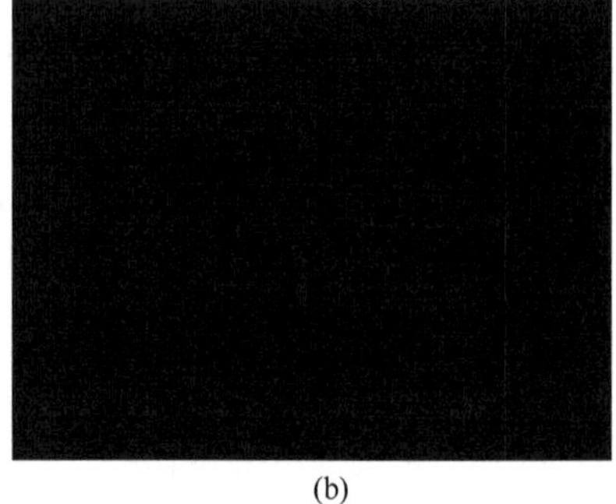
(b)

图 7.2.12　无目标最强散射状态（a）与最弱散射状态（b）图像

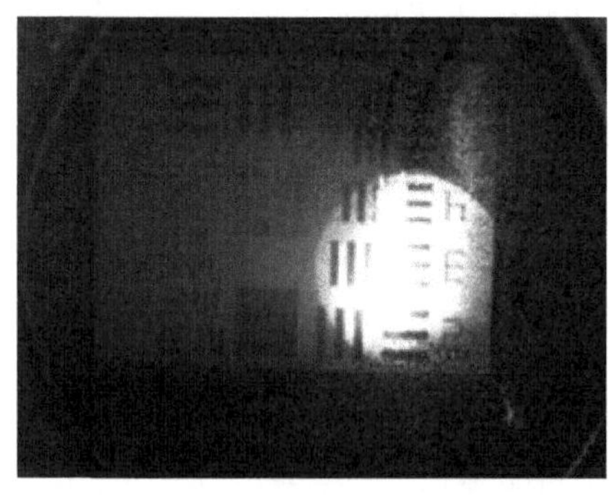
图 7.2.13　去除后向散射复原图像效果

由这四幅图像计算和处理的复原图像如图 7.2.13 所示。可以看出，基于线偏振技术的水下复原方法，可以有效复原被后先散射光淹没的靶标图案，图案细节明显，但图像噪声也得到了放大。

为了验证环境光照射条件下复杂背景中水下图像的复原效果，利用 NIKON D70 单反相机前加偏振片，对海洋馆水箱内船只进行偏振图像采集与复原处理，结果如图 7.2.14 所示。实验环境是北京海洋馆海底世界，照明光源为自然光加不同方向的日光灯入射，即照明光源为非偏振光源。拍摄位置为海洋馆玻璃罩外，无闪光灯，焦距为 40mm，曝光时间为 1/5s。图 7.2.14（a）为不加偏振片获得的原始图像，图 7.2.14（b）为经过偏振复原处理得到的图像，照片正中间是一个沉船模型，四周有珊瑚礁环绕。对比处理前和处理后两幅图片可以看出，处理后的照片中沉船左右两侧珊瑚礁的细节要比未处理前丰富很多，沉船的轮廓也比处理前明显；不足是，出现了由于处理场景不匹配导致的冗余信息，并且图像噪声得到了放大。

(a) 原始图像

(b) 偏振技术处理图像

图 7.2.14　偏振技术真实水下场景处理对照图

3. 基于低秩稀疏分解的水下主动偏振成像算法

1）目标强度信息增强

自然光经过水下散射作用后大部分表现为部分偏振光，即全偏振光与非偏振光相叠加而成。偏振光参数的数学描述常采用斯托克斯矢量，表达式为

$$\boldsymbol{S}=\begin{bmatrix} I \\ Q \\ U \\ V \end{bmatrix}=\begin{bmatrix} E_p^2+E_s^2 \\ E_p^2-E_s^2 \\ 2E_pE_s\cos\phi \\ 2E_pE_s\sin\phi \end{bmatrix}=\begin{bmatrix} I_{0^\circ}(x,y)+I_{90^\circ}(x,y) \\ I_{0^\circ}(x,y)-I_{90^\circ}(x,y) \\ I_{45^\circ}(x,y)-I_{135^\circ}(x,y) \\ I_{\mathrm{R}}(x,y)-I_{\mathrm{L}}(x,y) \end{bmatrix} \tag{7.2.47}$$

式中，I 代表辐射强度；Q 代表水平和垂直线偏振方向强度差；U 代表对角线方向辐射强度差；V 代表右旋圆偏振光和左旋圆偏振光强度之差。本实验中，采用线偏振光作为主动照明光源，因此不考虑圆偏振分量，即 V 分量为 0。改变线偏振片与 x 轴夹角 θ，可以获得多个角度对应的光强图像，即

$$I(\theta)=E_p^2\cos^2\theta+E_s^2\sin^2\theta+E_pE_s\sin 2\theta \tag{7.2.48}$$

利用斯托克斯参量可表示为

$$I(\theta)=(1+Q\cos 2\theta+U\sin 2\theta)/2 \tag{7.2.49}$$

基于偏振成像分析的目标偏振信息增强算法的核心思想是，通过改变探测方

向寻找最优方向偏振信息[32]。对于水下目标，改变探测方向 θ 削弱背景信息以增强目标与背景的对比度 $C_p(\theta)$：

$$C_p(\theta)=\frac{|I_p^{\mathrm{t}}(\theta)-I_p^{\mathrm{b}}(\theta)|}{I_p^{\mathrm{t}}(\theta)-I_p^{\mathrm{b}}(\theta)}=\frac{|I_p^{\mathrm{t}}\cos^2(\theta-A_{\mathrm{t}})-I_p^{\mathrm{b}}(\theta)\cos^2(\theta-A_{\mathrm{b}})|}{I_p^{\mathrm{t}}\cos^2(\theta-A_{\mathrm{t}})+I_p^{\mathrm{b}}(\theta)\cos^2(\theta-A_{\mathrm{b}})} \tag{7.2.50}$$

选择合适的探测角度可以使得 $\max C_p(\theta)>C$，因此通过优化探测方向 $\theta=\hat{\theta}$ 来提取目标最优出射光强图像 I：

$$\hat{\theta}=\arg\max_{0^\circ\leqslant\theta\leqslant180^\circ}C_p(\theta) \tag{7.2.51}$$

2）水下图像低秩稀疏分解

在水下场景中，采集到的原始图像可以视作散射图和无散射图像的叠加。其中，水体散射部分在视觉上呈现出单一性、高度冗余性的特点，且具有明显的非均匀性，符合低秩图像的特点，因此，可以将水体引起的后向散射视作低秩子空间。目标图像对应于水下成像模型中的入射光衰减部分，由于水体透射率的局部一致性及在高浑浊水体中整体的值比较低，可将目标图像视为稀疏子空间。另外，在成像过程中，由于光源亮度较低及探测器响应灵敏度限制，所以会产生一定的噪声，可结合矩阵低秩稀疏理论，构建如下 GoDec 算法[33]模型，对散射区域进行复原增强：

$$X=L+S+G,\quad \mathrm{rank}(L)\leqslant r,\quad \mathrm{card}(S)\leqslant k \tag{7.2.52}$$

式中，$X\in R^{m\times n}$ 是水下场景中得到的原始图像；$L\in R^{m\times n}$ 是水体散射部分；$S\in R^{m\times n}$ 是去除散射部分的清晰目标图像；G 是噪声部分；$\mathrm{rank}(L)$ 表示矩阵的秩；$\mathrm{card}(S)$ 表示矩阵 S 的稀疏度。

对于上式近似的“低秩-稀疏”分解问题定义损失函数：

$$\begin{aligned}&\min_{L,S}\quad \|X-L-S\|_F^2\\&\text{s.t.}\quad \mathrm{rank}(L)\leqslant r\\&\qquad\ \ \mathrm{card}(S)\leqslant k\end{aligned} \tag{7.2.53}$$

为了快速分解出低秩矩阵和稀疏矩阵，采用双边随机投影算法进行低秩估算，根据给定的秩 r，利用随机矩阵 $A_1\in R^{n\times r}$ 和 $A_2\in R^{m\times r}$ 构造 $m\times n$ 稠密矩阵 $X(m\geqslant n)$ 的双边随机投影矩阵 Y_1 和 Y_2，即

$$Y_1=XA_1,\quad Y_2=X^{\mathrm{T}}A_2 \tag{7.2.54}$$

那么低秩部分表达为

$$L=Y_1(A_2^{\mathrm{T}}Y_1)^{-1}Y_2^{\mathrm{T}} \tag{7.2.55}$$

当矩阵 X 的奇异值衰减缓慢时，利用 Power Scheme 优化式（7.2.55），不妨设 $\tilde{X}=(XX^{\mathrm{T}})^qX$ 来代替 X，计算 $\tilde{X}$ 的低秩近似。X 与 $\tilde{X}$ 具有相同的奇异值，$\lambda_i(\tilde{X})=\lambda_i(\tilde{X})^{2q+1}$（$\lambda_i$ 为矩阵第 i 个最大奇异值），但 $\tilde{X}$ 奇异值衰减比 X 快，那么 $\tilde{X}$ 的双

边随机投影（bilateral random projection，BRP）为

$$Y_1 = \tilde{X}A_1, \qquad Y_2 = \tilde{X}^{\mathrm{T}}A_2 \tag{7.2.56}$$

根据式（7.2.55）可知，基于 BRP 的秩为 r 的 $\tilde{X}$ 低秩可表达为

$$\tilde{L} = Y_1(A_2^{\mathrm{T}}Y_1)^{-1}Y_2^{\mathrm{T}} \tag{7.2.57}$$

为了得到秩为 r 的 X 的低秩近似，我们计算 Y_1 和 Y_2 的 QR 分解，即

$$Y_1 = Q_1R_1, \qquad Y_2 = Q_2R_2 \tag{7.2.58}$$

则 X 的低秩近似估计为

$$L = (\tilde{L})^{\frac{1}{2q+1}} = Q_1[R_1(A_2^{\mathrm{T}}Y_1)^{-1}R_2^{\mathrm{T}}]^{\frac{1}{2q+1}}Q_2^{\mathrm{T}} \tag{7.2.59}$$

式中，q 代表幂指数，可以通过增加 q 值来减小式（7.2.59）的误差。

对于式（7.2.54）～式（7.2.59）近似的低秩-稀疏分解问题，定义损失函数：

$$\begin{aligned} &\min_{L,S} \quad \| X - L - S \|_{\mathrm{F}}^2 \\ &\text{s.t.} \quad \operatorname{rank}(L) \leqslant r \\ &\qquad\ \ \operatorname{card}(S) \leqslant k \end{aligned} \tag{7.2.60}$$

式中，$\|*\|_{\mathrm{F}}$ 表示矩阵的 F 范数，旨在使低秩稀疏分解后的重构误差最小。式（7.2.60）优化问题可以分解成以下两个子问题进行交替求解直至收敛：

$$\begin{cases} L_t = \arg\min\limits_{\operatorname{rank}(L)\leqslant r} \| X - L - S_{t-1} \|_{\mathrm{F}}^2 \\ S_t = \arg\min\limits_{\operatorname{card}(S)\leqslant k} \| X - L_t - S \|_{\mathrm{F}}^2 \end{cases} \tag{7.2.61}$$

尽管式（7.2.61）中两个子问题都有非凸约束，但是它们的全局解 L_t 和 S_t 都存在，可以通过相互迭代求解。L_t 通过 $X - S_{t-1}$ 的奇异值硬阈值（前 r 个奇异向量）更新，S_t 通过 $X - L_t$ 的硬阈值（数值从小到大排列的前 k 个元素组成的非零子集）更新：

$$\begin{aligned} &L_t = \sum_{i=1}^{r} \lambda_i U_i V_i^{\mathrm{T}}, \quad \operatorname{svd}(X - S_{t-1}) = U\Lambda V^{\mathrm{T}} \\ &S_t = P_{\Omega}(X - L_t), \quad \Omega : |(X - L_t)_{i,j\in\Omega}| \neq 0 \\ &\qquad \text{and} \geqslant |(X - L_t)_{i,j\in\bar{\Omega}}|, \quad |\Omega| \leqslant k \end{aligned} \tag{7.2.62}$$

式中，Ω 为 $X - L_t$ 前 k 个最大项的非零子集。

通过上述低秩稀疏分解方法及迭代更新模型，将原始水下图像分解为背景散射光图像和目标信息光图像，实现水下清晰化成像。

3）实验结果讨论

水下成像的实验结果如图 7.2.15 所示。采用主动偏振光照明，在清水中加入 50mL 牛奶搅拌均匀形成浑浊液，得到原始强度图像如图 7.2.15（a）所示。由图

可以看到，原始图像背景散射比较严重，硬币上的细节无法识别，塑料卡和尼龙布上的字也模糊不清。根据上文提出的偏振信息增强算法，旋转角从 0°遍历到 180°，寻找到最优出射光强图像，如图 7.2.15（b）所示，可以明显发现硬币的整体亮度加强，细节更加清晰。再采用低秩-稀疏算法对最优出射光强图像进行处理，得到背景散射图像和目标信息图，如图 7.2.15（c）、（d）所示。观察分离出的目标图像，可以清晰地看到硬币上面的字“1 元”，纹理和边缘细节更加丰富；同时书立上的字“BeiJing”、塑料校园卡及尼龙眼镜布上的字基本上被恢复出来，图像对比度得到显著提升。该算法有效地去除了背景散射。

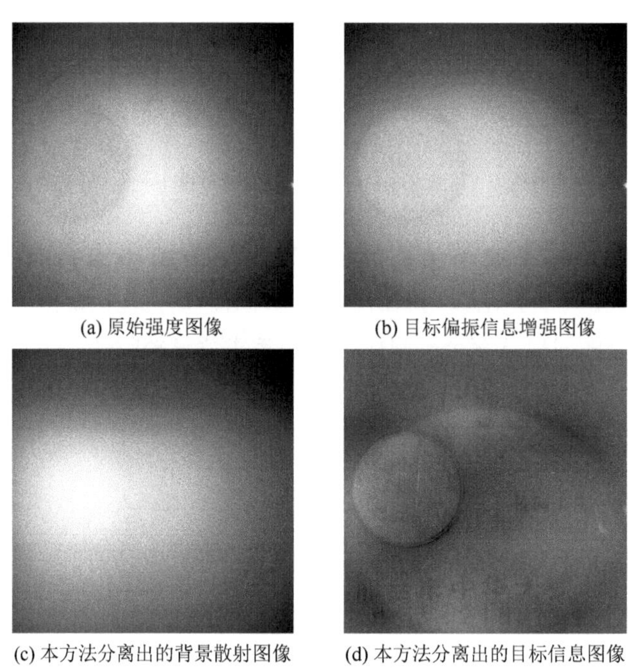

(a) 原始强度图像　(b) 目标偏振信息增强图像

(c) 本方法分离出的背景散射图像　(d) 本方法分离出的目标信息图像

图 7.2.15　偏振域低秩-稀疏算法处理结果图

为直观地描述粒子的光学性质，引入光学厚度（衰减长度）[34]来定量描述：

$$\tau = \mu_s d \tag{7.2.63}$$

式中，τ 为溶液光学厚度；μ_s 为粒子散射系数；d 为目标与成像探测器间的距离。散射系数与牛奶粒子的直径及牛奶浓度 c 有关[35]，c 以百分数表示，对于脱脂牛奶、半脱脂牛奶和全脂牛奶散射系数与浓度的关系为

$$\mu_s = \begin{cases} 0.42c(\text{cm}^{-1}), & \text{脱脂牛奶} \\ 1.40c(\text{cm}^{-1}), & \text{半脱脂牛奶} \\ 3.00c(\text{cm}^{-1}), & \text{全脂牛奶} \end{cases} \tag{7.2.64}$$

此外，光学厚度可以用透过率来描述，二者的关系为

$$\tau = -\ln T \tag{7.2.65}$$

式中，T 为介质的透过率。实验中分别在水中加入 20～70mL 全脂牛奶来模拟真实海域中水体及悬浮粒子对光波的散射衰减情况，用光学厚度及透过率来描述实验水体的浑浊度，如表 7.2.1 所示。

表 7.2.1 不同牛奶浓度对应的溶液光学厚度及透过率

牛奶体积/mL	20	30	40	50	60	70
光学厚度	0.79	1.18	1.57	1.97	2.36	2.75
透过率	0.4538	0.3073	0.2080	0.1395	0.0944	0.0639

采用提出的算法对目标偏振增强图像进行处理，重建结果如图 7.2.16 所示，(a) 为原始强度图像，(b)、(c) 分别为算法分离出的背景散射图像和目标信息图像。主观上可以看出，当浑浊度比较低时，目标信息基本全部显现出来，细节信息丰富；当水中散射介质的浓度增加时，场景中的大部分目标依然可以复原出来，如牛奶浓度为 70mL 时，眼镜布上的字和电话号码、校园卡上的字都可以辨认，也能看出硬币上的数字“1”，相较于原图，有效地提升了目标的可见性。由此可见，无论水体浑浊度高低，提出的算法都能去除水体中的背景散射光，将目标图像提取出来，表明该算法具有较强的鲁棒性和适用性。

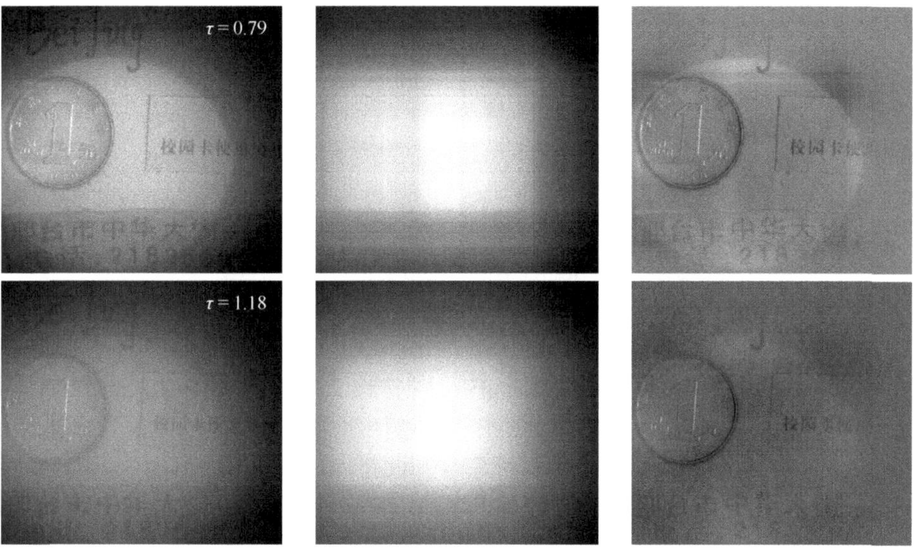

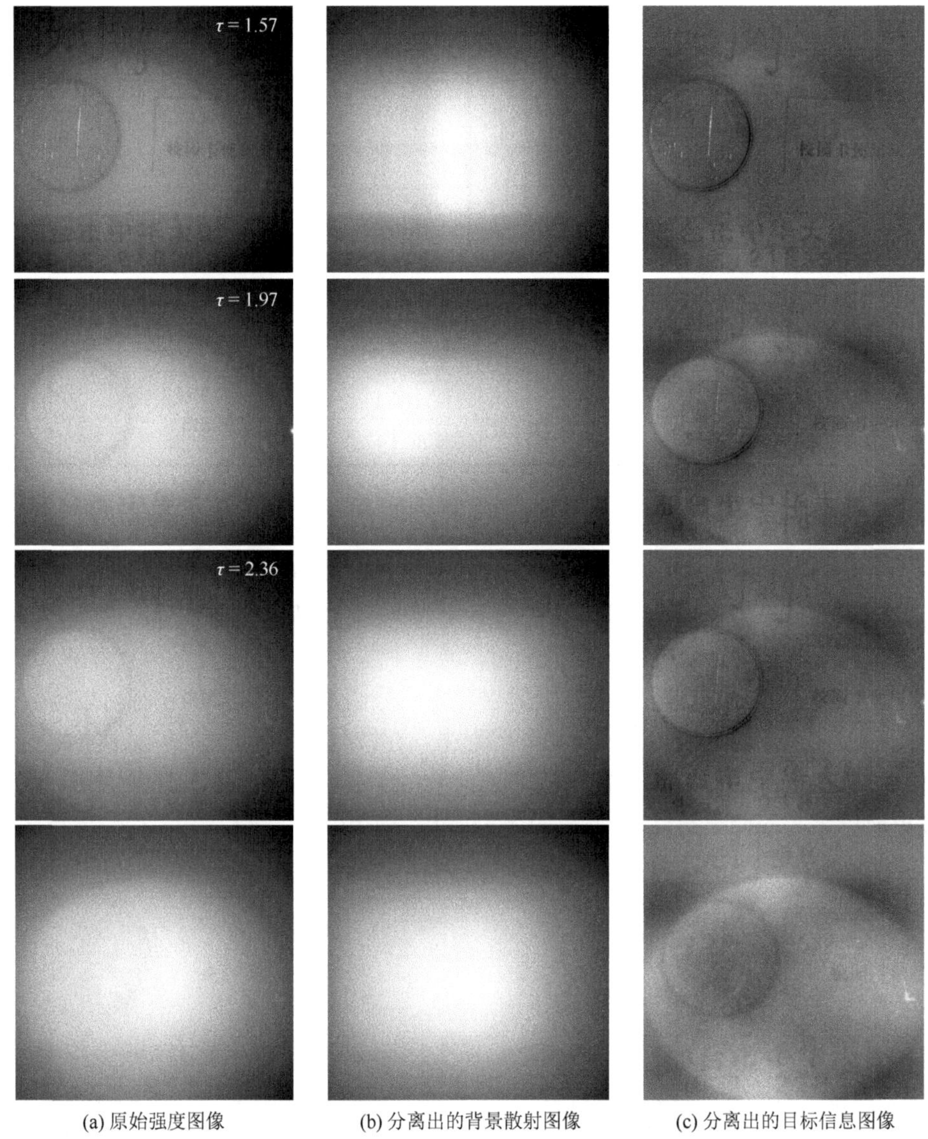

(a) 原始强度图像　(b) 分离出的背景散射图像　(c) 分离出的目标信息图像

图 7.2.16　不同浑浊度水下偏振成像实验结果图

为了更加客观地评价复原图像效果，采用对比度、平均梯度、图像增强测量值、局部标准差这四种常用的图像质量评估指标，对恢复后的图像进行定量比较，结果见表 7.2.2。其中，图像对比度表示图像整体亮暗区域之间的比率，其值越大，亮暗层次变化越多，图像内容越丰富；平均梯度可反映图像边缘和细节等高频信息，其值越大，说明图像边缘越清晰，细节纹理变化越明显；图像增强测量值（enhancement measure evaluation，EME）量化图像质量，其值越大，图像越清晰；

局部标准差表征图像内局部细节对比度，其值越大表示区域内部细节可区分性越好。总体来看，经低秩稀疏算法分解后的图像质量得到了显著提升。其中，对比度提升了 3.8 倍，图像平均梯度提升了 1.8 倍左右，EME 较之前提升了 2 倍左右，局部标准差提升了 1.6 倍左右。这表明经过低秩稀疏分解算法处理后，图像质量尤其是图像对比度及图像边缘细节有了明显的改善，且与主观评价结果一致。

表 7.2.2　原始图像与复原后结果客观评价参数对比

光学厚度	评价参数							
	对比度		平均梯度		EME		局部标准差	
	原图	复原图	原图	复原图	原图	复原图	原图	复原图
0.79	5.9324	7.1677	1.0323	1.1129	1.2605	0.8704	2.4596	2.6093
1.18	1.8913	3.7893	0.5358	0.7417	0.7284	0.9998	1.2893	1.6789
1.57	1.7319	3.4523	0.5639	0.8124	0.7537	1.0830	1.2381	1.5777
1.97	1.3636	4.4212	0.6801	1.2049	0.5417	1.5828	1.4888	2.3659
2.36	0.5717	1.9519	0.9361	1.5790	0.4208	0.8363	0.9361	1.5790
2.75	1.0210	11.3731	0.6139	2.0530	0.4346	1.5147	1.4000	4.0249

7.2.3　基于残差 UNet 的水下缪勒矩阵图像去散射算法

近些年随着深度学习的发展，各种各样的神经网络涌现，其中，卷积神经网络在解算端到端图像映射关系方面具有明显优势，能快速学习图像的特征和结构，提取高维度的信息，在透过散射介质成像等领域表现得尤为出色。将深度学习算法引入水下偏振成像领域能充分发挥二者的优势，有效地提升水下成像质量。

1. 缪勒矩阵图像解算及数据集构建

当入射光经过物体表面时，出射光的偏振态会发生一定规律的变化，可以将这种变化视作物体对入射偏振光的调制，若入射光和出射光均用斯托克斯矢量表示，则存在如下关系：

$$\boldsymbol{S}_{\text{out}} = \boldsymbol{M}\boldsymbol{S}_{\text{in}} = \begin{bmatrix} m_{11} & m_{12} & m_{13} & m_{14} \\ m_{21} & m_{22} & m_{23} & m_{24} \\ m_{31} & m_{32} & m_{33} & m_{34} \\ m_{41} & m_{42} & m_{43} & m_{44} \end{bmatrix} \boldsymbol{S}_{\text{in}} \tag{7.2.66}$$

式中，$\boldsymbol{S}_{\text{in}}$ 为入射光的斯托克斯矢量；$\boldsymbol{S}_{\text{out}}$ 为出射光的斯托克斯矢量；$\boldsymbol{M}$ 为目标的缪勒矩阵。缪勒矩阵是一个包含 16 个参量的系数矩阵，矩阵中每个元素都包含了跟物体相关的重要信息，反映了目标表面的偏振特性。其中，m_{11} 代表目标对入射光传输、散射和反射的能力，m_{12}、m_{13}、m_{14}表示目标对水平、垂直线偏振光及圆偏振光的衰减能力，m_{21}、m_{31}、m_{41}反映目标对入射非偏振光的偏振能力，其余 9 个参量代表目标对入射光退偏能力和相位延迟能力。从式（7.2.66）可以看出，只要求出入射光和出射光的斯托克斯矢量，就可反解出目标的缪勒矩阵。

采用偏振片旋转法获取目标的缪勒矩阵，通过调节起偏部分的偏振片和 1/4 波片的角度，获得 6 种不同的入射光偏振态，调节检偏系统的偏振片和 1/4 波片，同样得到 6 种不同的出射偏振态，从而获得 36 种不同的起偏、检偏组合，采集每种组合情况下的强度图像，利用代数运算得到目标缪勒矩阵。

搭建全偏振信息采集的水下成像实验系统，在暗室中针对不同目标物进行实验，排除杂散光干扰。以加入 30mL 牛奶的浑浊水下校徽目标为例，计算得到它的缪勒矩阵图像（图 7.2.17（a）），可以看到，除强度信息外，其他分量大部分都表征了目标的不同细节信息。但m_{34}、m_{42}、m_{43}、m_{44}这四个矩阵元包含的目标信息比较少，它们体现的是退偏特性和二向色性，这与水体散射相关。由于需要保证训练的数据能够提供低级特征，同时增大网络输入数据的有效性，所以考虑将这四幅图像去除。为了更加客观地表示这四幅图像的贡献率，引入 Canny 算子对 16 幅图像进行边缘检测和提取，滤波结果如表 7.2.3 所示，发现上述 4 个分量的图像对纹理细节的重建贡献很小。因此，从数据集中删除这 4 个成分$(m_{34}, m_{42}, m_{43}, m_{44})$，选择剩余低层次特征丰富的 12 张图像作为网络的输入（图 7.2.17（b））。

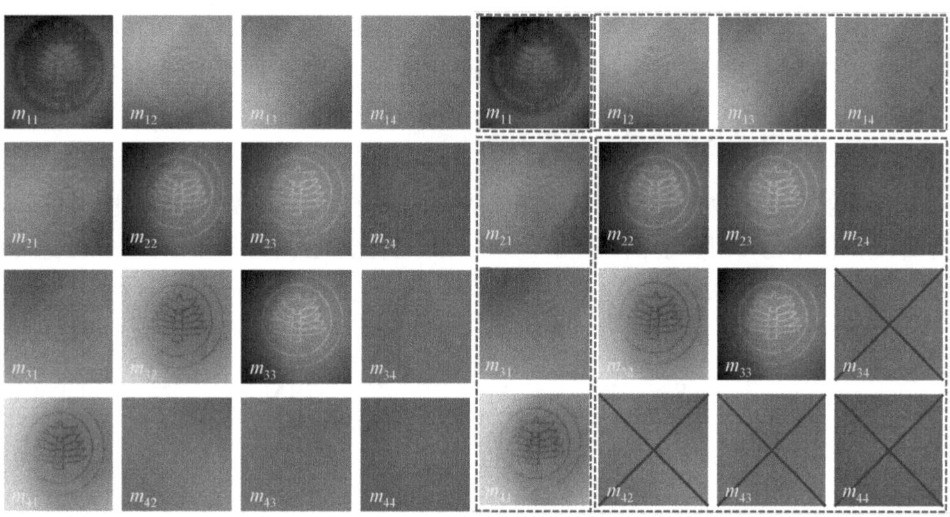

(a) 原始16幅缪勒矩阵图像 (b) 被选择作为网络输入的12幅图像

图 7.2.17 缪勒矩阵图像及网络输入图像

表 7.2.3　Canny 算子滤波结果

缪勒矩阵图像矩阵元	原始图像	Canny 算子滤波 $\sigma=1$	Canny 算子滤波 $\sigma=0.001$	Canny 算子滤波 $\sigma=0.0001$
m_{11}				
m_{21}				
m_{32}				
m_{34}				
m_{42}				
m_{43}				
m_{44}				

通过逐步添加 15～50mL 牛奶改变水体浑浊度，对应的光学厚度为 0.79～2.62，建立了不同浑浊水体下的数据集。共包含 54 组缪勒矩阵图像，其中，训练集 40 组、验证集 7 组，测试集 7 组，以清水下的目标强度图像为标签。每组图像由选择的 12 个缪勒矩阵图像构成，通过裁剪、旋转对其进行数据增强处理，输入图像的分辨率为 256×256。本书将几种材料的目标放在一起训练，以便充分感知水下散射的环境，最大限度地发挥 UNet 结构所提供的高级语义信息和低级特征相结合的优势。

2. 残差 UNet（Mu-UNet）网络模型

传统 UNet 网络[36]采用左右对称的 U 形结构，通过编码器和解码器逐层提取低级特征与高级语义信息，并利用特有的跳层连接进行特征融合，使得对图像的细节特征更加敏感，适用于图像增强及分割任务。我们主要关注水下目标的去散射重建任务，且不同材质的目标具有不同的偏振特性，因此可以视其为一个具有分类和分割思想的图像增强问题。由于传统 UNet 网络在浅层特征提取后不能充分表达到下一层特征，且通过跳层连接直接融合深度特征和浅层特征会因差别过大产生语义鸿沟，因此，在经典 UNet 结构基础上，提出了一种新的结构 Mu-UNet，即将原来 UNet 四层下采样的结构加深到五层，期望提取到更多图像细节特征，同时在每层下采样后引入残差模块代替单层卷积，加深网络的同时，减少模型优化时因网络过深产生梯度消失或爆炸问题。

网络结构如图 7.2.18 所示，输入为缪勒矩阵图像中的强度图像和偏振图像构成的张量（256×256×12），输出为经网络训练学习后增强的图像。主体 Mu-UNet

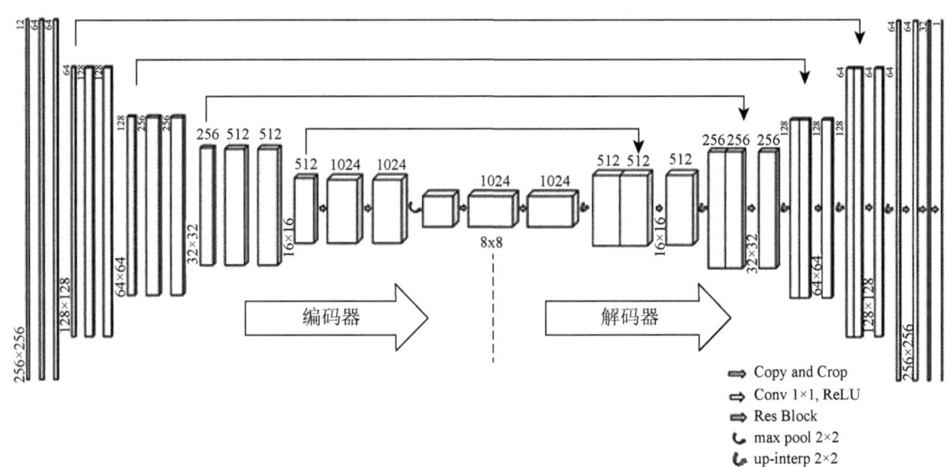

图 7.2.18　Mu-UNet 模型结构

网络包括 5 个下采样和 5 个上采样过程，在由下采样构成的编码器部分，首先使用 1×1 的卷积核提取输入的 Mueller 图像中强度特征和偏振特征，同时改变通道数并控制网络的深度。之后采用设计的 Res Block 进一步提取图像特征并对网络加深处理（如图 7.2.19 所示，其中 x 代表残差模块输入的特征图）。图 7.2.19（a）所示的残差模块 Res Block1 通过两个 3×3 卷积层提取特征，并增大感受野，在 Res Block1 基础上将其改进为具有瓶颈层的残差模块 Res Block2。如图 7.2.19（b）所示，Res Block2 先采用 1×1 的卷积核降维处理，批量归一化和 ReLU（rectified linear unit）函数激活后，中间采用 3×3 卷积核进行特征提取，最后再用 1×1 卷积核对特征图通道数还原，这样在保证网络深度及感受野的同时，减少参数及计算量。同时通过跳层连接学习残差模块输入和输出之间的残差特征，有利于网络优化并减少额外模型参数的增加。此后，使用 2×2 的最大池化层（max pooling）对特征图下采样，使得特征图的分辨率下降到原来的一半，经过 5 次下采样后，图像分辨率变为 8×8，此时所提取的特征图中主要为目标及水体的偏振与散射特征。在由上采样构成的解码器部分，利用双线性内插方法进行上采样，同时通过跳层连接与编码器中得到的特征图进行通道拼接，使得网络能够充分融合浅层特征和深层语义信息。最终，基于“分类思想”的不同材料目标物的偏振特性被 Mu-UNet 提取的这些高级语义信息所表征，进而在样本测试时可以对不同材料的水下目标物有针对性地进行恢复，即模型具有一定的泛化能力。

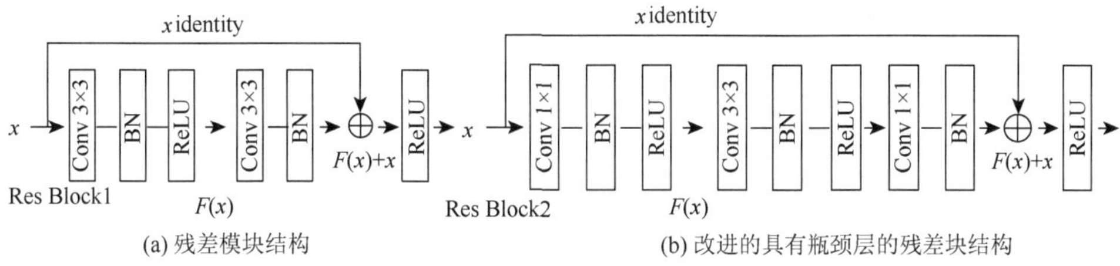

图 7.2.19　网络中残差模块 Res Block 示意图

水下去散射增强任务是图像端到端的映射，主要关注不同水下情况的图像恢复质量，因此选取结构相似度（structural similarity，SSIM）和均方误差（mean square error，MSE）作为损失函数。在 pytorch1.7.1 框架下训练，使用 CUDA（compute unified device architecture）加速，计算硬件为 Intel i9-7900X CPU 和 Nvidia RTX 2060Ti GPU。训练过程中采用 Adam 优化器，数据批量大小设置为 4，初始学习率设置为 0.001，以确保目标函数在适当的时间收敛到局部最小值。为对比本算法与其他算法的性能，采用峰值信噪比（peak signal to noise ratio，PSNR）和 SSIM 作为客观评价指标估计。

3. 实验结果与分析

为体现网络对不同浑浊程度下散射图像复原的通用性，首先以加入的牛奶体积为变量，采集不同浑浊度下的校徽目标图像。采用本书提出的算法对低浓度（光学厚度$\tau=1.05$）、中浓度（光学厚度$\tau=1.57$）、高浓度（光学厚度$\tau=2.36$）三种水体浑浊度下的校徽目标复原，并与其他算法对比，复原结果如图 7.2.20 所示。从图中可以看出，He 和 Liang 提出的算法可以在一定程度上恢复出图像细节，但复原的图像整体亮度不均匀，局部出现了过亮的现象，同时仍有一些散射成分没有去除。UNet 网络比较好地去除了浮在图像上的“雾”，但图像细节不够突出，去除散射的同时模糊了部分细节特征。本书提出的算法均较好地去除了水体对目标的散射，重构图像相比于原图对比度显著提高，较好地复原了图像细节，且在中、低浓度下复原的图像相比于其他算法与真值更为接近，在高浓度条件下，校徽上的字体及轮廓基本完整地展现出来，验证了网络在水体浑浊程度上的通用性。

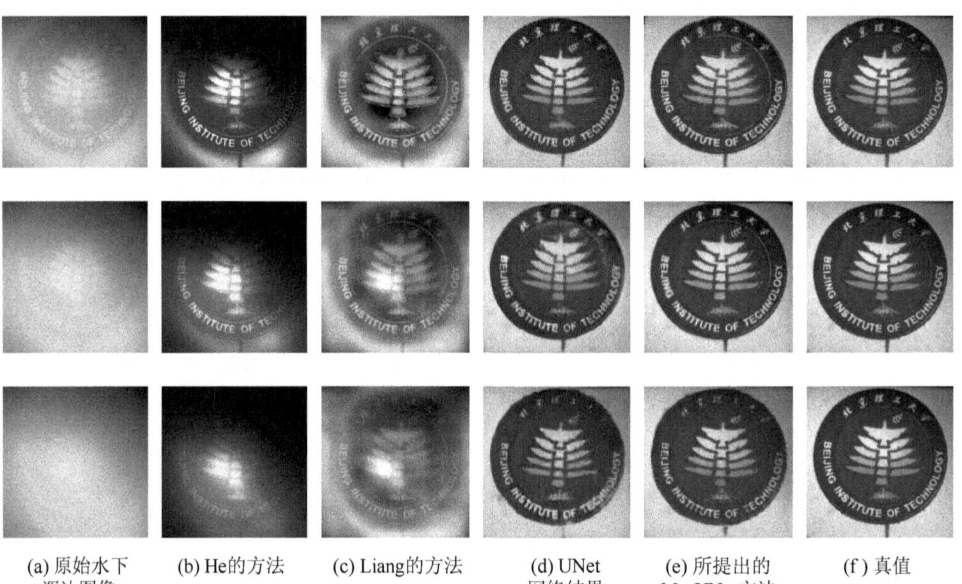

(a) 原始水下浑浊图像　(b) He的方法　(c) Liang的方法　(d) UNet网络结果　(e) 所提出的Mu-UNet方法　(f) 真值

图 7.2.20　不同浑浊度下水下图像复原结果图（从上至下依次为低、中、高浑浊度水下的情况）

为验证 Mu-UNet 网络训练模型的适用性，以及对于不同材质目标的复原效果，更换不同的目标进行测试，结果如图 7.2.21 所示。可以看到，对于不同偏振特的目标，所提算法都有比较好的复原效果。如橡胶圈、眼镜布、塑料花等低偏振度的物体，目标轮廓、突起及边缘细节基本上复原出来，且显著地提升了对比度。对于像硬币这种偏振度比较高的物体，能较好地去除目标表面的“雾”，硬币上的字体被突出来，相比于真值上硬币表面有很多划痕，本书复原的图像上对这些划痕做了平滑处理，关键信息更为突出。

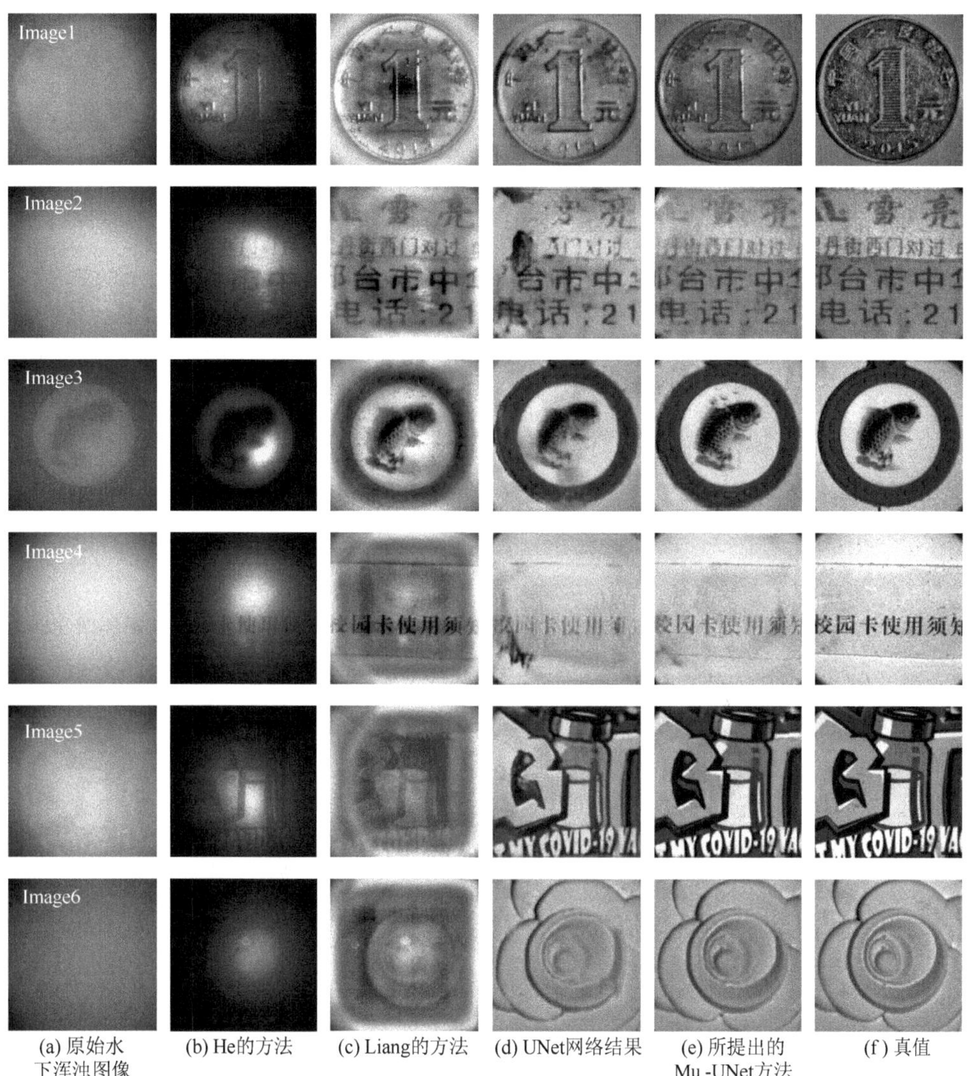

(a) 原始水下浑浊图像　(b) He的方法　(c) Liang的方法　(d) UNet网络结果　(e) 所提出的Mu -UNet方法　(f) 真值

图 7.2.21　不同材质目标的水下复原效果

表 7.2.4 给出了本算法与其他算法客观评价指标的数据对比。可以看到，相较于传统复原算法及经典 UNet 网络，本算法在 PSNR、SSIM 两种指标下均取得了最优的结果。基于所有测试图像，本算法在 PSNR 方面较原图提升了 89.40%，在 SSIM 方面提升了 82.37%，与主观评价结果基本一致。

表 7.2.4　本算法与其他算法客观评价指标的数据对比

图像	原图	He	Liang	UNet	Mu-UNet
	PSNR | SSIM	PSNR | SSIM	PSNR | SSIM	PSNR | SSIM	PSNR | SSIM
image1	12.37 | 0.21	10.74 | 0.07	9.08 | 0.19	12.42 | 0.26	16.32 | 0.35
image2	13.22 | 0.26	8.15 | 0.15	16.57 | 0.51	15.82 | 0.46	20.22 | 0.54
image3	9.60 | 0.48	6.55 | 0.22	13.3 | 0.43	19.57 | 0.69	20.14 | 0.75
image4	11.81 | 0.61	4.23 | 0.23	9.56 | 0.46	13.32 | 0.63	20.27 | 0.75
image5	8.51 | 0.27	8.03 | 0.21	9.23 | 0.26	16.11 | 0.58	18.61 | 0.72
image6	10.97| 0.5	5.63 | 0.18	12.48 | 0.36	25.23 | 0.83	27.58 | 0.87

最后，利用 Mu-UNet 训练的模型，测试了在训练集中从未出现过的目标美币，重构结果如图 7.2.22 所示，（a1）～（a3）是原始强度图像，（b1）～（b3）是采用所提 Mu-UNet 方法复原出的图像，（c1）～（c3）是清水下的标签图像。可以

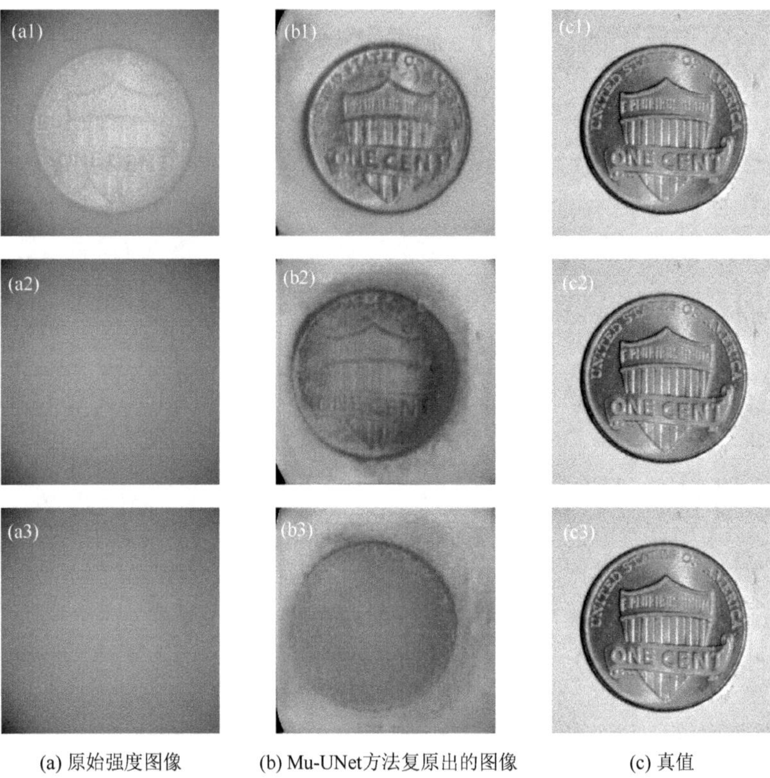

(a) 原始强度图像　(b) Mu-UNet方法复原出的图像　(c) 真值

图 7.2.22　未被训练的目标复原结果图

看到，在低浓度（光学厚度τ= 1.04）情况下，原始图像上美币的部分细节可以识别，复原后图像对比度得到显著提升，硬币边缘处文字细节被突显出来；逐渐提高牛奶浓度，在中浓度（光学厚度τ= 1.84）时，原始强度图像上美币细节都无法辨认，复原后的图像“ONE CENT”字体能被识别，背后的图案也清晰可见，说明了我们算法的有效性；在高浓度（光学厚度τ= 2.62）情况下，从原始图像上不能看出任何目标信息，经算法复原后，美币的整体轮廓显现出来，部分纹理细节依稀可见，大致可以识别出目标。这说明网络训练的模型学习到了目标的偏振信息，具有较强的泛化能力，验证了网络的鲁棒性。

图 7.2.23 给出了原始强度图像和采用我们提出的算法去除散射之后的灰度直方图分布，图 7.2.23（a1）～（a3）是图 7.2.22（a1）～（a3）对应的灰度直方图分布，图 7.2.23（b1）～（b3）是图 7.2.22（b1）～（b3）对应的灰度直方图分布。从图 7.2.23 中可以看出，低浓度原始强度图像灰度范围分布较广，但像素灰度值分布不均匀，经我们提出的算法复原后的图像灰度分布更均匀，意味着图像更光滑。中、高浓度原始强度图像的灰度值大多分布在 100～150，整幅图像的对比度较低，经我们提出的算法复原后，图像灰度范围分布分散，范围更大，意味着图像的对比度得到提升，分辨力提高。

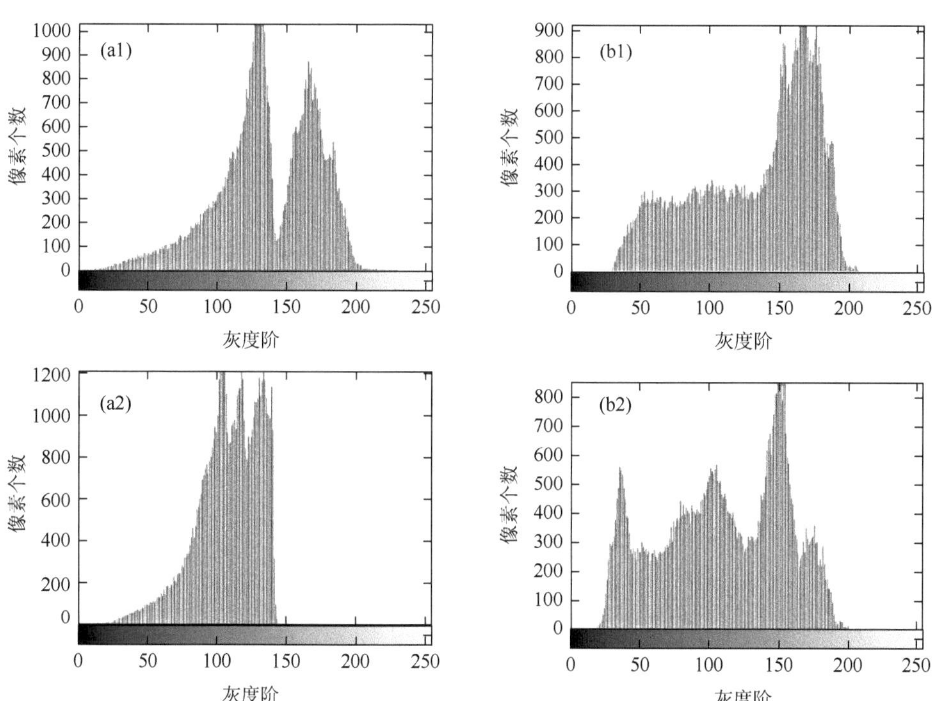

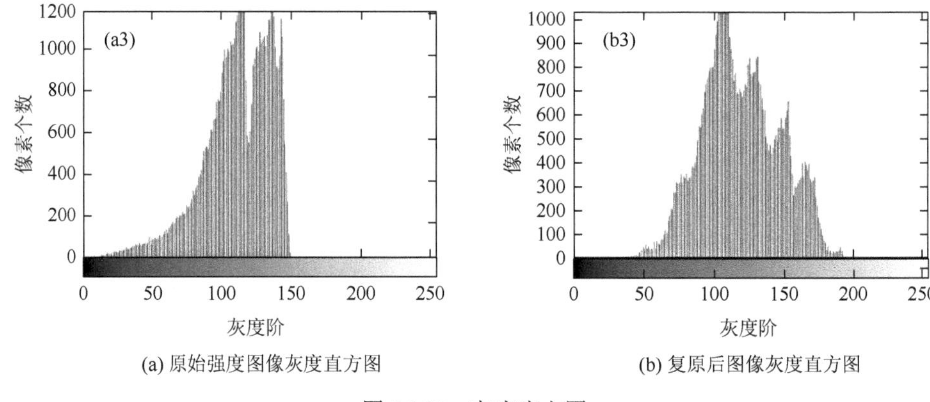

(a) 原始强度图像灰度直方图　(b) 复原后图像灰度直方图

图 7.2.23　灰度直方图

7.3　水下运动目标海面波纹的光电偏振成像检测技术

7.3.1　潜艇尾迹与海面波浪

对水下潜艇等目标的探测技术是当前国际发达国家重点关注的问题，相关的水下目标探测技术也可用于海底资源勘探、水下救援、沉船考古等民用领域。声呐探测是目前最主要的水下目标探测手段，但随着现代潜艇降噪技术的进步，先进潜艇的噪声已降到非常低的水平，由于目前潜艇自噪声已接近海洋背景噪声，传统声呐探测技术的局限性日益凸显，非声反潜探测技术逐渐成为各国的主流发展方向。在各类新型水下目标探测技术中，基于潜艇水面尾迹的间接探测技术以其原理明确、特征明显而具有非常广阔的发展前景：水下运动目标与周围水体相互作用，向水体传递能量，能量传播到海面形成特征波纹（如图 7.3.1 所示，包括 Bernoulli 水丘、Kelvin 尾迹、内波尾迹和湍流尾迹、涡流尾迹等）；尾迹能量对海面海浪进行调制，在波高、斜率分布、粗糙度、光学辐射、散射、偏振特性等方

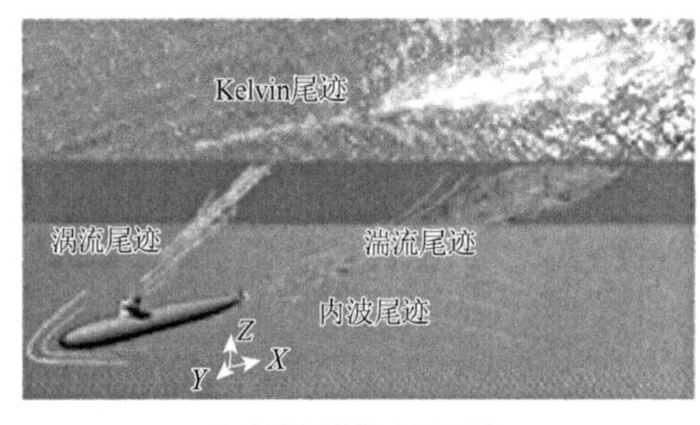

(a) 实际采集的水面尾迹

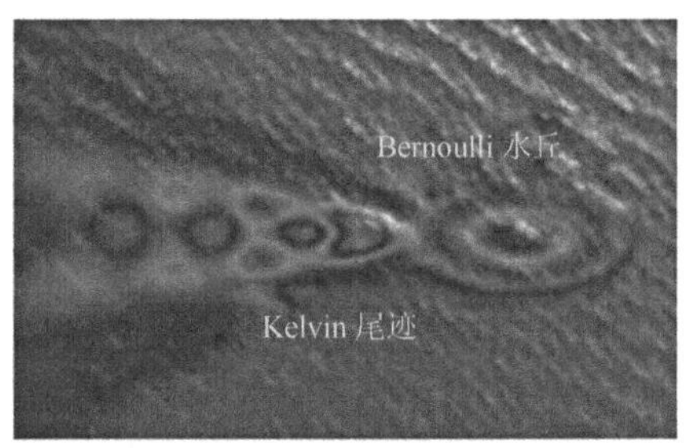

(b) 仿真的水面尾迹

图 7.3.1　水下潜艇产生的水面尾迹

面形成可被探测和分析的特征，且特征尾迹在海面的持续时间长达几十分钟，成为目标潜艇探测或跟踪的有效信息。

为了提高水下运动目标的探测能力，国内外通过基于势流理论的分析模型或基于有限体积法的计算流体力学进行建模仿真研究了水面尾迹模型，采用海浪谱分析方法研究了海浪模型。

1. Bernoulli 水丘

Bernoulli 水丘是水下运动目标特有的水面波纹，其水动力学理论建模最早可见于 1964 年 Tuck[37]和 1977 年 Newman[38]等对水下物体激发 Kelvin 尾迹的研究，将水下椭球形潜艇简化为在其首尾分布的点源和点汇，由点源和点汇在水面激发的直流分量构成 Bernoulli 水丘，并看作潜艇 Kelvin 尾迹的近场分量，水丘直接反映了近水面航行潜艇的水下位置，由此特征可实现准确的水下运动目标位置探测。近年来随着计算流体力学（computational fluid dynamics，CFD）的发展，国内诸多学者从不同角度在潜艇尾迹 CFD 仿真中对水丘波高随潜艇航速先增后减的变化特性进行了一定程度的分析。

2. Kelvin 尾迹

Kelvin 尾迹得名于 1887 年 Kelvin 爵士首先阐述了运动舰船形成水面波纹的原理，它包含两种明显的波形（图 7.3.2）：分歧波和横断波，分歧波向船体两侧扩散，横断波向船体后方传播。波形起伏最大的区域位于尾迹角 16°～19.5°，在这个区域分歧波和横断波相互干涉形成尖波，由于尖波的波长短，无法单独区分出每个波的波前，所有的波前在视觉上连成一条线性特征即为 Kelvin 臂。水下目标在均匀流体中运动主要产生 Kelvin 尾迹，可分别通过理论建模和数值仿真进行分析。

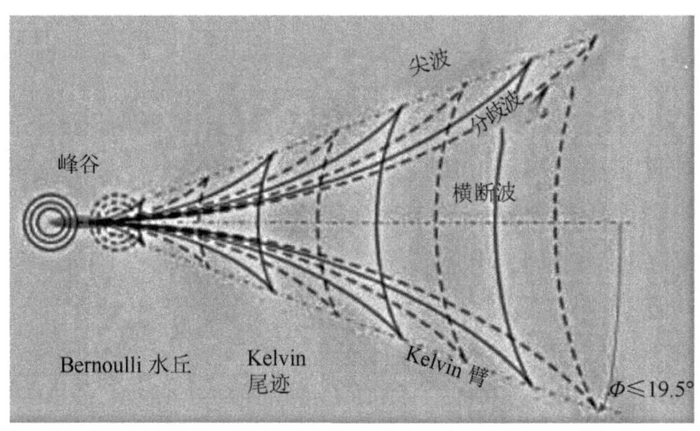

图 7.3.2　Kelvin 尾迹和近场 Bernoulli 水丘结构

随着计算机能力的大幅提升和有效数值方法的建立，目前用于尾迹仿真的常见软件包括 ANSYS Fluent 和 OpenFOAM 等。数值方法考虑了流体的黏性，湍流和涡旋对自由水面的影响得以体现，Bernoulli 水丘的仿真精度大幅提高；同时 CFD 方法对任意形状潜艇激发的尾迹都能进行准确仿真。

3. 内波尾迹

密度分层现象在海洋中普遍存在，潜艇运动时会扰动分层流体形成内波尾迹（图 7.3.3），根据扰动源的不同可分为体效应和尾流效应内波两大类。前者由物体本身扰动分层流产生，与物体相对位置稳定，也称稳态内波和 Lee 波，现已有较为深入的理论；后者由尾流湍流场扰动产生混合和坍塌，具有随机性，也称非稳态内波，认识尚不充分。目前内波尾迹已成为潜艇水面特征水动力学研究的热门方向。

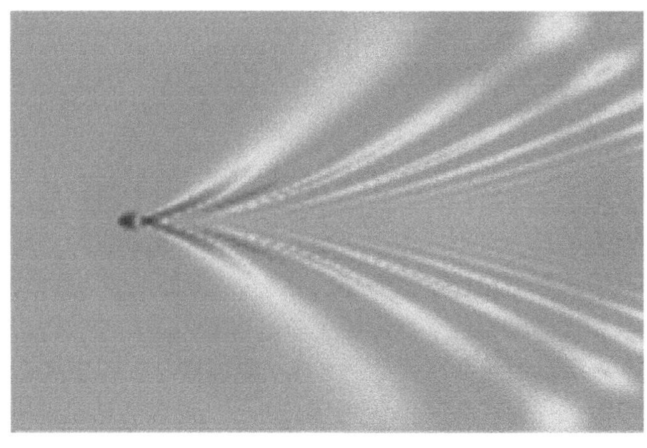

图 7.3.3　潜艇内波尾迹的数值模拟图

4. 湍流尾迹

螺旋桨与水体相互作用，潜艇运动时会在其后部水域卷入大量空气产生泡沫，泡沫浮升至水面形成湍流尾迹。湍流具有不确定性，需要理论求解 Naiver-Stokes 方程，这仍是世界难题；湍流尾迹的数值仿真方法主要包括 RANS 方程、直接数值模拟和大涡模拟。由于波高求解至今仍未能完全解决，湍流尾迹的三维可视化仿真尚未有可行模型。

5. 海面波浪的海浪谱

海浪作为海水的波动现象，主要包括风浪、近岸波和涌浪。构建符合实际的海浪模型是正确理解尾迹与海浪间关系的基础，由于海浪的复杂性及价值性，关于海面的仿真具有相当的难度和热度。基于海浪谱的方法将包括波高、周期、波长、波陡、波面斜率及波面速度和加速度等海浪要素随时间的变化看成随机过程，因此海面是大量随机波形的叠加；对于随机过程，通常使用海浪谱来描述海浪，生成海面与真实情况较为接近，适用于较大区域和长时间尺度的计算，虽不能表现海浪的卷曲，但很好地满足了对海面浪高及斜率的模拟需求，已成为海洋学和遥感仿真的主要手段。

由实测海面的波高数据求得其相关函数，进行傅里叶变换就可得到海浪谱。海浪谱的本质是海面的功率密度谱，是将海面看成随机过程的二阶统计性质之一，包含着构成海面各谐波分量相对空间频率与方位的分布信息。目前国内外已研究提出若干类谱函数，并获得有效的应用。利用海浪谱生成海面模型的方法分为线性和非线性两种，实际的海浪受到海浪谐波间的非线性相互作用、风浪和涌浪混合、波-流相互作用及水深等环境因素的影响，波面位移往往会在一定程度上偏离正态分布，非线性模型一般比线性模型更符合自然海面。

根据以上模型，可以进行水下运动目标海面（三维）特征波纹和海面重力波的模拟仿真，为水下潜艇目标的光电成像探测技术研究奠定基础。

7.3.2　海面尾迹光学偏振成像

海面水下潜艇和水面舰艇尾迹的探测最早主要通过合成孔径雷达（synthetic aperture radar，SAR）来实现，光电成像探测技术近年来得到迅速发展，主要针对航空/航天平台光学遥感图像的尾迹检测开展研究，光学成像主要包括可见光成像和红外热成像，主要有强度和偏振成像模式。根据本书前面的基础，可见光成像根据尾迹光学反射/偏振特性差异，红外热成像主要根据潜艇尾迹微弱的温升及水面波纹辐射/偏振特性实现尾迹的探测。由于尾迹在 SAR 图像和可见光遥感图像中具有非常相似的特征（二者更多的差异表现在海面背景噪声上），因此 SAR 尾迹图像的检测、分析算法对可见光偏振图像同样具有一定的参考价值。

1. 模拟海面尾迹的光学偏振成像

利用水下运动目标的水面特征波纹和海面杂波模型及光线追迹方法，可获得水下运动目标的水面尾迹仿真光学偏振图像。图 7.3.4 为一典型的水下运动目标特征尾迹光电（偏振）成像的仿真结果（条件：潜艇航速 9m/s，潜深 15m；海面上方 12.5m 处风速 5m/s，风向与尾迹传播方向一致；太阳天顶角 45°位于尾迹左舷侧；探测器天顶角 45°，高度 1000m），模拟了传感器在尾迹正后方成像的过程。分析发现：由于避开了太阳光的镜面反射，斯托克斯矢量的 I、Q、U 分量图像都具有较均匀的灰度分布，能观测到明显的 V 字形 Kelvin 尾迹分歧波；I 图像（即传统光学强度图像）中高程较小的尾迹横断波完全淹没在海浪背景中，分歧波波峰和波谷的明暗对比也不很明显，说明当前情况下尾迹高程上升区和下降区具有相近的反射光强；线偏振的 Q、U 图像避免了尾迹不同区域接近的反射光强带来的问题，尾迹分歧波明暗对比鲜明，横断波也能被观测，即采用可见光偏振成像可以获得较传统强度图像更明显的尾迹纹理；DoLP 和 AoP 图像说明本例中尾迹和海面背景间能够产生足够的偏振度差异，但差异并不明显。

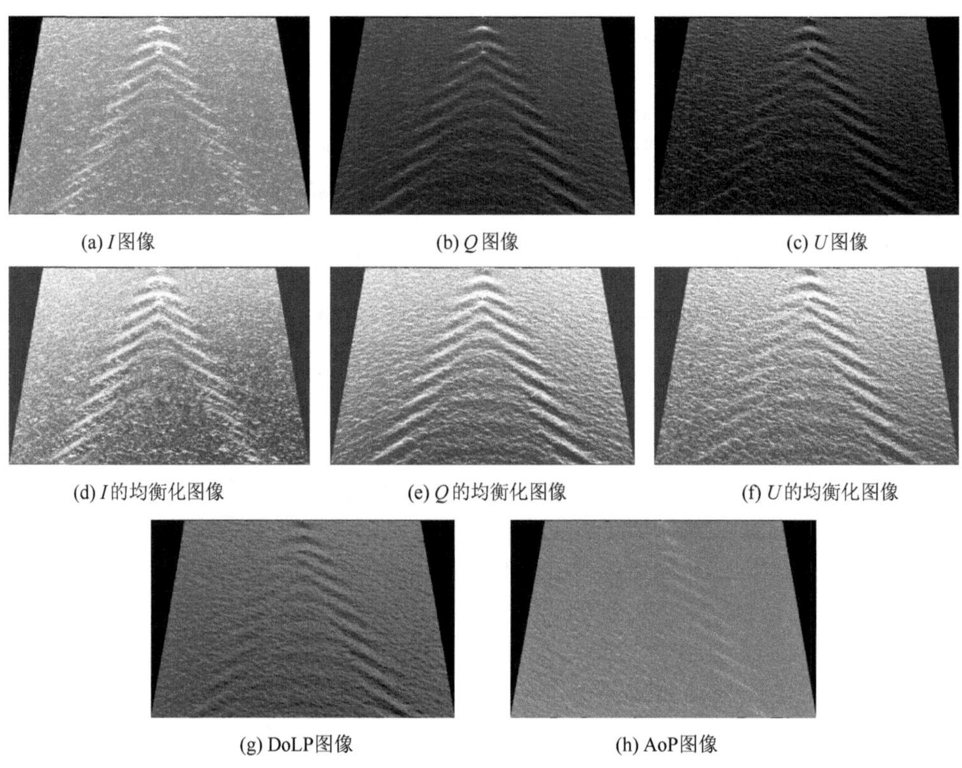

(a) I 图像　(b) Q 图像　(c) U 图像

(d) I 的均衡化图像　(e) Q 的均衡化图像　(f) U 的均衡化图像

(g) DoLP图像　(h) AoP图像

图 7.3.4　一个典型水下运动目标特征尾迹光电（偏振）成像仿真结果

2. 海面尾迹光学偏振成像检测评价参数

除了对图像做出主观描述外，利用图像方差描述图像中尾迹和海面纹理差异的客观指标。由于斯托克斯不同分量图像间直方图分布差异较大（如图 7.3.4（a）中强度图像有更大的方差，但却没有显示出更多的海面纹理信息），且尾迹区域同样有海浪背景存在，因此，分别截取图像中大小相等的尾迹区域块 wake 和海浪背景区域块 seawave 的反差值 V_{wake} 和 V_{seawave}，定义尾迹图像纹理相对于海面纹理

的对比度 C（数值越大，说明尾迹纹理相对于海面背景越明显）

$$C = \frac{\left|V_{\text{wake}} - V_{\text{seawave}}\right|}{V_{\text{seawave}}} \tag{7.3.1}$$

$$\begin{aligned} V_{\text{wake}} &= \frac{1}{m \times n} \sum\nolimits_{I_{\text{wake}}} \left[I(i,j) - \mu_{I_{\text{wake}}} \right]^2 \\ V_{\text{seawave}} &= \frac{1}{m \times n} \sum\nolimits_{I_{\text{seawave}}} \left[I(i,j) - \mu_{I_{\text{seawave}}} \right]^2 \end{aligned} \tag{7.3.2}$$

式中，m 和 n 为分块大小；I 为分块图像；μ 为分块像素均值；调整分块的大小和位置，多次计算取均值可降低海面光照不均、尾迹尺度变化等因素对图像质量客观评价的影响（后面的曲线均是进行 50 次独立分块采样后取均值得到）。

若将海浪看作噪声，$V_{\text{wakeheight}}$ 和 $V_{\text{waveheight}}$ 分别表示场景中尾迹和海浪的高程方差。引入描述场景内尾迹和海浪波高能量的相对大小的信噪比（SNR）

$$\text{SNR} = 10\lg(V_{\text{wakeheight}} / V_{\text{waveheight}}) \tag{7.3.3}$$

3. 潜艇的运动状态（航速和潜深）的影响

潜艇的运动状态一般包括航速和潜深。图 7.3.5 给出了潜艇在不同航速下的海面尾迹成像的仿真效果（仿真条件：潜艇潜深 20m；海面上方风速 5m/s，风向与尾迹方向一致；太阳天顶角 45°位于尾迹左舷侧；探测器天顶角 45°，高度 1000m）。可以看出：①潜艇速度增加对 I 图像进一步理解和处理尾迹信息帮助不大；②在当前的照明和探测条件下，尾迹左舷侧波高下降区域镜面反射天空光产生较高亮度，波高上升区域的粗糙海面产生更强的散射，散射光在强度 I 图像中亮度也较高，降低了左舷侧尾迹的细节对比；③散射光在线偏振 Q、U 图像产生退偏且亮度降低，增强了左舷侧尾迹的细节对比；④当船速较小时，在 Q、U 图像中能观测到在 I 图像中难以察觉的尾迹纹理，且 Q、U 图像随着速度增加尾迹目标的增强也比 I 图像更加迅速。综合而言，I、Q、U 图像都较好地表现了海浪纹理，但随潜艇航速增加，I 图像的尾迹目标增强并不明显，尾迹内部横断波等细节基本不可见，而 Q、U 图像则有效增强了尾迹内部的细节。

图 7.3.6 给出了偏振分量图像中尾迹和海浪的对比随潜艇速度的变化。可以看出：随潜艇航速增大尾迹波高增加，但更大的尾迹波长也使视场中的尾迹波数量减少，场景中尾迹能量增速放缓；线偏振图像随航速增加对尾迹的增强作用远大于强度图像，受尾迹分布变化的影响也更小（典型如 $U = 15\text{m/s}$ 时）；AoP 图像的尾迹对比度基本不随潜艇航速改变；随潜艇速度增加，尾迹和海浪高度的 SNR 呈指数增加，但只有 Q、U 图像的对比度有明显的增加趋势，I 图像中尾迹并未因此产生更强的信号。

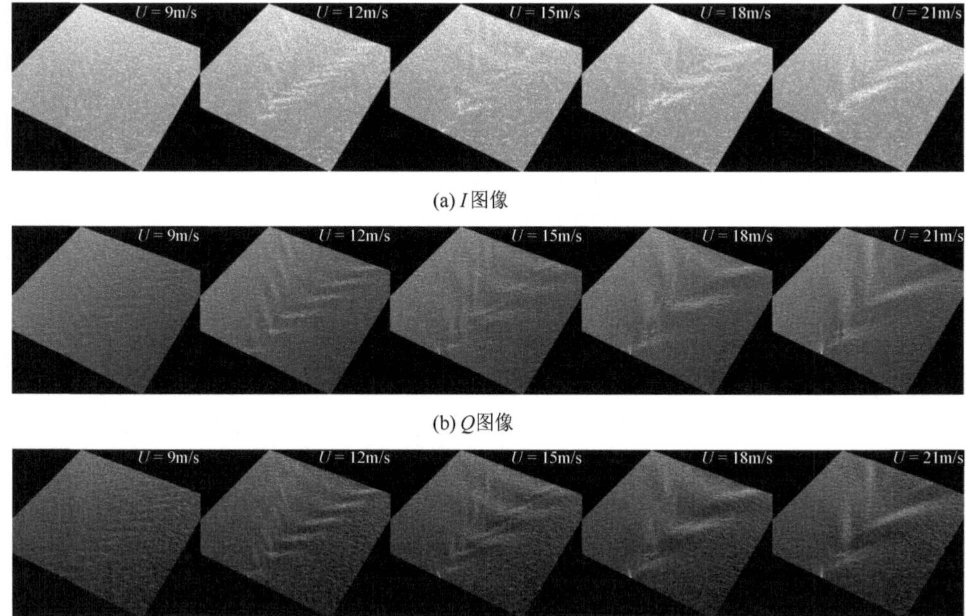

(a) I图像

(b) Q图像

(c) U图像

图 7.3.5　潜艇在不同航速 U 下的海面尾迹成像仿真结果

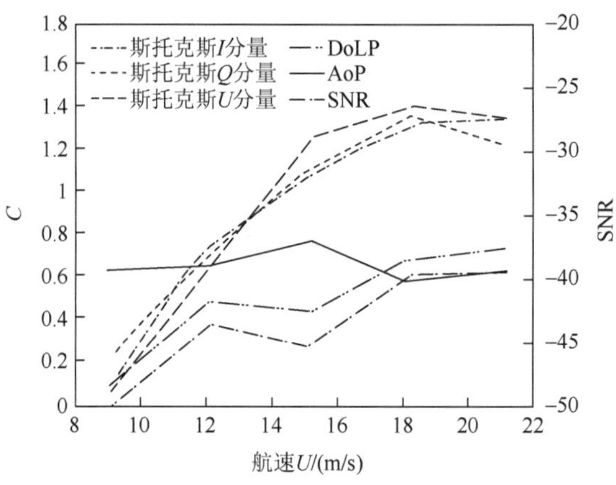

图 7.3.6　偏振分量图像中尾迹和海浪的对比随潜艇速度 U 的变化

因为不改变尾迹波长，潜艇潜深对尾迹成像的影响机制相对直观，图 7.3.7 和图 7.3.8 给出了潜艇不同潜深下的尾迹成像及其图像中尾迹和海浪的对比随潜深的变化趋势（仿真条件：潜艇航速为 12m/s；海面上方风速为 5m/s，风向与尾迹方向一致；太阳天顶角 45°位于尾迹左舷侧；探测器天顶角为 45°，高度为 1000m）。图 7.3.7 中 SNR 表现基本呈直线，表明尾迹能量随潜深增加呈指数下降；

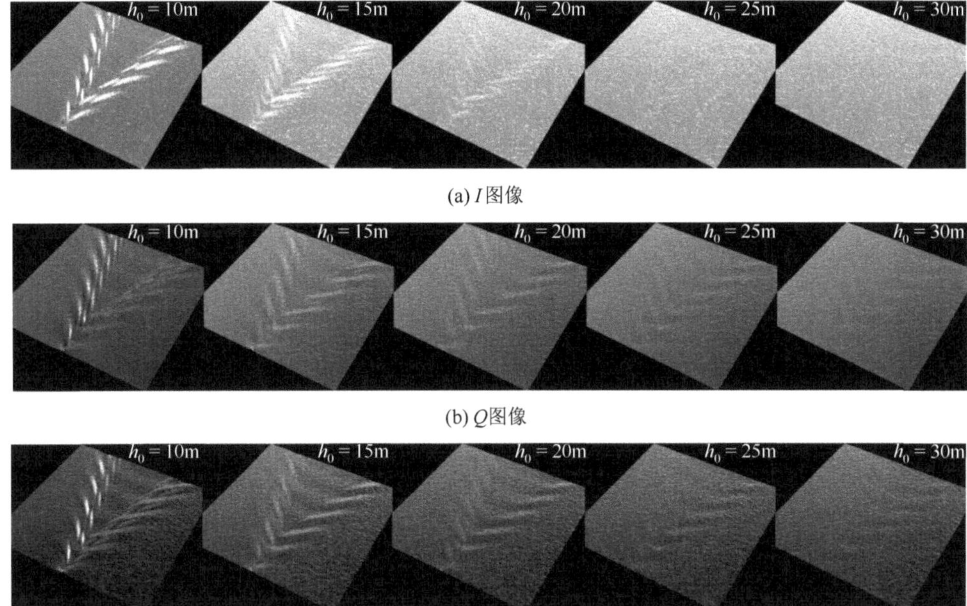

(a) I 图像

(b) Q 图像

(c) U 图像

图 7.3.7　潜艇在不同潜深 h_0 下的海面尾迹成像结果

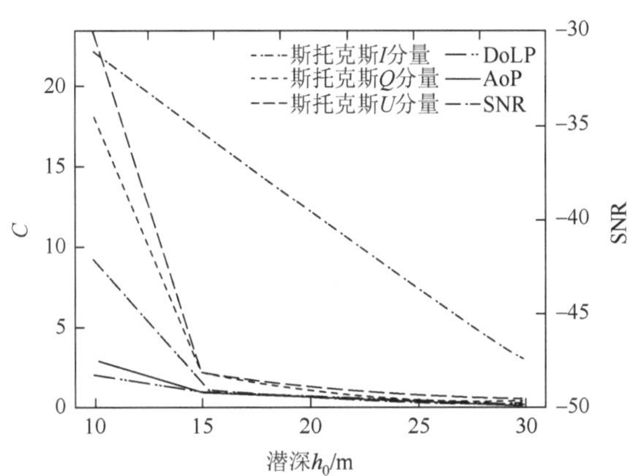

图 7.3.8　偏振分量图像中尾迹和海浪的对比随潜艇潜深 h_0 的变化

其他曲线基本呈指数下降趋势，表明尾迹特征在图像中迅速衰减，其中强度 I 图像的尾迹特征衰减最快，当潜深下降到 25m 时尾迹信号已基本淹没在海浪中；由于偏振光反射对海面斜率变化的高灵敏度及尾迹对海面的粗糙度调制，线偏振 Q、U 图像能够观察到潜深 30m 时的 Kelvin 尾迹分歧波。此时尾迹左舷侧对比度明显高于右舷侧，说明在海面斜率较小时尾迹和海浪的相互作用对成像具有重要意义。

另外，由图 7.3.5 和图 7.3.7 的对比可以看出：*I*、*Q*、*U* 图像都较好地表现了海浪纹理；随潜艇潜深增加，*I* 图像中的尾迹目标衰减迅速，*Q*、*U* 图像则对小的尾迹波高的减小鲁棒性更强；在当前的照明和探测条件下，*Q* 图像更突出尾迹分歧波，*U* 图像横断波则更明显。

4. 海风和方向的影响

海面上方风速直接影响海面波浪状态，使海浪波高增大并产生更多的大尺度波浪。图 7.3.9 和图 7.3.10 给出了海面上方 12.5m 处不同风速下的尾迹成像仿真结果及尾迹和海浪的对比随风速的变化趋势（仿真条件：潜艇航速为 12m/s，潜深为 15m；风向与尾迹方向一致；太阳天顶角 45°位于尾迹右舷侧；探测器天顶角为 45°，高度为 1000m）。

可以看出：风速增加使海面出现了附加的大尺度波浪，*I* 和 *U* 图像变得更加杂乱，*Q* 图像具有较好的鲁棒性；*I* 图像的尾迹信号随海况变差很快淹没在海浪背景中；*U* 图像好于 *I* 图像，但它对与尾迹同尺度的海浪进行了增强，使得从复杂的海浪背景中提取尾迹信息更加困难；*Q* 图像则表现出较好的鲁棒性，尾迹右舷侧的分歧波在 13m/s 的海面风速下依然可以辨别。尾迹调制海面粗糙度带来的多次反射退偏现象对斯托克斯 *Q* 分量有更加明显的作用（海面缪勒矩阵无法将

(a) *I* 图像

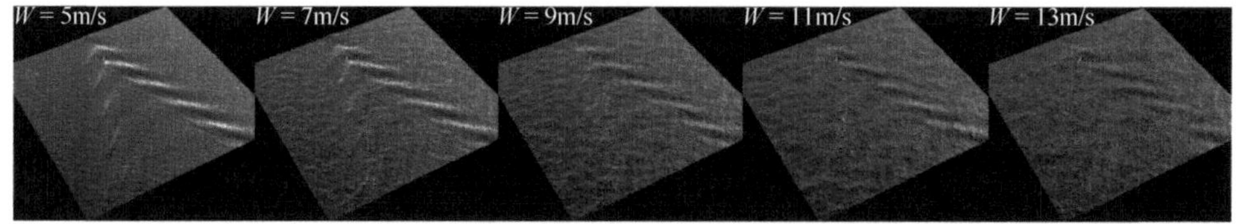

(b) *Q* 图像

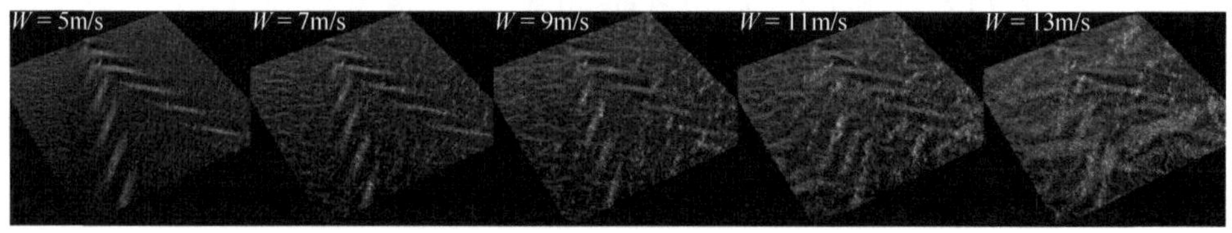

(c) *U* 图像

图 7.3.9　海面上不同风速 *W* 下的尾迹成像仿真结果

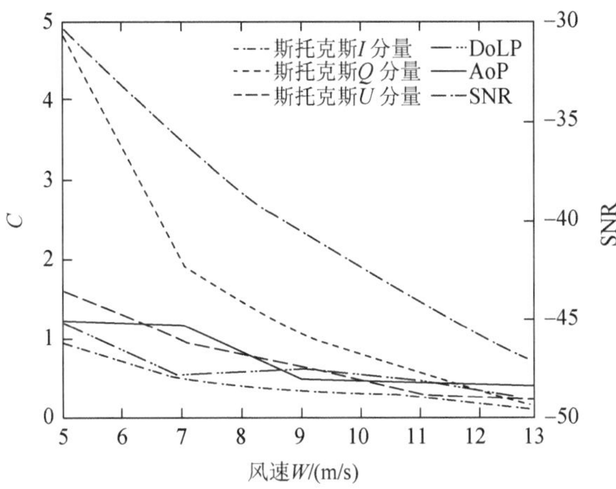

图 7.3.10 偏振分量图像尾迹和海浪的对比随海面上方风速 W 的变化

强 I 直接变换为斯托克斯 U 分量，U 在多次反射过程中的能量传递要弱于 Q)，Q 图像左舷侧分歧波基本不可见。从图 7.3.10 可以看出：随风速增加，尾迹结构不变，海浪波高增加，SNR 减小；由于海面出现了更多的大尺度波，U 图像的变化趋势与图 7.3.8 不完全相同；Q 图像曲线在 $W=13\text{m/s}$ 处的值要低于 U 图像对应位置的值。

类似地，可分析海面风向影响偏振成像效果的原因，图 7.3.11 和图 7.3.12 给出了不同海面风向下的尾迹成像结果及图像中尾迹和海浪的对比随海面风向的变化趋势（仿真条件：潜艇航速为 9m/s，潜深 15m；海面上方风速为 7m/s；太阳天

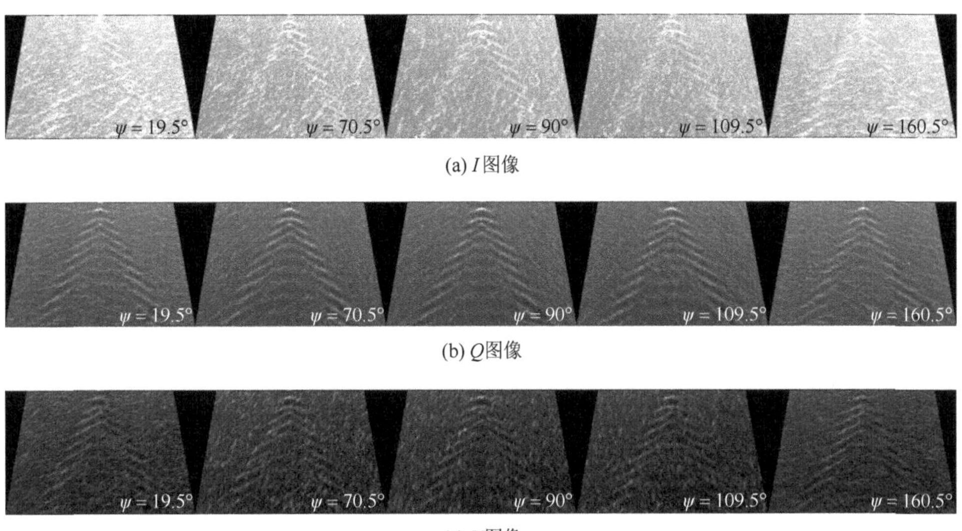

图 7.3.11 不同海面风向 ψ 下的尾迹成像结果

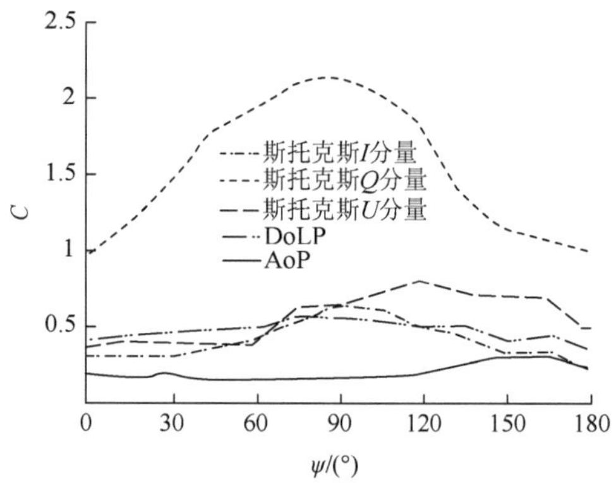

图 7.3.12　各偏振分量图像中尾迹和海浪的对比随海面风向 ψ 的变化

顶角 30°位于尾迹右舷侧；探测器天顶角为 45°，高度为 1000m）。可以看出：当海浪方向与尾迹分歧波/横断波方向平行时，海浪对该方向的尾迹分量影响最大，由于小尺度海浪不会产生过高的灰度，Q 图像始终拥有最佳的成像效果，仍然具有最好的鲁棒性；U 图像在当前照明和探测角度下受到一定天空偏振噪声影响，尾迹对比较 I 图像提升不明显；I 图像和 Q 图像随海面风向表现出相同的变化趋势：当风向和尾迹传播方向一致时，海浪会对尾迹横断波造成较大干扰，垂直时尾迹整体对比度更高，Q 图像对这种海浪方向变化的响应更加灵敏；U 图像尾迹对比度在 $\psi = 90°$后有所上升，此时海浪避开了镜面反射太阳光的方向。

5. 外场验证实验与讨论

为了验证偏振成像用于尾迹观测的可行性，证明海面尾迹的光学偏振图像在可探测性方面优于传统光学强度图像，使用 LUCID TRI050S-P 偏振相机对沿海区域的游艇尾迹（成像机制和潜艇尾迹完全一致）进行了一系列陆基观测实验。游艇尾迹作为主要的观测对象，其尺度往往小于潜艇尾迹，使用了更长焦距的镜头来获得较远的观测距离。采集的图像很好地符合了上面的仿真结果，这里就几组典型的实验结果进行定性说明。

图 7.3.13 展示了在阴天条件下，第 1 观测点拍摄的游艇水面尾迹偏振图像（使用 50mm 焦距镜头，偏振相机距离尾迹目标 726.86m，空间分辨率为 0.10m，观测天顶角为 86.04°；天气阴有阵雨，能见度为 15km；海面上方风速 $W = 4.2$m/s，风向 76°），由于游艇更加轻快，尾迹以分歧波分量占优。对于前视尾迹成像图 7.3.13（a），I、Q、U 图像中的尾迹分歧波均十分明显，在 Q 图像中能观察到尾迹横断波（对比 U 图像即可区分横断波和海浪），强度 I 图像不明显的尾迹左舷侧分歧波在线偏振 U 图像也表现出清晰的纹理；DoLP 图像中尾迹不明显，AoP 图像中的尾迹纹理虽然明显但画面较为杂乱；综合分析线偏振 Q、U 图像能够获

得尾迹夹角、波长等信息用于舰船（潜艇）的运动状态分析。对于后视尾迹成像（图 7.3.13（b）），强度 I 图像中 Kelvin 尾迹基本不可见，Q 图像中尾迹的分歧波得到轻微增强，U 图像不仅清晰地显示出目标尾迹的分歧波，还将另一艘视场外游艇的尾迹显示出来，同时受到湍流尾迹的影响最小；DoLP 和 AoP 图像和图 7.3.13（a）相似。这也说明了偏振成像十分适合低空机载海面探测：偏振成像能够发现视场外较远距离目标残留的微弱尾迹信号，间接拓展目标探测范围。由于阴天时偏振天空光很弱，Q 图像对尾迹目标的增强效果较弱。

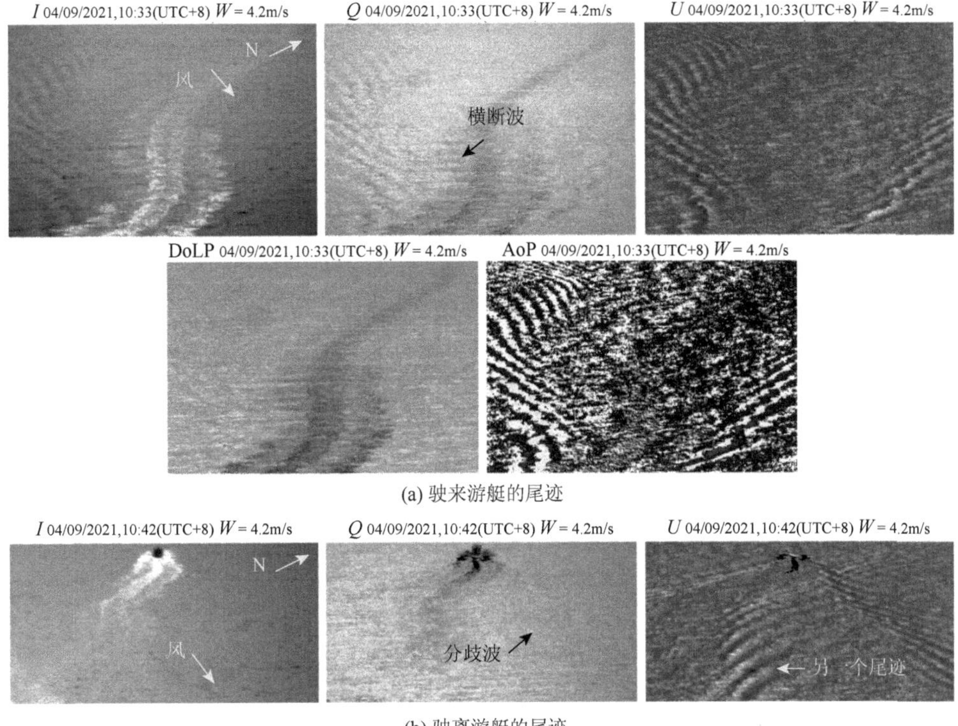

图 7.3.13　第 1 观测点拍摄的游艇水面尾迹偏振图像（已裁掉无关场景，Q、U 图像为绝对值）

在第 1 观测点与图 7.3.13 不同天气条件下拍摄的水面尾迹偏振图像如图 7.3.14 所示（使用 25mm 焦距镜头，偏振相机距离尾迹目标 341.91m，空间分辨率为 0.10m，观测天顶角为 81.47°；天气晴朗，能见度为 20km；太阳天顶角为 14.16°，方位角为 1.01°；海面上方风速 $W = 3\text{m/s}$，风向 246°）。对于后视尾迹成像，由于排水量小的游艇产生较高的尾迹波高以形成大斜率是比较困难的，尤其是当成像视角与尾迹分歧波方向一致时，即使是在更好的天气条件和探测天顶角下，依靠斜率反射产生信号的强度 I 图像也没有给出更明显的尾迹结果；但线偏振 Q、

U 图像中尾迹十分清晰，尾迹对海面的粗糙度调制起到了十分重要的作用，能观测到图像右上角的另一个尾迹，由于方向和风向接近垂直，尾迹信号受海浪的影响很小（与前面的仿真结果一致）；DoLP、AoP 图像效果较好。

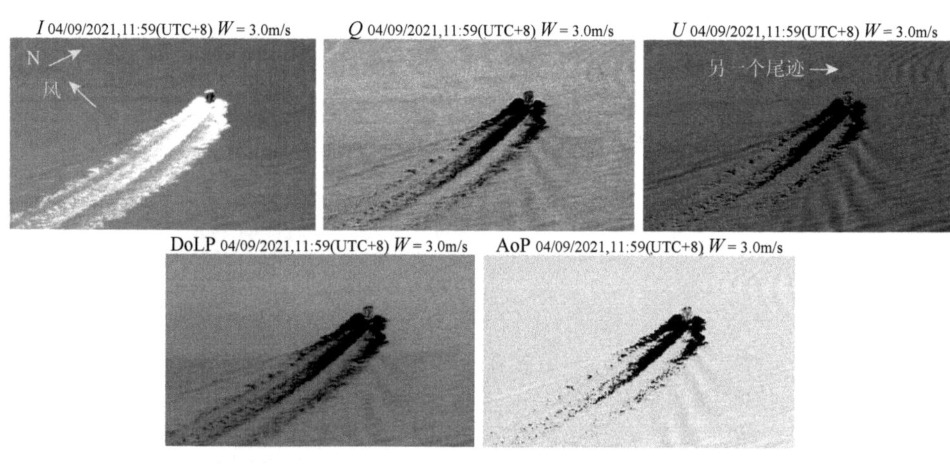

图 7.3.14　在第 1 观测点与图 7.3.13 不同天气条件下拍摄的水面尾迹偏振图像

类似地，这里给出了在晴朗天空下在第 3 观测点拍摄的水面尾迹偏振图像，如图 7.3.15 所示（使用 70mm 焦距镜头，偏振相机距离尾迹目标 1672.80m，空间分辨率为 0.16m，观测天顶角为 79.44°；天气晴朗，能见度为 20km；太阳天顶角为 20.12°，方位角为 313.87°；海面上方风速 $W=2.3\text{m/s}$，风向 144°）。可以看出：与前面仿真一致，I、Q、U 图像及 DoLP、AoP 图像都有着不错的尾迹观测效果，U 图像中另一个尾迹的信号也十分明显。

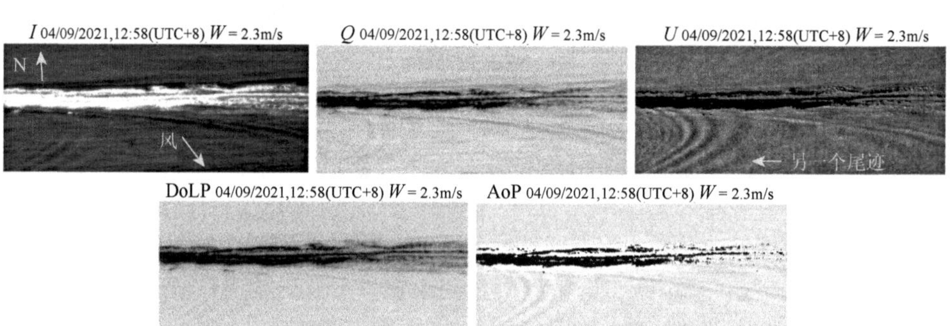

图 7.3.15　在第 3 观测点拍摄的水面尾迹偏振图像

需要指出：由于陆基观测限制，探测天顶角很大，加上轻快的游艇产生小于 39°的 Kelvin 尾迹角，湍流尾迹在一定程度上影响了 Kelvin 尾迹右舷侧分歧波的观测，该问题在实际机载应用（观测天顶角可控）时可得到较好的解决，试验结果不影响相关结论的成立。

综上所述，尾迹仿真和外场海面尾迹偏振成像试验表明基于光学偏振成像的潜艇海面尾迹遥感探测的可行性；Q、U 图像具有比传统光学强度图像更好的尾迹目标对比度，能够清晰地显示出海面纹理；潜艇的运动状态和海况变化会对成像过程造成不利影响，由于偏振光反射对海面斜率和粗糙度变化的敏感性，偏振成像尾迹检测对上述环境因素的耐受性优于强度成像的方式。这为对光学被动成像遥感进行海洋动力过程监测提供了相对简单有效的方法。

7.3.3　海面尾迹的光学（偏振）成像检测方法

目前如何从水下运动目标水面特征尾迹的光电遥感成像中有效提取尾迹特征，实现水下潜艇探测与特征识别成为人们研究的重点。

1. 基于 Radon 变换的水面尾迹提取方法

Radon 变换方法是 1917 年提出的一种图像处理方法，其具体表现形式是将 (x, y) 空间的一条直线 $\rho = x\cos\theta + y\sin\theta$ 映射成 Radon 空间的一个点 (θ, ρ)，表达式为

$$R(\theta,\rho) = \iint_D f(x,y)\delta(\rho - x\cos\theta - y\sin\theta)\mathrm{d}x\mathrm{d}y \tag{7.3.4}$$

式中，D 为位于空间域的整幅图像；δ 是狄拉克函数，当 $\rho - x\cos\theta - y\sin\theta = 0$ 时，$\delta = 1$，否则，$\delta = 0$；$f(x, y)$为空间坐标 (x, y) 处的图像灰度值；空间域中某一直线到原点的距离用ρ来表示，其法线与空间域 x 轴的夹角以θ代替，如图 7.3.16 所示。

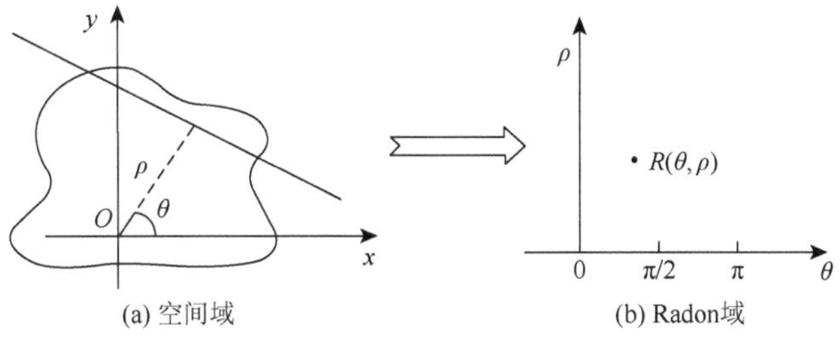

图 7.3.16　Radon 变换几何原理示意图

可以看出：Radon 域的横坐标轴是角度θ，纵坐标是距离ρ。空间域中的任一条直线经过 Radon 变换后，都在相对应的 Radon 域内形成一个点 (θ, ρ)，点 (θ, ρ) 处的数值为 $R(\theta, \rho)$，该值的大小意味着直线在空间域灰度值的累积。因此，当空间域的图像中有一条较明亮（灰度值较高）的直线时，在其对应的 Radon 域中则显示为一个较亮的点，即 $R(\theta, \rho)$的值较大；反之，如果空间域的直线较暗（灰度

值较低），则在 Radon 域中的点为暗点，即 $R(\theta,\rho)$的值较小。

水下运动目标的水面特征尾迹是多条近似平行且夹角近似 39°的对称开尔文臂直线。图 7.3.17 给出与尾迹形状相似的单对称直线和双对称直线及其在 Radon 变换域的曲线特点。可以看出：关于图像上下中线对称且夹角为 39°的 l_1、l_2，在变换域中对应为 p_1、p_2 两个暗点；p_1 和 p_2 关于图像中心点对称，二者θ坐标的差值$\Delta\theta=39°$，这与 l_1、l_2 在（x,y）域中的夹角一致；ρ表示（x,y）域中图像中心点到直线的距离，图中 p_1 和 p_2 的ρ数值相同，符号相反，说明 l_1、l_2 到图像中心点的距离相同，且分别位于图像上下中线的两侧；将已有的两条线段 l_1、l_2 向右平移距离 d（$=90$）得到 l_3 和 l_4，Radon 域中 4 个对应暗点分别为 p_1、p_2、p_3 和 p_4，且 p_1 和 p_3 的θ坐标相同，p_2 和 p_4 的θ坐标相同，表明了它们在（x,y）坐标系所对应线段之间的平行关系，在（x,y）空间域中显然有

$$\Delta d = d \times \sin(\theta/2) = 90 \times \sin 19.5° \approx 30 \tag{7.3.5}$$

即在 Radon 空间域中，$\Delta\rho=30$，可以看出$\Delta\rho$表示的是平行线段间的距离。

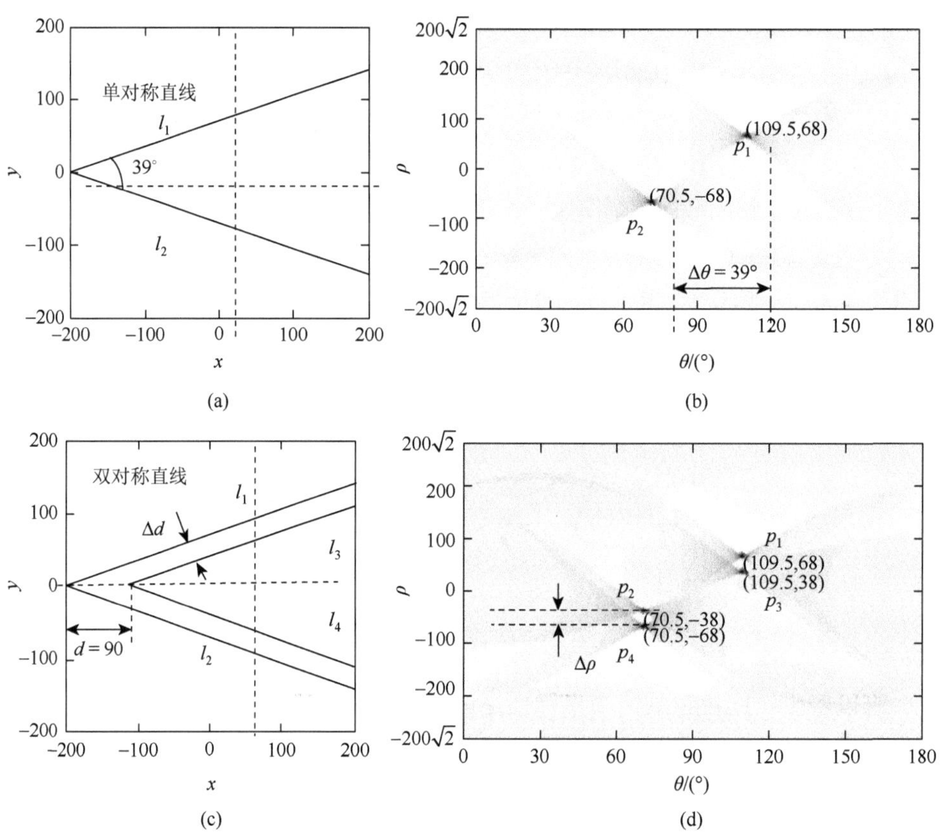

图 7.3.17　单对称直线和双对称直线及其 Radon 变换域曲线

综上，通过 Radon 域中不同点的θ值可以判断线段间的平行关系，ρ的差值可用于计算图像中平行或近似平行线段之间的距离，(θ, ρ) 的坐标确定线段在图像中的位置。

正因为尾迹在 Radon 域的特点，所以不论是潜艇尾迹的 SAR 成像还是光电成像都会考虑借鉴这一方法，21 世纪以来已研究提出了多种较为有效的提取方法。2019 年我们研究了一种从海面混合波纹中提取水下运动目标水面尾迹特征的 Radon 变换方法（图 7.3.18），包括水面波纹图像的预处理、Radon 变换域的双邻域自适应门限局部峰值点提取方法、基于连续小波变换的峰值点进行特征提取＋特征向量的支持向量机（support vector machines，SVM）决策判别等，通过模拟图像数据集对提取算法准确率的评估表明了算法的有效性。

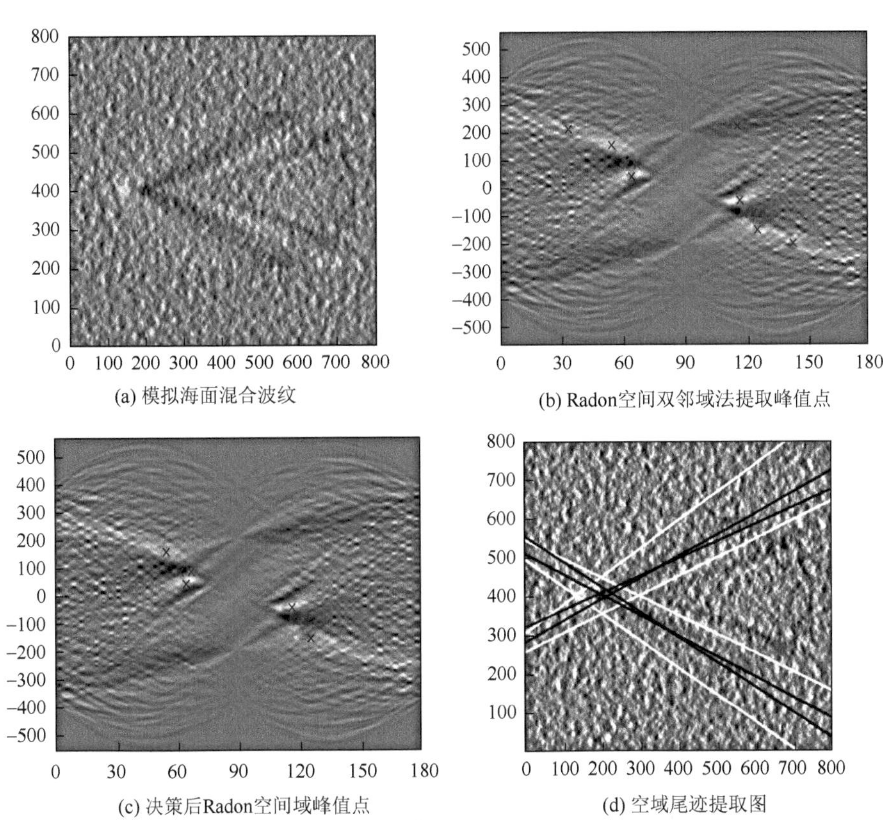

(a) 模拟海面混合波纹
(b) Radon空间双邻域法提取峰值点
(c) 决策后Radon空间域峰值点
(d) 空域尾迹提取图

图 7.3.18　Radon 变换法从海面混合波纹中提取的水下运动目标水面尾迹特征

2. 基于海面尾迹遥感图像的深度学习检测方法

深度学习方法是迅速发展的人工智能方法，在诸多领域展现出广泛的发展前景。近年来，基于卷积神经网络（convolutional neural networks，CNN）的光学遥感目标检测技术取得了令人瞩目的成绩，端到端的结构赋予了这些算法高度的自动化特性，成为当前目标检测和识别技术发展的重要方向。

高度数据驱动的 CNN 目标检测网络对其训练数据具有很高的要求：丰富的图像和实例可避免过拟合并提升网络泛化能力；样本良好的代表性和适当的标注可确保网络能提取到通用的、可鉴别的特征。由于 Google Earth 可方便地获取全球大部分地区的高分辨率遥感图像，所以对构建较大样本数的数据集十分方便。目前以海面舰船为目标的典型数据集（如 HRSC2016 和 MASATI）大多基于 Google Earth 等开源 GIS 软件截取制作，极大地促进了海、陆光学遥感目标检测研究，但现有的海上目标检测大多集中在舰船目标本身，甚至包括并排停靠在码头的静止舰船，因此很难被迁移到舰船尾迹检测研究，而包含足够数量图像的光学或 SAR 尾迹目标检测数据集一般也难以公开。为此，我们在 Google Earth 平台收集了从 2009 年 1 月到 2021 年 1 月在亚洲、欧洲、非洲、北美洲及大洋洲周边的开放海域、港口、海峡和运河包含小型快艇到大型集装箱货船尾迹的 14610 张可见光谱卫星和航拍图像，构建了尾迹数据集 SWIM（ship wake imagery mass），能够提供多达 11600 张图像，15356 个完整标注实例的尾迹的基准数据集，保证了数据集的类内多样性；图像空间分辨率为 2.5～0.5m，统一裁剪为 768pixel×768pixel 尺寸，对一些肉眼仔细辨别才能确认的目标标注了“困难”标签共 365 个，并加入了 3010 个不包含尾迹目标的负样本（纯海面、有海岸区域海面、全部为静止舰船的海面），可按需使用，从而使训练过程更加灵活。该数据集已对学术研究使用开放获取（网址：https://www.kaggle.com/lilitopia/swimship-wake-imagery-mass），数据集 SWIM 的典型尾迹图像如图 7.3.19 所示。

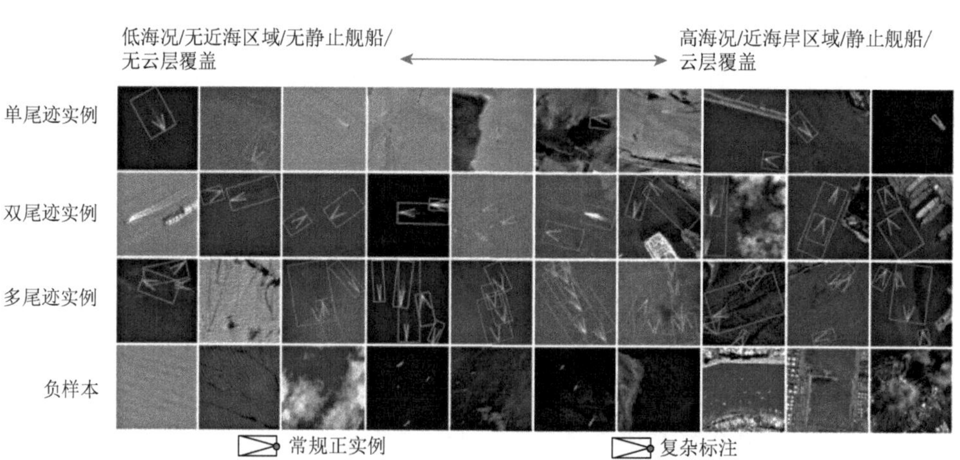

图 7.3.19　数据集 SWIM 的典型尾迹图像

3. 海面尾迹自动探测 WakeNet

为实现海面尾迹的自动探测，我们设计了一个端到端的单阶段尾迹检测网络 WakeNet，基本框架如图 7.3.20 所示。WakeNet 以 RetinaNet 为基础建立，主要由四个模块组成：①用于特征提取的主干网络 FcaNet；②通过新设计的多尺度注意力模块增强了不同尺度特征图的上下文空间联系的特征金字塔网络；③经典的用于分类和回归 OBB 的子网络；④用于回归额外标记点的子网络。WakeNet 在单个步骤中执行前向推理和后向训练，利用船体坐标和尾迹方向的额外监督进行多任务学习，在训练阶段输出每个 anchor 的多任务损失函数，因此对于一幅原始的光学遥感图像，只需要两步预处理操作即可用作网络的输入：将图像渲染为 RGB 三通道格式，并裁剪成 768×768 大小的堆。

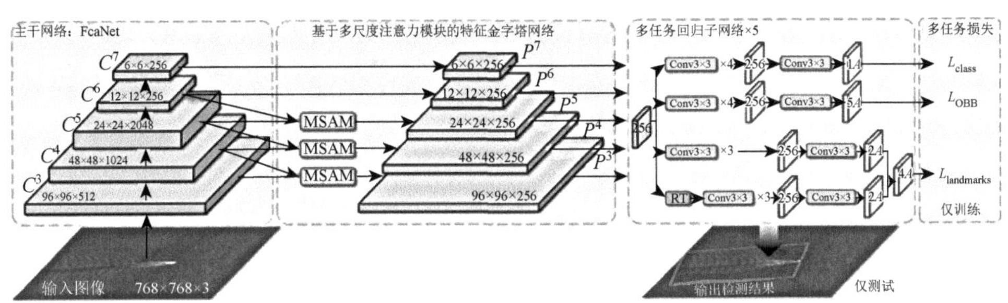

图 7.3.20　单阶段尾迹检测网络 WakeNet 结构

1）主干网络的选择

尾迹检测中的背景主要包括陆地和海杂波。由于海面尾迹属于海面纹理而非像舰船一样的人造目标，陆-海分割会在网络训练过程中隐式执行，排除陆地干扰的目标检测器较为简单。另外，基于 CNN 的方法直观上是通过纹理差异分类尾迹区域和海杂波背景，然而由于尾迹和海浪相互叠加耦合，当 Kelvin 臂信号不明显时（通常对应于船速较小，尾迹线特征也很弱，基于 Radon 变换的方法也并不会因此占优），目标和背景的分界模糊；海杂波光学图像理论上是高斯分布，在一定的风力和稳定的风向下，这些海浪也可能产生与尾迹尺度相当、模式相似的周期性纹理，造成虚警。因此，从海杂波背景中提取低信杂比尾迹目标，仅通过纹理特征差异信息是不充分的。

然而，尾迹频谱可望提供额外的有效信息，已有的理论和实验研究[39]表明：尾迹频谱表现出明显的分布特征。位于频谱中心的亮点和直线形低频分量分别对应船体和湍流尾迹，直线形分量的方向垂直于图像中湍流尾迹方向；X 形高频分量对应远场 Kelvin 尾迹，其中内侧拐点附近的部分对应 Kelvin 横断波分量，外侧两支对应 Kelvin 分歧波分量，拐点位置和两分量的分界由船速决定；海杂波则对应频谱中的随机噪声；尾迹 2 中横断波分量基本不可见，因而也无法观察到频谱中的对应部分，但 X 形结构并不会因此改变。即 Kelvin 尾迹的横断波、分歧波分量及湍流尾迹在频谱中有着稳定的 X 形和直线形分布模式（图 7.3.21（a）)，这些模式不受海况、光照等条件的影响，在经过（光学或 SAR）成像系统非线性调制传递函数（modulation transfer function，MTF）调制后仍能保持相似的结构。相反，海杂波在频谱中表现为广泛分布的散粒状模式，与尾迹有着极大不同。基于这些考虑，选择集成有 Fca 模块的 ResNet[40]作为目标检测器的主干网络，能够在提取尾迹图像域纹理特征的同时，额外学习尾迹的频域特征。

Fca 模块是通过将输入特征图分段并逐像素乘以不同频率的选择好的离散余弦变换（DCT）基来产生权重，对不同通道特征图加权来实现通道注意力的，其特别之处在于实现通道注意力时对特征图都进行二维离散余弦变换（2D DCT）从而实现有选择地提取图像的频域特征，模块实现流程如图 7.3.21（b）和（c）所

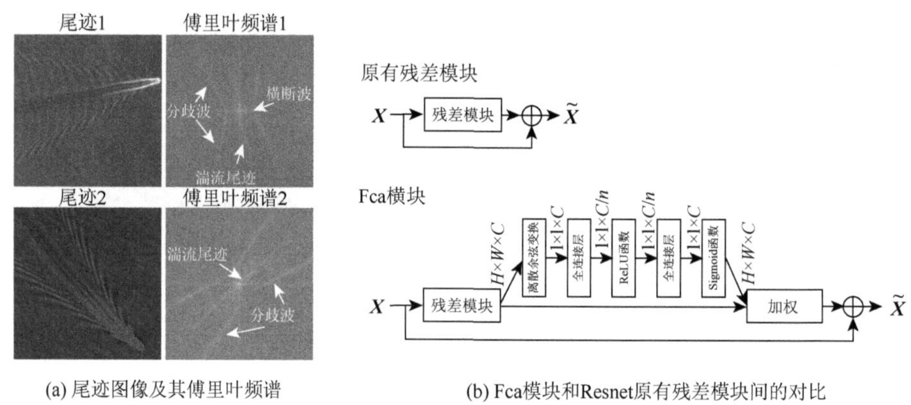

(a) 尾迹图像及其傅里叶频谱　　(b) Fca模块和Resnet原有残差模块间的对比

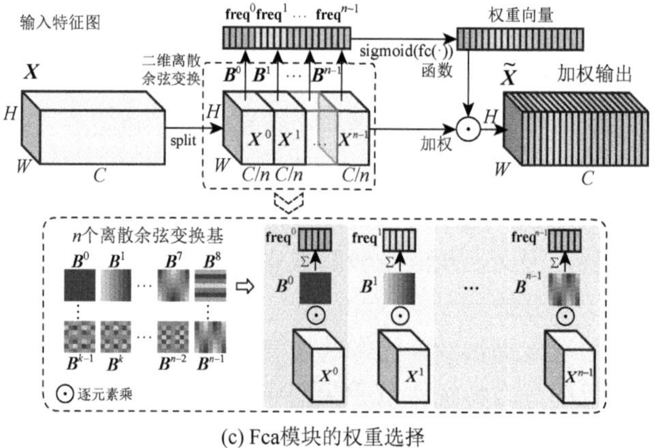

(c) Fca模块的权重选择

图 7.3.21　主干网络的选择

示，最终，利用权重对输入特征图 X 的各通道进行加权，得到 Fca 模块最终的输出。在实际应用中，Fca 模块被集成在 ResNet 的每个残差模块的后面。尾迹检测较少应用到颜色通道特征，特征图各通道间提取到的纹理信息是高度冗余的；利用 Fca 模块，可将输入图像中不同频率的特征提取到特征图的不同通道，并通过训练调整权重进一步控制主干网络的纹理特征提取过程，降低虚警率。由于不像 FFT 那样涉及复数运算，DCT 基函数的权重也都是预计算的，Fca 模块在有效利用尾迹频谱信息的同时也保证了较低的计算复杂度。

2）多尺度注意力模块增强的特征金字塔网络

如图 7.3.22 所示，WakeNet 使用 P^3 到 P^7 级的特征金字塔网络（FPN）来提取目标的多尺度特征，该模块通过计算热图 H 来建模相邻尺度特征图在空间上的相互依赖关系，使用该模块相比于直接上采样高级特征图后加到低级特征图上的特征融合方式能够更好地提取在不同尺度上高度相关的尾迹边缘特征。

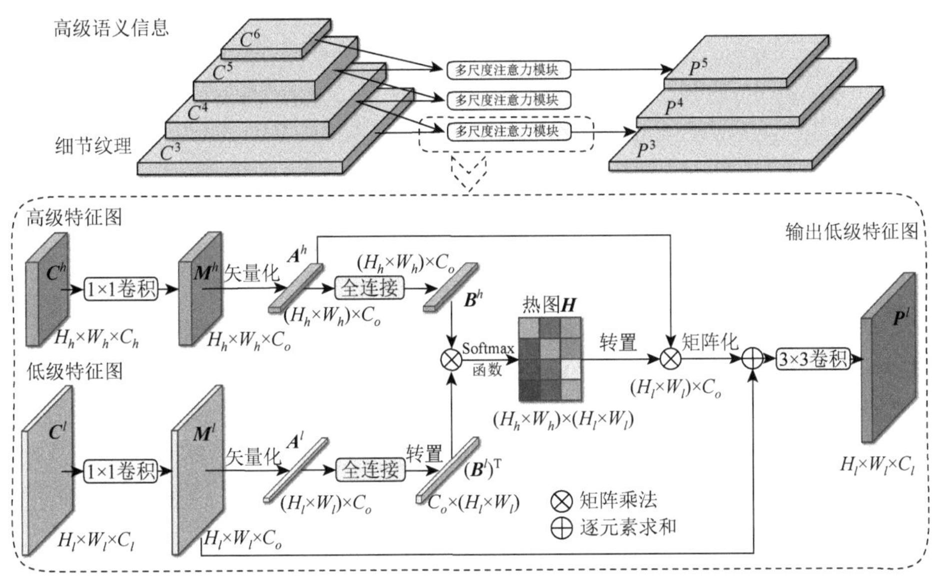

图 7.3.22　多尺度注意力模块（MSAM）

3）多任务回归

为了获得稳健性能，WakeNet 采用基于锚的策略，通过回归预定义的 OBB 实现对尾迹目标的检测（图 7.3.23）：由于 Kelvin 臂内部的尾迹分量具有高度特征化纹理，即使不考虑海港等非海面纹理造成的虚警，检测尾迹整体也应当能够获得比仅检测 Kelvin 臂或湍流尾迹稳定的结果，故没有改变经典的分类得分预测头和 OBB 回归头子网络的结构（图 7.3.23 的上半部）；另外，考虑到 Kelvin 臂的确通常是尾迹最突出的特征，设计了新的用于回归尾迹尖端坐标和 Kelvin 臂方向角的子网络（图 7.3.23 的下半部），其中 Kelvin 臂角度回归分支使用了 Radon 变换以提升线特征检测性能，将 SWIM 中对应的标记点作为额外的监督信号，以提升 WakeNet 在低信噪比情况下的尾迹检测效果；这些标记点还指示出尾迹的尖端方向，这是 OBB 回归无法实现的。

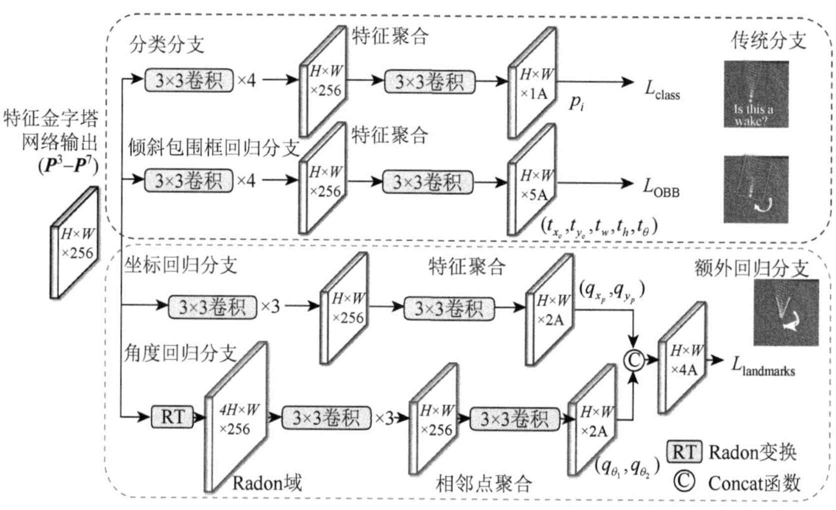

图 7.3.23 WakeNet 采用的基于多任务回归的尾迹目标的检测

基于数据集 SWIM 进行了尾迹检测试验，对 WakeNet 及具有代表性的 R²CNN[41]、R-RetinaNet、R-YOLOv3 和 BBAVectors[42]等方法在 SWIM 测试集的实验结果进行了比较。表 7.3.1 给出了不同方法在 SWIM 测试集上检测结果的定量比较，其中 AP 为平均精确率。可以看出：WakeNet 性能远高于其他方法，表明其在尾迹检测方面的有效性；单阶段的 R-RetinaNet 有着了高于其他方法的 AP 指标，两阶段的 R²CNN 和无锚的 BBAVectors 的性能接近，R-YOLOv3 性能较差。

表 7.3.1 不同方法在 SWIM 测试集上检测结果的定量对比

M 方法	基准	主链	AP/%
R²CNN[41]	Faster R-CNN	ResNet-101	65.24
R-RetinaNet	RetinaNet	ResNet-101	72.22
R-YOLOv3	YOLOv3	DarkNet-53	54.87
BBAVectors[42]	CenterNet	ResNet-101	66.19
WakeNet（Ours）	RetinaNet	FcaNet-101	**77.04**

图 7.3.24 给出了各方法的精确率-召回率曲线的比较。可以看出：通过针对尾迹特征的多项改进，WakeNet 整体上拥有比其他方法更高的尾迹检测精确率；WakeNet、R-RetinaNet 和 BBAVectors 在召回率较低时的检测精确率接近，但随着样本召回率增加，R-RetinaNet 和 BBAVectors 的精确率下降更快，因此二者性能不及 WakeNet。R^2CNN 和 R-YOLOv3 在召回率较低时的精确率接近，但 R^2CNN 随召回率增加精确率下降不明显，因此，具有和 BBAVectors 相近的 AP 指标；R-YOLOv3 的检测精确率则始终低于其他方法。

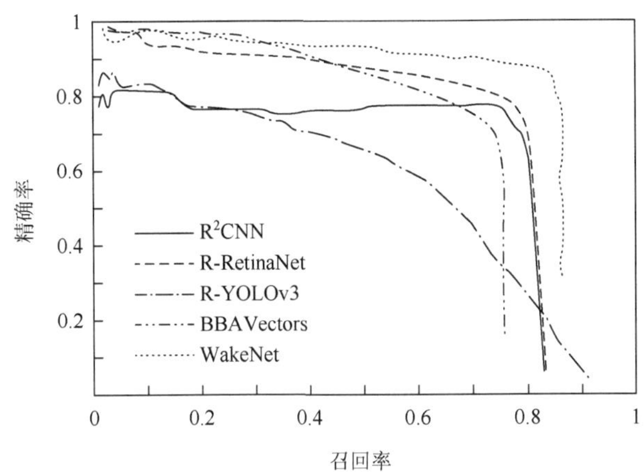

图 7.3.24　各方法在 SWIM 测试集的精确率-召回率曲线

图 7.3.25 给出了典型检测效果的可视化比较。可以看出：因拥有标记点回归分支，WakeNet 能够在检测尾迹目标的同时输出尾迹尖端位置和两条 Kelvin 臂的方向；图 7.3.25（a）给出了复杂海面背景的尾迹检测效果，单阶段基于锚的 R-RetinaNet 和 R-YOLOv3 未能检测到尾迹目标，无锚的 BBAVectors 则在海面背景产生了虚警，其他方法效果较好；图 7.3.25（b）则给出了尾迹前部被遮挡的情况，除了 R-RetinaNet 和 WakeNet 给出了完整包围尾迹目标的 OBB，其他方法均不同程度地受到影响，WakeNet 尾迹尖端坐标的回归也因其被遮挡而受到影响；图 7.3.25（c）中 R^2CNN、R-YOLOv3 和 BBAVectors 均将体积较大的船体检测为目标，说明在缺乏有针对性的特征提取过程和额外监督的情况下，网络对尾迹特征学习的目标并不明确；图 7.3.25（d）和（e）给出了在云层遮挡区域和海面耀光区内的检测结果，对于低信噪比目标，WakeNet 表现出良好的鲁棒性，既没有因遮挡而漏检，也没有因随机耀斑而产生虚警；图 7.3.25（f）和（g）展示了对多个尾迹目标的检测效果接近，相比之下 WakeNet 对 OBB 的定位更准确，不易产生虚警。

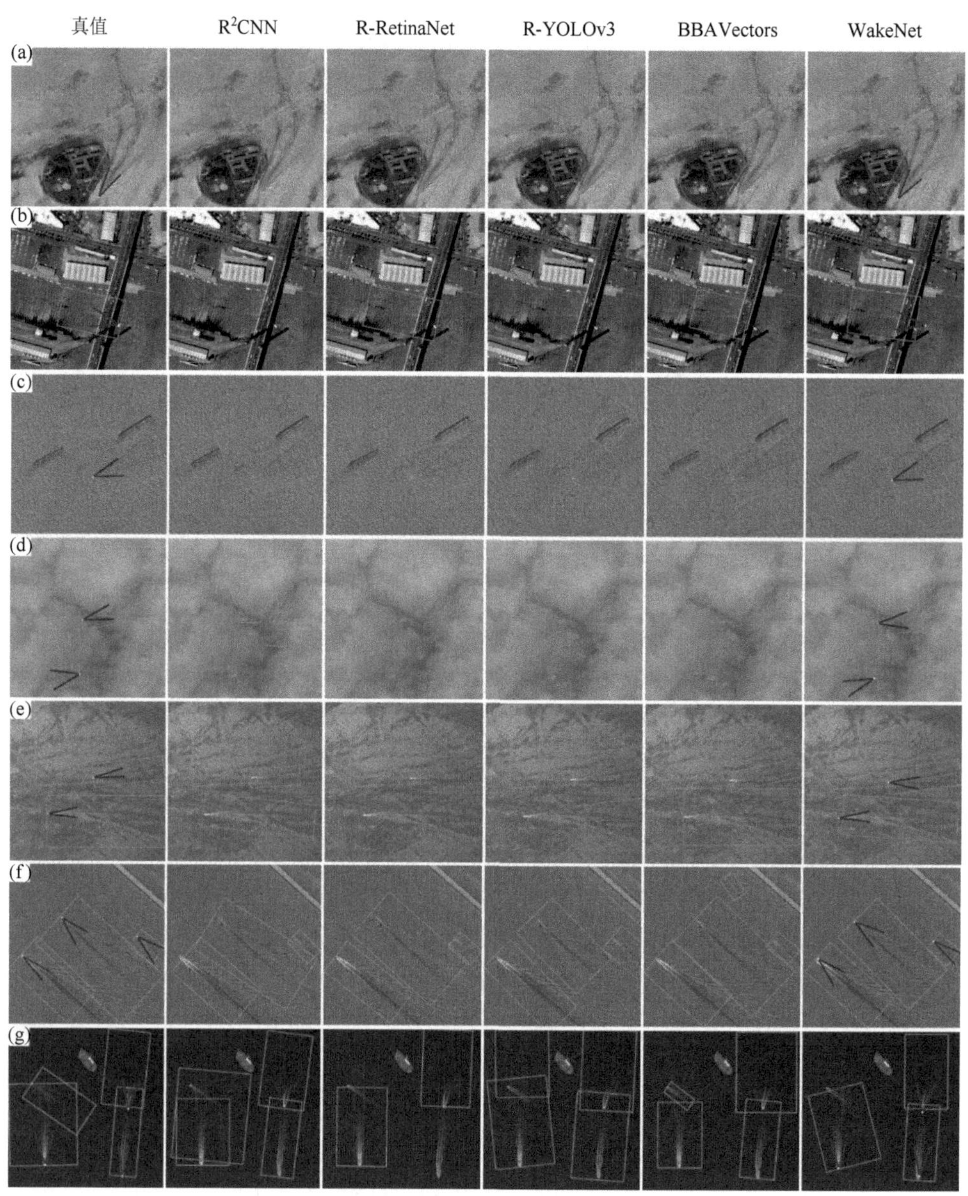

图 7.3.25　各方法在 SWIM 测试集的检测效果示例

WakeNet 的更多有代表性的检测结果可见图 7.3.26，可以看出：WakeNet 具有足够高的鲁棒性，以应对弱尾迹目标、强海杂波噪声、尾迹被部分遮挡、海面浮游藻和耀斑等各种不良环境条件的影响；在当前得分阈值下，WakeNet 对 SWIM 测试集的检测结果基本未产生虚警，表明其性能和实际应用价值。

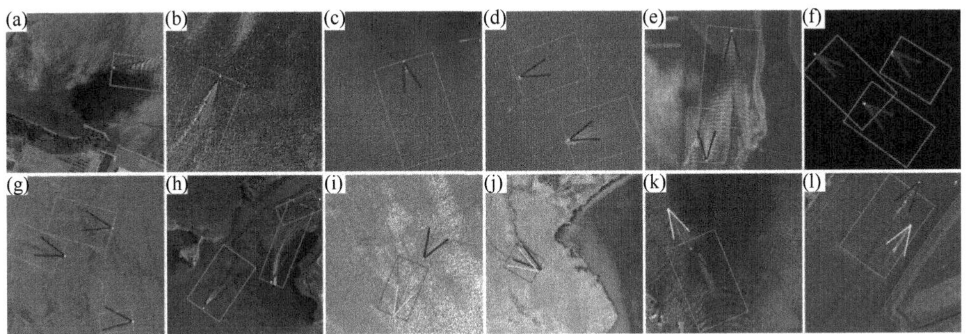

图 7.3.26　WakeNet 在 SWIM 测试集上的一些检测效果（绿框蓝线段为正确检测；红框黄线段为漏检）

使用由数据集 SWIM 训练得到的 WakeNet（FcaNet-101 为主干）对图 7.3.2 所示的实拍海面偏振图像中的快艇尾迹进行了检测。尾迹检测效果如图 7.3.27 所示，结果表明 WakeNet 可有效地提取尾迹的纹理特征并获得了稳定的检测效果，证明了实际应用中的可行性。

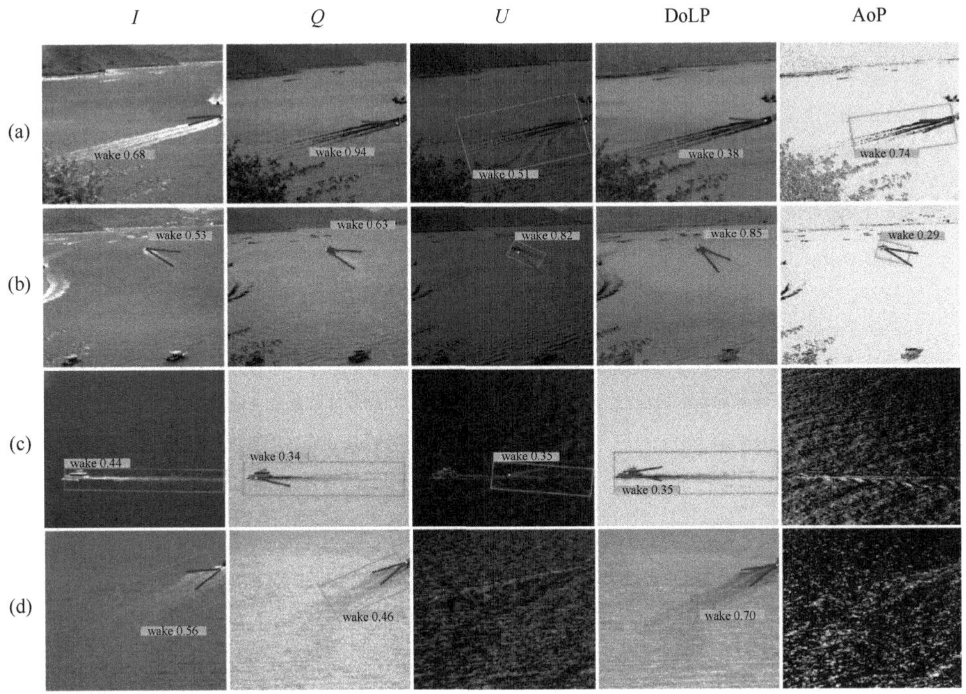

图 7.3.27　对实拍快艇尾迹偏振图像检测结果的一些示例

基于 CNN 的海面光学图像舰船尾迹检测方法 WakeNet 考虑了海面光学图像和 SAR 图像的固有差异，将尾迹的 V 字形 Kelvin 臂及内部的横断波与分歧波纹理特征整体作为目标，通过旋转边界框进行尾迹检测，实验结果表明 WakeNet 方法优于其他基于 CNN 的先进方法，对实拍偏振图像的检测效果进一步验证了方法的实用价值，具有传统的基于 Radon 变换方法完全比拟的准确性、鲁棒性和自动化水平，为基于深度学习技术的水面舰船和水下潜艇海面尾迹检测提供了一些有益的启示。

参 考 文 献

[1] Goldstein D，Goldstein D H. Polarized Light，Second Edition Revised And Expanded[M]. Boca Raton：Taylor & Francis，CRC Press，2003.

[2] Goudail F. Noise minimization and equalization for Stokes polarimeters in the presence of signal-dependent Poisson shot noise[J]. Optics Letters，2009，34（5）：647-649.

[3] 王霞，姚锦华，夏润秋，等. 非共轴长波红外偏振成像系统设计[J]. 红外技术，2017，39（4）：293-298.

[4] Li S，Jin W，Xia R，et al. Radiation correction method for infrared polarization imaging system with front-mounted polarizer[J]. Optics Express，2016，24（23）：26414-26430.

[5] Shaw J A. Degree of linear polarization in spectral radiances from water-viewing infrared radiometers[J]. Applied Optics，1999，38（15）：3157-3165.

[6] Gregoris D J，Yu S K，Cooper A W，et al. Dual-band infrared polarization measurements of sun glint from the sea surface[C]. Characterization，Propagation，and Simulation of Sources and Backgrounds II，Orlando，1992，1687：381-391.

[7] Depeng L，Zhengzhou L，Bing L，et al. Infrared small target detection in heavy sky scene clutter based on sparse representation[J]. Infrared Physics & Technology，2017，85：13-31.

[8] Clarke D，Grainger J F. Polarized light and optical measurement[J]. American Journal of Physics，1971，40：1055-1056.

[9] Reed I，Yu X. Adaptive multiple-band CFAR detection of an optical pattern with unknown spectral distribution[J]. IEEE Transactions on Acoustics，Speech，and Signal Processing，1990，38（10）：1760-1770.

[10] Stein D W J，Beaven S G，Hoff L E，et al. Anomaly detection from hyperspectral imagery[J]. IEEE Signal Processing Magazine，2002，19（1）：58-69

[11] Jong A N，Schwering P B W，Fritz P J，et al. Optical characteristics of small surface targets，measured in the False Bay，South Africa；June 2007[C]. Infrared Imaging Systems：Design，Analysis，Modeling，and Testing XX，Orlando，2009，7300：730003.

[12] He S，Wang X，Xia R，et al. Polarimetric infrared imaging simulation of a synthetic sea surface with Mie scattering[J]. Applied Optics，2018，57（7）：B150-B159.

[13] Shaw J A，Vollmer M. Blue sun glints on water viewed through a polarizer[J]. Applied Optics，2017，56（19）：G36-G41.

[14] Ottaviani M，Merck C，Long S，et al. Time-resolved polarimetry over water waves：Relating glints and surface statistics[J]. Applied Optics，2008，47（10）：1638-1648.

[15] Longuet-Higgins M S. Reflection and refraction at a random moving surface. i. pattern and paths of specular

points[J]. Journal of the Optical Society of America，1960，50：838-844.

[16] Longuet-Higgins M S. Reflection and refraction at a random moving surface. ii. number of specular points in a Gaussian surface[J]. Journal of the Optical Society of America，1960，50：845-850.

[17] Longuet-Higgins M S. Reflection and refraction at a random moving surface. iii. frequency of twinkling in a Gaussian surface[J]. Journal of the Optical Society of America，1960，50：851-856.

[18] David K L，David S P D，James A L. Glitter and glints on water[J]. Applied Optics，2011，50：F39-F49.

[19] Shaw J A，James H. Churnside. Fractal laser glints from the ocean surface[J]. Journal of the Optical Society of America A，1997，14（5）：1144-1150.

[20] Horváth G，Varjú D. Polarization pattern of freshwater habitats recorded by video polarimetry in red，green and blue spectral ranges and its relevance for water detection by aquatic insects[J]. Journal of Experimental Biology，1997，200（7）：1155-1163.

[21] Wang G，Wang J，Zhang Z，et al. Performance of eliminating sun glints reflected off wave surface by polarization filtering under influence of waves[J]. Optik-International Journal for Light and Electron Optics，2016，127（5）：3143-3149.

[22] Cox C，Munk W. Measurement of the roughness of the sea surface from photographs of the sun's glitter[J]. Journal of the Optical Society of America，1954，44：838-850.

[23] Cox C，Munk W H. Slopes of the sea surface deduced from photographs of sun glitter[J]. Bulletin of the Scripps Institution of Oceanography of the University of California，1956，6（9）：401-481.

[24] Ottaviani M，Merck C，Long S，et al. Time-resolved polarimetry over water waves：Relating glints and surface statistics[J]. Applied Optics，2008，47：1638-1648.

[25] Scholl V，Gerace A. Removing glint with video processing to enhance underwater target detection[C]. Image Processing Workshop，Rochester，New York，2013：18-21.

[26] 黄有为，金伟其，丁琨，等. 基于光束空间展宽的水下前向散射成像模型[J]. 红外与激光工程，2009，38（4）：669-701.

[27] 聂瑛，何志毅. 不同波长光源照明的水下成像及光学图像实时处理[J]. 光学学报，2014，34（7）：0710002.

[28] Jaffe J S. Computer modeling and the design of optimal underwater imaging systems[J]. IEEE Journal of Oceanic Engineering，1990，15（2）：101-111.

[29] 孙传东，陈良益，高立民，等. 水的光学特性及其对水下成像的影响[J]. 应用光学，2000，21（4）：39-46.

[30] Duntley S Q. Light in the sea[J]. Journal of the Optical Society of America，1963，53（2）：214-233.

[31] Schettini R，Corchs S. Underwater image processing：State of the art of restoration and image enhancement methods[J]. EURASIP Journal on Advances in Signal Processing，2010，2010（1）：1-15.

[32] 邱跳文，张焱，李吉成，等. 长波红外偏振图像信息的提取与增强[J]. 红外，2014，35（5）：13-18.

[33] Zhou T，Tao D. Godec：Randomized low-rank & sparse matrix decomposition in noisy case[C]. 28th International Conference on Machine Learning，Bellevue，2011：233-240.

[34] Dubreuil M，Delrot P，Leonard I，et al. Exploring underwater target detection by imaging polarimetry and correlation techniques[J]. Applied Optics，2013，52（5）：997-1005.

[35] Piederrière Y，Boulvert F，Cariou J，et al. Backscattered speckle size as a function of polarization：Influence of particle-size and-concentration[J]. Optics Express，2005，13（13）：5030-5039.

[36] Ronneberger O，Fischer P，Brox T. U-Net：Convolutional networks for biomedical image segmentation[C]. Berlin，2015：234-241.

[37] Tuck E O. Some methods for flows past blunt slender bodies[J]. Journal of Fluid Mechanics，1964，18（4）：619-635.

[38] Newman J N. Marine Hydrodynamics [M]. Cambridge：MIT Press，1977：402.

[39] Xue F，Jin W，Qiu S，et al. Wake features of moving submerged bodies and motion state inversion of submarines[J]. IEEE Access，2020，8：12713-12724.

[40] Qin Z，Zhang P，Wu F，et al. FcaNet：Frequency channel attention networks[C]. 18th IEEE/CVF International Conference on Computer Vision，Toronto，2020：783-789.

[41] Jiang Y，Zhu X，Wang X，et al. R2CNN：Rotational region cnn for orientation robust scene text detection[EB/OL]. http://arxiv.org/abs/1706.09579. [2021-12-08].

[42] Yi J，Wu P，Liu B，et al. Oriented object detection in aerial images with box boundary-aware vectors[C]. 2021 IEEE Winter Conference on Applications of Computer Vision，New York，2021：2149-2158.